商管全華圖書叢書 BUSINESS MANAGEMENT

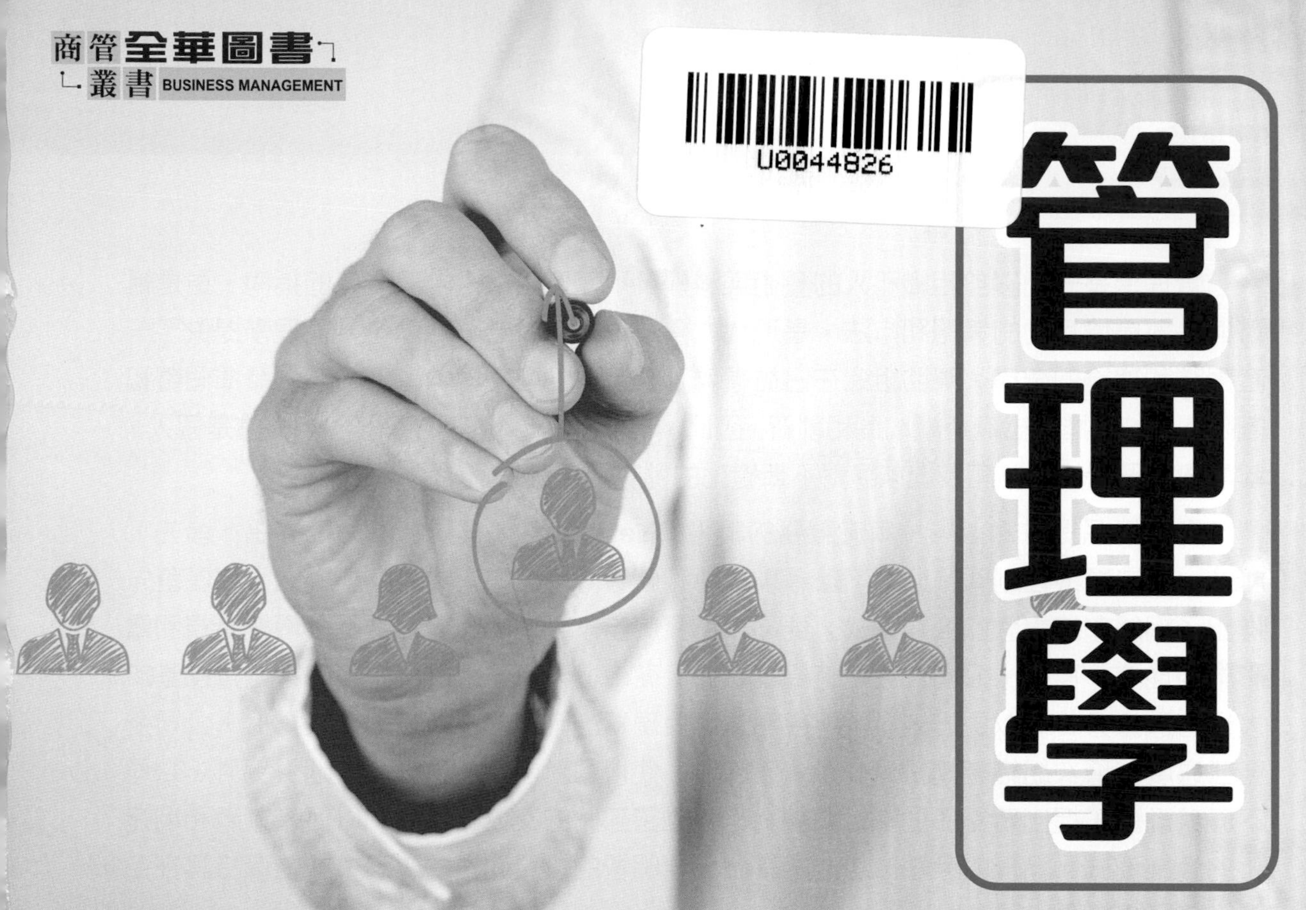

管理學

MANAGEMENT

練惠琪
楊偉顥 編著

推薦序

管理學是一門關於組織和人的藝術與科學，不僅僅是組織內部運作的指南，更是組織與外部環境互動的策略和方法，是現代社會中不可或缺的一門學科。管理學提供了一套實踐和理論的架構，幫助組織在日益複雜和競爭激烈的環境中運用資源，發揮個體和團隊的潛能，推動組織持續成長和創新。因此，無論是企業、政府、非營利組織還是個人，都需要管理學的知識和技能來應對不斷變化的挑戰和機遇。

全球知名提供線上影片串流服務的網飛（Netflix）就以其獨特的策略聞名。首先，Netflix 推崇顛覆性創新，公司不斷尋求革新和破壞傳統娛樂產業的商業模式，不僅首先推出了網絡串流媒體的商業模式，更不斷投資於自家製作的內容，挑戰了傳統電視和電影業的地位。再者，公司在管理時倚賴數據，從市場分析、用戶行為到內容選擇都基於大量的數據分析，以更好地了解用戶需求和發現新的市場機會。在組織架構上，公司避免了過度的層次組織結構，減少了決策層次，使得創新能更加迅速和靈活。另外，公司不僅鼓勵員工提出新點子並進行實驗，也鼓勵跨部門的交流和合作，以促進創新和創造新的商業模式。網飛的策略成功地讓其做出更明智的投資和運營決策，並能保持其在全球串流媒體市場的領先地位。

本書的內容豐富且易於理解。每一章都以清晰的學習目標和文章架構開始，並通過案例、實例和實踐應用來幫助學生理解和應用管理學知識。除了介紹了管理學的基本理論和概念外，更跳脫一般教科書的模式，作者在書中每個章節更精心的設計許多情境的舉例與插畫將理論概念圖像化，協助學生對於理論能更深刻的理解，讓管理學讀起來有趣不枯燥。

值得一提的是，本書關注了管理學的最新發展和趨勢，它涵蓋了數位化、全球化、創業及多元文化等當今管理學領域中的熱點議題，並透過多個短篇與長篇的個案，涵蓋不同產業和企業規模的情境，以及搭配 QR code 來幫助學生更好地理解和應用管理學理論。本書也配有讓教師可帶領學生思考理論該如何運用至生活中的管理動動腦單元。相信這些學習方式，不僅有助於培養學生解決實際管理問題的能力，也同時讓教師在教學中有更豐富的資源。

在這個充滿競爭和變動的時代，管理學相關知識對於學生來說非常重要。本書不僅能夠在學術上提升學生的知識水平，同時也能夠讓學生獲得到不同的實務新知，無論學生是準備進入管理職位，還是希望在未來的職業生涯中發揮領導才能，相信這本書將成為學生們的寶貴資源。本人衷心推薦《管理學》一書，請讀者細細品味箇中之奧妙。

長庚大學管理學院特聘教授 于卓民

推薦序

很榮幸收到《管理學》作者練惠琪博士的邀請撰寫推薦序，練惠琪老師為政治大學企業管理博士，其學術與業界資歷俱佳。目前練惠琪博士亦為博仕博文理補習班之負責人，對於國高中生之教學經驗豐富，熟悉適合年輕學子之有效學習模式，其教學獲得學生極高的評價。練惠琪博士將適合年輕學子之有效學習模式應用在《管理學》書籍，不論是圖表化的重點整理、豐富的人物造型指引，再加上最新的個案引用並延伸思考問題，在在都能提升讀者的閱讀動機與學習效率。

我認為這本管理學有以下幾個優點：

一、學習提高組織效率：這本書能夠幫助各位學習企業如何提高組織效率，從而實現更好的業績和更高的利潤。通過科學化組織、規劃和控制，管理學可以協助企業更有效地運作，減少浪費和低效率，提高生產力和效益。

二、強化領導能力學習：幫助各位理解企業領導能力的重要性，從而更好地領導和管理團隊。通過學習領導的理論和實踐，可以更好地了解員工的需求和動機，更好地掌握團隊管理的方法和技巧，學習如何提高領導能力和影響力。

三、優化資源分配實務：這本書還有分享企業優化資源分配實務，將有限的資源分配到最需要的地方，實現最大化的價值和利益。通過本書的指引，學生可以更好地了解企業員工、財務、時間和物資等資源的分配情況，幫助學生提升決策和分配的能力。

四、促進組織變革文化：幫助各位了解企業實現組織變革作法，以應對環境和市場的變化，從而更好地適應市場和競爭。通過組織變革文化建立，企業可以更好地進行經營戰略規劃和組織變革，提高企業的靈活性和適應性，適應不斷變化的市場和競爭。

管理學是一門關注組織運作、人員管理、決策制定、策略規劃等議題的專業。在現代社會中，管理學的重要性日益突出，因為有效的管理和領導是實現個人、團隊和組織目標的關鍵。學習管理學不僅可以讓您獲得實用的管理技能，還可以幫助您了解組織運作的本質和運作方式。這將有助於您在職場上更好地運用資源，提高工作效率，協調團隊合作，並促進個人和團隊的成長和發展。相信讀者在學習本書的過程中一定可以獲得非常滿意的收穫。

亞東科技大學　醫務管理系系主任 黃苓苓

序

管理學是一門多學科交叉的理論，它涉及到組織、人力資源、行銷、財務、策略等不同方面。不僅在協助組織達成其目標、提高效率、實現創新和持續發展方面發揮著關鍵作用，更是一種實踐和應用的方式，幫助組織和個人在複雜多變的世界中獲致成功。因此，在現代商業環境中，管理學已經成為一門非常重要的學科，對企業的營運至關重要。

本書旨在為讀者提供廣泛的管理學知識，並且可以應用於實際的管理情境中。我們的目標是幫助讀者了解管理學的基本理論，希望讀者可以通過閱讀本書，學會如何有效地理解和應用現代管理學的理論和實踐。

本書共有 15 章，從管理學的概念和歷史開始，包括管理者與管理工作、管理理論演進、內外部環境分析、規劃、決策、策略管理、組織結構與文化、人力資源管理、激勵、領導、企業倫理與道德及管理未來趨勢等。在每個章節我們力求通過清楚的描述和實例來探討每個主題，以幫助讀者了解和應用最新的管理學知識和技能。

此外，本書還特別關注了現代商業環境中的最新議題與挑戰，如全球化、人工智慧、企業倫理等。我們相信這些主題對於現代企業管理者非常重要。因此，我們在本書中將這些主題納入了討論範圍，以幫助讀者能夠更好地應對現代商業環境中的挑戰和變化。希望讓本書能夠成為一本有用的學習資源，無論是學生還是從業人員都可以從中受益。

但有鑑於目前管理學相關的教科書多著重於文字，本書運用大量的實例與企業個案，並以圖表展示寫作方式來協助讀者將理論與應用結合，讓管理學不再只是沉重的文字描述，進而能引發讀者的學習興趣。因此，本書的編排主要有以下幾點特色：

1. 本書簡化過去教科書以文字為主的寫作，改用大量圖表與實例說明，讓學生可更輕鬆、有趣的學習管理學理論。
2. 「學習重點」：每章開始均有架構圖來顯示本章學習的重點，可讓教師在本章節開始前做為教學上之重點引導，帶領學生瞭解本章的各節內容與概念。
3. 「管理便利貼」：每章節均有管理便利貼，主要是補充該段有關管理學的小知識，打通學生對相關概念之任督二脈。
4. 「時事講堂」：每章均附有一到兩則，主要是透過介紹企業簡短個案，並附上相關的 QR code 影片輔助，讓學生可透過文字與影片不同方式達成有效之學習。

5. 「管理動手做」：每章均設計一則相關活動，教師可在課堂中，透過與學生互動的方式，達成理論與實務之相互印證，並增加學生學習樂趣與豐富度。
6. 「管理聚光燈」：每章後附有配合章節內容編寫企業個案，讓教師可在課堂上補充，豐富學生之管理素養，增加學生對於實務問題之廣度與深度。
7. 「本章習題」：每章另附有習題，包含 20 題選擇題與 4 至 5 題的填充題，可供學生練習以驗收學習成效。每題均經過設計，有不同的情境與推論題以供學生思考與活用管理理論。

最後，我們要感謝所有協助本書完成的出版社編輯們，因為你們的努力和貢獻，本書才能歷時近兩年，且經歷過重重困難後終能付梓。希望《管理學》一書能對讀者有所幫助，並成為管理學教學和實踐的一個參考資料。

練惠琪　楊偉顥　謹識

2023 年 5 月

目錄

第 01 章　管理之意義與重要性

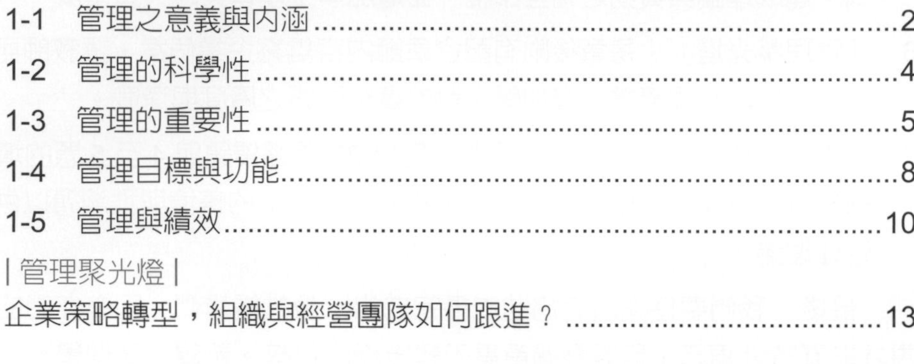

第 02 章　管理人與管理工作

第 03 章　管理思想及其演進

第 04 章　企業內外部環境

第 05 章　規劃

第 06 章　決策

目錄

第 07 章　策略管理

第 08 章　組織結構與設計

第 09 章　組織文化與組織變革

第 10 章　企業人力資源管理

第 11 章　激勵

第 12 章　領導理論

目錄

第 13 章　控制

第 14 章　企業倫理與社會責任

第 15 章　管理挑戰與新趨勢探索

第 01 章

管理之意義與重要性

學習重點

1. 基本的管理意義
2. 管理的內涵
3. 管理是科學嗎？
4. 管理的重要性
5. 管理的目標與功能
6. 管理與績效

管理的意義 → 管理的重要性
管理的內涵 → 管理的重要性
管理的科學性 → 管理的重要性
管理的重要性 → 管理的目標與功能 → 管理與績效

1-1 管理之意義與內涵

一、管理在哪裡？

在日常生活中就可發現到「管理」這個名詞時常發生在你我身旁，從最基本管理自己的時間延伸至管理企業。管理普遍存在生活中，並且運作在各種領域。

管理（Management）一字是由管理學大師彼得．杜拉克（Peter Drucker）於 1954 年提出的，自此以後，管理成為了二十世紀後重要的名詞，管理學也成為重要的顯學。

現在許多社會學科大多都會冠上「管理」二字，不只大家所熟悉的基礎五管（生產管理、行銷管理、人力資源管理、研究發展管理、財務管理），甚至包含情緒管理、時間管理等許多管理課題，讓大家疑惑到底管理是什麼。在此我們來討論這個課題，讓各位理解「管理」這兩個字的含義及其精確表達之方式。

二、管理的意義

什麼是管理？概略的說，人類生存在世上，必定會碰到可測與不可測的現象，然而人類為了在其中求生存、求發展，就會延伸出其途徑與手段來達成其目標。針對管理的內涵，國內外學者各有其定義，如表 1-1。

表 1-1　管理定義

代表學者	定義
許士軍	管理代表人在社會中所採取的一類具有特定性質和意義的活動，其目的為藉由群體合作，以達到某些共同的任務或目標。
司徒達賢	位居其中，整合上下游：管理學的上游是所有的社會科學與自然科學，下游是組織與經營上的實際問題。 問題導向：管理學由實務中來，也必將回歸實務問題。
赫吉特（Hodgetts）	管理是一種程序，包括目標的制訂、組織各項資源以達成此目標，最後衡量成果並作為訂定未來行動的依據。
孔茲（Koontz）	透過別人來完成事情。
羅賓斯（Robbins）	管理者有效地透過他人完成事務的功能程序，這些功能有一套通俗的說法，即規劃、組織、領導與控制。

由上可總結爲管理就是彼得 · 杜拉克所說的「用正確的方法做正確的事」（Do the things right and do the right things）。如果從系統觀點的涵義來看，管理是有「效率」的運用實體資源，透過規劃、組織、領導、控制等功能程序，用來產出有「效能」的結果，如圖 1-1。

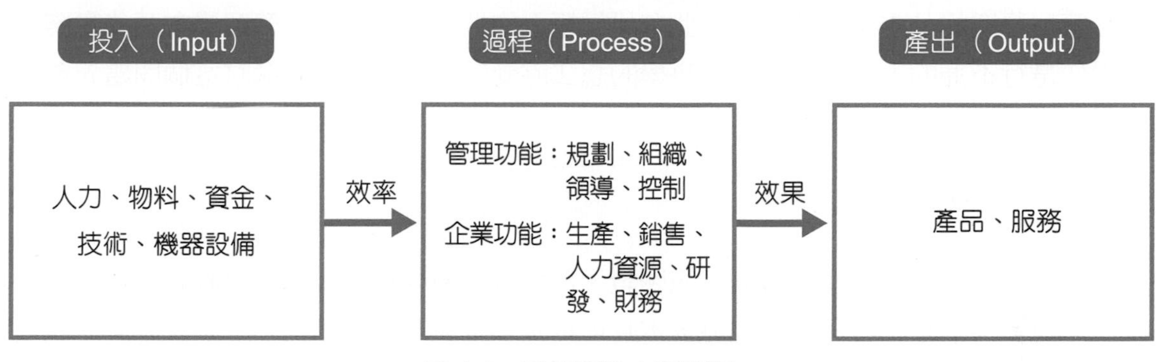

圖 1-1　系統觀點來看管理

三、管理的內涵

管理是強調「群策群力、以竟事功」的活動，強調藉由群體合作，透過某些適當的方法來達成某些共同的目標。由於經濟、文化、社會與政治的改變，管理現象也要與社會其他的子系統不斷的互動與改變，所以管理是種「動態」的觀念，會隨著時間與外在的不同而演進，如圖 1-2。而以管理爲研究對象所發展和累積的系統知識則形成了「管理學」（許士軍，1990）。

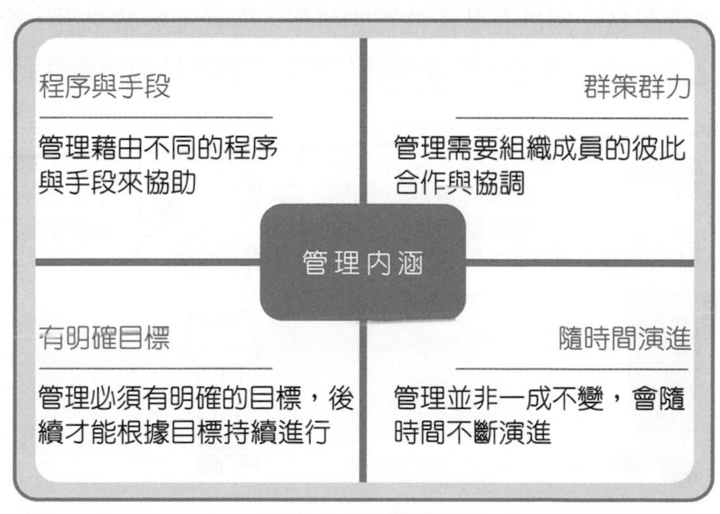

圖 1-2　管理內涵

看完了前面的意義與內涵，各位可以用自己的話說出你對於管理的定義嗎？

1-2 管理的科學性

管理究竟是一門科學還是藝術？多年以來，學術界都在探討管理是否爲科學的議題。由於管理學派的分支以及學派間彼此有以偏概全的批評態度，認爲管理學在某些實務上的操作是行不通的，使得管理學爲科學的想法飽受質疑。因此，要探討這個問題先要了解科學的定義。

一、科學的定義

科學有三大性質：可以客觀重複驗證、可以接受理性批判及可以自我修正與排斥。換句話說，科學是指已獲得的知識，本身可重複驗證並不可動搖的。依照此理論，孔茲與歐唐納（Koontz and O’Donnell, 1976）認爲管理學爲一門「不精確的科學」。

二、管理學的想法

依照孔茲（Koontz）的想法來看，管理包含了理論與實務。管理理論是較偏向科學面；而管理的實務操作則是偏向藝術面。相對於管理理論而言，管理實務需要配合外在環境的變化而異，較偏向不可重複驗證的藝術角色。

三、結論

依上所述可知管理是一門具有藝術性質的科學。從管理理論來說，管理學是一門「不精確的科學」；但從實務應用來看，管理學具有藝術的獨創性與多變性，可視爲「藝術」。

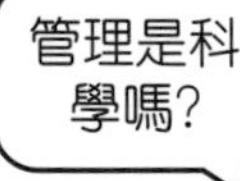

管理動動腦

有許多學者批評過管理理論與實務無法配合，你同意他們的說法嗎？

1-3 管理的重要性

一、管理的重要性

管理時時出現在我們的生活當中，不管你是個學生、教師、上班族或是管理者，個人與組織在制定任何決策時都需要管理。尤其是對企業來說，隨著環境的快速變化，要能永續經營就要懂得管理概念。運用管理才能解決在工作中的問題與選擇，讓組織發揮良好的作用以讓企業創造不同的價值，而進一步達成企業目標，如圖 1-3。

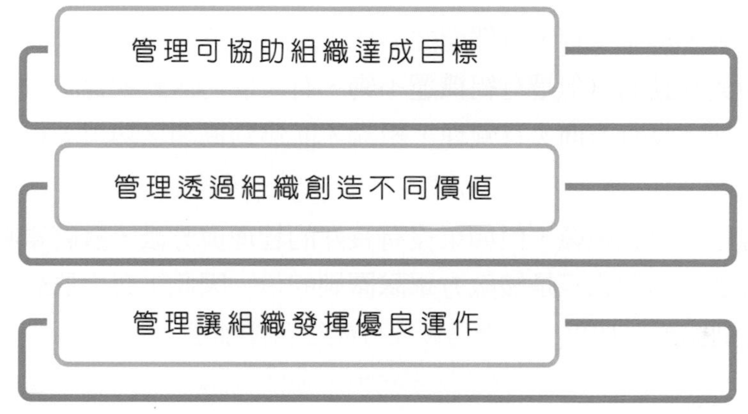

圖 1-3　管理之重要性

（一）管理可協助組織達成目標

「達成目標」對組織而言是最終的目的。當目標出現之後，自然有機會找到達成目標的方案，進而做出正確的決策。因此落實管理學所學，通常能夠做出較好的決策；而落實好的決策通常能夠達成所設定的目標進而創造價值。

透過實踐管理，我們能夠做出正確的行銷決策。冷凍食品的營收在疫情中反而一枝獨秀，超過公司原先訂定的目標。

（二）管理透過組織創造不同價值

瓊安．瑪格瑞塔（Joan Magretta, 2002）在《什麼是管理學》（What Management is）此書中說明：管理最先、最重要的目的就是「創造價值」。然而什麼是創造價值呢？我們可以透過組織來創造顧客價值、員工價值、股東價值與社會價值。

舉例來說：當消費者寫信來感謝自己時，我們看到了顧客價值；當員工不用擔心被裁員，能夠安居樂業，我們看到了員工價值；當有股東告訴自己，他將自己的退休金，都買了公司的股票，我們看到了股東價值；當社會大眾給予公司正面的評價，我們看到了社會價值。

（三）管理讓組織發揮優良運作

人類自古以來，爲了生存，自然而然形成了組織，以克服自然的力量，所以人類與組織是相互依賴與互動的。但是有組織還不夠，有人群的活動就會有管理，沒有管理，組織只是一盤散沙，沒有方向。有管理，組織才能達到協調之功用，以及透過適當的責任分配往目標前進。

就如同軍隊是個優良組織，但如果沒有良好的管理與分派，當將軍喊衝啊，士兵也只是毫無目的亂衝，到頭來只是被敵方軍隊圍剿的份。因此，有人群就會有管理，有管理，組織才能達到協調之功用，並透過責任分配往目標前進。

時事講堂

全民直播大爆發

「飲料為什麼會有漸層？這是什麼原理？」鏡頭那一端，一名印度裔餐飲老闆帶著兩名同事，狐疑的湊近螢幕提問，即便在加拿大已是半夜一點，他們仍精神奕奕。

「這是因為 pH 值不同，可以產生漸層，我秀給你們看！你們也加入不同汽水試試！」鏡頭這邊，皇翼食品行銷總監任珩流利的用英文回答，一邊示範製作。不到五分鐘，藍紫色、紫紅色、粉紫色的漸層手搖茶，一字排開。

「哇，換我們來做！妳幫我們看！」鏡頭那端一陣手忙腳亂，其中一人湊近螢幕求救：「Mindy（敏迪），妳剛剛說這個糖要加入幾 c.c. ？」

透過直播教珍奶，「全球客人都來了」，企業管理、徵才、跨國串聯都靠數位化

一場珍奶直播課，是臺灣眾多企業的縮影，背後代表的，是疫情催生臺灣直播應用新面貌，從科技、製造到服務業，從 2C（對消費者）到 2B（對企業客戶），從老闆到員工，都投身其中。年營收破億元的皇翼食品，是臺灣少數的珍奶整店輸出業者，外銷四十國，以歐美為大宗，臺灣前五大的手搖茶品牌都是客戶。

這堂在阿里巴巴國際站和官網販售、要價約新臺幣五萬五千元的直播課，共十二小時，可學三十種飲品。直播課從去年八月開張，有學員上完課，將在突尼西亞、阿爾巴尼亞、千里達、玻里尼西亞開出全國第一家珍奶店。疫情前，國外客戶得飛來臺灣訓練三到四天，疫情爆發後，她決定開直播，遠距教學，竟也能協助客戶在各地開店。

根據各大社群平臺統計，疫情間直播需求大爆發，例如臺灣臉書近兩年來，每月直播貼文數成長近兩倍，Line 官方帳號今年平均每月直播量也增加逾兩倍，從線上旅遊、宮廟拜拜、健身教練通通都在直播。

直播也跳脫只是「網紅帶貨」的層次，從應用、管理、商模全面翻新。臺灣企業五百大的老闆們，也率先用直播做管理、徵才、跨國串聯。例如全球前三大強固式行動電腦、神基科技董事長黃明漢，去年起成為自家直播主，每一到兩週對內開直播節目，布達疫情因應措施，還和員工玩抽獎遊戲。

為了招募人才，全球快閃記憶體控制晶片獨立供應商龍頭、群聯電子董事長潘健成，則親自下海做直播徵才，線上回答準新鮮人的勁爆提問。製造業廠商，包含紡織業大廠旭榮集團、亞洲染料王永光化學等，都在公司打造專屬直播間，業務得學習用直播做生意。

就連外貿協會，也用直播來做跨國展覽會，要帶中小企業從以往「一只皮箱走遍世界」，變成「用直播連結世界」。外貿協會董事長黃志芳說：「貿協就是企業界的網紅，要像電視臺一樣，設計節目流程。」

正在打造全臺最大直播基地、翰成數位科技董事長陳昭榮，更直言：「未來，所有企業主都要成為網紅、所有公司都要有電視臺！」

直播帶來了銷售、管理、製程的創新，牽動企業到個人的全面變革，縱使疫情趨緩，未來企業經營管理也將不會走回頭路。

影片連結

資料來源：李雅筑（2021），「全民直播大爆發」，商業周刊，1757 期。

在現在科技發達的社會中，運用合適的工具在管理中可以為企業帶來哪些優勢？

1-4 管理目標與功能

一、管理目標

管理的目標是達成企業組織的使命。管理大師杜拉克（1966）觀察許多有效率的知識工作者後發現，他們能發展出一套以目標導向的工作方法。他最後發現：「做對的事情，比把事情做對更重要！（Doing the right thing is more important than doing the thing right.）」

二、管理功能（Management Functions）

如前文所述，組織與管理是彼此依附。企業爲達成目標，所進行的各項管理活動稱之爲「管理功能」。根據最早提出管理功能的亨利．費堯（Henri Fayol, 1949）所定義：「管理是一種過程，包含了許多的步驟，每一個步驟就是一個管理功能」。因此，管理功能又可稱之爲「管理程序」，管理本身可視爲一種程序，組織可透過這些程序得以有效的運用資源，達成既定的目標。管理功能雖分爲各個不同的功能，但各位在研讀時必須了解每個功能都是不可分割、需要彼此相互連結的。對於管理功能許多學者有不同的看法，如表 1-2。

表 1-2　管理功能統整

管理功能	提出學者
規劃－執行－考核（Plan-Do-See）行政三連制	蔣中正
規劃－組織－命令－協調－控制	費堯（Fayol）
規劃－組織－用人－領導－控制	戴斯勒（Dessler）
規劃－組織－用人－領導－控制－報告－預算	格魯伊克（Glueck）
規劃－組織－用人－領導－溝通－激勵－控制	許士軍

小提醒

以上的不同定義，不管有多長，根本的定義都是出於規劃—執行—考核，且強調事前、事中與事後的事件。組織、命令、用人、協調等都是屬於「執行」功能，而控制是屬於「考核」。

目前最常被學術界引用的為「規劃—組織—領導—控制」，如表 1-3 與圖 1-4。

表 1-3 管理功能意義

管理功能	意義
規劃（Planning）	對未來欲採取的行動，進行分析與選擇的程序。也就是對企業內部現有資源與未來欲達成的目標作一連串的分析與判斷並選擇最佳方案。
組織（Organizing）	依據目標，進行人員的責任分配，使得工作、人員與權責間能夠有適當的分工與合作關係。
領導（Leading）	領導人有賴於適當的激勵與溝通影響他人，使其完成組織的目標，是一種影響力的運用。
控制（Controlling）	為求預期目標能夠達成過程中的監督與檢核，是一種偵查與改正的程序。控制並非事後檢討，而是希望在行動前或當中就可及時匡正。

註：1. 此處的規劃、組織、領導、控制均是動詞，非靜態名詞。
2. 這裡的控制是「監督」與「檢核」之意。

規劃 → 組織 → 領導 → 控制 → 目標

本產品開發為新的專案，公司內已有相關設備，只要找研發單位開會討論新產品的構想與做法即可進行。

需要找研發部門內的相關研發人員，協助研發新口味麥片。

決定找Amy當作本專案的專案經理來領導大家。

每個月找專案經理與相關人員討論過程中的問題並協助解決與檢查相關工作進度。

公司本季要產出新口味麥片。

圖 1-4 產品開發之管理功能為例

管理動動腦

請說明管理功能的意義。

管理便利貼 管理矩陣

企業所有的業務功能，都可以用管理功能來達成。矩陣中的每一個方格，都代表企業的一個基本活動，可用於描述組織運作過程，易於達成組織目標。如欲發揮組織的經營績效，各級單位主管須善加利用管理功能等方法，使其所負責的業務功能能較順利進行。如下表：

企業功能 管理功能	生產	銷售	人事	研發	財務
規劃					
組織					
領導					
控制					

1-5 管理與績效

一、管理與績效

一個組織是否能成功順利達成特定目標，端看管理者如何運用適當的管理過程來達成績效。我們常常看到同產業的企業有類似的資源但卻有不同的績效，這是爲什麼呢？主要原因是企業間不同的管理方式。

一本著名著作《魔球》（Money Ball），描述一支落入美國大聯盟失敗組的球隊，在經費少而且勝場率差的情況下如何致勝，如何改造成爲不斷贏得比賽，並爲世界棒球史寫下一頁傳奇的美聯西區冠軍。

故事提到多年前，比利．比恩（Billy Beane）接下奧蘭克運動家總經理職位時，此隊伍相對於其他聯盟中的大市場球隊只是一支缺少經費、成績墊底的二流球隊，也因此好一點的球員都被挖角，他們也無能力再去購買所謂明星的球員，只能靠著老弱殘兵來維持球隊的運作。但是在偶然的一次機會下，比恩遇到了耶魯經濟系畢業的彼得．布蘭（Peter Brand），球隊的命運從此改變。

布蘭向比恩建議運動家的目標不應該是買球員，而是要買勝場。換句話說，就是既然沒錢，就要改變策略，利用數據科學的創新思維（如打擊率、上壘率、被三振率及盜壘成功率等）來重新評估職棒球員的潛在價值。

在這樣的科學分析下，許多原先其他球隊不要的二三流球員瞬間成爲了極有價值的球員，正好解決運動家隊求才若渴，卻苦無銀彈的困境，也在後續成功打造出創下連續20勝紀錄的黃金陣容。

藉由上述的例子可以了解到，一個經理人在考量創新經營的方式和承擔風險的情況下，會針對某些事業作有目標、有計畫、有組織的高效率經營。

然而，在追求組織的績效時，還須注意「效率」與「效能」。一般而言，效率與效能對管理者而言同等重要，但是如果只能追求一種，要先以效能優先考慮。以下說明了效率與效能之相同點與相異點比較，如表 1-4。

表 1-4　效率與效能之比較

項目 / 相異點	目標	基礎	重點	彼得．杜拉克之定義
效率（Efficiency）	最低資源之浪費	重過程	資源的使用率	Do the things right（把事做對）
效能／效果（Effectiveness）	最高目標之達成	重結果	目標的達成度	Do the right things（做對的事）
相同點	均是衡量管理績效的重要指標。			

	高效率	低效率
高效果	高效率／高效果  我只用一小時就讀完全部的書了，今天考試也都100分，真棒！	低效率／高效果  雖然我用一整天才讀完全部的書，但是今天考試都有100分喔！
低效果	高效率／低效果  雖然我只用一小時就讀完全部的書了，但是今天考試都沒及格，真糟糕！	低效率／低效果  我用了一整天讀完全部的書，但是今天考試都是不及格，怎麼會這樣？

管理動動腦

根據上述的例子「魔球」，你覺得他們成功的原因是因為注重效率還是效能？之前會失敗的原因又是因為太注重效率或效能？

企業策略轉型，組織與經營團隊如何跟進？

研華：訂閱制是一場管理思維的大變革

訂閱經濟始祖成道瓊科技新股王，在臺灣呢？正努力發展訂閱經濟的企業狀況如何？

2020 年八月，六角推出套餐升級訂閱制，只要付訂閱金兩百元，六個月內可享旗下杏子豬排、段純貞牛肉麵的不限次數升級套餐。

電子廠中，最重量級的投入者就是研華，它推出物聯網平臺，讓 VIP 客戶用年費六十萬，可訂閱包含智慧工廠、智慧零售等各種服務，連潛在對手鴻海也跑來訂。

臺灣從電子業到賣牛肉麵的，都想透過訂閱制度提高公司的營收，因為訂閱制最迷人的地方就在於，當客戶跟你發生長期關係後，因為轉換成本很高，客戶也就不會輕易取消訂閱，可以為企業未來創造持續穩定的收入，但並非所有訂閱制都成功。

今年七月，臺灣手搖飲料店大苑子在推出訂閱制半年後，承認失敗。政大商學院副院長邱奕嘉指出，訂閱制最常踩的坑，在於企業誤認「訂閱制」只是單純將收費模式，從一次性收費改為持續性收費，但卻忽略，背後其實是代表整套商業模式與思維再造，企業得將從訂單制時的產品導向思維，轉向以用戶為中心的訂閱制，否則客戶會不買單，也就會產生中途取消訂閱。

六年前，研華開始推物聯網訂閱服務，從原本只賣工業電腦，到開始賣工業電腦使用的應用程式。模式就像蘋果不只賣 iPhone，也提供各式各樣如 iTunes 音樂、Apple Store 應用程式等，客戶可以根據個人需求，選擇自己要訂閱哪些應用服務。

研華科技技術長楊瑞祥說，「讓客戶轉換下單模式，接受訂閱制並不困難，挑戰在於，公司提供的服務價值到底到不到位。」面對雲端服務的客戶，他們需要每週跟去和客戶對話，了解顧客需求，透過「共創」的模式，才能開發符合客戶需求的商品。

趨勢科技：小型專案團隊可較機靈反應客戶中心專案需求

趨勢科技臺灣暨香港總經理洪偉淦說：「現在，公司很重要的一句話是：Everyone owns customer value growth（人人都須為客戶價值成長負責）。」目前趨勢科技，從早期單套軟體買斷式銷售，改為現行雲端訂閱制，雲端訂閱制一大特色，便是要能快速回應顧客需求，否則客戶很可能下一秒就變心退訂，因此企業內所有員工都要能為留住顧客而戰，貢獻心力。

為此，過去以功能區分的大組織架構便不再適用。洪偉淦形容，過去產品賣不好，大家會各部門間先彼此指責：「賣不好，那一定是產品經理的錯，產品經理會說，研發人員東西沒有做好，業務會說，你給我爛產品，我怎麼賣？」

現在，為了快速回應客戶，趨勢把產品內的服務拆解為一個個小模組，並將過去動輒上百人的大組織，拆分為「兩盒 Pizza 規模」約十人的小團隊，裡面不只有研發人員，還有業務、產品經理、客服等角色，一個公司就有五十個小組。

當服務出問題，公司可以快速找到對應負責小組，此外，因為分專案，小組內成員就會意識自己有責任確保自己負責的功能夠好用、使用頻率高，大家共同承擔責任，不互推皮球。

去年趨勢科技還成立「戰情室」，在螢幕上列出密密麻麻的用戶使用數據，監控系統夠不夠穩定、是否有異常。若有異狀，大家當下一起解決，「在這房間裡，一定要有人扛就是了。」洪偉淦說。

以顧客為中心開發，使小組為了讓客戶滿意，從研發人員到業務，變成除了熟悉自己原本職能內容，還要去多花時間理解彼此在做什麼、互相支援，才能滿足客戶需求。此外小組制的組成採邀請制，專案完成就解散，所以團隊內非常講求合作能力，如果有員工每次都無法有貢獻，下次小組組團時就會落單，不適任的員工自然被淘汰，留下菁英團隊。

和運：從顧客使用歷史探詢顧客深層需求

和運集團透過自助租車服務 iRent，提升顧客便利的租車服務，以提升與顧客的互動頻率，進而透過蒐集顧客使用數據，了解顧客對「移動」的需求。例如，藉由顧客的用車頻率、集中在平日還是週末租車、出發和抵達的地點，便能分析區域性顧客對於租車用途的需求，以及車型功能的需求。和運租車企劃部協理李佳峰舉例，「若用戶租車多以觀光用途，公司未來就可能結合景點周邊旅館推整套服務；而若是本身有車、只是不想長途駕駛的客戶，未來也能推提供區域租車訂閱制服務給這群消費者。」

因此，訂閱制雖然減少單次訂單收益，但可提供企業長期優化與開發新產品所需的消費者使用資料，企業得以一面努力教育市場，增加和潛在顧客的接觸點、蒐集數據，一方面，內部也經歷挑戰，不斷優化服務內容，提供更符合消費者需求的產品與服務。目前，iRent 用戶數四十八萬，這群習慣線上租賃汽車的人，被視為是訂閱服務潛在客群。

資料來源：張庭瑜（2020），「臺灣訂閱先鋒研華、和運轉型如何不踩雷？」，商業周刊，1713 期。

重點摘要

1. 管理的意義：總結「管理」的意義，就是彼得 ‧ 杜拉克（Peter Drucker）所說的「用正確的方法做正確的事」（Do the things right and do the right things）。
2. 管理的內涵：
   (1) 程序與手段：管理藉由不同的程序與手段來協助。
   (2) 群策群力：管理需要組織成員的彼此合作與協調。
   (3) 有明確目標：管理必須有明確的目標，後續才能根據目標持續進行。
   (4) 隨時間演進：管理並非一成不變，會隨時間不斷演進。
3. 管理的科學性：

面向	定義	科學或藝術
管理理論	科學之絕對定義：已獲得之知識，可重複驗證，不可動搖。	不精確的科學
	科學之相對定義：科學本質不在累積的知識本身，而在於可不斷演進的方法與程序。	發展中的科學
管理實務	具有藝術之獨創性與人文精神。	一種藝術

4. 管理的重要性：「管理」可協助組織達成目標、透過組織創造不同價值、讓組織發揮優良運作。
5. 管理功能：

管理功能	意義
規劃（Planning）	對未來欲採取的行動，進行分析與選擇的程序。也就是分析企業內部現有資源與未來欲達成的目標作一連串的分析與判斷並選擇最佳方案。
組織（Organizing）	依據目標，進行人員的責任分配，使得工作、人員與權責間能夠有適當的分工與合作關係。
領導（Leading）	領導人有賴於適當的激勵與溝通影響他人，使其完成組織的目標，是一種影響力的運用。
控制（Controlling）	為求預期目標能夠達成過程中的監督與檢核，是一種偵查與改正的程序。控制並非事後檢討，而是希望在行動前或當中就可及時匡正。

6. 管理與績效：

項目／相異點	目標	基礎	重點	彼得 ‧ 杜拉克之定義
效率（Efficiency）	最低資源之浪費	重過程	資源的使用率	Do the things right（把事做對）
效能／效果（Effectiveness）	最高目標之達成	重結果	目標的達成度	Do the right things（做對的事）
相同點	均是衡量管理績效的重要指標。			

本章習題

一、選擇題

( ) 1. 管理（Management）一字最早是由哪位學者提出？ (A) 麥克．波特 (B) 彼得．杜拉克 (C) 菲利浦．科特勒 (D) 許士軍。

( ) 2. 管理是強調__________。 (A) 有特定目標的 (B) 威嚴統治的 (C) 單打獨鬥的 (D) 靜態的。

( ) 3. 根據孔茲的想法管理是一門： (A) 純科學 (B) 純藝術 (C) 科學兼藝術 (D) 非科學也非藝術。

( ) 4. 管理功能的順序爲__________。 (A) 規劃、組織、控制、領導 (B) 組織、規劃、領導、控制 (C) 組織、領導、規劃、控制 (D) 規劃、組織、領導、控制。

( ) 5. 下列何者不是行政三聯制的管理功能？ (A) 領導 (B) 規劃 (C) 考核 (D) 執行。

( ) 6. 以下何者不是費堯（Fayol）的管理功能？ (A) 規劃 (B) 報告 (C) 命令 (D) 控制。

( ) 7. 控制（Controlling）的特質__________。 (A) 是事後的 (B) 是影響力的象徵 (C) 是及時匡正的 (D) 是一種資源分配。

( ) 8. 規劃（Planning）的特質__________。 (A) 是事後的 (B) 是影響力的象徵 (C) 是及時匡正的 (D) 是一種資源分配。

( ) 9. 領導（Leading）的特質__________。 (A) 是事後的 (B) 是影響力的象徵 (C) 是及時匡正的 (D) 是一種資源分配。

( ) 10. 管理與績效的關係爲__________。 (A) 績效是管理的因 (B) 管理是績效的果 (C) 管理是績效的因 (D) 彼此沒關係。

( ) 11. 效能與效率的不同爲__________。 (A) 效能重目標 (B) 效率重目標 (C) 效率是 do the right things (D) 效能是 do the things right。

( ) 12. 我們常說這個人做事好有效率，言下之意爲__________。 (A) 此人很計較目標的達成率 (B) 此人是很重結果的 (C) 此人是做正確的事（do the right things） (D) 此人是用最少的資源達成目標。

( ) 13. 管理理論爲__________。 (A) 不精確的科學 (B) 純粹的科學 (C) 富有人文精神的 (D) 有藝術精神的。

( ) 14. 組織與管理的關係爲＿＿＿＿＿。 (A) 是獨立分開的 (B) 是相輔相成的 (C) 沒有管理就沒有組織 (D) 組織可幫忙達成管理之功用。

( ) 15. 管理目標的意義何者爲錯？ (A) 做對的事情比將事情做對更重要 (B) 達成企業組織的使命 (C) 一個人即可達成 (D) 管理目標的達成需要協調。

( ) 16. 校慶即將到來，A 社團預計在校園內擺攤以賺取社團費，社長開會討論當天的流程與注意事項，並事先演練當天可能發生的狀況。請問社長是在執行管理的哪一項功能？ (A) 規劃 (B) 組織 (C) 領導 (D) 控制。

( ) 17. 樂活公司爲一間生技公司，生產產品的速度快於競爭者，但因爲沒先做過市場調查與顧客需求就貿然推出，導致產品銷量不佳。請問樂活公司是屬於＿＿＿＿＿？ (A) 高效率，高效能 (B) 高效率，低效能 (C) 低效率，高效能 (D) 低效率，低效能。

( ) 18. 景德是一間藥廠的高階主管，他在公司內主要的工作包括了：(1) 監督公司內部各項活動，以確保所有工作均按計畫執行 (2) 指引、激勵團隊成員，並處理和人有關的相關事物 (3) 確定公司的目標、制定相關策略與發展計畫 (4) 決定執行人選與任務編組，告知誰應該要向誰報告。請問，若依管理功能的角度來看，上述 (1)、(2)、(3)、(4) 四種管理功能依序爲？ (A) 組織、規劃、領導、控制 (B) 控制、領導、規劃、組織 (C) 領導、控制、組織、規劃 (D) 控制、領導、組織、規劃。

( ) 19. 仁仁保險公司業務經理爲每位業務員訂定每個月的客戶成交訂單數是屬於管理的何種元素？ (A) 管理需要明確的目標 (B) 管理需要建立程序 (C) 管理是一種動態的概念 (D) 管理是管理者的活動。

( ) 20. 華特．迪士尼的迪士尼樂園的成立帶給了遊客歡樂，這是實踐何種管理重要性？ (A) 管理可協助組織達成目標 (B) 管理透過組織創造不同價值 (C) 管理讓組織發揮優良運作 (D) 以上皆是。

二、填充題

1. 衡量管理績效的兩個重要指標爲＿＿＿＿、＿＿＿＿。
2. 管理功能最常用的爲哪四功能？（請依順序寫出）＿＿＿＿、＿＿＿＿、＿＿＿＿、＿＿＿＿。
3. 根據彼得．杜拉克的說法，效率是＿＿＿＿；效能是＿＿＿＿。
4. 最早提出管理功能的學者爲＿＿＿＿。
5. 管理的重要性分別爲＿＿＿＿、＿＿＿＿、＿＿＿＿。

NOTE

第 02 章

管理人與管理工作

學習重點

1. 管理者的意義與內涵
2. 管理者的工作任務
3. 管理者的角色分類
4. 管理者的能力與內涵
5. 成功與有效的管理者

管理者的意義與內涵	管理者的工作任務	管理者的角色分類	管理者的能力與內涵	成功與有效的管理者
• 管理者的定義	• 管理者的基本工作 • 管理者的工作特性	• 管理者的分類 • 管理者的角色與任務	• 觀念化能力 • 人際關係能力 • 技術性能力 • 管理者能力與階層之關係	• 成功與有效管理者的管理活動

2-1 管理者的意義與內涵

一、管理者的定義

依據許士軍教授的定義，在一機構中擔負管理功能性質工作者，一般稱之爲管理者。過去管理者的定義多爲天生職權論，也就是管理者爲組織所任命，擁有賞罰的法定權力，其影響力是來自職位所產生的正式職權，負責管理公司或企業員工、資源和費用的控管。但根據《有效的管理者》（The Effective Executive）一書中，彼得 · 杜拉克（1966）對管理者的定義較過去爲廣泛：「由於某職位和知識，必須作出影響整體績效決策的知識工作者與經理人。」

但在這裡要注意，管理者不單單只需做管理的工作，也常常需要做許多非管理性的工作，例如人際關係或業務應酬工作等。因此，管理者的時間常變成屬於其他人的時間，或者被迫忙於其他的事務，可能會對機構造成傷害或損失。相較於「大多數的管理者」注重勤奮，忽視成果，老是強調自己的職權；「有效的管理者」則重視貢獻，對成果負責，以整體的績效爲己任。

管理便利貼 專業經理人（Professional Manager）的發展

在 1950 年以前，企業所有者等於管理者，大部份都是家族企業，當時並沒有專業經理人的概念。而在 1950 年後，由於企業的規模擴大，環境變化快速，企業逐漸國際化、多角化，一般的家族企業已經無法負荷需求，於是慢慢的向外找尋專業的經理人而非僅只於家族的下一代，企業的所有權與經營權正式分離，但後來也出現了代理理論（Agency Theory）的問題。

管理動動腦

家族企業的管理者容易成為一個有效的管理者嗎？請說明你的理由。

2-2 管理者的工作任務

一、管理者的基本工作

管理學大師彼得 · 杜拉克（1966）認爲管理者有四項基本的工作，如圖 2-1：

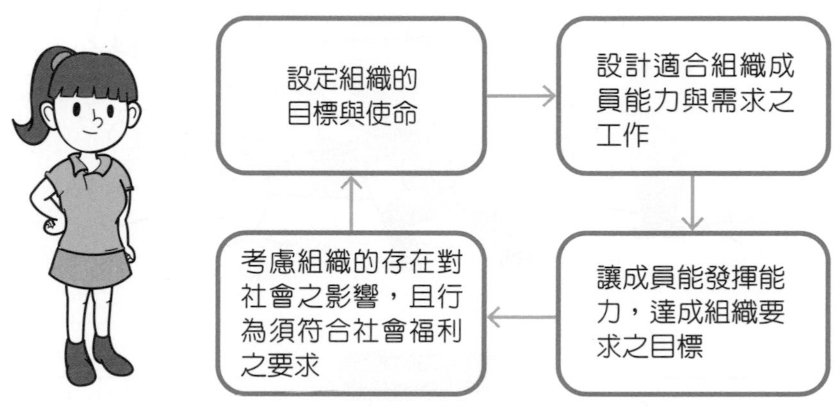

圖 2-1　管理者四項基本工作

二、管理者的工作特性

過去學者與明茲伯格（Mintzberg, 1975）的研究指出管理者的工作有以下幾點特性：「前瞻性」、「規劃性」、「整體性」、「領導性」、「權變性」、「壓力大」、「科學與藝術性」及「喜愛口頭溝通」，如表 2-1。

表 2-1　管理者工作之特性

特性	說明
前瞻性	管理者做決策時，眼光必須是長期的，而非短視近利。
規劃性	管理者在工作時間的配置，須著重規劃的工作與決定工作方向。
整體性	管理者在工作上的思考必須是整體的，不能忽視其它對組織可能有影響的內外部因素。
領導性	管理者需要運用自身的能力來影響員工共同達到目標。
權變性	管理工作沒有一套放諸四海皆準的準則，隨時都在變化，因此管理者必須在不同的情境與環境中採取不同的管理方法。
壓力大	管理者必須處理許多緊急事務，通常在變化性大與壓力大的環境中工作，需要快速做決策，因此不喜歡深加思考。
科學與藝術性	管理者在做決策時包含了科學與藝術性，但大多數的管理者仍頗為依賴個人直覺與判斷。
喜愛口頭溝通	管理者為追求時效，並不喜歡太多的書面報告。他們反而比較常用開會或電話等口頭溝通來獲得資訊。

學例來說，有一個企業家老闆問司令，你們炮兵演習訓練有素，可是爲什麼有一個兵站在炮後頭不動啊？司令說：「從我進炮兵學校開始就命令第十號兵站在那裡不動啊！」。結果是因爲以前是靠馬拉炮台，炮彈射擊的時候要有一個兵拉著馬，不然炮一打，馬全跑光了，隨著時代進步了一百多年，全是機械化了，拉馬的兵結果還站在那裡。這就是告訴我們，一位領導者如果沒有前瞻性、與時俱進的概念，將會延誤組織的成長。

時事講堂

2021 疫情後管理關鍵字：女力、數位力

2020 ～ 2021 年全球爆發新冠狀肺炎，造成上千萬人死亡，全球經濟停滯，打亂了各行各業原本產業未來的布局，不過總體經濟環境也因疫情產生變化，加速了臺灣許多中小企業進入二代接班的時程！

商周遍訪這批「疫情中接班」的二代接班者，從彼此分享內容中，發現兩個共通點：第一、接班時程提前，認為自己被升遷到目前職務時間，比原訂提早約一年到兩年不等；第二、女性居多，新上任的二代管理者絕大多數都是女性！

《哈佛商業評論》2020 年底一份調查顯示：在危機時刻，女性是更適合的領導人。他們針對全球共六萬名企業領導人，分別在 2019 年與 2020 年疫情爆發後，進行相關評估。結果出爐十九項指標中，女性領導人在疫情中，管理決策表現的評價明顯優於男性管理者，特別在有關員工有效激勵、團隊協作、建立關係等面向，分數更明顯。研究報告內文分析，這些管理特質與能力，正是企業面臨危機時，安撫人心的關鍵。

此外，因應疫情在家工作、遠距辦公、視訊會議與外送平臺都成為做生意必備條件，企業內數位專案推行的排序瞬間被拉到最優先。而這類專案，多數都由年輕一輩的二代操刀，使他們在企業內角色的重要性大幅提升，站上舞臺中央，疫情放大了下一世代的珍貴能力，「數位」與「女性」兩大關鍵字，確實已帶動臺灣中小企業一群女性企業家二代順利接班，也可見環境對企業經營管理的影響，然而疫情所產生的經濟模式的轉換是短期，還是從此掀起全球經貿新型態，究竟能對企業接班產生多大影響，目前看來還是未知數。

資料來源：蔡茹涵（2021），「世代差異成意外資產　疫情接班關鍵字：女力、數位力」，商業周刊，1757 期。

影片連結

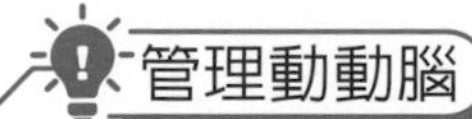

管理動動腦

何謂權變性？請試舉出一例。

2-3 管理者的角色分類

一、管理者的分類

（一）管理者的分類

依照組織層級可將管理者分為三類：高階主管、中階主管及基層主管。高階主管如董事長、總裁、總經理（CEO）等；中階主管則為部門的經理或協理（Manager）；而基層主管則為部門主任或領班（Supervisor）等。

不同的層級在任務性質與決策的範圍均有不同。較高階的主管所管理的範圍主要是整個公司長期的規劃與策略，任務結構性較多變化；中階主管則要將高階的策略化成部門決策，任務結構性中等；而基層主管的決策範圍則是處理部屬相關事務為主，任務結構性高，如表 2-2。

表 2-2　管理者分類

主管階層	相關職稱	工作性質	決策範圍	任務結構性	實例
高階主管	董事長、總裁、總經理（CEO）	策略性	全公司	低	公司未來十年產品設計的大方向。
中階主管	部門經理與協理（Manager）	戰術性	各部門	中	研發部門要如何設計與實踐老闆對於產品之規劃。
基層主管	部門主任或領班（Supervisor）	作業性	個人	高	部屬要如何分工協調才能幫助研發經理發展出實際產品。

（二）管理者分類與管理功能

根據費堯（Fayol）的理論，管理者每天從事的工作爲規劃、組織、命令、協調與控制，但隨著主管層級不同，會偏重不同的管理功能。愈高階主管愈偏重規劃與組織，而愈低階主管愈偏向領導與控制，如圖 2-2。

二、管理者的角色與任務

（一）管理者的角色

明茲伯格（Mintzberg, 1975）從個案分析中發現管理者所扮演之角色可分爲三大類、十種角色。其中，管理者時常擔任不同的身分且具有多重角色。此三大類角色分別爲「人際關係角色」（Interpersonal Roles）、「資訊角色」（Informational Roles）與「決策角色」（Decisional Roles），如表 2-3。

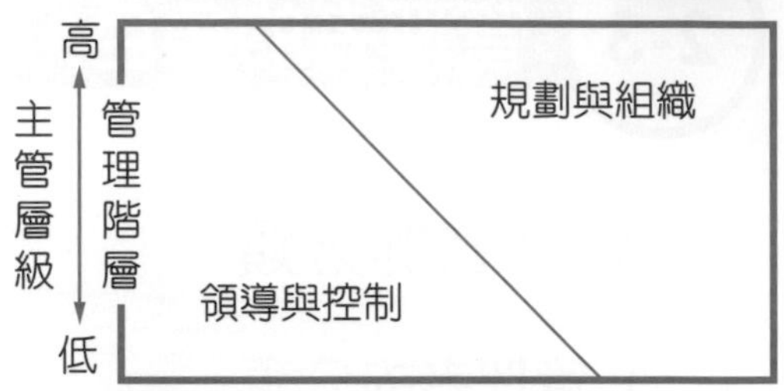

圖 2-2　管理階層與管理功能比重

資料來源：Dessler, G.（2004）. *Management Principles and Practice for Tomorrow's Leader*, 3rd ed.

表 2-3　管理者所扮演的角色

角色		說明	實例
人際關係角色	頭臉人物（Figurehead）	是組織的象徵性人物，具有機構單位代表的頭銜，常常要代表公司去參加各種集會。	主持股東大會、代表組織頒獎致詞。
	領導者（Leader）	管理者需要領導員工完成工作，並處理員工事務或員工間的問題。	了解員工工作進度與困難、協調員工與員工間的不合。
	聯絡者（Liaison）	管理者同時需要與同事間及外界建立網絡，才能讓管理者了解外面的情況並應付新狀況的發生。	出席內外部會議、參加利害關係人的社交活動與婚喪喜慶。
資訊角色	監控者（Monitor）	管理者也會持續搜尋與組織內外部有關的資訊，成為組織情報站。	由內外部管道尋找與組織相關的資料，或實地考察。
	傳播者（Disseminator）	管理者將從內外部管道搜尋到的資訊告知組織內部成員。	利用會議、網路、社群軟體、公佈欄、電話、或書面等方式告知員工訊息。
	發言人（Spokesperson）	代表組織對外發表意見或報告公司政策。	辦理董事會議、年度股東大會、記者會或對媒體發佈新聞稿。

角色		說明	實例
決策角色	企業家（Entrepreneur）	時常檢視內外部環境，為組織謀求不同的機會並審視方案實施之可行性。	尋求同業合作或異業結盟之機會、推動內部改革方案。
	危機處理者（Disturbance Handler）	負責排除組織所遭遇非預期且影響重大之困難。	預先建立危機管理、危機發生時的處理與危機發生後的檢討。
	資源分配者（Resources Allocators）	負責分配組織中的各項資源給組織成員。	將成員分工並設計合適之工作。編列排程、年度各部門預算。
	談判者（Negotiator）	代表公司對其他組織協商重要的合約或案件。	與工會溝通、與其他組織商談合約。

資料來源：Mintzberg（1975）. *The Nature of Managerial Work*.

但是所有的事情都是一體兩面的，後來的研究指出明茲柏格的三大管理角色主要的缺點爲：

1. 此架構較偏重高階管理者，忽視基層管理者的角色。
2. 將管理工作與非管理工作混淆。

（二）管理層級與管理角色

基本上，愈高階的主管愈偏重「頭臉人物」、「傳播者」與「談判者」等外部角色。而中階管理者則較偏向「聯絡者」與「發言人」的角色上。基層主管則多扮演「領導者」的角色，其工作通常是直接處理與部屬相關的活動，如圖 2-3。

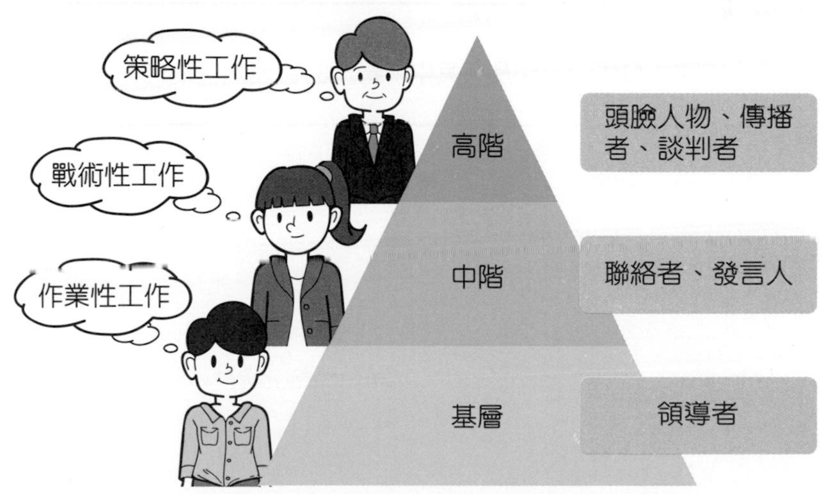

圖 2-3　管理層級與管理角色

資料來源：Pavett and Lau（1983）.*Managerial work:The influence of hierarchical level and functional specialty*, Academy of Management Journal, 26(1), P170-177.

（三）管理角色與組織規模

如果將管理角色放置組織規模中，管理角色在不同的規模有不同之重要性（Paolillo, 1987），如圖 2-4 所示。

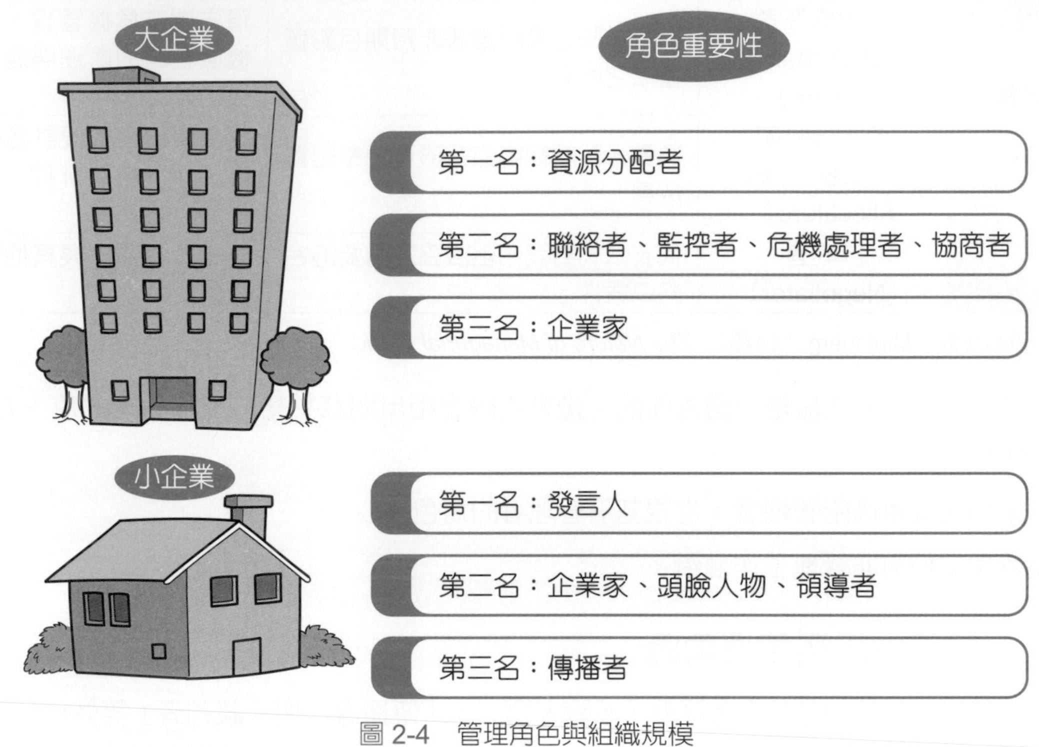

圖 2-4　管理角色與組織規模

管理動動腦

請舉出一位企業家所發生的事件及在其中所扮演的管理角色為何？

2-4 管理者能力與內涵

管理能力、業務能力與作業能力是不同的能力，如果由管理矩陣的觀點來看，管理才能爲管理者從事管理程序的能力，而業務才能是管理者達成業務功能程序之能力。作業能力則爲管理者能執行作業程序之能力。因此，一位優秀的業務人才不一定就是優秀的管理人才，反之亦然。近年來，有許多學者將管理技能取代人格特質做爲一位優秀管理者的條件。凱茲（Katz, 1955）發表的《有效管理者的技能》（Skills of an Effective Administrator）一文中，強調一位優良的管理者應具備三種不同的管理能力：「觀念化能力」（Conceptual Skill）、「人際關係能力」（Human Relationship Skill）以及「技術性能力」（Technical Skill）。

一、觀念化能力

管理者所面臨的環境與問題常常是錯綜複雜的，如何從中發掘出關鍵因素與問題核心則須依賴管理者的思考與觀念化能力。所謂觀念化能力主要是管理者具有對組織內的複雜現象做分析、簡化與歸納的能力，是一種抽象的能力，尤其是管理者在做決策時，此能力更是重要。然而這樣的能力無法藉由授權他人來替代，在培養與選拔高階主管時須特別重視。

二、人際關係能力

在前一章即提過管理的定義是「群策群力、以竟事功」，故管理是需要集衆人之力量配合的。管理者必須要藉由他人的力量來完成任務，因此如何建立與部屬間的互信與合作就極爲重要。人際關係能力即是指一個管理者能夠和別人協調與溝通，且進一步影響他人之能力，但不可過分偏重於討好下屬，而忽略了組織目標與個人創造力。

三、技術性能力

一位管理者要有好的統領方法則必須要有最基本的技術能力，此種技術能力與管理能力並不相同。雖然管理者並不需要成爲純技術專家，但是如果一無所知，將無法與技術人員相互溝通，也無法在技術人員碰到困難時給予協助。其技術性能力是指爲達成工作所需要的專業知識與能力。簡言之，各部門主管必須要有相當的知識，如研發部門主管須了解研究方法與工具的知識，而財務部門的主管須有相當的會計與對帳功夫。這些能力看起來雖然基礎，但對於主管能有效擔任管理任務是非常重要的。

以下舉個籃球的情境。如果我是教練要組個業餘球隊，我會如何運用這三個能力。

觀念化能力

組成一個籃球隊，面對這麼多不同特色的選手，必須快速決定哪些選手的能力是我所需要且彼此互補的：

1. 中鋒找像姚明一樣高個的，會蓋火鍋、會灌籃的。
2. 大小前鋒要會帶球切入的，鑽來鑽去破壞對方的防守形。
3. 後衛要求控球好，要懂得分球，還可在三分線外一個冷箭得三分。

人際關係能力

光有強的隊員還不夠，隊員間的彼此合作很重要，場上不是某個人的獨秀。

1. 能夠聽從教練的戰術也很重要，所以隊員間的互信與溝通必須十分足夠。
2. 我會常常與隊員在訓練時進行精神喊話，並與他們在練習之餘聚會，了解他們的困難與關心他們，培養亦師亦友的互動。

技術性能力

為了讓隊員信服我所說的話，前提當然是要證明我是這方面的專家：

1. 我會跟隊員們說出我過去的經歷及上場經驗。
2. 實際上場教導，而非只是在旁用嘴指導。
3. 與隊員們有良好的溝通與了解他們每個人的弱點，也能在他們遇到困難時給予適當的協助。

圖 2-5　管理者的能力與內涵

時事講堂

未來成功領導人所需的八大特質

臺灣領導人希望未來接班人才具備哪些特質？《管理雜誌》研究彙整 40 多名臺灣知名企業領導人，對於未來接班人的期望與看法，整理出具有誠信正直、責任感、自信、積極熱情、前瞻性、創新、企圖心、果決八大特質的清晰形象。

特質 1：誠信正直、品德最重要。

特質 2：有責任感、將公司擺第一。

特質 3：自信、廣納雅言、接受挑戰。

特質 4：積極熱情、勇於嘗試與改變。

特質 5：具前瞻性與洞察力。

特質 6：創新、挑戰舊習慣。

特質 7：企圖心、追求更大成就。

特質 8：果決、根據價值觀立下判斷。

所以各位可以參考一下現在業界的想法與審視自我還欠缺什麼特質？

影片連結

參考資料：李宜萍（2007），「臺灣領導人希望未來領導人才具備哪些特質？」，管理雜誌，399 期，P.24-37。

四、管理者能力與階層之關係

基本上，從管理層次來看，凱茲於 1955 年提出管理階層與管理能力之間的關係。首先，他主張愈高階主管由於要處理的事務較複雜與抽象，所以觀念化能力愈重要；中階主管是三種能力並重；基層主管則因爲其主要工作爲管理部屬，因此技術能力對基層主管來說比其他能力更重要。再者，凱茲認爲人際關係對各層次的主管爲不可或缺之能力，如圖 2-6。

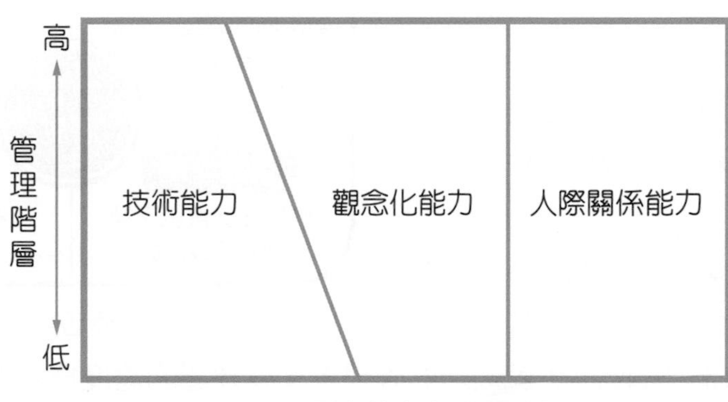

圖 2-6　管理者能力與階層關係

資料來源：Katz（1955）. *Skill of an Effective Administrator.* Harvard Business Review, 33(1), P.33-42.

凱茲與卡恩（Katz and Kahn, 1966）將管理能力與管理階層合併，提出其研究關係，如圖 2-7：

其中，技術能力包含了知識與經驗；人際關係能力包含了溝通與協調；觀念化能力包含了決策與整合；診斷能力則包含了診斷與分析。愈高階層愈需要重視觀念化與診斷能力；而愈低階層愈需要注重技術能力。

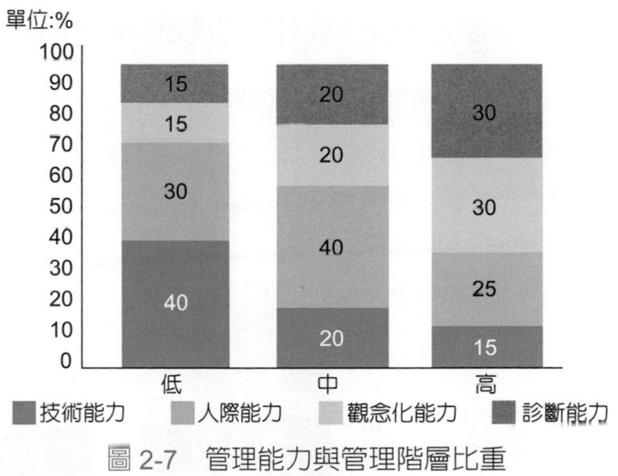

圖 2-7　管理能力與管理階層比重

管理動動腦

在你的認知中，凱茲的管理者能力與階層之間的關係，是否會根據不同產業而有不同著重之能力？

2-5 成功與有效的管理者

一、成功與有效管理者的管理活動

學者盧森士（Luthans, 1979）與其同事研究了 450 位管理者，其結果發現管理者都執行了四種管理活動，分別爲傳統的管理活動、人力資源管理、溝通與網路行爲。以下說明了盧森士的管理活動定義，如圖 2-8。

圖 2-8　管理活動與活動內容

顯示研究結果發現有效的管理者（就績效的品質與員工的滿意程度爲基準）花最多的時間在溝通上（44%）；就成功的管理者（以升遷的速度爲基準）而言，多數時間是花在與外部人際的網路行爲（48%），對他們而言，傳統管理與人事上的管理則相對較不重要；而一般的管理者則在傳統的管理活動上花費最多時間（32%），花費最少時間的活動則爲外部網路行爲（19%），如圖 2-9。由此研究可發現，如果要當個有效或成功的管理者，要注重對內的溝通與對外的社交活動，而非傳統的管理行爲。

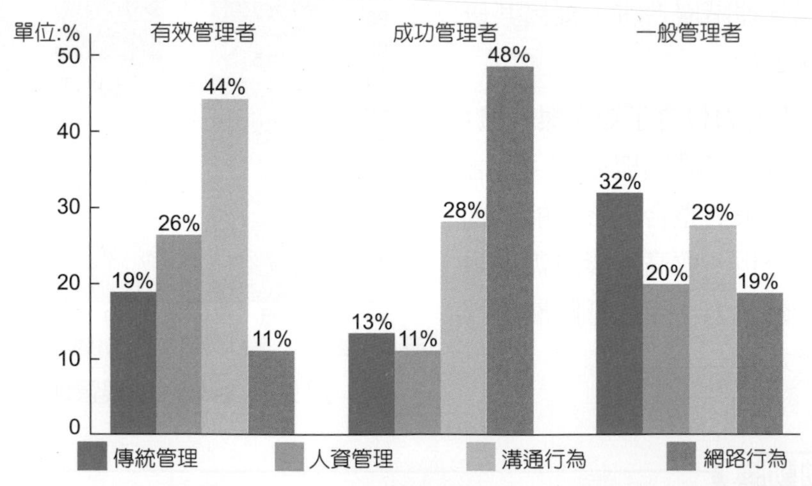

圖 2-9　三種管理者的管理活動比較

管理動動腦

盧森士提出有效的管理者與成功的管理者有何不同？

靠兩週成立 9 宅配品牌，阿美米干二代從接不了班到贏家族信任

「阿美米干」是桃園一帶頗負盛名的滇緬料理名店，集團旗下共有九個品牌、十六家分店與中央廚房，2020 年營收超過四億元。

如同電影《異域》的情節，二代王恩寧父親曾是游擊隊情報員，母親是山林裡長大的傈僳族姑娘，兩人輾轉來臺後，便定居在忠貞新村，靠販售雲南傳統美食「米干」維持生計，再一個個將留在滇緬的親人接來臺定居。家族內超過二十個人都在集團中共事。長輩們各司其職，各自擔任不同角色。

王恩寧二十歲進入公司，到三十歲前，僅負責管店，每天在店內就是負責煮米干、端盤子、兼顧所有前後場大小事，一晃眼就是十年。三十歲後，她改做教育訓練，負責為整個集團訓練店長、當講師、核發薪水、處理勞健保，一做又是七年。大部分都擔任後勤角色，全都與經營無關。

不顧反彈蓋教堂風網美餐廳，堅持中獲得逆風勝利

2019 年底，即將七十歲的王恩寧父親，決定要在忠貞新村文化園區內設立一個「異域故事館」，為當初一起來臺打拼的弟兄們圓夢。但故事館可想而知獲利有限，因此在家族內宣布此消息後，大家反應都頗為冷淡。

此時，王恩寧立刻轉念─故事館不能賺錢，勢必得靠其他收益來養。文化園區的面積這麼大，難道不能加開一間餐廳，由自己從頭到尾一手打造？於是，她大膽接下了眾人眼中的燙手山芋。

「我要開餐酒館，把滇緬比率降到 30% 左右！」她回憶，一來無論家族，忠貞新村或鄰近商圈都沒有餐酒館；二來可以靠著啤酒、輕食和整體環境順勢拉高客單價。她將過去以湯麵形式販賣的米干，變成「千層焗烤米干」；傳統湯品類的冬蔭功則轉為「冬蔭功義大利麵」；再搭配雲南烤香腸、胡辣子雞翅等特色菜。

搞定餐廳餐點項目後，王恩寧一改家族凡事自己來的習慣，在餐廳硬體與裝潢設計上，轉而求助專業，找上被喻為「觀光工廠教父」的肯默國際設計總監黃信彰。

「我是被她從機場直接攔截的！」黃信彰笑道，自己當時才和王恩寧認識不久，簡單聊過就到中國出差了，再回臺已是一個月後。沒想到，他一走出桃園機場，就看到王恩寧等在門外，直接將他載回忠貞新村細看場地。這種迫切感，說服了曾與無數企業二代共事的他。

「我告訴恩寧，妳必須跳出來才能開山立派。如果妳爸爸開的是柴油車，我們要打造的就是電動車！」他說。

首先，鏤空十字架屋頂的價格，約比正常屋頂高出一倍，不僅有漏水風險，更遭街坊鄰居投訴「好像棺材」。緊接著，這家餐廳既無招牌，門口又藏在不醒目的小巷內，徹底違反老一輩的生意邏輯。

最後，高單價也是眾人心中過不去的坎。相較於阿美米干高 CP 值的一碗八十元，新餐廳餐點平均價位約二百五十元，高出整整兩倍多，「直到開幕前一天，我都還在被念，說誰會來買？但這次我很堅持，也找了媽媽、阿姨當溝通橋樑。」王恩寧笑道。

不料，這間沒下任何廣告宣傳的「癮食聖堂」竟大獲成功！開幕第二天，口耳相傳的消費者，一路從園區門口排到餐廳外。當時適逢國旅熱潮，秘境般的打卡景點熱銷，正中年輕人喜好，新餐廳業績從預估的每月八十萬元，直接飆升到每月兩百萬元，更帶動集團去年總營收，逆勢超越 2019 年，儼然成為小金雞。二十年來第一次，王恩寧終於揚眉吐氣。在集團內職稱也從營業部經理升任為「忠貞文化園區營運長」，不料一切都看似步上正軌，直到 2021 年的 5 月 15 日，雙北市宣布升至三級警戒那一天。

業績掛零力拼宅配新事業，全靠「雜事」經驗期員工全力相挺

疫情期間「很多餐廳說自己的營收掉六成、掉七成，我看了都很羨慕，因為我們是直接歸零！」因為整個園區約七成消費都來自觀光客，三級後，大家都不出門，根本沒有收入。在業績連續掛零一週後，她生平第一次跳過長輩，先斬後奏做了兩件事：加入外送平臺、宅配冷凍料理包。

前者只要申請即可，後者卻是難上加難。例如研發，毫無經驗的她，最快方法理應是請集團中央廚房出菜，但這條路徑，勢必得通過長輩、董事會等層層關卡，不知又得拖多久。她牙一咬，直接打給集團各品牌店長，討論出幾道冷凍後也不影響味道的招牌菜，請他們打樣三十包送來。

有遇到不願配合的嗎？「當然沒有，他們當初都是我帶出來的啊，都超挺我！」她大笑。原來，過去做教育訓練、辦勞健保這些看似「雜事」的累積，都沒有白費。

再來是接單，過去整個集團從未碰過電商，當然也沒有購物車系統。為爭取時間，她索性土法煉鋼，直接用 Line 組團購群組，先讓熟客和親友們靠著「+1」下單。

又例如配送，早在五月底時，各大物流公司就因爆倉而停止收貨。當下，她立刻盤點起公司閒置資源與人力，調出三輛小貨車，每輛各配兩個人，直接前往不同縣市做外送。

幸運的是，兩週內推出的宅配車隊，上線二十幾天，業績就超過百萬元。於是，她更擴大連結範圍，邀請忠貞新村附近，產品又不與自家重複的蔥油餅、滷味等小商家加入，讓宅配品項更豐富。

原本網美感十足的教堂餐廳，也瞬間變成理貨區，整排紙箱在鏤空十字架的光影下微微發亮，等著在六小時內，配送至遠方客人手中。

「如果不是她拚命想辦法，這段時間，我們應該會直接選擇休息，等待撐過去就好。」王恩寧的阿姨、根深企業文化總監李福英坦言，家族第一代歷經顛沛流離才到臺灣，吃過的苦越多，想法就趨保守。

不過王恩寧，也因在疫情期間完成一場漂亮的戰役，已讓長輩給出無聲肯定—就在前幾天，舅舅下達指示，要撥出園區一塊空地，讓王恩寧打造「宅配區」。換句話說，冷凍宅配已由短期解方，變成集團未來長期經營的新商業模式。這位花了半輩子光陰，終於證明自己的二代，也真正踏上了接班之路。

資料來源：蔡茹涵（2021），「阿美米干兩週建9品牌宅配！她從接不了班到贏家族信任。」，商業周刊，1757 期。

重點摘要

1. 管理者的定義：彼得 · 杜拉克（Peter Drucker）對管理者的定義較過去為廣泛：「由於某職位和知識，必須作出影響整體績效的決策的知識工作者與經理人。」
2. 管理者的基本工作與工作特性：
   (1) 彼得 · 杜拉克認為管理者有四項基本的工作：設定組織的目標與使命、設計適合組織成員能力與需求之工作、讓成員能發揮能力，達成組織要求之目標以及考慮組織的存在對社會之影響，且行為符合社會福利之要求。
   (2) 明茲伯格與學者的研究，發現管理者的工作具有前瞻性、規劃性、領導性、整體性、權變性、壓力大、科學與藝術性及喜愛口頭溝通等特性。
3. 管理者的角色分類：
   (1) 管理者分類：

主管階層	相關職稱	工作性質	決策範圍	任務結構性
高階主管	董事長、總裁、總經理	策略性	全公司	低
中階主管	部門經理與協理	戰術性	各部門	中
基層主管	部門主任或領班	作業性	個人	高

   (2) 管理階層與管理功能比重：根據費堯的理論，隨著主管層級不同，偏重不同的管理功能。愈高階主管愈偏重規劃與組織，而愈低階主管愈偏向領導與控制。
   (3) 管理者所扮演的角色：人際關係角色、資訊角色、決策角色。
   (4) 管理層級與管理角色：
   高階：頭臉人物、傳播者、談判者。中階：聯絡者、發言人。基層：領導者。
4. 管理者應具備的才能：
   (1) 管理者的三大能力：觀念化能力、人際關係能力、技術性能力。
   (2) 管理者能力與階層關係：凱茲主張愈高階的主管，觀念化能力愈重要；中階主管是三種能力並重；基層主管的技術能力比其他能力更重要。再者，他認為人際關係對各層次的主管為不可或缺之能力。
5. 有效與成功管理者的活動：
   傳統管理：規劃、決策與控制（Plan-Do-See）。人資管理：對部屬的激勵、懲罰、工作安排及訓練。溝通行為：例行性的資訊交換與公文處理。網路行為：社交與聯外行為。

本章習題

一、選擇題

(　) 1. 高階主管的任務特性主要爲＿＿＿＿＿。 (A) 策略性 (B) 戰術性 (C) 作業性 (D) 戰鬥性。

(　) 2. 有效的管理者花最多的時間在何種管理活動上？ (A) 傳統活動 (B) 人資活動 (C) 溝通行爲 (D) 網路行爲。

(　) 3. 愈低階的管理者愈注重何種能力？ (A) 觀念化能力 (B) 技術能力 (C) 抗壓能力 (D) 人際關係能力。

(　) 4. 部門主任或領班的任務結構性＿＿＿＿。 (A) 不一定 (B) 高 (C) 中 (D) 低。

(　) 5. 下列何者非管理者的工作特性？ (A) 領導性 (B) 權變性 (C) 規劃性 (D) 部分性。

(　) 6. 何種管理能力無法授權？ (A) 觀念化能力 (B) 技術能力 (C) 人際關係能力 (D) 三者皆否。

(　) 7. 下列何者非管理者的基本工作？ (A) 決定組織目標 (B) 設計組織工作 (C) 規劃行銷方案 (D) 考慮組織對社會的影響。

(　) 8. 決策角色包含了＿＿＿＿＿。 (A) 領導者 (B) 企業家 (C) 監控者 (D) 發言人。

(　) 9. 當郭台銘先生代表鴻海向下游廠商談入股事宜時，他的角色爲＿＿＿＿＿。 (A) 領導者 (B) 企業家 (C) 頭臉人物 (D) 談判者。

(　) 10. 企業管理者出席其合作廠商新公司的開幕典禮，他的角色爲＿＿＿＿＿。 (A) 頭臉人物 (B) 聯絡者 (C) 傳播者 (D) 發言人。

(　) 11. 畢業典禮上校長上臺頒獎時所扮演的角色爲＿＿＿＿＿。 (A) 頭臉人物 (B) 聯絡者 (C) 傳播者 (D) 發言人。

(　) 12. 某公司發生賣假貨事件，負責人承諾以產品三倍價格退回給消費者以維護信譽，此時負責人的角色爲＿＿＿＿＿。 (A) 發言人 (B) 監控者 (C) 危機處理者 (D) 資源分配者。

(　) 13. 管理者將複雜的情況抽絲剝繭是在行使何種能力？ (A) 觀念化能力 (B) 技術能力 (C) 抗壓能力 (D) 人際關係能力。

(　) 14. 研究說明大多管理者喜愛的溝通方式爲＿＿＿＿＿。 (A) 網路溝通 (B) 口頭溝通 (C) 書面溝通 (D) 口頭與書面並用。

(　　) 15. 一般的管理者最常做的管理活動爲＿＿＿＿＿。 (A) 網路行爲 (B) 人資管理 (C) 溝通行爲 (D) 傳統管理。

(　　) 16. 興哲在高職畢業後進入修車廠工作，經過多年的努力成爲了一位領班，負責監督底下部屬，請問此時興哲著重在何種角色的扮演？ (A) 領導者 (B) 協商者 (C) 聯絡者 (D) 危機處理者。

(　　) 17. 以下是 DoDo 飲料店中的三位管理者他們的工作描述：

Sandy：經過仔細蒐集與分析一般環境與任務環境的資訊後，決定未來店裡加入現打果汁產品。

Jennifer：指導員工如何操作相關的機器設備以及製作新產品的方法

Johnson：扮演 Jennifer 與 Sandy 之間的溝通橋樑，讓 Jennifer 可以在第一時間了解 Sandy 想要達成的目標，也可以讓 Sandy 可以迅速得知員工在執行時遇到的困難。請問以上這三位管理者分別用到了什麼管理技能？

(A)Sandy 用的是技術能力；Jennifer 是人際能力；Johnson 是概念化能力

(B)Sandy 用的是概念化能力；Jennifer 是人際能力；Johnson 是技術能力

(C)Sandy 用的是技術能力；Jennifer 是概念化能力；Johnson 是人際能力

(D)Sandy 用的是概念化能力；Jennifer 是技術能力；Johnson 是人際能力。

(　　) 18. 根據過去學者的研究，管理者的工作特色何者正確？ (A) 管理者爲追求穩定，喜愛在不同的情境中採用相同的方法 (B) 管理者爲追求效率，喜愛口頭溝通甚過書面資料 (C) 管理者時常花費很多時間在技術研究上 (D) 管理者在做決策時實事求是，並不喜歡依賴直覺做判斷。

(　　) 19. 小杰爲一出版社高階管理者，他的工作特性爲何？ (A) 著重作業性工作上 (B) 執行任務結構性高的內容 (C) 執行任務結構性低的內容 (D) 負責領導與監督基層員工。

(　　) 20. 阿信主要的工作內容就是與不同部門的主管開會，了解每個部門的需求與困難，以及共同討論解決方案。請問他主要是何種管理者？ (A) 傳統的管理者 (B) 一般的管理者 (C) 有效的管理者 (D) 以上皆是。

二、填充題

1. 管理者所扮演的資訊角色包含了＿＿＿＿＿、＿＿＿＿＿、＿＿＿＿＿。
2. 主管層級愈高愈注重哪些管理功能？＿＿＿＿＿、＿＿＿＿＿。
3. 管理者的三大能力爲＿＿＿＿＿、＿＿＿＿＿、＿＿＿＿＿。
4. 管理者所扮演的人際關係角色包含了＿＿＿＿＿、＿＿＿＿＿、＿＿＿＿＿。
5. 管理者所扮演的決策者角色包含了＿＿＿＿＿、＿＿＿＿＿、＿＿＿＿＿、＿＿＿＿＿。

第 03 章

管理思想及其演進

學習重點

本章將帶領各位了解東西方的管理理論與西方不同時代學派的演進：

1. 東方的管理理論
2. 管理學派的起源
3. 傳統理論時期
4. 修正理論時期
5. 新近理論時期

東方的管理理論	管理學派的起源	傳統理論時期	修正理論時期	新近理論時期
• 無為說 • 有為說 • 強調關係的管理文化	• 管理學派的演進	• 科學管理學派 • 管理程序學派 • 官僚理論學派	• 行為學派 • 管理科學學派	• 系統學派 • 權變學派

3-1 東方的管理理論

過去的理論大都著重在西方國家，讓許多人都以爲管理的理論是由西方人所發明的，其實中國的古聖先賢早已在不同的經典中提出管理的概念，只是沒有被後世加以發揚光大。但隨著亞洲經濟實力的興起，亞洲的影響力已不容小覷，企業組織逐漸孕育出不同文化的管理方式，亞洲的國家也發展出屬於華人的管理方式，如日本的終身雇用制或強調和諧的組織文化等都逐漸在影響西方文化。雖然東方管理的文化仍在萌芽期，但相信未來會有愈來愈多屬於我們特有的管理理論。以下將介紹幾個東方管理理論供各位參考。

一、無為說

無爲說的思想是來自於道家的老子與莊子。道家主要強調由於人有理性的限制，無法抵過天時的變化，故一切事物要順應自然變遷的趨勢，領導者不要有太多的主張，應該要讓人民休息，養精蓄銳。如果套用於現在，代表組織的領導人應該盡量給予員工們工作上的彈性。另外，過去許多官吏因爲功績顯赫，容易遭上位者妒忌，所以無爲說變成了自保之道。在現在競爭的社會中，在工作的崗位上若要長久，不招惹是非、低調也是種自保之道，不是嗎？

二、有為說

另一派學者則是強調組織或管理者應該要有作爲，才能改善組織的績效。這一派的理論以儒家與法家爲主，儒家強調「禮樂典章」與「道德」的應用，而法家則重視「刑罰」的手段。儒家與法家的差別在於儒家強調人事管理應先求盡己再推己及人；法家的想法是重視績效考核，強調君主在管理國家時要有「法」、「術」與「勢」。「法」是指法規；「術」是指駕馭部屬的權術；「勢」則是指使用威勢或權力。故儒家與法家在官場上有「陽儒陰法之說」。不過這些理論用於現在的時代中，大多的企業在管理組織或評估員工時，似乎與儒家的觀點較符合，著重倫理道德之運用。

三、強調「關係」的管理文化

華人社會中事事都強調關係的運用，「關係」在一組織中扮演重要的角色。鄭伯勳（1995）認爲領導者常會根據部屬與自己關係的親疏遠近而給予不同的對待。

對於有較親近關係的部屬會較信任，領導者會分享較多的公司資訊與給予較高的決策權，也比較會讓他們從事重要工作，甚至會分配較多的資源予其利用，造成了許多父傳子、子傳孫的家族企業。

而強調關係的文化是根據儒家思想的「倫理」而來，認爲組織間的人際關係應注重仁、義、理的準則，與西方強調個人績效與組織制度的管理方式截然不同，也可說他們較「鐵面無私」。

管理動動腦

你認為在臺灣的企業中，「關係」重要嗎？

3-2 西方管理學派的起源

一、西方管理學派的演進

接下來，我們要進入西方管理學派的演進了。根據學者卡斯特與羅森威（Kast and Rosenzweig, 1970）的說明，管理思想大致可分爲三個階段，如圖 3-1。

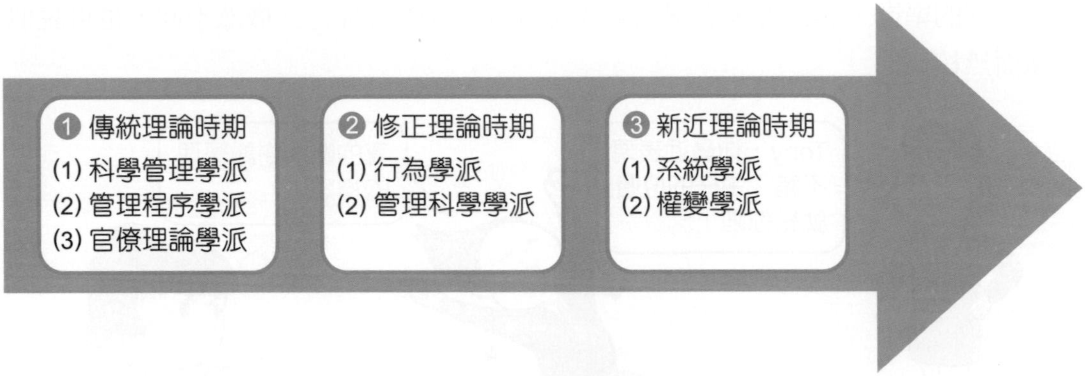

圖 3-1　西方管理學派三階段

管理學派的三階段說法分爲「傳統理論時期」（1900 年～ 1940 年）、「修正理論時期」（1940 年～ 1960 年）及「新近理論時期」（1960 年～）。其中，傳統理論時期又包含了科學管理學派（Scientific Management School）、管理程序學派（Management Process School）與官僚理論學派（Bureaucracy School）。修正理論時期包含了行爲學派（Behavioral School）與管理科學學派（Management Science School）。而新近理論時期則有系統學派（Systems School）與權變學派（Contingency School），各學派的年代與特色，如表 3-1。

表 3-1　西方管理三階段

年代	1900 ～ 1940	1940 ～ 1960	1960 ～
時期	傳統理論時期	修正理論時期	新近理論時期
學派	• 科學管理學派 • 管理程序學派 • 官僚理論學派	• 行為學派 • 管理科學學派	• 系統學派 • 權變學派
特色	面對穩定環境，組織追求員工動作與管理的效率。	面對不穩定環境，管理開始注重員工心理及情感與工作效率之關係。	面臨變動快速環境，組織追求主動與權宜的管理。

時事講堂

2020 冠狀病毒肆虐全球，重創各行各業，在疫情下各企業積極鼓動同仁線上學習，天下集團根據天下創新學院（現有超過 1,500 堂財經趨勢、數位轉型、領導管理、職能發展等課程，共計 16 萬商業菁英線上學員的數位學習平臺），在疫情前後觀察到一股新的學習動能正在改變，本文整理相關數據說明未來後疫情時代企業養成經理人關注的重要職能與管理人才四大未來趨勢。

表 3-2　天下創新學院熱門課程與課程熱門主題 Top10

2021 上半年熱門課程	排名	所有課程熱門主題分類
耶魯快樂學：修練幸福的 15 堂課	Top1	全球政經
心態致勝：打造成長思維的 8 堂實戰課	Top2	學習力
學會學：學習之道	Top3	天下好讀
Python 程式設計輕鬆學	Top4	壓力管理
決戰 AI 大未來，智能商務 9 堂課	Top5	人工智慧
商業洞察研究室	Top6	高效工作
營造心理安全感，提升團隊工作成效	Top7	策略管理
結盟 5G 大未來，攜手打造產業生態圈	Top8	團隊管理
帶人又帶心！ 4 堂課打造高戰力跨世代團隊	Top9	數位行銷
臺灣產業 AI 化的關鍵問題	Top10	語言學習

趨勢一：軟實力當道，管理者進修首重心理韌性、成長思維培育

2021 年的熱門課程以「心理韌性」相關課程，深受喜愛，已成為當前人才培育的首要重點，包含如何提高耐挫力、提升身心健康、建立成長思維，美國密西根大學、哈佛管理學院的研究也都指出，溝通與問題解決相關的軟實力培訓，可提升管理者至少 12% 的生產力，而且對企業的投資報酬率（ROI）的影響更高達 250%。

趨勢二：數位科技應用，職場硬技能

根據國際數據資訊公司（IDC）調查發現，到 2022 年，全球 65% 的 GDP 將會由「數位經濟」驅動產生。人工智慧（AI）、大數據、5G 新科技趨勢的需求提升，企業學員不僅需要了解這些新科技如何被應用在產業中，經理人職場工作者，更需要能快速接軌當前產業新知，從中找到可變現的新商機。未來經理人必須具有快速擁抱數位、快速提升技能（Upskill）的能力。

趨勢三：國際政經視野與產業宏觀趨勢分析

全球局勢及市場變化瞬息萬變，傑出的經理人懂得如何善用時間與工具，進行市場資訊的蒐集與統整分析，宏觀的視野是未來經理人必備的條件之一。

趨勢四：數位轉型、環境永續議題

自 2019 年開始，與數位轉型相關的人工智慧、數據素養、企業轉型個案等主題，同時占據熱門課程及企業配課熱門排行。2020 年，天下創新學院與瑞士洛桑國際管理發展學院（IMD）合作調查臺灣與歐洲企業數位轉型調查報告中指出，在新冠肺炎與美中角力之下，全球企業皆面臨數位轉型的迫切壓力，其中臺灣有四分之三企業營收受到疫情負面影響，38.1% 臺灣企業開始加速轉型。

Willis Towers Watson 認為未來 3 年，全球各產業結構的改變，將會比過去 30 年還要快且即時。未來 5 年，全球將有可能有一半的員工需要某種程度的「重塑能力」（Reskill），必須不斷學習本業以外的新技能，才能在多變動盪的時代生存。

影片連結

資料來源：王冠珉（2021），「4 大趨勢，看 2 千大企業都在學什麼？」，Cheers 雜誌，235 期。

管理動動腦

新的管理理論出現是否代表舊的理論已淘汰？

3-3 傳統理論時期

一、科學管理學派（Scientific Management School）

在過去管理者所有的管理幾乎都是採用個人經驗來處理，工人的工作也沒有固定的流程，導致組織整體的效率不佳。於是當時在伯利恆鋼鐵工廠的泰勒（科學管理之父）發現了問題，便開始將科學的精神帶入管理中，企圖藉由標準化及客觀分析的概念來增加工作效率。因此，科學管理學派成為當時一種新的觀點，也激發後續的學者跟進研究。

科學管理學派的興起主要是由「科學管理之父」泰勒（Taylor）所倡導。泰勒在 1898 年進入伯利恆鋼鐵公司工作後，對於當時普遍人力之無效率與工人的微薄工資感到不滿，於是他倡導將科學方法帶入管理工作中，他認為工作應該被分解為許多最簡單的元素操作，讓工作標準化，工人可以透過標準化動作與流程得到學習曲線效應，增加生產效率。另外，他也強調工作應該被分工，每一位工人應專門做特定工作。如此一來，工人效率提升，同時間也讓公司的績效增加，工人的薪資提高，達到正向循環。

舉例來說，當時的工人都是自備鏟子，每個鏟子的大小都不一，泰勒認為這樣的做法是不好的，不僅鏟子的大小會影響工作效率，所鏟東西的輕重不同也會影響。後來泰勒讓優秀的工人嘗試不同大小鏟子於不同物體並詳細記錄，發現當鏟子的重量達 21 磅半時，工作效率最佳。工人不僅從 600 人降至 140 人，每人日產量自 16 噸增加至 59 噸，工人的每日工資也從 1.15 美元增至 1.85 美元。

這一時期的代表學者有泰勒、吉爾博斯夫婦與甘特等人。其管理論述與貢獻分述如下：

（一）泰勒（Taylor）

泰勒的方法在當時工業革命後產量大增的背景下獲得工業界的普遍使用與肯定。在管理概念上，泰勒也強調管理應「由下而上」，認為以科學的方法來增進工人生產效率，他的主張最重要為「科學管理四原則」：

1. 動作科學化原則：過去在工作上的經驗法則並不適用，泰勒主張應以科學方式分析每個工人的每個動作，並發展出一套標準給工人遵守，擺脫過去工人自己摸索的問題。

2. 工人選用科學原則：泰勒認為管理者在選擇工人的原則時，應遵守科學步驟，並後續加以培養與訓練。
3. 責任分明原則：過去大部分的工作責任都集中於工人身上，造成無權有責的情況。而管理者通常是有權卻無責。因此，泰勒認為管理者與工人間應分工合作與權責分明，改善彼此不公平的權責問題。
4. 誠心合作原則：管理者與員工之間在過去通常是對立的立場，但彼此應誠心對待與相互合作，才能產生團隊力量，達到雙贏。

（二）吉爾博斯夫婦（Frank and Lillian Gilbreth）

而後吉爾博斯夫婦則跟從泰勒的想法做後續研究，主張工人的動作應利用科學方式研究出一套最有效率的標準動作來取代經驗。其中，吉爾博斯又被稱為「動作研究之父」與「工業工程之父」，如圖 3-2：

動作研究
他認為工人的動作不可任意，應由科學研究出一套最有效率且舒適的標準動作。

工作動作基本模型
在研究過工人上半身的動作之後，將動作分為十七個動素。

微動作分析
應用照片與微動攝影機來記錄工人的手指工作來作進一步之分析。

圖 3-2　吉爾博斯夫婦之主張

UPS 優比速公司就是運用科學管理方式來提高員工工作效率之例子。以送貨司機為例，UPS 的生產管理專家，曾經對每一位司機的送貨行為進行研究，包含記錄了司機在啓動、行駛車子、遇到紅燈、重新啓動、停車、下車、走路、送貨、按門鈴、上下樓梯、甚至是上廁所的時間，進而設計出每一位司機每天工作中每項動作的詳細時間標準，並對每種送貨、取貨等相關動作設立標準規範。這種讓員工按標準化作業流程工作的做法，使得 UPS 成為世界上最有效率的公司之一。

（三）甘特（Gantt）

在科學管理時代中，絕大多數的學者著重的都是在工作中科學精神之帶入。但甘特的主張除了著重在科學工具上，也開始在「人」方面有較多的著墨，因此甘特被尊稱為「人道主義之父」。其貢獻主要為創立了甘特圖（Gantt Chart）與獎工制，如圖 3-3。

圖 3-3　甘特之理論貢獻

管理便利貼　甘特圖

甘特圖，也稱為條狀圖（Bar Chart）。是在 1917 年由亨利·甘特開發的，其內在思想簡單，基本是一條線條圖，橫軸表示時間，縱軸表示活動（項目），線條表示在整個期間上計劃和實際的活動完成情況。它直觀地表明任務計劃在什麼時候進行，及實際進展與計劃要求的對比。管理者由此極為便利地弄清一項任務（項目）還剩下哪些工作要做，並可評估工作是提前還是滯後，亦或正常進行。是一種理想的控制工具。

時間 / 活動	一月				二月				三月				四月			
	W1	W2	W3	W4	W1	W2	W3	W4	W1	W2	W3	W4	W1	W2	W3	W4
任務一																
任務二																
任務三																
任務四																
任務五																

資料來源：MBA 智庫百科

二、管理程序學派（Management Process School）

當科學管理在工作上普遍被應用時，開始有另一群學者採用較廣泛的觀點，企圖建立一些可普遍應用於管理工作的原則或程序來解決管理問題。

不同於泰勒將重點放置於工人上，管理程序學派著重整體組織的管理，又以「管理之父」費堯爲首。費堯將其經驗撰寫成《工業管理與一般管理》一書。他認爲管理程序可應用至中高基層等各階層主管，也在其著作中首先將管理功能與企業功能分離。不同於企業功能（商業作業、財務作業、技術作業、安全作業及會計作業），費堯認爲組織的管理應視爲由「規劃」、「組織」、「命令」、「協調」與「控制」五種管理功能所組成。由於這些功能不只適用於企業，也可適用於政府、教會與軍隊等組織，故屬於一般的管理程序。

基於管理功能的結構，費堯（1949）提出了管理的十四項原則，如表 3-3。

表 3-3　管理十四項原則

原則	說明
分工原則	工作應進一步被細分，藉由專精以提高效率。
職位原則	每位成員在組織中都應有一適當地位。
公平原則	組織內應充滿公平與正義。
權責原則	職權與職責必須相當，不可有權無責，也不可有責無權。
紀律原則	企業欲求順利經營與發展，須維持相當的紀律。
集權原則	決策權應視組織的大小、工作性質與人員素質做適當的集中。
主動原則	組織的任何階層均應有積極主動之精神。
團隊精神	強調成員間的合作關係。
職位安定原則	組織應給予成員穩定之任期，使員工能適應而發揮效能。
管理統一原則	具有同一目標之工作，應該只由一個主管及一套計畫，朝同一方向努力。
指揮統一原則	一位員工應只受一位主管指揮。
層級節制原則	在一組織內，由最高層至最基層之主管應層層節制。
獎酬公平原則	員工的獎酬應根據公平原則，盡量使個人與組織皆感滿意。
個人利益服從共同利益原則	個人利益不得超過組織的利益。

雖然費堯的管理程序爲大家所知曉，但有一好就沒兩好，有些人批評管理功能太過簡化且相互矛盾，如分工原則與指揮統一原則就相互矛盾。但費堯強調這些原則並非一成不變，一切都是程度上的問題，主要要看利用管理原則的人對於這些原則的看法而定。不過，根據當時的社會情況，管理原則仍有其重要的價值。

根據上述的說明，讓我們來比較一下管理程序與科學管理的異同吧！

表 3-4　管理程序十四項原則與科學管理四原則之比較

	管理程序十四項原則	科學管理四原則
研究精神	經驗歸納	科學實驗
研究對象	整體組織的管理	個別員工的工作
研究目標	組織整體效率	員工生產效率
研究層級	由上而下	由下而上

科學管理是強調員工的效率，而管理程序則是以管理者的角度出發，重視組織整體之效率。

管理動動腦

科學管理學派與管理程序學派該如何互補？

三、官僚理論學派（Bureaucracy School）

官僚理論學派意指以制度取代人治，而非一般我們照字面上所感受具有官樣文章的意思，故此學派又稱做「層級結構學派」。

此一學派最重要的代表人物首推是德國社會的經濟學者韋伯（Max Weber）了。韋伯藉由觀察德國過去的社會與歷史的觀點提出了層級組織是最穩定、最有效的組織。韋伯認爲「法規」與「理性」是組織運作的核心，組織的管理應以高度結構化與分工嚴密化的模式來取代人治。說得更明白些，韋伯所提倡的組織是成員依其所在的位階，依法取得職權，並根據此種權力對上接受命令，對下發號施令，形成一種層級分明的金字塔結構，也就是強調「職權天生說」。官僚組織之特徵，如圖 3-4：

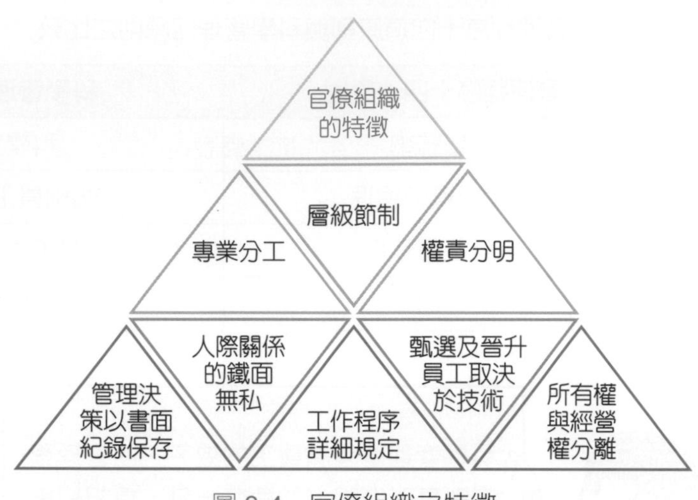

圖 3-4　官僚組織之特徵

另外較著名的學者爲霍爾（Hall, 1963）。霍爾認爲韋伯的官僚組織是程度上的概念，並非「理想型」。官僚程度愈高的愈偏向機械式組織，組織愈僵化，彈性愈低；而官僚程度愈低的愈偏向有機式組織，彈性愈高。

依照霍爾的說法，官僚程度可用下列六個構面來衡量，如圖 3-5：

圖 3-5　官僚程度之六構面

官僚組織也有許多被詬病之處：

1. 組織缺乏彈性，環境變動大即無法可施。
2. 法規原爲管理的工具，但現已成管理目的的化身，爲法規而管理。
3. 人員容易依恃法規作爲推卸的藉口。
4. 容易走向關說、走後門的惡性循環。
5. 由於層級節制下，員工自由度減少，容易心生不滿，作出陽奉陰違的事。
6. 由於太過強調正式組織，相對地也忽略非正式組織的重要性。

到此爲止，開始有另一種典範慢慢的在醞釀，而傳統理論學派被批評與討論，導致修正理論的出現。傳統理論學派的基本假設與批評，如表 3-5：

表 3-5　傳統理論學派的基本假設與批評

假設	批評
假設人皆為「理性經濟人」。	此假設太過簡化人性。
員工工作動機只是為了追求經濟報酬。	對人的行為與動機太過簡化。
假設組織環境是穩定的。	將組織視為「封閉性系統」，未將外界的環境納入考慮。
管理是主觀的判斷。	大多數的理論純屬經驗之談，缺乏科學驗證（如程序與官僚理論學派）。

管理動動腦

請說明韋伯的官僚組織型態與特色。與現今所謂的官僚組織是否相同？

3-4 修正理論時期

卡斯特與羅森威（Kast and Rosenzweig, 1970）認爲傳統理論發生改變的原因主要是因爲各種組織規模逐漸擴大，同時結構也持續複雜化，過去的理論已不足以解決複雜的問題。另外，科技發展太迅速、工業化程度提高，工作組織替代了家庭，成爲人們社會性需求滿足的來源。這些同時造成了個人價值觀的改變，逐漸傾向於尊重個人差異。其他相關學科的發展，如心理學、社會學、計量數學的進步也造成了理論的更進一步演進。

一、行為學派（Behavioral School）

由於過去的科學管理學派較少討論到員工的想法，但隨個人價值的提升及社會學與心理學的發展，使得許多學者開始重視員工情緒與組織績效提升的關聯性以及上司與下屬間的互動關係。此學派的觀點重視人的行爲層面研究與人際關係，又稱爲「人際關係學派」，著名的代表人物如孟斯特伯（Hugo Munsterberg）、巴納德（Chester Barnard）、瑪莉．派特．佛列特（Mary Parker Follett）與梅育（Elton Mayo）。

（一）孟斯特伯（Munsterberg）

孟斯特伯是位心理學家，他將理論運用至產業組織，後世稱之爲「工業心理學之父」，他在 1913 年出版了《心理學與工業效率》一書。書中認爲透過工作所作之科學性的分析及調配各員工之技術能力與各種工作上的需求都能幫助效率的增加，而且，研究人類行爲可以幫助我們了解用何種方式激勵員工最有效。另外，孟斯特伯首先將心理學應用在工業管理，提倡使用心理測驗來甄選員工。

（二）巴納德（Barnard）

巴納德雖是位公司的高階經理人，但他首先提出「職權接受論」。他認爲組織是個社會化系統，需要人與人之間的相互合作，組織要成功需要依靠員工彼此的相互合作，經理人主要的角色在於與部屬之間的溝通並激勵員工，因此，職權並非職位所給予的，命令是否成立要視下屬是否可接受，可被接受的才是有效的命令。巴納德的主張推翻了官僚理論學派認爲的「職權天生論」，在當時引起很大的討論。

（三）佛列特（Follett）

佛列特是首先用個體與群體角度來分析組織的一位學者。她認爲組織的基礎在於群體倫理，而非個人主義，個人的潛力如果不經由群體的合作過程中釋放出來不會有什麼作用。所以管理工作在於整合與協調群體的努力，管理者與員工都應視自己爲組織中的一分子，管理者不該只憑藉職權或職位來引導部屬，而是需要靠本身的技術與能力；員工也不應該只爲了個人利益，應是組織全體的利益，這樣的組織才能達到目標。

（四）梅育（Mayo）

梅育被稱爲「人群關係學派之父」。梅育在 1927 年到 1932 年中五年的時間受美國西方電氣公司與國家研究會委託進行一項專案研究，希望能根據當時流行的科學管理理論來探討工廠照明度與工人生產效率間的關係。研究發現當照明比平常還微弱時，生產效率卻沒有隨之降低。結論讓梅育發現除了環境以外，一定仍有別的因素在影響員工的生產力。後來公司又請梅育與其他的學者做進一步的研究，分爲三階段的深入式訪談工廠的員工，期望發現到更進一步的社會或心理因素，這就是有名的「霍桑實驗」[1]（Hawthorne Experiment）。霍桑實驗中發現的結果稱爲霍桑效應（Hawthorne Effect），如圖 3-6。

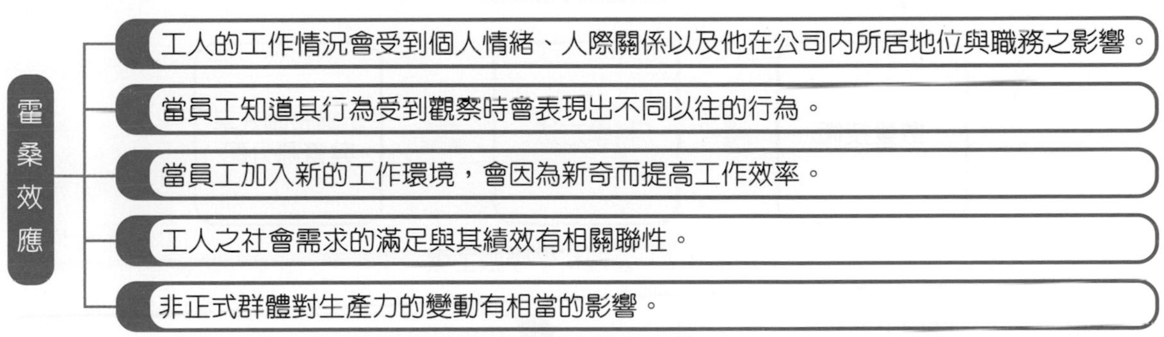

圖 3-6　霍桑效應

這樣的理論對於當時普遍信奉科學管理學派的企業主造成了很大的震撼。自此之後，沒有人能研究組織與管理而不考慮這方面的因素。

此派觀點認爲有滿意的員工才會有高的生產力，所以管理者在從事管理活動時，必須要考慮員工心理與社會層面的關係，使得員工獲得較高的工作滿足感。此後，管理自「物」的管理轉爲「人」的管理，開始重視人的行爲層面研究。

但此一學派也常遭受批評，認爲過分重視社會及心理因素的結果，而忽略了經濟、政治等因素。因此，在實務上，導致所謂「討好員工」的作風，而忘記了組織的目的、任務與生產力要求。

1. 霍桑為美國西方電氣公司一工廠名稱。

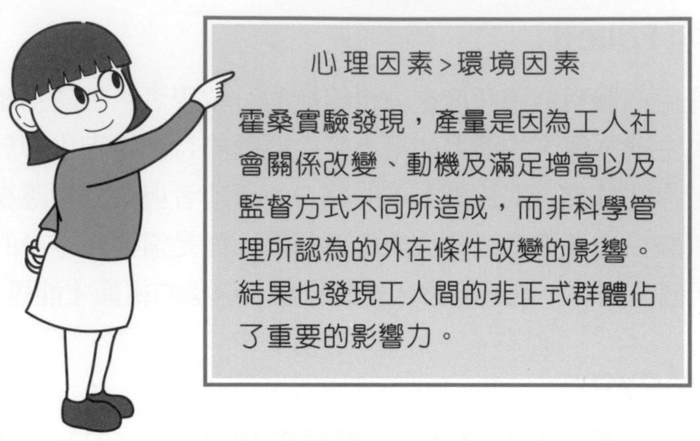

二、管理科學學派（Management Science School）

管理科學學派又稱爲「計量管理學派」或「數學管理學派」。光看字面就應該可以猜測的出來，這學派的主張是強調利用數量技術與科學方法來解決管理上的問題、以作業研究與計算機（電腦）爲工具，關心組織整體績效的提升。其關心的重點主要爲「效率」及合理的「資源分配」，如圖 3-7。

圖 3-7　管理科學學派主張

最早出現管理科學的原因爲美國海軍情報局於二次世界大戰發展出作業研究模式來解決軍事後勤問題。由於此一方法深受好評，大戰結束後，人們企圖將此技術應用至軍事之外。首先是一群退伍軍官進入福特公司，將此一數量技術帶入，之後更有如政府、大學等也進一步沿用至作業單位，以提升效率與資源配置問題。此一學派主要的特色，如圖 3-8。

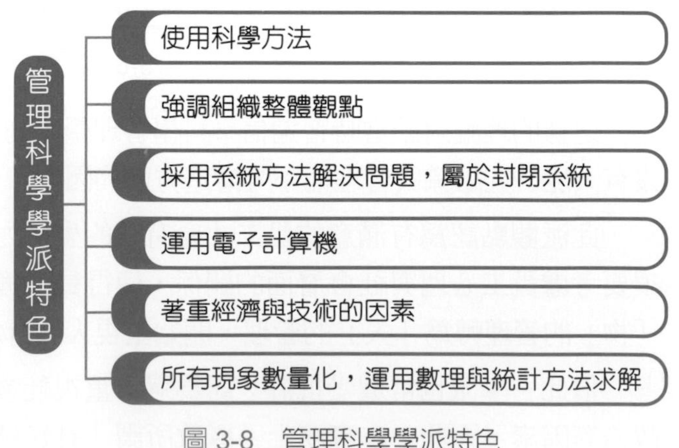

圖 3-8　管理科學學派特色

雖然管理科學的研究在當時頗受歡迎，但事實上，管理科學只適用於封閉系統，而且對於無法數量化的問題無法加以解決，也就是只能處理結構化的問題，非結構化的問題無法使用。但是，依實際經驗來看，高層所面臨到之管理問題大多數都屬於不能數量化或不能結構化的問題。因此，此方法較適合基層主管作業性、結構性高的工作。也有人認爲管理科學只能說是一項應用工具，而不能說是一門學說。

科學管理與管理科學在字面上看起來很相像，都是強調科學精神，但是管理科學比科學管理關心的範圍更爲廣泛，從工人的動作轉變到整體的組織範圍。以下說明了兩個學派之相異與相同點，如表 3-6。

表 3-6　管理科學學派與科學管理學派之比較

	管理科學學派	科學管理學派
興盛時期	二次世界大戰中期	十九世紀末至二十世紀初
學派觀點	組織整體資源之有效分配	員工工作效率之有效提升
研究範圍	整體組織	員工
使用工具	電子計算機（電腦）	碼錶
相同點	利用科學方法並追求工作效率。	

管理動動腦

請問你贊同韋伯的「職權天生論」還是「職權接受論」？為什麼？

3-5 新近理論時期

隨著環境的改變讓學術界與實務界發現只看組織內部已經是不夠了，尤以組織規模擴大化、科技發展的快速化與工業化，讓近代學者發現應把外界因素納入理論之內，並採取開放性的觀點來看組織的成長才為一完整之觀念。在此時期主要有「系統學派」與「權變學派」兩個學派來增加過去理論的不足。

一、系統學派（Systems School）

系統學派主要是將企業視為環境系統下的一個子系統，並運用系統分析從事組織運作與架構分析，每一個子系統間彼此相關且相互依存，保持良好之關係，是以一種較宏觀的角度來檢視企業組織。而「系統」可從功能的角度分為「投入」、「過程」、「產出」與「回饋」四大部分或是封閉性與開放性系統，如圖 3-9：

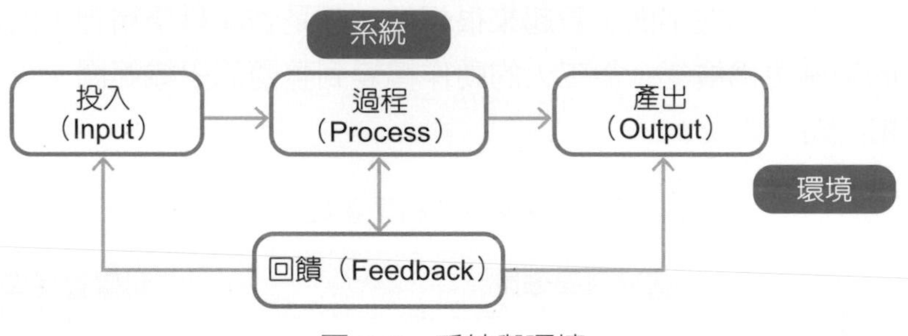

圖 3-9　系統與環境

封閉性系統與開放性系統為湯普森（Thompson, 1967）提出。封閉性與開放性系統的主張主要差異為，封閉性系統是自我單獨存在，不與外界交流；而開放性系統是與外界保持動態的關係。古典學派和管理科學學派將企業視為封閉性系統以簡化問題，但企業基於永續經營的概念，必屬於一開放系統，如行為學派、系統學派與權變學派則將企業視為一開放系統，如圖 3-10。

圖 3-10　封閉系統與開放系統

系統取向管理學的代表學者邱吉曼（Churchman, 1968）認為所有的系統都有以下四項特徵，如圖 3-11：

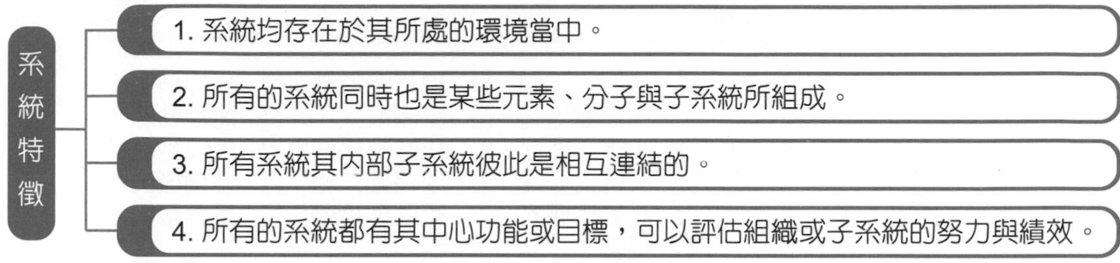

圖 3-11　邱吉曼主張之系統特徵

現代管理與組織理論是將組織視為一開放性系統。由於組織的生存有賴於和環境保持一種良好的交換關係，因此組織必須密切配合環境的改變而調整本身的目標與結構。如果以系統學派的角度看來，企業若要永續經營，須成為開放性系統，隨時與外界保持良好的適應性，組織才能永久生存。

如果將系統管理學派與傳統管理學派比較會發現傳統管理學派將組織視為一封閉系統，只注重組織內部的管理與作業流程，不考慮組織與環境間的互動關係。而系統學派則是將組織視為整個大環境中的一個子系統，組織內部又可分為不同的子系統，每個子系統之間會彼此交互作用，是為一開放系統，如表 3-7：

表 3-7　系統管理學派與傳統管理學派之比較表

	系統管理學派	傳統管理學派
目的	以組織整體的眼光設定管理目標。	著重提高組織生產力，使其極大化。
系統	開放性系統	封閉性系統
互動	有對外環境互動。	無對外環境互動。
重點	強調各子系統間的相互搭配。	員工作業流程與組織內部管理。
回饋	強調情報的修正與回饋。	無情報修正或回饋。

二、權變學派（Contingency School）

隨著組織所面臨的外在環境快速變化，權變學派認為組織結構與管理方法並無「最好的」，只有看情況來決定「最適的」方法，也就是組織在面對不同的情境，應該要重視「彈性」、「通權達變」來採取不同的因應方法，沒有放諸四海皆準的概念，解決的方法不只一種。在管理上必須因應不同的人、事、時、地、物來進行管理活動才能得到好的績效。雖然此學派有許多學者，但綜合所述可發現常見影響組織管理方法與組織結構的情境變項有「組織規模」、「工作之例行性」、「環境之不確定性」與「員工的差異性」，以下則說明了這些權變變項對於組織之影響，如圖 3-12。

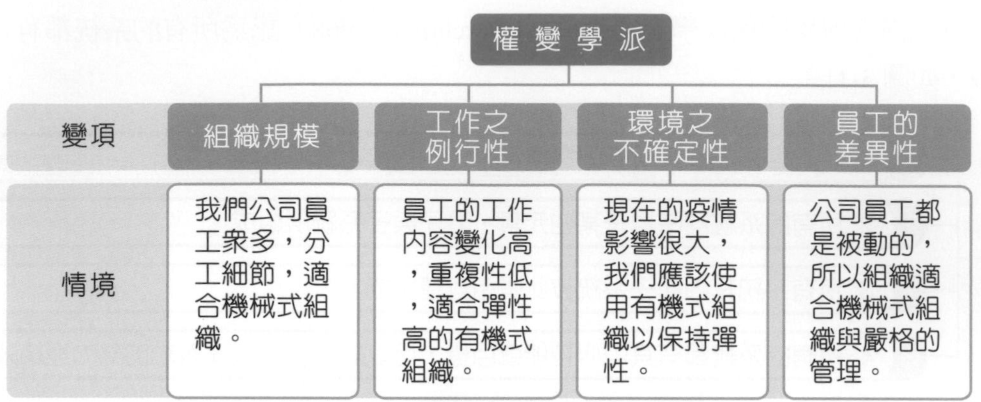

圖 3-12　影響管理方式與組織結構之權變因素及情境舉例

二十世紀以後的管理理論基本上強調組織為開放系統與管理需要權變。兩學派皆主張組織是處於開放性系統，須以系統觀做整體規劃，以權變觀做細部實作。而系統學派與權變學派的不同在於，系統學派主要是強調整體的面向，而權變學派則是較個體取向，強調組織應針對不同的情境進行調整來彈性應對，兩學派之比較，如表 3-8。

表 3-8　系統學派與權變學派之比較表

	系統學派	權變學派
主張	組織為彼此關聯之一套子系統所組成。	必須視不同的組織使用不同的管理方法與組織結構。
重點	制度與系統的建立。	情境與方法之應用。
系統	開放系統	開放系統
觀念	整體取向	個體取向
組織結構	組織設計應包含機械式與有機式兩種結構。	不同的情境與外在環境要有不同的組織設計來因應。
領導行為	管理者須以較整體的觀點來建立管理功能。	強調依照管理者、員工的不同特性與環境變化採取不同的領導方式與管理功能。
關係	系統學派涵蓋了權變學派，組織應以系統觀做整體規劃，以權變觀做細部操作。	

由過去古典學派到近代的權變學派可看出，由於管理的內外部環境愈來愈複雜，過去的理論也須與時俱進，因此在本章最後做個綜合比較，讓各位能更加了解學派演進的不同概念，如圖 3-13 與表 3-9。

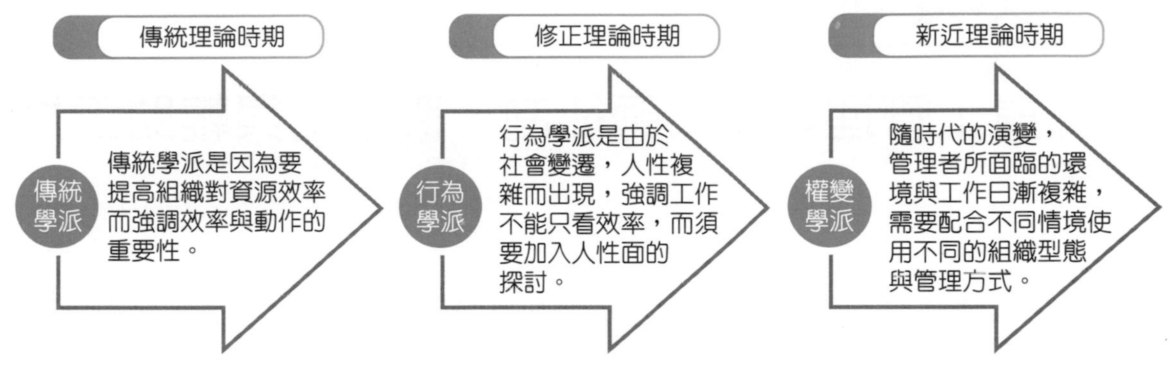

圖 3-13　西方管理學派演進圖

表 3-9　西方學派演進各特色表

時間	學派	重視	主張	組織設計	焦點	型態
1900 ～ 1940	科學管理	效率	專業分工	古典組織設計原則	集權化 正式化 專業分工	機械式
	管理程序		指揮統一			
	官僚理論		職權關係			
1940 ～ 1960	行為	員工心理及社會層面	員工自由 自動自發 規定較少	新古典組織設計原則	分權化 低正式化 低專業分工	有機
1960 ～	權變	情境	視情境而定，沒有最佳，只有最適	權變組織設計原則	策略 環境 生產技術 規模	可能是機械或有機甚至融合

管理動動腦

系統學派與權變學派的差異與相同點為何？

樂齡員工管理之道：師徒制、數位化與輔助工具應用

「長壽不稀奇」已不是口號，是現在進行式。2021年內政部公布「109年簡易生命表」報告中指出，國人平均壽命為81.3歲再創新高，其中男性78.1歲、女性84.7歲，都創歷年新高。

美國退休協會（AARP）執行長詹金斯（Jo Ann Jenkins）提到，受惠於醫療科技發達，人類平均壽命延長，全球平均壽命約71歲，如果你已工作25年，在50幾歲時退休，將面臨還有二、三十年的人生要度過，現代人中年期被拉長了，許多人也就延長了自己的退休年齡，韓國平均退休年齡為72.9歲，日本也逼近70歲，如何維持與管理樂齡員工成為21世紀企業要面臨的新挑戰。

成立53年的農友種苗，是臺灣最大蔬果品種育種公司，公司重視中高齡、資深員工，即使有人退休，也會利用回任制度，積極將退休員工回聘，因為公司認為前人經驗與價值，可持續為公司、為農業帶來貢獻。

某日早晨，這是67歲的李玉葉與29歲黃宣潯一同來到大武山下農場，巡視他們的心血：翠綠秋葵。李玉葉在農友種苗擔任茄科育種研發顧問，過去44年曾在此悉心照料這些秋葵，雖現以退休轉顧問職，但嘴裡盡是秋葵養育經，毫不保留傳授給身旁的徒弟—黃秋葵與茄科育種人員黃宣潯。

農友種苗是目前臺灣最大的也是臺灣第一個專業蔬果品種育種公司。全球至少有八成國家，都向農友種苗購買蔬果種子，因此有人稱農友種苗是「農業界的台積電」。

半勤顧問制：以彈性工時空間協助樂齡員工職家平衡

李玉葉是農友種苗創辦人「西瓜大王」陳文郁在世時一手帶出來的得意門生。兩年前，李玉葉屆齡退休時，原本想就提開職場在家含飴弄孫，但時任董事長陳文郁兒子陳龍木先生，不停請託，才說服李玉葉出任「半勤」顧問工作，即每週到農場工作兩天半即可，仍保有自由退休時間。

以師徒制建立榮譽感、強化責任心，退休員工回任顧問、收徒弟

李玉葉目前的徒弟黃宣淂，是擁有中興大學園藝碩士學位，進入農友種苗已三年半，但看在她眼裡，選拔眼光還有磨練空間。農友種苗總經理宋雲宏提到其實種植農品要在意的面向相當多，以秋葵來說，消費者希望買到好吃的秋葵，農民希望簡化種植工序、產量穩定，對批發商而言，商品必須耐放，不易腐爛損傷，「每一方立場都不一樣，世界上沒有十全十美的事，好吃的作物可能不耐放，也不容易種。」

李玉葉、黃宣淂師徒倆正努力改良秋葵。因為原生種的秋葵剛毛會刺人，葉子上的細毛也容易使人過敏，農民採摘時容易引發過敏。他們希望能讓採摘時比較不容易過敏。但黃宣淂坦言並非單靠學校學理即可達成目標，即便大學、研究所都讀農業相關科系，但缺乏實務經驗，還是需要靠像導師李玉葉這樣的顧問調教，才知道怎麼去選拔，也比較有重點。否則如果前面選錯，後面一代傳一代，就完全錯掉。

回任當顧問的李玉葉，表面上少了過去擔任育種員得不斷推陳出新的壓力，但內心還是有著交棒的使命感。「現在主要工作就是，趕快把徒弟引導到正軌上，那我就放心了。」望著在田裡被曬得黝黑的黃宣淂，李玉葉有感而發地說。

除了半勤顧問職，農友種苗目前還有不定時到公司的諮詢顧問，兩者共 13 位，一年人事成本約 500 萬，不過宋雲宏：「樂齡員工的貢獻，實在不是這個數字可以量化。」

數位化與輔助工具，讓資深員工也能發揮價值

農友種苗自草創時期，就為樂齡員工打造友善職場。去年獲勞動部「促進中高齡及高齡就業者就業績優獎」肯定，透過數位與實體工具，讓資深員工得以持續發揮價值，更讓退休員工回任顧問，而李玉葉就是其中之一。

除了善用回任制度，讓中高齡員工傳承經驗，農友種苗也透過數位資料庫，保存前人的智慧結晶，讓年輕世代參考，20 年前，農友種苗就開始建立數位知識庫，把資深員工的知識、經驗，以文字和圖片形式數位化，並不斷更新，讓新進員工隨時可以參考。

不只數位工具，農友種苗也透過添購實體輔具，讓部份體力、眼力面臨瓶頸的中高齡資深員工，能用較輕鬆的方式繼續工作。

61 歲的技師董國枝，戴著老花眼鏡不疾不徐地修理著機器。被公司同事稱為「馬蓋先」的董國枝，在公司任職已 27 年，任何機具只要壞掉，交到他手裡，很快可以修復。就算無法即時修復，他也可找出問題癥結點，聯絡原廠，安排時間維修。

但年逾耳順，董國枝也發現自己的體力愈來愈力不從心，感嘆表示不僅修理精密儀器視野有時會一片迷茫，現在也無法像年輕時輕鬆搬起重物了。

為幫助中高齡資深員工適應生理機能退化造成的工作壓力，農友種苗向勞動部申請輔具採購補助 37 萬元，並自籌 20 多萬元，另把「促進中高齡及高齡就業者就業績優獎」的 10 萬元獎金，統統用來買輔具，從配備有放大鏡的機器、協助搬運重物的升降機到農田裡的推車都有，讓中高齡員工工作時能更得心應手。

資料來源：陳育晟（2021），「善用中高齡員工智慧　種子賣到世界八成國家」，天下雜誌，第 725 期。

重點摘要

1. 東方的管理理論：

無為說	無為說主要強調由於人有理性的限制，無法抵過天時的變化，故一切事物要順應自然變遷的趨勢，領導者不要有太多的主張，應該要讓人民休息。
有為說	強調組織或管理者應該要有作為，才能改善組織的績效。這派理論以儒家與法家為主，儒家強調「禮樂典章」與「道德」的應用，法家重視「刑罰」的手段。
「關係」的管理文化	強調關係的文化根據儒家思想的「倫理」而來。「關係」在華人組織扮演重要角色。領導者常會根據部屬與自己關係的親疏而非績效，給予不同的對待。

2. 西方管理學派的演進：

年代	1900～1940	1940～1960	1960～
時期	傳統理論時期	修正理論時期	新近理論時期
學派	• 科學管理學派 • 管理程序學派 • 官僚理論學派	• 行為學派 • 管理科學學派	• 系統學派 • 權變學派
特色	面對穩定環境，組織追求員工動作與管理的效率。	面對不穩定環境，管理開始注重員工心理與情感與工作效率之關係。	面臨變動快速環境，組織追求主動與權宜的管理。

3. 科學管理學派：「科學管理之父」泰勒提倡將科學方法帶入管理工作與工人工作中，並主張「動作科學化原則、工人選用科學原則、誠心合作原則與最大效率原則」的科學管理四原則。

4. 管理程序學派：

(1) 「管理之父」費堯提出十四項原則：分工原則、權責原則、紀律原則、指揮統一原則、管理統一原則、個人利益服從共同利益原則、獎酬公平原則、集權原則、層級節制原則、職位原則、公平原則、職位安定原則、主動原則與團隊精神。

(2) 管理程序十四項原則與科學管理四原則之比較

	管理程序十四項原則	科學管理四原則
研究精神	經驗歸納	科學實驗
研究對象	整體組織的管理	個別員工的工作
研究目標	組織整體效率	員工生產效率
研究層級	由上而下	由下而上

5. 官僚理論學派：

   (1) 此學派最重要的代表人物，是德國經濟學者韋伯。他提出的官僚組織，認為「法規」與「理性」是組織運作的核心，期待以高度結構化與分工嚴密化的模式來取代人治，同時也強調「職權天生說」。

   (2) 官僚組織的特徵：專業分工、層級節制、權責分明、管理決策以書面紀錄保存、人際關係的鐵面無私、工作程序詳細規定、甄選及晉升員工取決於技術、所有權與經營權分離。

   (3) 霍爾認為官僚程度可用六個構面來衡量：分工之專業化程度、階級的清楚程度、權責規定的詳細程度、工作規劃的詳細程度、升遷與甄選取決於技術的程度及人際關係之鐵面無私的程度。

6. 行為學派：此派的觀點重視人的行為層面研究與人際關係，又稱為「人際關係學派」。梅育與其他學者進行的「霍桑實驗」，發現工人社會關係改變、動機與滿足增高以及監督方式不同會改變產量，同時指出工人間的非正式群體佔了重要的影響力。

7. 管理科學學派：

   (1) 此學派的主張強調利用數量技術與科學方法來解決管理上的問題、以作業研究與計算機（電腦）為工具，關心組織整體績效的提升。其關心的重點主要為「效率」及合理的「資源分配」。

   (2) 管理科學學派與科學管理學派之比較

	管理科學學派	科學管理學派
興盛時期	二次世界大戰中期	十九世紀末至二十世紀初
學派觀點	組織整體資源之有效分配	員工工作效率之有效提升
研究範圍	整體組織	員工
使用工具	電子計算機（電腦）	碼錶
相同點	利用科學方法並追求工作效率。	

8. 系統學派：

(1) 此學派將企業視爲環境系統下的子系統，並運用系統分析從事組織運作與架構分析，每個子系統間彼此相關且相互依存，用較宏觀的角度來檢視企業組織。

(2) 系統管理學派與傳統管理學派之比較

	系統管理學派	傳統管理學派
目的	以組織整體的眼光設定管理目標。	著重提高組織生產力，使其極大化。
系統	開放性系統	封閉性系統
互動	有對外環境互動。	無對外環境互動。
重點	強調各子系統間的相互搭配。	員工作業流程與組織內部管理。
回饋	強調情報的修正與回饋。	無情報修正或回饋。

9. 權變學派：

(1) 此學派認爲組織在面對不同的情境，要重視彈性、通權達變來採取不同的因應之方法，沒有放諸四海皆準的概念。在管理上必須因應不同的人、事、時、地、物來進行管理活動才能得到好的績效。

(2) 系統學派與權變學派之比較

	系統學派	權變學派
主張	組織為彼此關聯之一套子系統所組成。	必須視不同的組織使用不同的管理方法與組織結構。
重點	制度與系統的建立。	情境與方法之應用。
系統	開放系統	開放系統
觀念	整體取向	個體取向
組織結構	組織設計應包含機械式與有機式兩種結構。	不同的情境與外在環境要有不同的組織設計來因應。
領導行為	管理者須以較整體的觀點來建立管理功能。	強調依照管理者、員工的不同特性與環境變化採取不同的領導方式與管理功能。
關係	系統學派涵蓋了權變學派，組織應以系統觀做整體規劃，以權變觀做細部操作。	

本章習題

一、選擇題

(　　) 1.傳統理論時期不包含何種學派？ (A) 科學管理學派 (B) 管理科學學派 (C) 管理程序學派 (D) 官僚理論學派。

(　　) 2.新近理論時期包含了以下何種學派？ (A) 權變學派 (B) 行為學派 (C) 官僚理論學派 (D) 管理程序學派。

(　　) 3.泰勒強調管理應該？ (A) 由深至淺 (B) 由上而下 (C) 由下而上 (D) 由淺至深。

(　　) 4.下列選項何者不為吉爾博斯夫婦的主張？ (A) 動作研究 (B) 工作動作基本模型 (C) 微動作分析 (D) 工人選用分析。

(　　) 5.甘特圖為何種工作分析？ (A) 人力資源 (B) 研發規劃 (C) 銷售規劃 (D) 生產控制。

(　　) 6.下列何者非管理程序十四項原則的特色？ (A) 強調科學實驗 (B) 強調組織整體效率 (C) 強調經驗歸納 (D) 研究層級由上而下。

(　　) 7.官僚理論學派的特色何者為非？ (A) 強調「職權接受論」 (B) 強調「法規」 (C) 強調「理性」 (D) 強調「職權天生說」。

(　　) 8.何者為行為學派的代表人物？ (A) 霍桑 (B) 巴納德 (C) 霍爾 (D) 費堯。

(　　) 9.系統從功能的角度未包含_________。 (A) 投入 (B) 過程 (C) 環境 (D) 回饋。

(　　) 10.將組織視為開放性系統的學派為_________。 (A) 科學管理學派 (B) 管理科學學派 (C) 官僚理論學派 (D) 權變學派。

(　　) 11.系統學派與權變學派之相同點？ (A) 兩派皆視組織為開放性系統 (B) 兩派皆以整體的角度分析 (C) 兩派皆強調情境與方法之應用 (D) 兩派皆認為組織應同時具有機械面與人性面的設計。

(　　) 12.下列何者非權變學派的特色： (A) 通達權變 (B) 條條道路通羅馬 (C) 彈性 (D) 非黑即白。

(　　) 13.管理科學學派與科學管理學派之比較： (A) 科學管理強調整體觀點 (B) 管理科學強調效率之提升 (C) 科學管理發展於二次世界大戰中期 (D) 管理科學強調資源之有效分配。

(　　) 14. 強調以數量模式為中心為何種學派？ (A) 科學管理學派 (B) 管理科學學派 (C) 人際關係學派 (D) 系統學派。

(　　) 15. 陳老闆認為員工的滿意度與生產績效成正比，所以致力打造一個能讓員工滿意度提高的環境與管理，請問陳老闆所信奉的學派為＿＿＿＿＿。 (A) 權變學派 (B) 官僚理論學派 (C) 行為學派 (D) 管理程序學派。

(　　) 16. 阿翰在天空上看到一個很像飛碟的不明物體經過後，突然穿越了時空，看到一位餐廳老闆在電話中說：「最近我們餐廳面臨的環境很不穩定，顧客的喜好不斷在改變。所以我們要常常根據不同的情境與地點制定不同的管理策略。」根據這一段話，請問阿翰是回到了哪個時期？ (A) 傳統理論時期 (B) 修正理論時期 (C) 新近理論時期 (D) 新興理論時期。

(　　) 17. 下列對於傳統時期管理學派的敘述，何者正確？ (A) 管理科學學派使用計量方法協助管理者做決策 (B) 行為學派的研究著重在提升工人的效率 (C) 管理科學學派主張層級分明的金字塔結構 (D) 官僚理論學派的管理強調員工滿意度與生產間的關係。

(　　) 18. 下列有關於系統的描述何者為非？ (A) 是指相互作用和相互依賴的元素所組成的集合體 (B) 系統具有封閉性及開放性兩種系統 (C) 權變學派將組織視為開放性系統 (D) 學校是屬於一個封閉性系統。

(　　) 19. 曉勻為一間銀行主管，他認為一般人天生就是愛偷懶，不求上進。依照這樣的想法，你認為曉勻會如何管理她底下的員工？ (A) 盡量給予員工們在工作上的彈性 (B) 著重員工的績效 (C) 與員工打成一片 (D) 注重員工的工作倫理與道德。

(　　) 20. 下列何者最能表現出老子與莊子的管理思想？ (A) 天下興亡，匹夫有責 (B) 君子之守，修其身而天下平 (C) 君人者釋其刑德而使臣用之，則君反制於臣矣 (D) 隨遇而安。

二、填充題

1. 管理思想三階段分別為＿＿＿＿＿、＿＿＿＿＿、＿＿＿＿＿。
2. 科學管理之父為＿＿＿＿＿；動作研究之父為＿＿＿＿＿；管理之父為＿＿＿＿＿。
3. 管理科學四原則分別為＿＿＿＿＿、＿＿＿＿＿、＿＿＿＿＿、＿＿＿＿＿。
4. 管理科學學派注重＿＿＿＿＿的有效分配；科學管理學派則注重＿＿＿＿＿的提升。
5. 根據湯普森的理論，系統可分為＿＿＿＿＿與＿＿＿＿＿。

第 04 章

企業內外部環境

學習重點

本章主要是介紹組織所面臨之內外部環境與全球環境，以了解不同環境的特色及組織的因應之道。

1. 企業外部環境之總體環境
2. 企業外部環境之任務環境
3. 企業內部環境
4. 全球環境

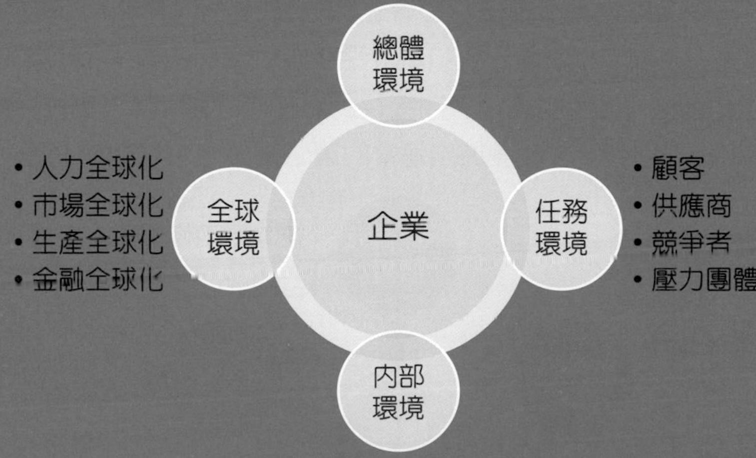

4-1 企業外部環境

一、外部環境（External Environment）之總體環境

如同前章所述，組織是個開放式系統，所面臨的經營環境也變得愈來愈複雜，企業除了對內環境的管理以外，對外部環境也需要有互動與溝通，尤其是現今市場已全球化，外部環境的力量時常比內部環境力量影響更甚，且無法控制，對整個企業的經營層面影響甚鉅。

一般而言，外部環境包含了總體環境（General Environment）與任務環境（Task Environment）。像近年來的新冠肺炎（Covid-19）疫情就對許多企業造成巨大的變化，尤其是餐飲業、旅遊業、教育業以及娛樂相關產業，經營模式都不得不面對轉型與挑戰。這樣的外部因素我們很難去對抗與預防，因此常會聽到許多經營者感嘆，一路上有不同的內憂外患在考驗著他們的智慧與決策。

故此章要介紹企業在經營的過程中與其息息相關的內外部環境，以及面臨環境所帶來的不確定性及因應方式。管理者透過了解與確認企業外部不同的環境，就能發展出合適的策略來降低與因應環境的風險。

（一）總體環境之定義

總體環境又稱爲「間接環境」或「基本環境」。外部環境是指那些一般性、廣泛適用於各種組織潛在的衝擊力，而進一步影響組織經營的外部因素，如經濟環境、政治法律環境、科技環境、社會文化環境、人口統計環境等因素，如圖 4-1。這些力量通常不是組織可以控制與改變的，但對組織卻有間接性的影響，組織唯有不斷的學習、了解這些力量是如何影響組織之運作，才能發展出適當的策略來因應環境的快速變化而永續生存。

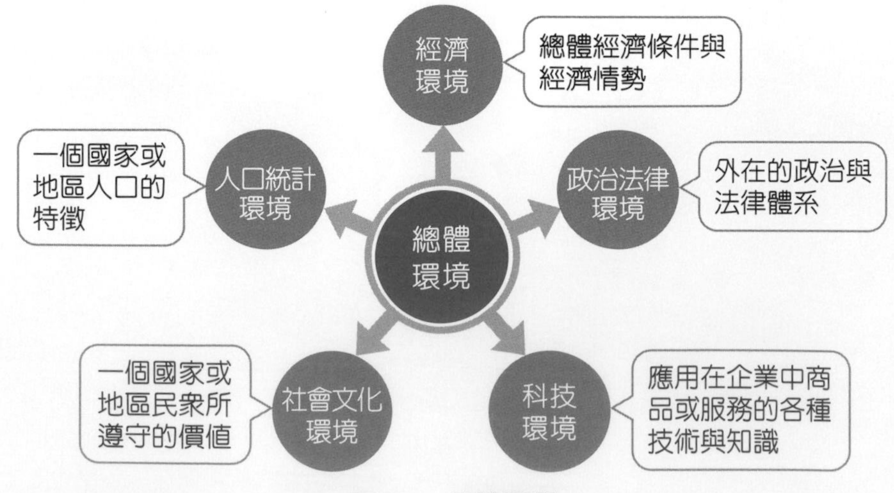

圖 4-1　總體環境

（二）經濟環境

經濟環境是指組織所處的整體經濟趨勢及經濟條件，與組織的經營與產品有重要的關聯。通常包含了一些參考指標來了解目前企業所面臨的經濟環境，如景氣對策信號、經濟成長率、國民所得、就業水準、失業率、通貨膨脹率、消費者信心指數與股市波動等指標。這些指標不僅可反映出國內顧客的薪資水準與購買能力，也會影響企業的經營成本與運作方式。

在國際化的時代，管理者更要觀察國際間的相關議題，如貨幣走向、通貨膨脹與利率變動，這些都會影響消費者的需求狀況，對組織績效產生重大的影響，如從 2019 年迄今新冠肺炎的疫情發生時，全世界都受到影響，臺灣也無可倖免，各行業的景氣對策信號均為黃藍燈，失業率於 2021 年 7 月高達 4.8%，許多企業紛紛倒閉或放起無薪假，顯示出經濟之慘淡。

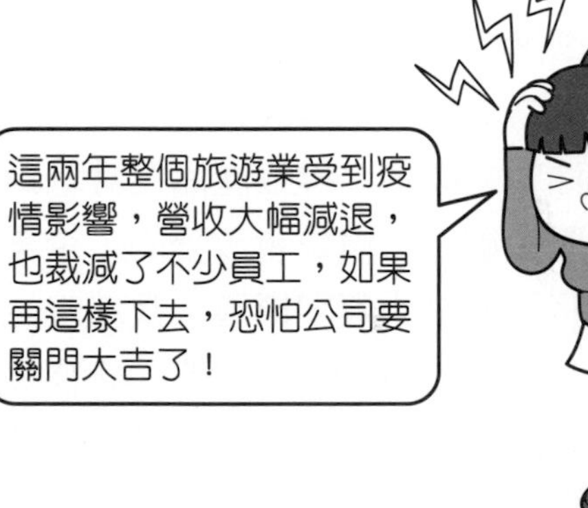

（三）政治法律環境

政治法律環境是指組織所面臨到的政治事件與法律體系，影響與規範了組織的行為，包含了政治政策、選舉制度、法律法規及執法體系。如政府之產業補助政策或防疫政策會影響組織營運之穩定性，對勞資雙方的法律規範，則明確的告知企業該如何合情合法的對待其組織的員工。

組織必須了解這些政策與規範，不同的政策可能會為每個企業帶來不同的機會或制約，同時也需要確保企業所有的活動都必須恪守在規範內進行。另外，國際化的企業則需要注意不同國家的政治體制及政策法規，如廣告播送頻道與用字規定、行銷方式、勞工工時、企業設立標準等，這些都可能會變成國際企業對外擴張之阻礙。

管理便利貼

根據勞動基準法的規定，女性勞工在生產時期，可享有 8 個星期的產假及期間薪資，男性勞工則有陪產假權利。而在養育子女階段，勞工朋友不分性別均享有申請家庭照顧假及育嬰留職停薪的權利。

（四）社會文化環境

社會文化環境是一個國家或地區民眾所遵守的價值觀、習慣與規範，包含了生活習慣、價值觀念、風俗習慣、行爲模式、信仰與文化水準等因素所組成的環境。組織在不同的社會文化環境下運作時，需要了解消費者的價值觀、習慣或禁忌等來因應調整產品或服務。尤以跨國企業更需要注意當地的風俗習慣或口味才能成功打入市場。如星巴克咖啡進駐印度還兼賣印度人喜愛的拉茶，成功拓展當地的咖啡市場。

但是也有反向的案例，如黑松沙士在多年前欲進入中國市場時，因沒了解當地的口味做適當變化，當地人民普遍認爲其口味很像風油精的味道，導致產品在當地銷售不佳。但價值觀與習慣是會改變的，企業如果能成功將新的文化與習慣導入當地就能搶得先機，爲企業帶來大量財富。如過去索尼（Sony）開發隨身聽，徹底改變當時聽音樂與廣播的習慣。

圖 4-2　麥當勞也在進駐印度時配合其不吃牛肉的習慣，將漢堡改為雞肉或羊肉，甚或有素食漢堡。

（五）科技環境

科技環境是指企業應用在製造商品或服務的各種技術、系統與知識，包含了現有科技水準與研發實力。科技環境近二十年來變動非常快速，管理者可以掌握新科技的變化，掌握其機會來創新或利用在本身的產品或服務，必然會比競爭者佔有先進優勢，像現在許多管理都已運用電腦科技與智慧化工具與介面，也有許多產品使用數位科技，如數位音樂。但如果忽略其影響，有可能會造成極其嚴重的後果，如過去的諾基亞（Nokia）一直認爲本身是黑白手機的龍頭，便忽略了市場上彩色與智慧手機科技的趨勢，也不在乎其他對手，以至於無法趕上競爭對手，最終只好將手機部門賣給微軟（Microsoft）。

圖 4-3　NOKIA

（六）人口統計環境

人口統計環境是指一個國家或地區人口的特徵，一般包含了男女比例、年齡結構、教育程度、所得水準、家庭結構、職業、人口總數與成長率等。人口統計環境之所以重要，是因爲現在的這些人與未來顧客的組成結構與消費水準有很大的相關性，對企業的經營造成影響，並可爲企業帶來不同的機會與威脅。

人口結構與年齡的改變對企業影響很大，如臺灣目前少子化與高齡化，員工可能需要更久的就業時間，每一位青壯年的扶養人口也變多，針對銀髮族所設計的產品或服務事業就成爲具有吸引力的藍海；而相反地，嬰幼兒的事業與教育事業的營業額就比過去減少許多。

以下以一個補習班在新冠肺炎時期所面臨的總體環境爲例，如圖 4-4。

經濟環境

經濟環境失業率高，許多行業營收差，有些家長也因失業或放無薪假而暫停孩子在補習班的學習。

政治法律環境

政府規定教育學習場所不可實體上課，可選擇改為線上上課或退費，導致有許多安親班無法經營，完全不開店也不營業。

社會文化環境

為了落實防疫，民眾不隨意出門，也不會在這時候找補習班，學生多改為線上課程或自己學習。

科技環境

由於科技發達，補習班選擇使用電腦與線上系統進行教學，讓學生學習不中斷。

人口統計環境

少子化趨勢，加上有不少學生染疫，使家長不願讓孩子來補習班。

圖 4-4　補習班所面臨之總體環境為例

請舉一企業來說明它所面臨之總體環境並分析之。

二、外部環境之任務環境

任務環境是指在外在環境中對於組織活動有直接影響的組織或個人，如顧客、供應商、競爭者及壓力團體等，如圖 4-5。因此，任務環境又稱爲直接環境或特殊環境，不同的產業與組織會面臨不同的任務環境。在外部環境中，任務環境會比總體環境更受到經營者的關注，因爲任務環境對於企業目標與績效有更直接且更持續的影響力。

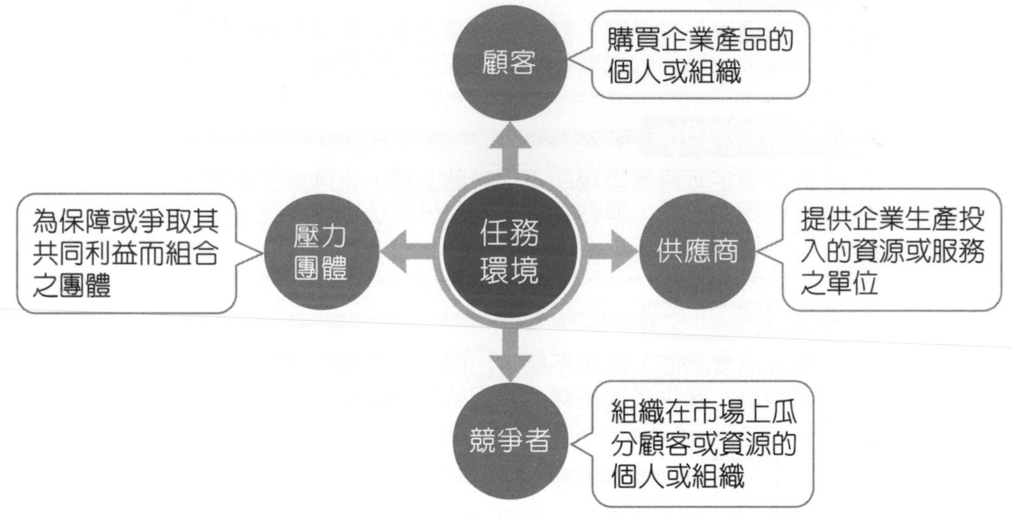

圖 4-5　任務環境

（一）顧客（Customers）

在一企業中，顧客是獲利最重要的直接影響因素。顧客一般來說是指購買企業產品或服務的個人或組織，是企業是否能永續經營的絕對關鍵。因此，企業對於顧客的需求必須要了解，對自我產品與服務的品質、價格與售後服務也要能夠滿足顧客。當然，持續創新才能吸引潛在顧客與培養舊顧客購買後的忠誠度。試想如果手機品牌 A 提供的產品品質水準與品牌 B 相同，但是訂價卻高很多，如果你是有手機需求之顧客，也沒有對 A 與 B 品牌有任何之忠誠度，你會如何選擇呢？

（二）供應商（Suppliers）

供應商是提供企業生產投入的資源或服務之單位。一般而言，上游之供應商包含了供應企業原物料、機器設備及勞工的組織。由於企業不可能會自行生產所有需要的資源，故企業對於供應商會有一定程度的依賴。

供應商對於企業的影響主要在原物料的價格、品質與穩定性，如果供應商要求之價格變高，企業成本則會增加；供應商提供的品質也很重要，如果供應商提供的原物料品質不佳，就會使企業生產的產品不良率增高。另外，如果供應商提供給企業的物料愈稀少或重要性愈高，企業愈容易被供應商箝制。因此，如果要降低損失的風險，管理者最好尋找多個供應商來提供原料，避免雞蛋放同個籃子的問題。同時間，也必須要時常注意不同廠商生產資源的品質、價格與交貨期。

管理便利貼

之前的股王大立光的鏡頭爲何受到蘋果（Apple）品牌之青睞，主要就是大立光是個品質穩定，良率高的供應商。iPhone 強調的是高階品質的機種，如果其供應商提供之零組件不佳，將會連帶影響其聲譽與銷售績效。

（三）競爭者（Competitors）

競爭者是指在同一產業中，提供顧客相同或相似的產品或服務，且與企業在市場上瓜分顧客的個人或組織。競爭者愈多，在同一市場上會愈容易出現價格戰以及創新產品，這代表了顧客有愈多的選擇，就有愈高的議價能力。相反地，如果企業的競爭者少，如獨占或寡占，企業對於顧客的議價能力相對較高。因此，管理者必須隨時注意競爭者的行動並準備因應措施。

圖 4-6 Tesla

如中鋼公司在面對全球的鋼鐵競爭環境下，於 2017 年其產品開始進入特殊鋼材之研發，也順利成爲國際電動車大廠特斯拉（Tesla）之供應鏈，其電磁鋼片被採用至電動車之馬達內，由於技術門檻高，使中鋼走出其差異化，成功打敗其他競爭對手。

（四）壓力團體（Pressure Groups）

壓力團體是指一群人爲保障或爭取其共同利益而組合之團體，其存在目的主要是透過影響力影響企業的決策及行動，又可稱爲利益團體（Interest Groups）。壓力團體是近年來企業或政府常需要交涉與溝通的單位，是種不確定因素。主要是由於現今環保意識與人權意識抬頭，許多團體開始出現監督企業之行爲與影響其不當的決策，希望企業可以兼顧社會責任，如產業工會就是常見的壓力團體，工會通常會爲保護隸屬產業之勞工權利而監督與對抗企業，如在 2019 年，桃園職業空服員職業工會爲爭取長榮空服員之福利而串聯空服員罷工，造成空運癱瘓，以達到公司進行彼此談判。

圖 4-7 許多動保團體會共同監督農場、遊樂園區等地方，看看是否有相關虐待動物之情事。（圖片來源：聯合報）

管理動動腦

何謂任務環境？為何任務環境對企業的影響大於總體環境？請說明原因。

時事講堂

騎 Ubike 沿街尋找賺錢機會，深入貼近市場才能搶得先機

莊榮德，海霸王集團的董事長，標準的南部囝仔，從小在高雄長大，爸媽在傳統菜市場賣雞，造就他過人的商業敏銳眼光。從小，跟著爸媽看著市場裡各攤販進貨、銷貨，莊榮德就覺得爸爸剁雞肉一塊一塊剁的速度太慢了，這樣在時間內能賺取的利潤有限，長大他自己接手後，一步一步將父親的菜市場攤位生意跨大，從轉為零售到批發最後甚是跳過盤商，直接和養雞場簽約採購。當時高雄最大的華王大飯店也是他的客戶之一，也因為和這些飯店業的客戶往來，促使莊榮德對餐飲的興趣，在高雄開設了第一家專營生鮮海產的「海霸王」餐廳。

海霸王全盛時期在全臺擁有 14 間分店，是當代臺灣婚宴、謝師宴等大型宴會的重點場所之一，以平價、CP 值高的臺菜海產著名。

莊榮德平時除了巡視各店狀況，莊董有個習慣，他喜歡邊走路邊看路邊的告示、招牌，直至今日業界傳聞莊董海霸王集團拓點調查，都是靠莊董沿街騎 Ubike 尋找店面而來。名下的許多不動產、土地、舊大樓等，都是他在路邊散步或騎腳踏車時發現的戰績。在 30 歲時曾花 1.5 億元買下高雄市某區建地，幾年後以 27.5 億賣出，轉手賺進 26 億元。透過走動式的觀察，莊董對於當下市場上景氣的脈動，瞭若指掌。透過幾次親身走過，也可以比較各地區人流量、消費者特徵以及商圈特性，以精準地做出商業評估；此外，頻繁的走動式體驗，偶爾也能搶得其他尚未被公布的拍賣訊息，以低價購入未來具有潛力的地產。

過去 20 多年，新一輩的年輕人可能對海霸王這個品牌已經感到陌生，或中生代也認為海霸王已經從臺灣市場淡出，許久未有海霸王集團的新聞。但其實早在 1994 年，許多製造業都還未進軍大陸市場之前，海霸王就率先在廣東汕頭、四川等地，打造超大型冷凍物流園區市場。

近年這位縱橫兩岸，物業橫跨不動產、冷凍物流、餐飲、旅館等行業的傳奇人物，悄悄的回到他長大的高雄故鄉，在高雄前鎮漁港投資未來全臺最大的「複合型冷凍物流園區」，預計 2023 年就要完工正式營運，繼續海霸王的霸業。

影片連結

資料來源：今周刊編輯團隊（2021），「霸氣滾金千億！ 75 歲騎 Ubike 沿街找商機　標下人稱『鬼屋』的 85 大樓、他連上公廁都相到買地機會」，今周刊，1288 期。

4-2 企業內部環境

內部環境（Internal Environment）是指讓企業營運並實現利潤目標內部的構面，如圖 4-8。這些構面都會直接影響企業之績效，包含了如員工、組織資源、組織結構、企業與管理活動與組織文化，企業內部環境也可稱為企業內部條件。

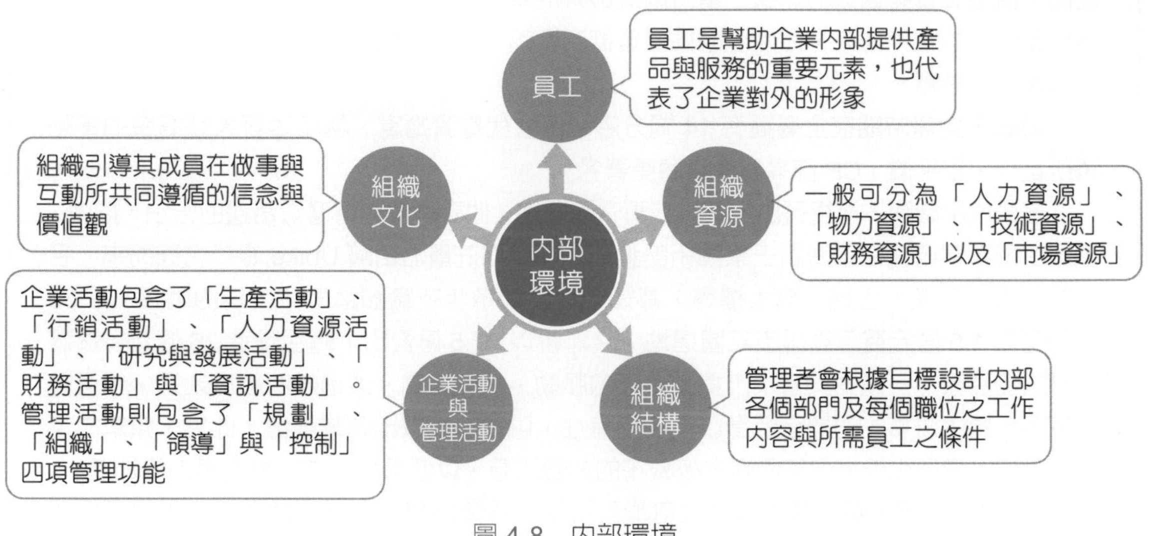

圖 4-8　內部環境

一、員工

企業員工是內部環境中不可或缺的部分，員工是幫助企業內部提供產品與服務的重要元素，也同時間代表了企業對外的形象。內部員工又可稱為內部顧客，現在企業也需要顧及員工之情緒與權利，因為員工目前多元性高，有些組織內有不同國籍、不同語言與不同文化之員工，管理者要處理好上下屬的關係與如何協調員工間的互信與合作關係變成了挑戰的工作。

如果給予員工不好的環境，員工也有可能對外訴說企業的不好，造成企業形象之受損，尤其是現在網路發達之時代，影響更是不容小覷。相反地，如果給予員工好的工作環境與福利，大部分的員工也會隨著有較好的表現。

二、組織資源

組織資源是組織本身擁有可供給運作的條件，也就是組織所擁有之核心能力。資源一般可分爲人力資源、物力資源（廠房、軟硬體設備）、技術資源（研發能力、專利等）、財務資源以及市場資源（品牌、通路、顧客關係等）。這些組織資源在市場上最好是有一定之門檻且難以被競爭對手模仿的，才有其獨特處，可爲組織帶來利潤。經營者必須要熟稔組織內重要資源之特色及善加分配，才能協助組織目標的達成。

三、組織結構

組織結構是企業中的骨架，爲了實現組織的目標，管理者在組織成立時就會根據目標設計組織內部各個部門，及每個職位之工作內容與所需員工之條件。一般來說，結構的設計可分爲機械式與有機式組織，看經營者的個性與管理方式。喜歡大權都掌握在手中的經營者或政府機構比較會選擇機械式的結構，因爲正式化、集權化、複雜化都較高，組織會要求員工事事按照公司規定走。但目前私人的企業較多都是有機式的組織，因爲正式化、集權化、複雜化較低，員工有較大的決策空間，在目前強調彈性與快速的時代，有機式的組織會較適合。

四、企業活動與管理活動

在第三章系統學派的介紹中有提到，系統主要是由投入、過程、產出、回饋與外部環境等元素所組成，其中，過程就是企業活動與管理活動，組織透過企業活動與管理活動將投入轉化爲產出。所謂的企業活動包含了「生產活動」、「行銷活動」、「人力資源活動」、「研究與發展活動」、「財務活動」與「資訊活動」，也就是俗稱的產、銷、人、發、財等功能，是組織爲達成目標所進行的業務活動。管理活動則包含了「規劃」、「組織」、「領導」與「控制」四項管理功能。企業可透過管理活動將資源（投入）有效地運用，並讓資源轉換成具有獨特性，無法讓競爭者模仿的核心資源，組織才能持續獲利，達到永續存活之目標，如圖 4-9。

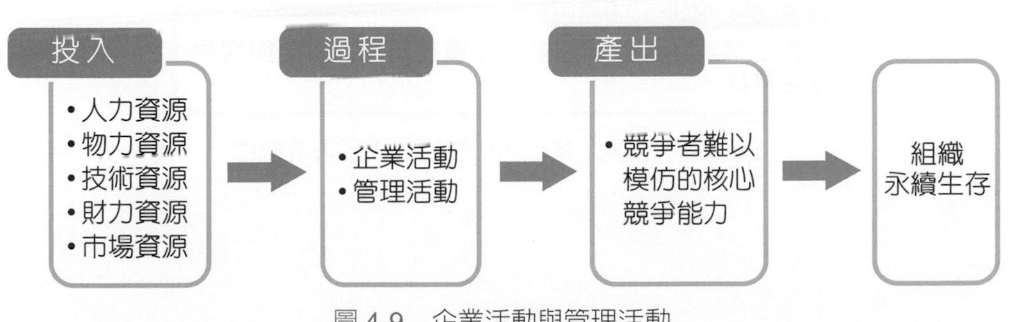

圖 4-9　企業活動與管理活動

五、組織文化

組織文化是指組織引導其成員在做事與互動所共同遵循的信念與價值觀，包含了原則、價值觀與規範等構成的一個獨特系統。組織文化是組織特有的且經過長時間累積，是一種組織的無形資源，對員工的行爲會有相當程度的影響。

因此，創辦人需要在組織內建立強勢文化讓員工明確了解進來企業後要遵循之態度與行爲。如多年前倒閉的安隆集團，執行長雷（Ray）就塑造了一個貪婪的文化，不僅不處罰公司內貪汙的員工，還利用他們的長才幫助公司賺錢，造成由董事長到財務長都有集體貪汙的文化，想辦法掏空投資人與納稅人的錢來中飽私囊，並以此爲樂，造成了公司內衰敗的強勢文化。

以下以一製造業公司爲例，來說明公司所遇到之內部環境，如圖 4-10。

員工

由於公司為B to B，絕大部分訂單為業務人員所爭取，故公司特別重視外勤員工。

組織文化

由於創辦人的個性較為保守，故組織文化偏向保守謹慎，也有為員工所設計需遵守之規章規範。

組織資源

公司為一上市公司，人力分為內外勤員工、另有廠房，針對客戶有客製化的軟硬體設備、已有多篇專利，其研發能力讓競爭者難以模仿、資金來源為市場上的股東，故每年須召開股東大會來報告業績與未來的計劃。

組織結構

產業為製造業，組織結構為機械式組織，較為集權，決策權多掌握在高層手中。

企業活動與管理活動

其企業活動與管理活動多著重在產品之研發與客戶之尋找。

圖 4-10　一製造業公司所面臨之內部環境為例

管理動動腦

何謂企業活動？何謂管理活動？這兩者有何差異？彼此要如何相輔相成？

4-3 全球環境

全球化概念是指不同區域地理的經濟、政治、社會的活動延伸出了其他區域，如圖 4-11。全球化體現了地區間的緊密連繫、社會活動與權力的網絡擴展以及隔空行動的可能性（Held et al.）。

現今的企業已經無可避免地面臨全球化的思維與競爭，由於交通與科技的進步，導致資訊的傳播快速，全球相互依賴的程度愈來愈高，全球化已是各國之主流。

企業也可能由於產品或服務在國內市場已飽和，想將市場拓展至其他國家。或者剛好相反，企業因為想將在國內之成功經驗轉移至其他地區，藉以提高利潤或降低成本，這些都是促使企業國際化的因素。

因此，企業必須面臨到海外的環境與世界各地的競爭對手。管理者在面對不熟悉、不同國家的外在環境，往往欲從發展之國家的內外部環境思考，了解當地市場特色與人力的管理文化等。本章將從四個不同之構面討論全球化概念。

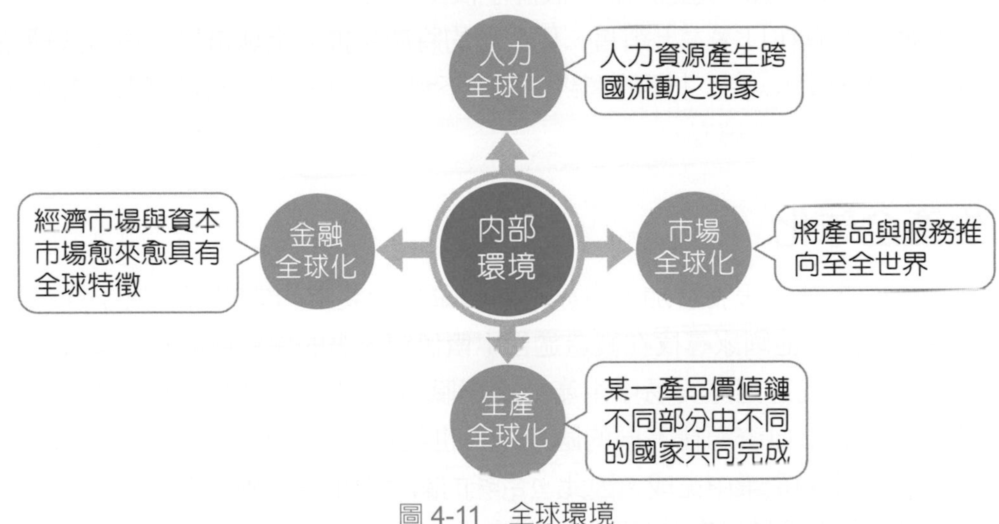

圖 4-11　全球環境

一、人力全球化

在全球化時代中，勞動力常會遷徙至不同地區，人力的跨界移動已是不可避免的事實。一般來說，當企業國際化後，許多企業會將國內的高層派駐當地去管理當地的員工。

另外，因爲薪資的影響，也有許多基層的員工會跨界移動至其他國家來與其他當地人競逐工作，如東南亞的勞動力多輸出至其他開發中或已開發國家，而雇主由於成本的考量，也樂於聘僱。

因此，隨著國家間差異逐漸消失，人力資源會變得更國際化。此時身爲國際企業的管理者，更需要注意國內員工不同文化的培養以及人員的溝通與融合。

二、市場全球化

隨著國內市場的飽和，或競爭對手衆多，企業在獲利空間侷限下，便會想將自身的產品或服務往外拓展到其他國家，進行市場的全球化。市場全球化是指企業將產品或服務銷售至世界各地，現在很多企業都會選擇出口自身的產品來擴大市場與利潤。如近年來在全球流行的任天堂遊戲機 Switch，透過創新，設計了很多玩家們喜歡的遊戲，不只在日本本土銷售，更成功的將產品推入全球市場，銷售成績亮眼。2017 年 1 月，任天堂 Switch 才開放網路預購，不到一天在許多國家就售罄，甚至引起許多購物平臺開始出現高價轉賣。

三、生產全球化

隨著企業的產品與服務增加，由於不同國家生產要素的成本與品質不同，故企業會利用這些差異去其他國家尋找在製造過程中價值鏈所需的原料或服務，以降低成本或是提升競爭力，也就是國際貿易中生產要素稟賦與全球分工的概念，各國元素的豐缺會影響各國進口與出口資源往不同的國家走。也就是指某一產品不同的價值鏈（Value Chain）在不同國家的企業中完成。因此，生產的國家與企業疆界逐漸被打破，企業產品的生產與後續服務不再是只集中在單一地區完成，而是分散於世界各地。

特斯拉供應鏈			
股號	公司	供應的產品	8日收盤／漲跌(元)
2382	廣達	電子控制單元	78.50／+0.40
4938	和碩	中控台	66.80／+0.00
2330	台積電	自駕車晶片	575.00／−5.00
3665	貿聯-KY	電池管理線束	255.50／+1.00
1536	和大	減速齒輪	88.40／−1.00
6288	聯嘉	LED車燈	28.20／+0.00
3481	群創	面板	16.35／−0.10
3673	TPK宸鴻	觸控面板	38.30／−0.65
2308	台達電	電源轉換器	250.50／+2.00
4551	智伸科	傳動系統零組件	155.00／+1.50
3003	健和興	充電槍	89.70／+0.00
5243	乙盛	電池結構件	67.60／+3.90
資料來源：公開資訊觀測站			蕭君暉／製表

圖 4-12　臺灣廠商目前搶佔美國電動車龍頭特斯拉的電動車供應鏈的 75%，和大、中鋼、和碩、群創、台積電、台達電、廣達、同欣電等大廠都名列在內。（圖片來源：經濟日報）

四、金融全球化

由於資訊科技的發達，跨國交易與投資變得方便又快速，組織與個人均可透過電腦與網路獲得全球金融資訊，如各國的利率、外匯與股票市場等的相關資訊與進行國際金融操作，使得過去動輒數天的國際支付，透過區塊鏈（Blockchain）與雲端運算技術（Cloud Computing）等科技金融，僅僅數秒鐘即可完成交易，大大縮短金融交易的時間，直接促使了金融市場的國際化。

金融科技（FinTech）大量的運用在各國的銀行與證券、保險等金融產業中，造成了顛覆性的創新，如現今流行的行動支付與虛擬貨幣，甚至也出現了數位銀行。另外，世界各國逐漸開放金融法規與管制措施，以及國際貿易與人力資本流動，要素的全球分工已成趨勢，金融全球化也不得不跟進。雖然現今國與國之間資本與金融是互通的，科技也不斷在創新，但相對風險也比傳統金融提高許多，如網路安全，個人金融資料被盜取。國際間的經濟也會相互影響，例如 2017 年啓動的美中貿易戰，就影響了全球市場環境，許多產業因此而衰退。

管理動動腦

請在全球化環境中以任一構面分析一國際企業所面臨之環境與困難。

從家庭主婦到接掌千億大集團

2018年底，裕隆集團董事長，嚴凱泰因食道癌病逝，享年53歲。裕隆集團由遺孀嚴陳莉蓮接任董事長。2019年七月，在嚴陳莉蓮決定接下裕隆集團董座不滿半年時，嚴陳莉蓮即面臨集團存亡的生死交關，必須做決策決定集團未來的命運。就在嚴凱泰過世後約莫半年不到，金融界驚傳，幾間長期與裕隆集團合作往來的銀行，都不約而同地向裕隆集團提出紅色警示。銀行界當時的共識是假定裕隆集團不積極地整頓集團的財務問題，將立刻以緊縮對裕隆的借款額度。

這對甫接任集團董事長的嚴陳莉蓮而言，簡直比燙手山芋還要難處理，她萬萬沒有想到，裕隆集團過去幾十年一直是政府支持的指標性企業，在先生離逝後，她要面對的竟是集團的資金鏈要被銀行抽銀根的急迫危機。面對當時集團旗下各重大投資案，嚴陳莉蓮立即忍痛做下決定，終止超過500億元的裕隆城住宅開發投資案，雖然這項決策為集團留住500多億元的投資支出，不過面對現有與已經簽約的機電商、開發商，還有高價簽約的全球首位獲普立茲克建築獎的女性建築師Zaha Hadid合作，裕隆總共為裕隆城違約案付出高達10多億元的違約金。

「如果做了會死（指裕隆城的投資會讓集團現金流出現嚴重缺口），不做只是丟臉，死和丟臉你選什麼？」據悉事後，嚴陳莉蓮接班後仰賴的集團顧問黃日燦在會議中曾拋出了重話。

嚴陳莉蓮接任後，面對裕隆集團她執行了四大改革：一、布建新團隊（汰老臣引新血），邀請黃日燦律師擔任集團執行長特別顧問，陳國榮卸任集團副執行長、納智捷董事長；二、清理兩大虧損（納智捷與華創車電進行大幅增減資），2019年底對納智捷減資40億，又對華創一口氣打掉全部虧損，減資32.8億元，減資幅度百分百，並與鴻海合作成立新機電車公司，在新公司裡，鴻海僅出資80億元，就占了新公司股權的51%，華電旗下員工全部轉任新公司，裕隆不只出人、還出錢、出資產，將所有僅剩機器設備也雙手奉上，等於將華創車多年來的研發智慧全貢獻出來；三、拍賣集團內不需要的值錢資產，例如嚴凱泰藏車、集團陽明山的招待所等，都變賣轉現；四、聚焦新事業，裕隆集團整頓整個集團版圖，回歸本業專注在汽車工業的發展，減少紡織與建設相關投資。

過去 20 年，嚴陳莉蓮的生活就在孩子、家庭中打轉，直到嚴凱泰過世，她的人生一夕變調，剎那間她必須從傳統的家庭主婦走上集團執行長之路，在有限時間與經驗間，做出影響整個集團的重大決策。為了提升自己對於集團業務的熟悉度，接任後嚴陳莉蓮從未缺席任何一場會議，集團相關會議她必定親自出席，在初期，嚴陳莉蓮僅安靜的聽各主管會報目前公司面臨的狀況，有任何她不懂的地方，她也都拋開執行長的架子，私下向同仁請教，力求在短時間中強化自己對公司營運的了解。

另一方面，嚴陳莉蓮也同步著手在布局自己的團隊，嚴陳莉蓮年輕時是擔任女子籃球隊隊長，她深信不只是打籃球，公司經營講究的是團隊合作，不是個人秀，因此為幫助自己處理公司業務，嚴陳莉蓮成立「特別應變小組」，延攬黃日燦、陳伯鏞、黃豐志等產業先進專家，對她而言，每位成員都是她取經的榜樣、學習的軍師。

丈夫嚴凱泰時代為延續母親吳舜文夢想打造的納智捷品牌夢，在運營末期面臨的是銷量每下愈況的慘境，2019 年納智捷車全臺只賣了 4,000 多輛，外界估計納智捷品牌可能存有上千億元的大洞。

車界專家指出，車廠投入在開發新車款的龐大資金，如果新車銷售沒有超過 30 萬輛，此次開發案根本談不上回收，反觀納智捷累計幾年的虧損，縱使裕隆集團財力有多雄厚，對企業經營也是難以承受之重。

嚴凱泰過世後不久，裕隆集團子公司有位主管曾經直問過嚴陳莉蓮「妳知道納智捷的資金缺口有多大嗎？」她的回答盡是茫然。「我自己估計……大約要 500 億元吧。」嚴陳莉蓮猶豫了一下這樣回答，但當時這位主管告訴她，這個數字恐怕還要乘以 2。面對龐大資金缺口的問題，這位主管提醒嚴陳莉蓮「數字大小已經不是最重要，重要的是，妳只要知道自己口袋剩下多少，妳就可以下決策了。」，這也促成嚴陳莉蓮決心忍痛整頓丈夫身前的夢想。

年輕時為女子籃球隊的嚴陳莉蓮在公司內部會議上經常掛在嘴上「打籃球不是只有進攻，要攻、守俱佳。」在嚴陳莉蓮接掌集團過去 2 年的裕隆，因為她還是車市新鮮人、紡織外行人，對集團決策沒有策畫太多的進攻動作，首要任務都在檢視集團財務與營運現況改善，重點在守，重新打穩基石，守住基本盤。

接下來，裕隆整頓逐漸完成，也將回到汽車製造本業，面對未來新變化的挑戰，嚴陳莉蓮知道，她必須開始逐步建立屬於自己的部隊。走過 600 多天的風雨歷練，被戲稱為門外漢執行長已快速成熟。過去開會多數靜靜地聽的她，現在開始會講重話，會告訴主管，「你這樣做不對。」她在了解集團的內外問題與環境後，愈來愈專業，愈發深入核心，裕隆也正式進入嚴陳莉蓮時代。

資料來源：今周刊編輯團隊（2020），「從家庭主婦到接掌千億大集團…接班兩年，嚴陳莉蓮如何掌舵裕隆驚渡暴風雨？」，今周刊，1236 期。

圖片來源：裕隆汽車官網。

重點摘要

1. 外部環境之總體環境：總體環境（General Environment）又稱為「間接環境」或「基本環境」。外部環境是指那些一般性、廣泛適用於各種組織潛在的衝擊力而進一步影響組織經營的外部因素，如經濟環境、政治法律環境、科技環境、社會文化環境、人口統計環境等因素。
2. 外部環境之任務環境：任務環境（Task Environment）是指在外在環境中對於組織活動有直接影響的組織或個人，如顧客、供應商、競爭者及壓力團體等。因此，任務環境又稱為直接環境或特殊環境，不同的產業與組織會面臨不同的任務環境。
3. 企業內部環境：內部環境（Internal Environment）是指讓企業營運並實現利潤目標內部的構面。這些構面都會直接影響企業之績效，包含了如員工、組織資源、組織結構、企業與管理活動及組織文化所組成，企業內部環境也可稱為企業內部條件。
4. 全球環境：全球化概念是指不同區域地理的經濟、政治、社會的活動延伸出了其他區域。全球化體現了地區間的緊密連繫、社會活動與權力的網絡的擴展以及隔空行動的可能性（Held et al.）。全球環境之內部環境，包含以下四點：

   (1) 人力全球化：人力資源產生跨國流動之現象。

   (2) 市場全球化：將產品與服務推向至全世界。

   (3) 生產全球化：某一產品價值鏈不同部分由不同的國家共同完成。

   (4) 金融全球化：經濟市場與資本市場愈來愈具有全球特徵。

本章習題

一、選擇題

(　　) 1. 所謂的＿＿＿＿＿是指外在環境中對於組織績效有直接且持續的正面或負面影響力。　(A) 自然環境　(B) 間接環境　(C) 總體環境　(D) 任務環境。

(　　) 2. 下列何者不是內部環境之構面？　(A) 企業活動　(B) 員工　(C) 壓力團體　(D) 組織文化。

(　　) 3. 以下哪個議題不屬於人口統計環境？　(A) 少子化海嘯衝擊教育，未來學校倒一半　(B) 亞洲國家重男輕女價值觀之影響　(C) 老化指數破百，未來退休年齡晚十年　(D) 男女比例失衡，剩男社會即將出現。

(　　) 4. 阿翔最近去買東西時常看到店家貼出因物價齊漲，成本增加之壓力，產品價格調漲之公告。這說明了＿＿＿＿＿對於企業經營的影響。　(A) 全球環境　(B) 法律環境　(C) 經濟環境　(D) 社會文化環境。

(　　) 5. 未來銀行最近引進機器人以取代人力來服務客戶，請問未來銀行是受到何種外部環境的影響？　(A) 科技環境　(B) 經濟環境　(C) 政治環境　(D) 社會文化環境。

(　　) 6. 金融科技（FinTech）目前大量的運用在各國的銀行與證券、保險等金融產業中，造成了顛覆性的創新，其原因主要是因為受到＿＿＿＿＿之影響。　(A) 全球環境　(B) 政治法律環境　(C) 經濟環境　(D) 社會文化環境。

(　　) 7. 以下有關企業活動與管理活動之敘述何者正確？　(A) 企業活動包含了控制功能　(B) 管理活動包含了研發活動　(C) 企業活動包含了規劃功能　(D) 管理活動包含了領導功能。

(　　) 8. 下列何者不被包含在人口統計環境中？　(A) 家庭結構　(B) 宗教信仰　(C) 教育程度　(D) 所得水準。

(　　) 9. 下列有關於任務環境的敘述何者正確？　(A) 當供應商提供的物料愈稀少時，組織議價力愈低　(B) 當顧客選擇性多時議價能力也愈高　(C) 壓力團體常常扮演監督組織的角色　(D) 以上皆是。

(　　) 10. 下列何者不是組織的外部環境？　(A) 企業活動　(B) 競爭者　(C) 顧客　(D) 壓力團體。

(　　) 11. 琪琪在點外送時，看到許多賣義大利麵、越南餐點與 Pizza 等異國美食的餐廳，請問這是反映何種趨勢？　(A) 自由化　(B) 全球化　(C) 本土化　(D) 企業化。

(　　) 12. 特斯拉電動車的價值鏈分別由不同的國家進行，請問這種現象反映出何種趨勢？ (A) 人力全球化 (B) 市場全球化 (C) 生產全球化 (D) 金融全球化。

(　　) 13. 不織布廠商經理在一場會議中，與其他同仁討論第四季市場上對於口罩原料的需求以決定合適的不織布生產與庫存量，請問他所關心的議題爲何種內部環境？ (A) 組織文化 (B) 組織結構 (C) 員工能力 (D) 企業活動與管理活動。

(　　) 14. 一個地區所遵守的規範與價值觀稱爲__________？ (A) 社會文化環境 (B) 經濟環境 (C) 科技環境 (D) 人口統計環境。

(　　) 15. 企業活動中發掘消費者實質或潛在需求，並透過各種手段加以滿足的過程是爲__________。 (A) 生產作業 (B) 人力資源 (C) 研發活動 (D) 行銷活動。

(　　) 16. 小芊是個大三的學生，從大一時就在餐廳打工，自 2023 年起，她的薪資由一小時 168 元調漲至 176 元。請問公司在薪資上的調整主要是因應哪一種環境的影響？ (A) 經濟環境 (B) 政治法律環境 (C) 人口統計環境 (D) 科技環境。

(　　) 17. 全聯的人資部門正在討論合併大潤發後各部門工作任務的重整，請問他們所討論的議題位屬何種內部環境？ (A) 組織文化 (B) 組織資源 (C) 組織結構 (D) 企業活動。

(　　) 18. 麥當勞進入印度後爲順應民情推出素食漢堡，請問這種現象反映何種趨勢？ (A) 生產全球化 (B) 市場全球化 (C) 人力全球化 (D) 金融全球化。

(　　) 19. 目前的社會中有許多企業喜愛併購上游廠商，以確保原料品質與供應量。此現象反映了何種環境對於企業經營的影響？ (A) 自然環境 (B) 內部環境 (C) 總體環境 (D) 任務環境。

(　　) 20. 下列有關於外部環境的敘述何者正確？ (A) 顧客是企業的經濟命脈，因此企業生產的產品愈特殊愈能獲得市場的青睞 (B) 供應商所提供的產品愈獨特、愈稀少，對企業愈有利 (C) 壓力團體對公司影響不大，可以不用理會他們的意見 (D) 競爭對手會瓜分企業的獲利。因此，企業必須隨時注意競爭者的行動並準備因應措施。

二、填充題

1. 總體環境包含了__________、__________、__________、__________與__________。
2. 任務環境包含了__________、__________、__________與__________。
3. 企業內部環境包含了__________、__________、__________、__________與__________。
4. 全球環境包含了__________、__________、__________與__________。

第 05 章

規劃

學習重點

本章將帶領各位了解規劃之概念與流程：

1. 規劃的基本概念
2. 規劃程序
3. 規劃與計畫之構面
4. 整體規劃

- 規劃的基本概念
  - 規劃之意義
  - 規劃的特性
  - 規劃的優點與重要性
  - 規劃的迷思與問題
  - 規劃與績效之關係
- 規劃程序
  - 戴斯勒的規劃程序
  - 許士軍的規劃程序
  - 傳統規劃程序整理
  - 司徒達賢的策略規劃程序
- 規劃與計畫之構面
  - 規劃的構面
  - 計畫的體系
- 整體規劃
  - 規劃基礎
  - 規劃主體
  - 規劃的實施與檢討
  - 規劃研究與可行性測定

5-1 規劃的基本概念

我們都知道做任何事情必須要事先有所準備，如同《禮記 · 中庸》中所提到的「凡事豫則立，不豫則廢」，也就是指做任何事情，我們應該事先有準備，才能臨事不亂，也就容易得到成功，不然就會失敗。這也就是本章所要探討之「規劃」的意義與重要性。

雖然目前社會變化快速，有些人認爲計畫永遠趕不上變化，何須事先規劃呢？但究其深意，可發現成功或失敗的條件，是在於規劃時是否有想到後續可能發生之危機及危機之處理，才是妥爲準備的重要課題。所以到底何謂規劃？其規劃的程序核心爲何？如何應用在我們的生活上？這些課題就讓我們一起往下探究吧！

一、規劃之意義

規劃（Planning）是一種繼續不斷的過程，經此程序，使組織得以事前選擇未來發展的方向及目標，並且達成此目標的政策、計畫與步驟。在前述的定義中涵括了兩個重要的概念，分別是「規劃」與「計畫」。

（一）規劃（Planning）

規劃是一種決策的過程，是針對組織未來的目標與行動方案進行分析及選擇的「程序」。有時在實務上又稱爲「企劃」。一般來說，規劃包含了三個元素，如圖 5-1。

1. 規劃是針對組織的未來，要思考未來想達成之目標爲何？
2. 規劃包含了行動的元素，爲了要達成目標應該如何做呢？
3. 規劃須和組織結合，並由專人或單位負責並實施之。

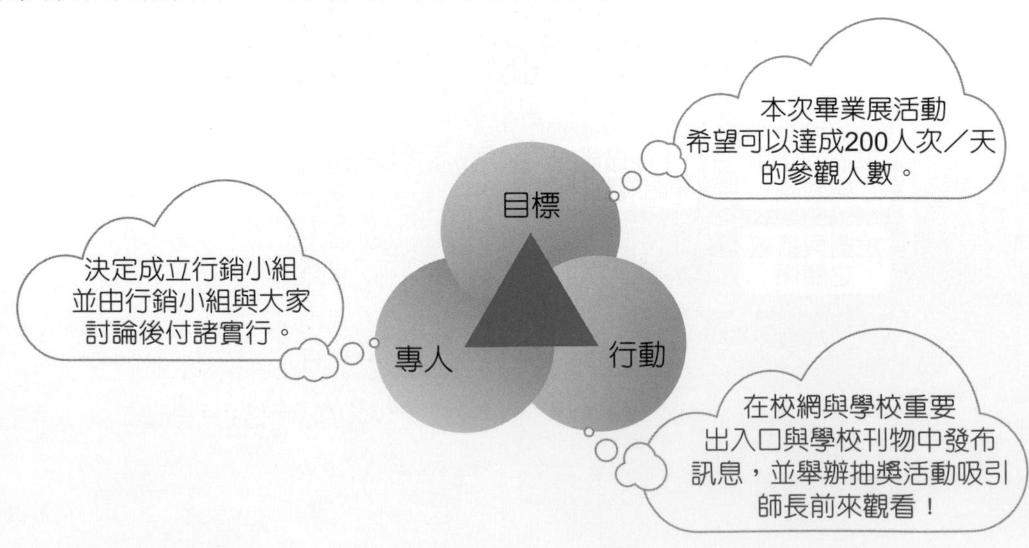

圖 5-1　規劃元素─畢業展為例

（二）計畫（Plan）

計畫是規劃結果所選定的行動「方案」，是一個名詞與書面結論的概念。規劃與計畫之比較，如圖 5-2。

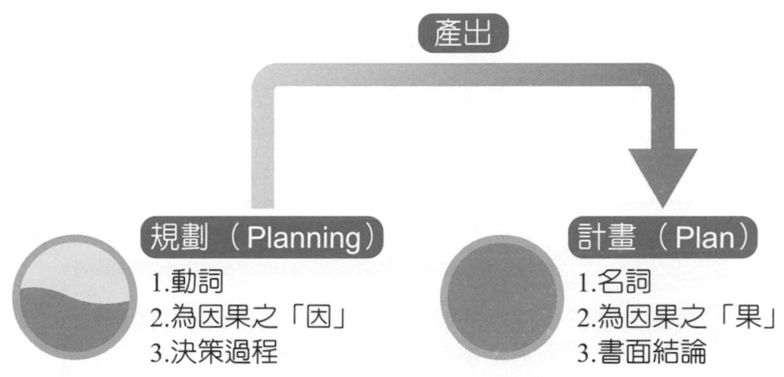

圖 5-2　規劃與計畫之比較

「規劃」是一個動作、一個動詞，從中文有刀字旁的「劃」即可知道；而「計畫」是一個結果，一個名詞，在中文的表示方式則無需加上刀字旁。而良好的計畫來自於良好的規劃，故從管理功能的立場，規劃比計畫來的更重要。美國總統艾森豪曾說：「規劃的過程重於計畫的產出（Planning is everything, but plan is nothing.）。」

了解規劃的定義與元素後，我們就要來看一下要做一個好的規劃要注意哪些特性呢？

二、規劃之特性

根據學者卡斯特與羅森威（Kast and Rosenzweig, 1970）與陳定國教授的研究，規劃有以下幾點特性，圖 5-3 即在說明規劃之特性：

基要性（Primary）

規劃是先於其他管理功能而存在，必須先選擇目標與策略之後，公司才能進行組織、領導與控制等其餘管理功能。

理性（Rationality）

規劃是屬於一理性的過程，意即利用已知的客觀資料與科學方法來求出事件之可靠結果。

未來性（Futurity）

規劃主要是處理組織未來的問題，著重遠慮勝於近憂。

時間性（Timing）

時間因素在規劃中扮演重要之角色，任何一種規劃，均需要以時間做為基礎，如短期規劃、中期規劃及長期規劃。

連續性（Continuity）／程序性（Process）

規劃不是一思即得的簡單結構而已，而是一種連續不斷的過程，有效的規劃是一連串設定目標與手段的過程，規劃的結果將回饋至規劃當中，使規劃功能得以不斷的循環下去。

結構性（Structure）

所謂結構是指許多因素與思考的對象相互關聯，所以規劃並非單一的局部思考，而是全方位整合性的系統思考。

圖 5-3　規劃之特性

綜合學者的說法，一個好的規劃是要針對未來、理性、有結構做計畫；規劃是一種程序、連續不斷的過程，可根據時間的長短分爲短、中、長期規劃。須先設定組織的目標，根據目標進行一連串的管理功能，根據結果回饋至下一個規劃中，如圖 5-4。

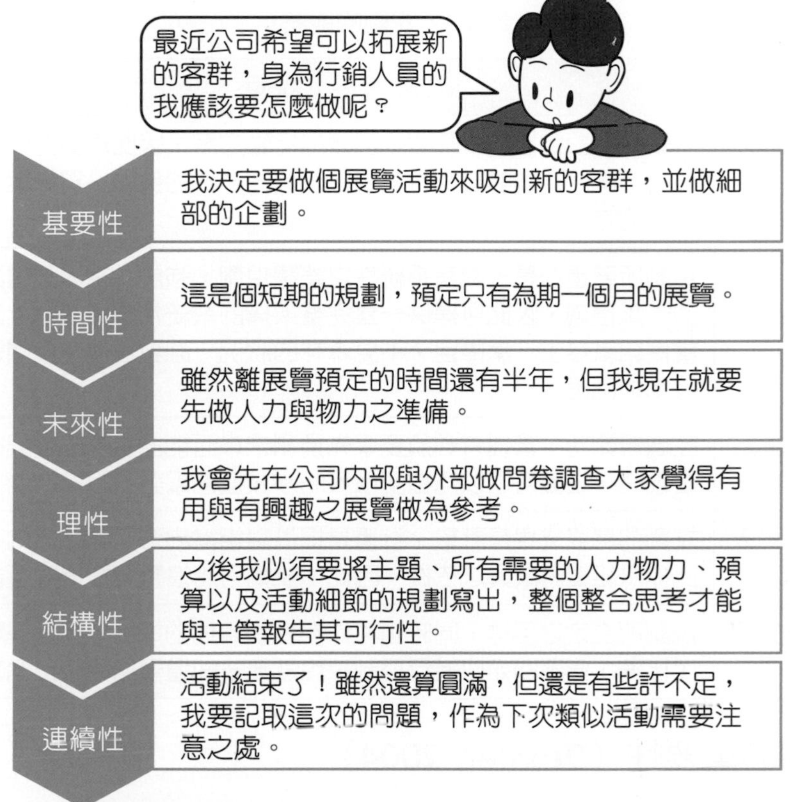

圖 5-4　規劃之特性—舉辦展覽為例

三、規劃的優點與重要性

各位有想過爲何規劃爲管理功能之首嗎？那就是如同我們本章前面所說的規劃的要素，規劃是種目標、行動與專人的展現。因此，如果沒有規劃，組織想達成的目標就無法順利進行，管理功能的組織、領導與控制也無從下手。所有的員工不知自己該做什麼，因此規劃對組織來說是十分重要且有極大的幫助。本段將討論規劃的優點與其重要性。

（一）規劃的優點（Dessler, 2004）

在現代企業環境中，規劃是一個不可或缺的管理工具，可在許多方面協助企業成長，規劃之優點如表 5-1。

表 5-1　規劃的優點

優點	說明
可提供組織未來努力的方向	規劃必須設定目標以及達成目標的行動方案，因此規劃提供了組織未來努力的方向。規劃的最大貢獻是建立協同一致的努力，提供組織與組織成員努力的方向。
可促使組織積極面對未來的環境	規劃所著重的是一套有系統性之整體規劃，強調從組織整體面來看所面臨的未來環境，因此可提供一套完整架構的系統性積極活動。缺乏規劃可能會使組織發生一葉障目，不見森林的狀況。面對各種突發問題，組織只能被動地回應。
可減少環境不確定性所造成之衝擊	在做規劃時，管理者必須要事先預測未來可能發生的改變與衝擊。在面臨衝擊時，組織可以以何種回應策略來減低衝擊對於組織的傷害。
可將組織資源與人力重覆問題降低	規劃的最終成果是計畫，計畫是提供對組織內資源與工作內容的安排，藉此提供組織內成員之依據。因此，規劃可將浪費與重覆降至最低。
做為控制功能的目標與標準	規劃所立定之目標，同時也可作為控制評估的準則。缺乏規劃，控制失去了標準，便不知如何進行控制，也就無法知道要如何修正偏差的活動。

（二）規劃的重要性（Dessler, 2004）

從前段的優點可了解規劃對組織的幫助甚大，因此，事先的規劃對於組織的重要性可體現在不同的管理面向中，不管是從剛開始的提供目標到後續的控制都扮演了重要的角色，如圖 5-5。

圖 5-5　規劃的重要性

四、規劃的迷思與問題

（一）規劃的迷思

我們都知道規劃對於決策是很重要的，可以幫助後續的執行更有效，提高成功的機會，但是並非所有的規劃都是這麼的順利，要實現一個好的規劃還需要注意以下的迷思與問題，如圖 5-6 及表 5-2。

規劃若不正確是在浪費管理者的時間？

實際上，規劃的過程價值更勝於結果。

規劃是在做未來的決策？

雖然規劃是攸關未來，但規劃所關心的就是目前的決策對未來發展的影響。

規劃可以消弭改變？

不管管理者如何做規劃，改變一樣都是免不了的。但是組織可以透過規劃來預測改變的趨勢而做最有效的因應。

規劃會降低彈性？

規劃並非一成不變，必須隨著環境來變動，所以不至於會降低彈性。

圖 5-6　規劃的迷思

例如，黑白手機時代的龍頭諾基亞（Nokia）便是落入迷思中，以前我們學到的是企業要貼近市場與提高競爭門檻，加強核心競爭力，就能基業長青。但似乎未來是如同蘋果（Apple）一樣比的是「誰能用想像力，重新制定遊戲規則」。

諾基亞緊守聆聽消費者的老方法，但是蘋果的方法，卻是「你看，世界照我的方式走」。未來企業將面對一場更困難的戰爭。面對新挑戰，企業須忘記自己過去的成功，擁抱新的條件、環境，重新思考，才可能重返舞臺。諾基亞在其經營中所犯的迷思如圖 5-7：

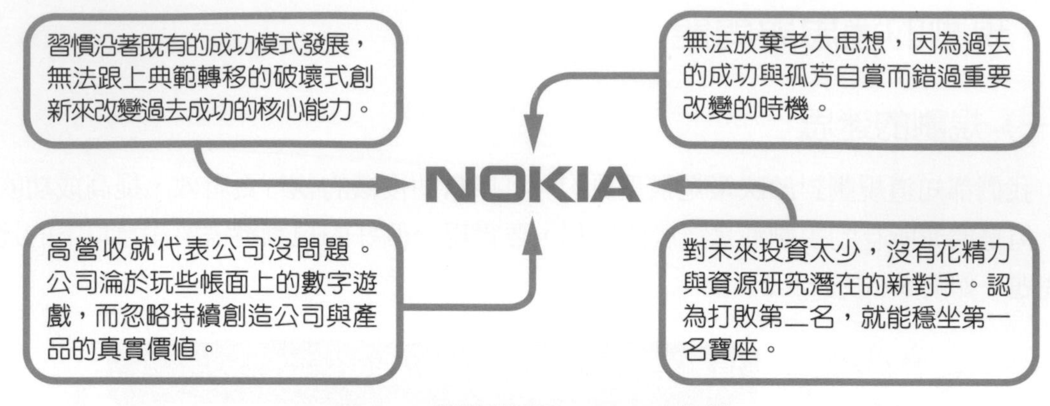

圖 5-7　規劃的迷思—NOKIA 為例

（二）規劃可能發生之問題

除了迷思之外，在規劃的準備前與進行中，規劃人員可能會遇到許多不同的問題，可能是內部的，也可能是外部的問題來影響規劃進行的順暢度與最後的結果，如表 5-2。

表 5-2　規劃可能發生之問題

問題	說明
規劃人員本身的問題	規劃人員與執行人員對問題的認知與價值觀常有歧異點，容易造成規劃缺口。另外，規劃人員的素質不一，加上規劃常需要配合各方之利益，容易影響計畫品質。
時間上之限制	將來所存在之不確定性及時效性，會影響到規劃的品質。
資料或情報的限制	蒐集資料成本的限制，使得資料可能不全或錯誤，造成規劃假設錯誤。
子目標之間本身的衝突性	各部門目標或子目標之間可能有歧異，產生對計畫品質的困擾。
外在環境的限制	環境中存在許多的不確定性和不可控制性因素會影響計畫的實行成效。

既然規劃之目的最終是要達到組織目標，那規劃的有無到底對績效有何種影響呢？我們可以參考學者羅賓斯（Robbins）在 2001 年的研究。

五、規劃與績效之關係

羅賓斯在 2001 年歸納一些研究，做出以下的結論，如圖 5-8：

財務面：有正式規劃之組織的利潤、資產報酬及其他財務表現會較高。

品質面：規劃程序的品質與計畫的適當執行，或許比規劃的範圍來的更重要。

環境面：在這些正式規劃能導致高績效的案例中，外在環境往往是影響因子。

時間面：組織至少須有四年以上正式而有系統的規劃，才能看出規劃對績效的影響。

圖 5-8　規劃與績效之關係

管理動動腦

組織要做一個好的規劃，必須注意到哪些事項？

5-2 規劃程序

一個良好的規劃除了規劃的目標要明確清楚，符合組織目標外，規劃的步驟與程序也是極爲重要的關鍵，規劃之程序會影響目標是否能達成。以下將介紹不同的規劃程序及其實施之困難處。

一、戴斯勒（Dessler, 2004）的規劃程序

根據戴斯勒的想法，他認爲良好的規劃應有以下四個步驟，如圖 5-9：

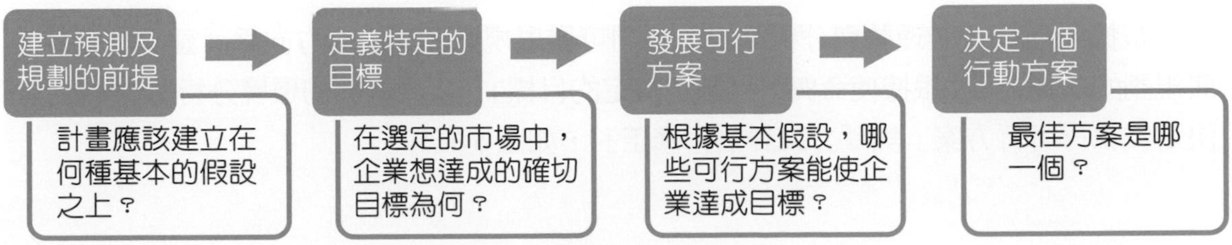

建立預測及規劃的前提：計畫應該建立在何種基本的假設之上？

定義特定的目標：在選定的市場中，企業想達成的確切目標為何？

發展可行方案：根據基本假設，哪些可行方案能使企業達成目標？

決定一個行動方案：最佳方案是哪一個？

圖 5-9　戴斯勒的規劃程序

二、許士軍的規劃程序

根據許士軍教授（1990）的說法，可將規劃的精神與步驟整理爲下列八大步驟，如圖 5-10。

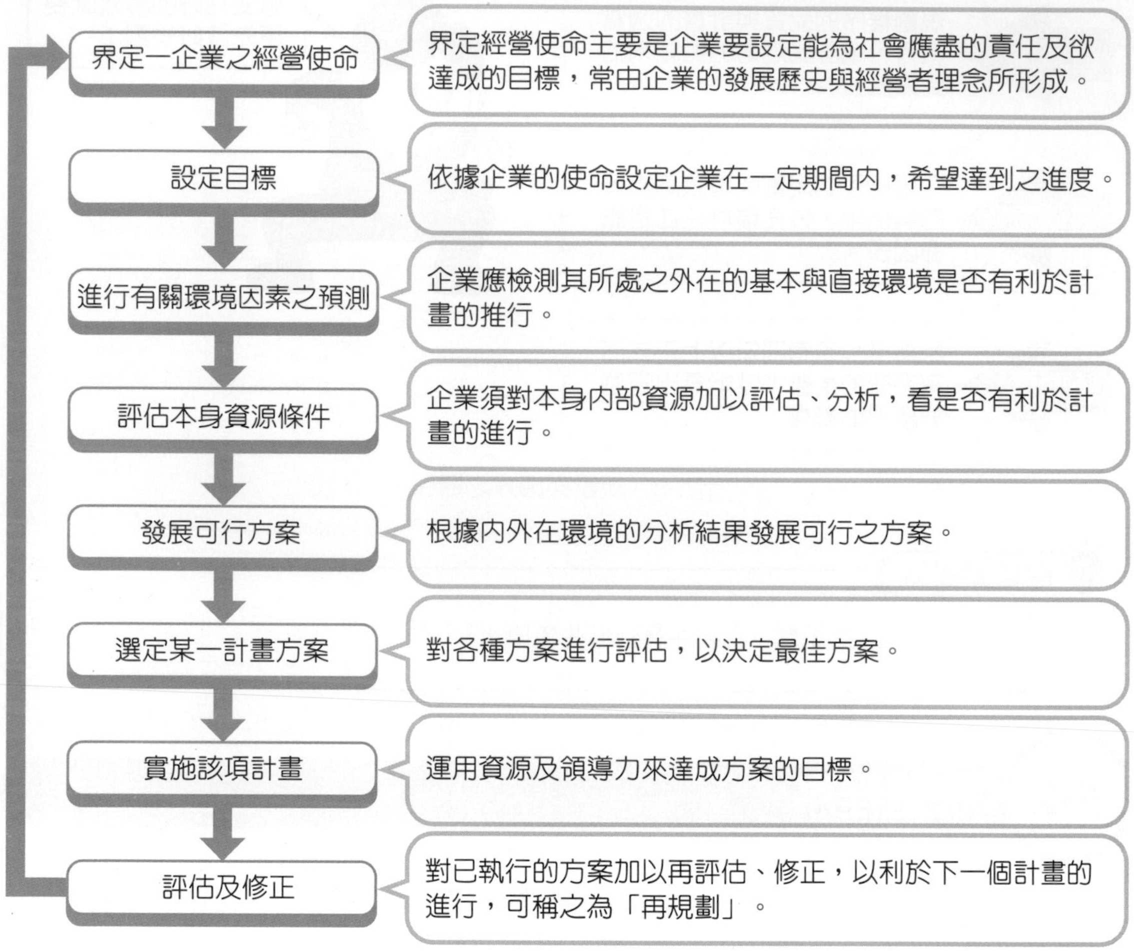

界定一企業之經營使命	界定經營使命主要是企業要設定能為社會應盡的責任及欲達成的目標，常由企業的發展歷史與經營者理念所形成。
設定目標	依據企業的使命設定企業在一定期間內，希望達到之進度。
進行有關環境因素之預測	企業應檢測其所處之外在的基本與直接環境是否有利於計畫的推行。
評估本身資源條件	企業須對本身內部資源加以評估、分析，看是否有利於計畫的進行。
發展可行方案	根據內外在環境的分析結果發展可行之方案。
選定某一計畫方案	對各種方案進行評估，以決定最佳方案。
實施該項計畫	運用資源及領導力來達成方案的目標。
評估及修正	對已執行的方案加以再評估、修正，以利於下一個計畫的進行，可稱之為「再規劃」。

圖 5-10　許士軍的規劃程序

各位可試試看選擇一個目標，並使用上述的規劃步驟來應用至自己的生涯或其它的規劃。

三、規劃程序整理

根據前面學者的理論與分析來看，我們可發現規劃程序的大方向爲「建立公司使命與規劃的前提」、「根據使命與前提制定特定的目標」、「內外部的環境分析」、「發展、決定與執行可行方案」與「方案評估與修正」，如圖 5-11：

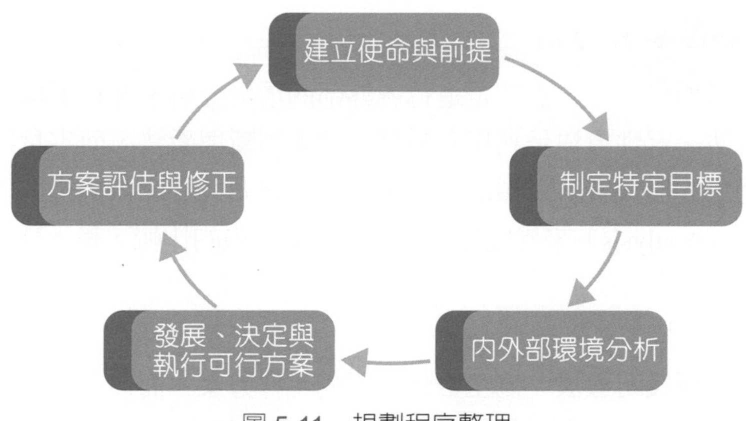

圖 5-11　規劃程序整理

（一）建立公司使命與規劃的前提

在做規劃前先要界定公司的使命，也就是說明組織存在的理由、組織在環境中的生存空間、組織所提供的產品與服務爲何？以及組織未來發展方向。另外，也要說明規劃建立在何種前提與假設之上。

（二）根據使命與前提制定特定的目標

組織必須根據規劃的前提與假設來設定目標，也就是組織在特定期間內，所欲達成可量化的績效水準。目標的衡量可使用 SMART 原則：Specific、Measurable、Attainable、Realistic、Time-bound 來衡量。也就是目標的衡量是具有「明確性」、「可衡量性」、「可達成性」、「實際性」與「時間性」。例如：一企業設立目標如下：根據今年財報所示，本公司年營業額比去年增加 20%，我們下一個目標是能在下一年度再提高營收 20%。此目標就有達到 SMART 原則，各位你感受到了嗎？

另外，也可使用 GE 公司提出的目標管理 MBO（Management By Objective）來制定特定目標。目標管理主要是有別於傳統的管理，目標的設定非傳統的由上往下，而是由主管提出，並與下屬一起討論，做最後之決定。並將「整體目標」轉換成「單位目標」，形成一個「目標－行爲」體系，達成組織目標。

管理便利貼　目的（Goal）與目標（Objective）

目的是組織企圖達成的理想，目標則是組織在特定的期間內，所欲達成的績效水準，具可衡量性，比目的更為具體。

（三）內外部的環境分析

制定明確的目標後，下一步即是進行內外部的環境分析，外在環境的分析技術包含了定性與定量方法。定性方法是利用有知識的個人判斷與看法，而定量則是運用數學統計方法來分析過去的歷史資料以預測未來。內在的能力與資源分析技術則可使用價值鏈分析（Value Chain Analysis）來界定競爭對手與企業過去的比較，是一種策略性工具。

（四）發展、決定與執行可行方案

根據上述的分析後可發展一個至數個不同的可行方案。而後在數個可行方案中，根據公司資源與預算考量下，進行成本一效益分析與詳細評估，以獲得最後的方案來執行。

（五）方案評估與修正

根據方案的執行結果進行評估，如果不符合預期效益就回到第一步驟修正，進行再規劃。

四、司徒達賢的策略規劃程序

雖然傳統策略規劃的方式在學界已奉爲圭臬，但司徒達賢（2010）在其書《策略管理新論》中提到傳統的策略規劃確有其實施的困難，如表 5-3。

表 5-3　傳統規劃實施之困難點

困難點	說明
使命未必能指導實際行動	使命多淪於抽象的文字化，缺乏指導作用，如「成為最卓越的企業」。
營收目標背後的思考邏輯未能明言	營收目標其實是策略制定的結果，非策略制定的起點。
環境分析缺乏焦點	策略規劃應該針對策略方案的選擇，進行深入有重點的環境分析，而非只對週遭環境做一廣泛的介紹。但在許多的策略企劃書中，環境分析資料通常和最終的策略沒有關係。
未考慮「條件之高下取決於策略」	過去先進行優劣勢分析再談策略方案的結果可能相互矛盾，應先將心中存在之策略方案明朗化，之後的分析會較順暢。
簡化之策略忽略策略的多樣性與複雜性	簡化的策略在學術上的整體觀察是有幫助的。但在實務上，每個企業都是獨一無二的，這些簡略策略對個別企業幫助不大，必須要有更精緻的架構來處理個別企業之策略。

由於傳統規劃有上述之問題，司徒達賢教授則將傳統的策略規劃的步驟加以修正。他認爲策略的決定應開始於描述組織現在的形貌，再進行目標的分析與環境的評估，而後再描述各方案未來的形貌，以找出各方案的前提，針對前提進行驗證與分析來選擇與執行最終的策略方案，如圖 5-12：

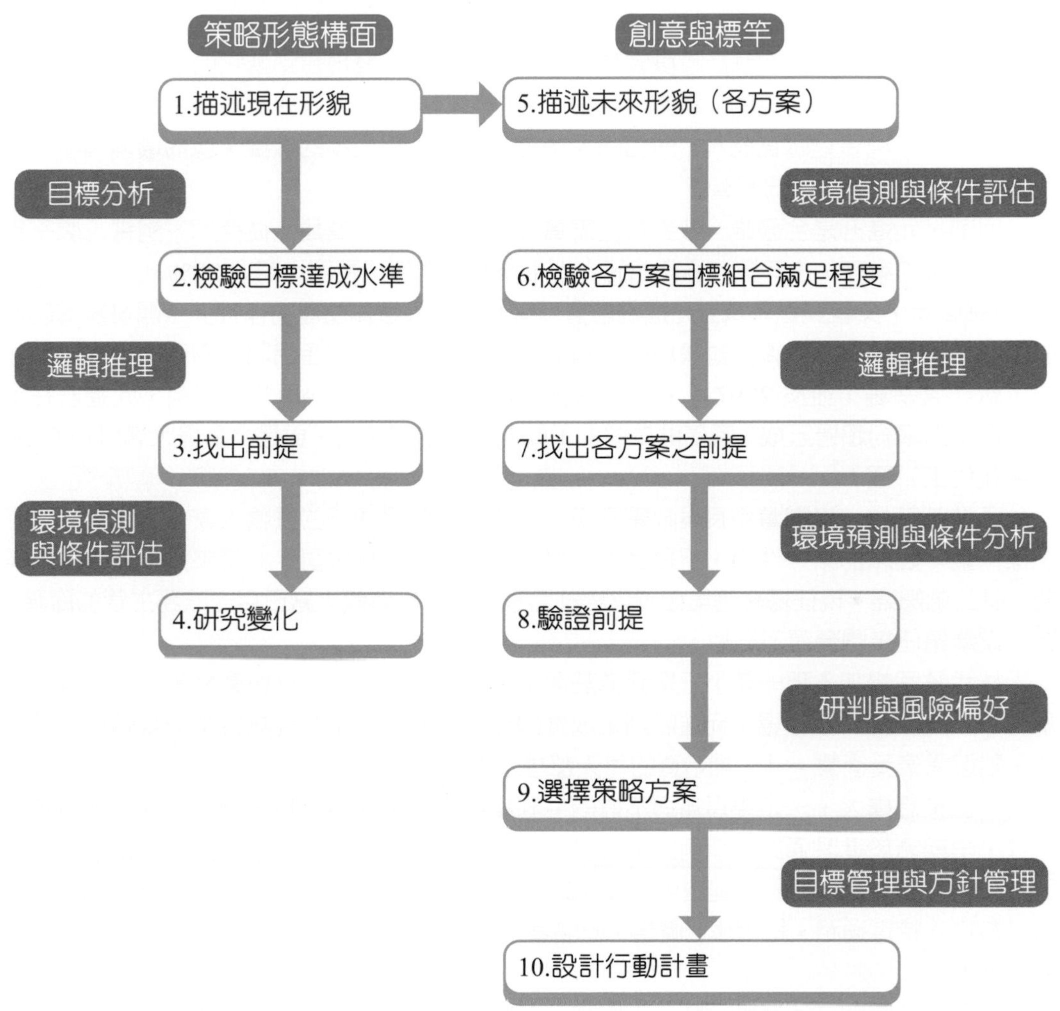

圖 5-12　策略規劃程序。摘錄自司徒達賢（2010）《策略管理新論》。

時事講堂

用數據說話，提升家族企業內部溝通效率

元進莊，一間經營三十年的傳統家禽養殖業，不僅投身智能化農業4.0，未來展望成為一間大數據科技公司，這樣的轉變源自新世代接手轉型的目標。

商業周刊記者，初次拜訪隱身雲林鄉間的元進莊，才發現想踏進它的密閉式雞舍，麻煩程度可比進入科技公司的無塵室：全副武裝換上口罩、無塵衣與鞋套後，進門不見半個人影，只有上萬隻雞啄食飼料，門口的大螢幕，持續呈現成串的數據，包括環境濕度、風速、雞隻攝取了多少水分和營養。

目前，元進莊是全臺唯一做到特色家禽（包含土雞、水禽類）從種源、飼養、屠宰到加工一條龍的業者，去年營收逾八億元。近十年營收年均成長率均超過 20%。

1992 年，父親吳進興成立元進莊前身「雲林縣元長家禽生產合作社」，開發家禽聯盟的經營形式，統一管理鄰近飼養戶的飼料與孵化。之後為提高產品附加價值，也陸續增設加工廠與屠宰場，並於 2007 年，將商品於全聯、好市多等通路販售。目前，元進莊在禽肉市場市占率約超過五成，不僅供貨給上千間連鎖餐廳與超市，更是全臺最大滴雞精 OEM（委託代工）廠。

元進莊二代、集團董事長吳政憲回憶：「我們以前是傳統的養鴨人家，跟現在完全不一樣，童年起床的第一件事，不是上學，是和弟弟們出門撿鴨蛋。」帶來這巨大轉型的契機，是二弟媳婦，現任總經理吳鋐源之妻林孟慧，辭掉半導體大廠日月光法務主管的職務，進入家業擔任集團營運部經理。

林孟慧回想加入那一年，正是元進莊開始建立制度的元年。擔負業務重任，相較於事事有標準流程的科技職場，元進莊則是成堆的手寫訂貨單、全憑經驗行事的養殖戶管理模式，她坦言備受衝擊：「一開始真的每天都想走！」

「企業想擴大，一定要忍痛把不好的毛利拿掉。」林孟慧分析，由於元進莊前身是合作社，早期急於進駐通路，拿到訂單後又分發給不同養殖戶各自作業，日積月累產生一些危機：一是商品定價混亂，雞腿可能從 100 元到 400 元都有，全都掛著元進莊商標；二是當年為打入特定通路，給出極低價格，但隨著工資上漲、通路訂貨量日增，反而銷售越多，虧損越大。

於是，她展開六年品牌重整。先盤點上千個商品，再針對不同通路市場、客層與價格帶，拆成數十個 OEM 品牌與六個自有品牌，定價平均提高 10% 到 20%。起初通路強烈反彈，甚至直接不上架，業績一度滑落超過 10%。最後靠著更加客製化的產品才止跌回穩，之後每年營收成長率都在 20% 以上。

不過，當集團整體營收開始快速成長時，發現既有記帳系統效能明顯不足，此時，林孟慧提到，在家族企業中要推行變革，要優先從家族成員最迫切的痛點投入資源。

例如，隨著元進莊業績攀升，一週內湧進一千多筆訂單是常態。當時，擔任財務部經理的黃子耘，帶領六位財務部員工花上數天一筆筆比對，才好不容易查出其中幾筆金額可能有誤，更別說依據品項即時估算成本、利潤與佣金了。人力超負荷的問題，讓元進莊導入 ERP（企業資源規劃系統），由黃子耘與內部資訊人員，外部會計師等組成專案小組，盤點各環節流程。

元進莊在 2016 年也投入上億資金，協同其他有志於推展智能養殖的同業，蓋「密閉式養殖禽舍」示範廠，廠內設有感測器，導入丹麥的自動化生物偵測系統，即時監測雞隻生長環境、飲食與運動量，提供精準的產能預估與產線調配數據。2018 年後，元進莊進一步導入數據儀表板（Dashboard），即時掌握營收與飼養數據，解決當下問題。運用數據使家族成員有了客觀的溝通依據。

「以前一件事可能吵來吵去都沒結果，現在就是用數字說話！溝通更有效率。」擔任廠長的大媳婦吳姵羽笑道。她透露，目前元進莊仍是兩代同堂，所有家人都住在公司隔壁的透天厝裡，妯娌們常深夜還聚在客廳，反覆討論如何優化公司管理流程。

影片連結

資料來源：蔡茹涵（2019）。「媳婦軍團大改造　養鴨人家變科技公司」，商業周刊，1631 期。

圖片來源：元進莊 Facebook。

管理動動腦

傳統的規劃程序與《策略管理新論》中的規劃程序有何不同？如果今天請你幫忙社團做個活動企劃，你覺得這兩種不同的規劃方式哪種比較適合？為什麼呢？

5-3 規劃與計畫之構面

規劃與計畫乃是相輔相成，不同的學者有提出不同的劃分方式。本節提出一些不同的分類來讓各位了解企業內有哪些不同的規劃與計畫。而這些規劃與計畫又分別是哪一層級的主管在執行的。

一、規劃的構面

（一）卡斯特與羅森威（1970）所提出的分類

1. 依組織層級區分

此分類結合了目標（Ends）與手段（Means），意指上一層級的手段爲下一層級目標制定的基礎。愈基層的目標愈明確，建構手段也愈細項，其規劃類型與目標整理，如圖 5-13。

圖 5-13　卡斯特與羅森威之規劃類型

以下以銀行業爲例來說明一組織層級區分的三種規劃，如圖 5-14。

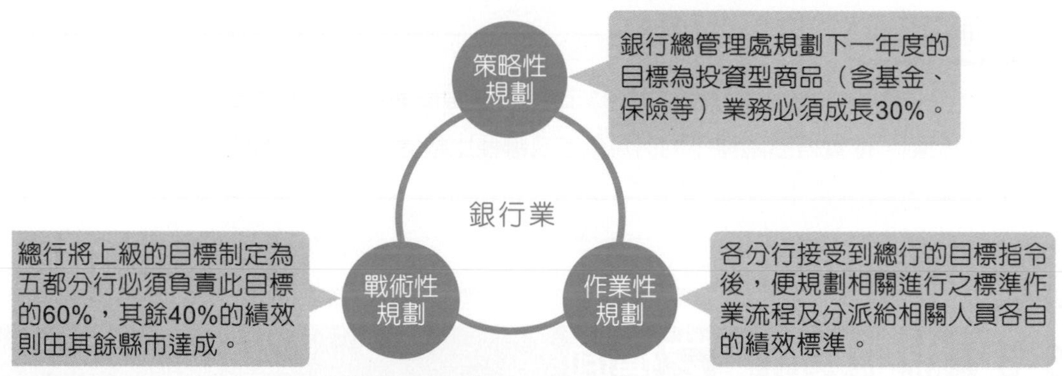

圖 5-14　組織層級之規劃—銀行業為例

2. 依時間區分

規劃依時間區分，如圖 5-15。一般來說，規劃的長短期並沒有一定，須視產業特性而定。如電子業的規劃期間就會小於傳統產業。

圖 5-15　規劃的構面—依時間區分

(1) 永久規劃（Forever Planning）：指導作用之規劃。

(2) 長期規劃（Long-range Planning）：五年以上之規劃。

(3) 中期規劃（Mid-range Planning）：一年至五年之規劃。

(4) 短期規劃（Short-range Planning）：一年以下之規劃。

(5) 即時規劃（Immediate Planning）：立即執行之規劃。

3. 依範圍區分

如果依範圍區分則可分爲整體規劃、部門規劃與專案規劃，如圖 5-16。

(1) 整體規劃：由高階主管執行，規劃的對象爲「整體組織」。

(2) 部門規劃：由中階主管執行，規劃的對象爲「某一部門」。

(3) 專案規劃：由各階層主管執行，規劃的對象爲「特定事務」。

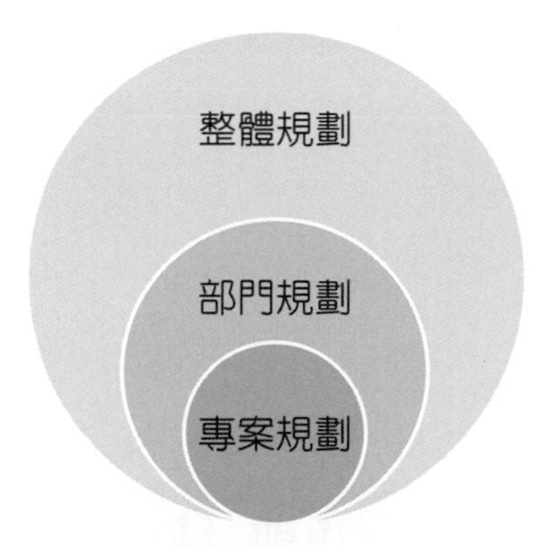

圖 5-16　規劃的構面一依範圍區分

整體規劃

我是公司總經理，我每天都在思考與制定公司整體的規劃與策略。

部門規劃

我是公司人資部門經理，我的工作主要是處理公司內部員工選、用、育、留等相關事務。

專案規劃

我是公司專案經理，最近我與我的團隊正在進行產品的設計與測試。

4. 依重複性來區分

如果依重複性區分，規劃可分爲重複性規劃與非重複性規劃。重複性規劃如公司採購計畫，而非重複性的規劃則是在長期內，不會重複出現的規劃，如公司購併計畫，如圖 5-17。

圖 5-17　規劃的構面一依重複性區分

（二）羅賓斯（Robbins, 2001）的分類

羅賓斯認爲規劃可依「廣度」（Width）、「時間」（Time）與「特定性」（Specificity）及「使用頻率」（Usage）來分。在廣度方面有較廣的策略性規劃與廣度較小的營運性規劃；在時間方面，有短期與長期的規劃；而在特定性方面有特定性與方向性的規劃；使用頻率上則可分爲單一用途與經常性的規劃，如圖 5-18。

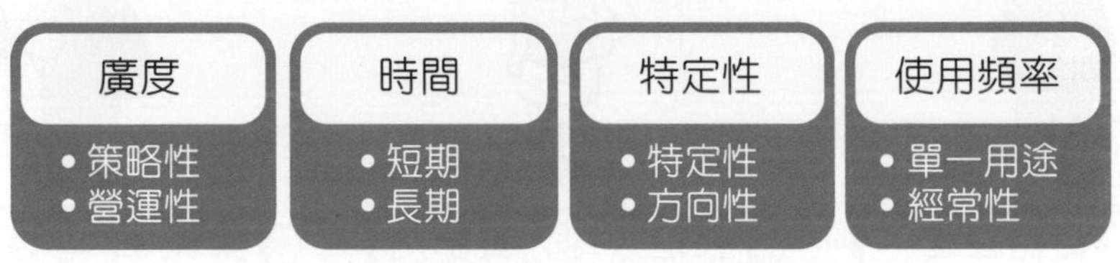

圖 5-18　規劃的構面－依羅賓斯的分類

（三）戴斯勒（2004）的分類

戴斯勒則將規劃分爲兩階段：策略規劃與行動規劃，如圖 5-19。

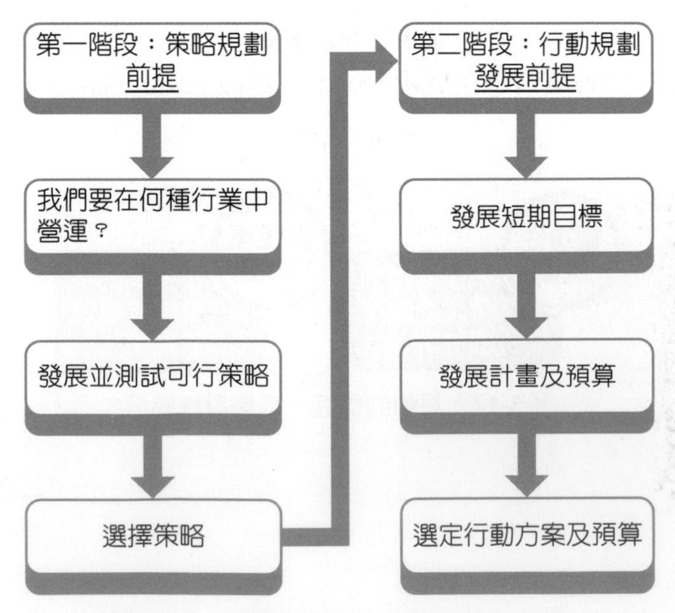

圖 5-19　規劃的構面－依戴斯勒的分類

策略規劃是制定規劃的前提，包含了經營疆界的界定、發展並測試可行策略及策略之選擇。而進一步到第二階段的行動規劃，根據前面假設的前提發展。包含了發展短期目標、發展計畫及預算與選定最後的行動方案。

二、計畫的體系

計畫是規劃的結果，一般來說，計畫的分類可根據組織「職位階層」區分，愈高層所要做的計畫愈整體，也愈抽象；而愈基層的主管所做的計畫是愈具體，愈個人化。詳細說明，如表 5-4 與圖 5-20。

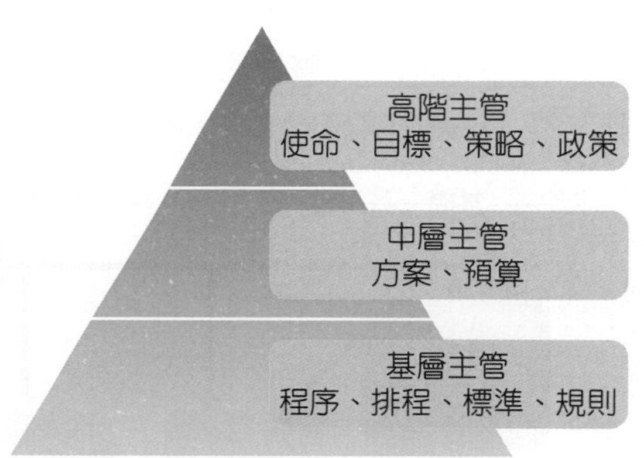

圖 5-20　計畫體系

表 5-4　計畫體系之內容

內容	說明
使命（Mission）	代表了組織經營宗旨。
目標（Objective）	組織追求的終點。
策略（Strategy）	為達成組織目標所採取的手段或方式。
政策（Policy）	指導組織成員在特定狀況下，應如何決策之準則。
方案（Program）	為達成策略或政策所發展出來的具體行動集合。
預算（Budget）	在特定期間內，分配在某組織活動的金錢收支計畫。
程序（Procedure）	具體工作內容優先次序的安排。
排程（Schedule）	具體組織活動優先次序之安排。
標準（Standard）	說明組織活動良好與否之水準。
規則（Rule）	陳述組織中被允許與被拒絕的活動。

管理動動腦

請依據不同學者說明高階主管規劃的構面。

5-4 整體規劃

由於時代不斷演變，環境不斷變化，規劃變得愈來愈需要整體性與彈性，企業界與學術界也試圖發展出一種較廣泛的架構可以將各類型的規劃包含在內。其中，又以學者史亭納（Steiner）之整體的規劃模式較完整；規劃模式包含了三大部分：規劃基礎、規劃主體、規劃的實施與檢討，如圖 5-21：

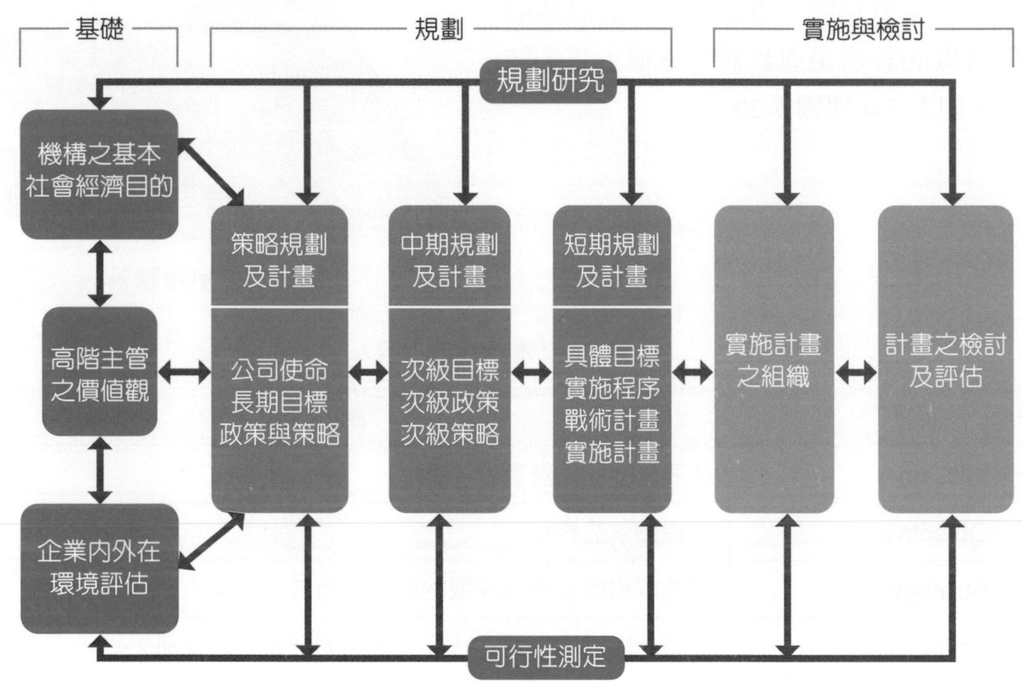

圖 5-21　史亭納之規劃模式。摘錄自許士軍（1990）《管理學》。

詳細內容請參考表 5-5 ～表 5-8 之說明。

表 5-5　規劃基礎之內容

規劃基礎	
機構之基本社會經濟目的	機構之基本社會經濟目的最基本的意義在於企業能對社會有所貢獻，也就是一企業之能以生存之關鍵。故企業規劃應以此為出發點，從而確定其經營使命或經營疆域，以滿足某種社會經濟目的。也就是企業須配合社會需要改變，使其經營疆域也隨之變更，來達到生存之目的。
高階主管之價值觀	此價值觀是指高層管理人員之道德規範與管理風格。這些因素對於顧客、員工、股東、供應商、政府等利害關係人之關係建立有極大的影響。如有些高層重視自我利益極大化，就會形成限制條件，與組織利潤極大化的目標相衝突，將會產生不利之影響。
企業內外在環境評估	企業必須事先發掘未來可能遭遇之問題或出現之機會及早準備。同時，也必須針對本身內部之長處與弱點進行評估。

表 5-6 規劃主體之內容

規劃主體	
策略規劃及計畫	策略規劃是以問題為中心，決定一公司的基本目的、策略與準則。透過策略規劃可確定一企業之經營使命與經營疆界。策略規劃主要是重點式的規劃，應避免過分詳盡，而是取決於問題本身之性質與需要。此一規劃決定了未來發展，對企業來說極為重要。
中期規劃及計畫	此一規劃是根據前一策略規劃衍生而來的目標政策與策略，通常時間為一至五年為範圍。中期規劃多依企業職能做詳盡之規劃，著重各計畫間之協調配合與全面的規劃。
短期規劃及計畫	短期規劃的時間通常為一年。其規劃為承接中期規劃做更進一步在預算、程序等方面之設計。除利潤、銷售、生產等重要目標，更包含了具體之績效性目標，屬於一作業性規劃。如年度預算規劃。

表 5-7 規劃實施與檢討之內容

規劃實施與檢討	
建立實施計畫之組織	在整個規劃中，需要有能力的人員配合，否則再好的計畫也是枉然。故企業須考量完成計畫所需之人力與組織的配合。
計畫之檢討與評估	有效之規劃須不斷的對規劃過程與結果做定期之檢討。如果實施結果與原先有重大差異者，應發掘問題與採取相應的對策。而其檢討之優缺點可作為下次再規劃之基礎。

史亭納的模式除前述三大部分外，另包含了其他兩種規劃：規劃研究與可行性測定。

表 5-8 規劃研究與可行性測定

規劃研究與可行性測定	
規劃研究	規劃之效果須視背後是否有規劃研究之支持。換言之，規劃必須以科學方法之使用與客觀有系統之思考來支持每一個規劃程序的效果與計畫之品質。
可行性測定	規劃之每一個階段的目標與手段也需要經過可行性測定，以避免目標太過好高騖遠或規劃策略間有矛盾衝突。

管理動動腦

請說明規劃研究與可行性測定對於整體規劃之重要性。

打動需求的目標溝通：乾杯開線上超市、推訂閱制

乾杯，2020 年營收達 28 億元，臺灣目前最大的燒肉集團，在 2020 年七月打造了生鮮電商平臺「乾杯超市」，專門販售和牛等冷凍品，甚至也開發專屬寵物食用的高檔寵物產品。

2021 年六月，乾杯集團再推出月付 3,600 元以上的會員訂閱制服務「宅家乾杯」，在社群平臺上成立私密社團，天天開直播，由店員傳授烤肉秘技，讓會員可以在家也能彷彿在燒肉店烤肉。新冠病毒疫情使乾杯集團必須進行大幅度的組織改造，但也面臨許多集團與分店間溝通的矛盾，與消費者不買單的窘境。

商業周刊記者在 2021 年六月中專訪乾杯集團董事長平出莊司時，董事長提到：「疫情對餐飲的衝擊是外界無法想像的，尤其對乾杯以熱鬧的用餐氣氛為賣點的燒肉店更為嚴重，疫情期間不能只靠實體燒肉店，必須設想在網路做生意，降低營運風險。」

因此，身為臺灣第一大澳洲和牛進口商的乾杯，考量本來集團就有在經營進口肉品販售給其他餐飲業者的業務，所以若開發線上肉品販售，在中央廚房包裝，和冷鏈配送的技術，對集團來說不成問題，但初期因為新業務平臺的聲量以及定位不明，業績僅有初期剛上線半個月時有破百筆，但後續銷售業績漸不如預期。

平出莊司坦言：「在電商生鮮市場上，乾杯的肉品價格與等級，並未能佔有絕對優勢，所以口碑難以發酵」，因此陸續開發出禮盒、寵物食品，希望以創新多樣化商品吸引消費者，做出市場區隔。

喚醒分店人才流失危機轉為集團會員制最大動力

乾杯集團目前旗下總共有 45 間實體店鋪，在臺灣有 27 間，長久以來明星店員就是乾杯營收成長的基礎。因為燒肉店需要大量桌邊服務，因此，對於熟客，在乾杯，店員會熟記客人的用餐習慣，幫客人準備喜歡的肉品和醬料、還有提供桌邊烤肉的服務。經集團統計，單店一名明星店員，一年可創造六、七百萬元的營收，而各店也會依據店員業績給予獎金。明星店員，對於乾杯而言，是最甜蜜的不定時炸彈，因為如果明星店員被挖角，或是自己獨立門戶出去開店，對特定客戶的所有習慣就會隨著店員的離開，全部都不見。對總部來說，建立會員制，可以讓乾杯集團把更多人流導入線上電商，甚至是可以進行會員跨店集點的促銷方案，鼓勵消費者嘗試集團內其他品牌。

不過，對店員來說，當消費者的點數可以跨品牌使用，也意味著，當他們鼓勵消費者加入會員的同時，可能也在把自己來客的業績往外送。跨品牌點數使用的意思就是在集團內各品牌店累積的消費點數，可以跨店應用，例如消費者在乾杯消費，累積了一定數量點數，但最終消費者卻可能將這些點數應用在老乾杯、黑毛屋等其他品牌上，而不是回饋到自己本店的業績。因此，剛開始推行會員系統時，立刻遭到第一線員工反彈。「店員會覺得這關他們什麼事？現場已經夠忙了，看不見推會員制的好處」乾杯區域總監吳欣儒說。

再加上，當時總公司負責會員制的推動者，是兩年前才從蝦皮空降轉入公司。「好多事情我都不懂，現場人員還比我專業，起初，大家都在罵。」乾杯行銷企畫部經理鄭喬比坦言，制度推行之初，面對員工反彈，他的方法是：放下面子、坦承不足。

當時，總部人員利用下班後，深入各門市，和第一線人員對話。比如：曾有店長問，總公司為何要大費周章推會員制度呢？以往傳統科層式組織會答：這是公司政策。但總部回答，會員制的建立目標是要防堵明星店員流失，對店內經營的衝擊，直指店鋪的長年痛點。

接著，總部透過各種培訓管道與新的獎勵機制，和門市對話，鼓勵各門市的員工帶新會員加入，更依據不同品牌屬性，給予會員獎勵方案彈性自主權做法，試圖和第一線的員工站在同一陣線。

舉例來說，乾杯依照不同品牌消費者的特性，設定彈性的會員制度推廣時程規劃。相較於乾杯品牌，老乾杯的客單價高、包廂多，客人極重視隱私，因此，總部針對會員數達標目標訂定，給予更多時間，待該品牌研擬出適合的方法，再把目標調整到與其他品牌相同。

此外，在促進消費者加入會員上的促銷方案設計，也依各品牌消費者消費習慣彈性設計，例如，原先總部為了鼓勵消費者加入會員，贈送一盤最高等級的伊比利豬。但黑毛屋，本身採套餐制，餐點的份量較多，一盤免費高級肉品，對消費者完全沒有吸引力，最終他們將入會好禮，改為啤酒、小菜、豬肉三選一，才讓加入會員數增五成。目標不變，但彈性的執行方法，讓乾杯在會員制推廣上，越來越上軌道。

個案品牌介紹

乾杯集團總店數 45 家，108 年合併營收 28.97 億元。員工人數：1,687 人。

自有品牌

乾杯燒肉居酒屋：臺灣 12 家，中國大陸 8 家，成立於 1999 年。

乾杯 Bar（高木食堂）：臺灣 2 家，成立於 2004 年。

老乾杯：臺灣 8 家，中國大陸 7 家，成立於 2005 年。

黑毛屋本家：臺灣 1 家，成立於 2013 年。

黑毛屋：臺灣 4 家，成立於 2019 年。

麻辣 45：臺灣 2 家，成立於 2019 年。

和牛 47：臺灣 1 家，成立於 2019 年。

資料來源：李雅筑（2021），「乾杯開線上超市、推訂閱制　董事長：燒肉店回不去了！」，商業周刊，1755 期。

圖片來源：乾杯燒肉居酒屋 Facebook。

重點摘要

1. 規劃之意義：
   (1) 規劃是一種繼續不斷的過程，經此程序，使組織得以事前選擇未來發展的方向及目標，並且達成此目標的政策、計畫與步驟。
   (2) 規劃與計畫的差異性：「規劃」是動作，為動詞；而「計畫」是結果，為名詞。而良好的計畫來自良好的規劃，從管理功能的立場，規劃比計畫來得更重要。
2. 規劃之元素：
   (1) 針對組織的未來，思考未來想達成之目標。
   (2) 包含行動的元素，為了達成目標應該如何行動。
   (3) 須和組織結合，並由專人或單位負責並實施。

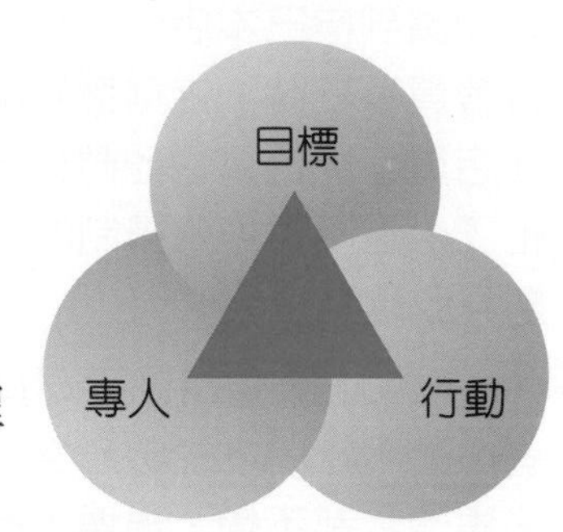

3. 規劃的特性：基要性、理性、未來性、時間性、連續性／程序性、結構性。
4. 規劃的優點與重要性：
   (1) 規劃之優點：提供組織未來努力的方向、促使組織積極面對未來的環境、減少環境不確定性造成之衝擊、降低組織資源與人力重覆問題、做為控制功能的目標與標準。
   (2) 規劃之重要性：提供指引的方向、提供統一的架構、有助於顯示未來的機會與威脅、有助於控制工作的進行與可以避免片斷的決策。
5. 規劃的問題：規劃人員價值觀與素質之不同、時間的限制影響規劃品質、資料或情報的限制、子目標之間本身的衝突性與外在環境的限制。
6. 規劃與績效之關係：
   羅賓斯歸納研究之結論如下：

面向	結論
財務面	正式規劃與財務表現有關。
品質面	規劃程序的品質與計畫的適當執行，比規劃的範圍來的更重要。
環境面	外在環境往往是影響績效的癥結所在。
時間面	規劃與績效的相關性會受規劃的時程所影響。

7. 規劃程序：

(1) 傳統規劃程序：「建立公司使命與規劃前提」、「根據使命與前提制定特定目標」、「內外部的環境分析」、「發展、決定與執行可行方案」與「方案評估與修正」。

(2) 司徒達賢之規劃程序：司徒達賢認為策略的決定應開始於描述組織現在的形貌，再進行目標的分析與環境的評估，而後描述各方案未來的形貌，找出各方案的前提，並針對前提進行驗證與分析來選擇與執行最終的策略方案。

8. 規劃之構面：

(1) 卡斯特與羅森威的分類：

分類方式	內容
依組織層級區分	高：策略性規劃 中：戰術性規劃 低：作業性規劃
依時間區分	永久、長期、中期、短期、即時
依範圍區分	整體規劃、部門規劃、專案規劃
依重複性區分	重複與非重複性計畫

(2) 羅賓斯的分類：規劃可依「廣度」、「時間」與「特定性」及「使用頻率」來分。在廣度方面有較廣的策略性規劃，與廣度較小的營運性規劃；在時間方面，有短期與長期的規劃；在特定性方面，有特定性與方向性的規劃；使用頻率上則可分為單一用途與經常性的規劃。

(3) 戴斯勒的分類：分為策略規劃與行動規劃。策略規劃包含經營疆界的界定、發展並測試可行策略及策略之選擇。而進一步到第二階段的行動規劃，根據假設的前提發展。包含發展短期目標、發展計畫及預算與選定最後的行動方案。

9. 計畫的體系：

(1) 高階主管：使命、目標、策略、政策。

(2) 中階主管：方案、預算。

(3) 基層主管：程序、排程、標準、規則。

10. 整體規劃：史亭納之整體的規劃模式包含規劃基礎、規劃主體、規劃的實施與檢討，亦包含規劃研究與可行性測定兩種規劃。

本章習題

一、選擇題

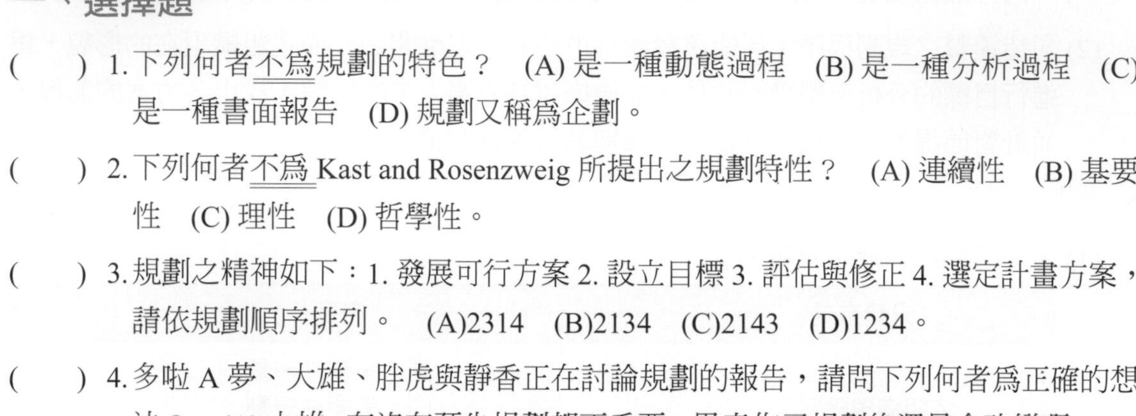

(　　) 1. 下列何者不爲規劃的特色？　(A) 是一種動態過程　(B) 是一種分析過程　(C) 是一種書面報告　(D) 規劃又稱爲企劃。

(　　) 2. 下列何者不爲 Kast and Rosenzweig 所提出之規劃特性？　(A) 連續性　(B) 基要性　(C) 理性　(D) 哲學性。

(　　) 3. 規劃之精神如下：1. 發展可行方案 2. 設立目標 3. 評估與修正 4. 選定計畫方案，請依規劃順序排列。　(A)2314　(B)2134　(C)2143　(D)1234。

(　　) 4. 多啦 A 夢、大雄、胖虎與靜香正在討論規劃的報告，請問下列何者爲正確的想法？　(A) 大雄：有沒有預先規劃都不重要，畢竟作了規劃後還是會改變啊　(B) 靜香：規劃很重要，透過規劃，可將組織資源與人力重覆問題降低　(C) 胖虎：規劃主要是在做未來的決策，跟現在沒關係　(D) 多啦 A 夢：規劃已經先設定好了，很容易降低組織的決策彈性。

(　　) 5. SMART 原則爲__________。　(A) 方案評估的原則　(B) 制定目標的原則　(C) 內部資源評估之原則　(D) 發展可行方案之原則。

(　　) 6. 目標管理的特色爲何？　(A) 由上而下的制定　(B) 強調整體目標　(C) 英文爲 MOB　(D) 是一種「目標－行爲」體系。

(　　) 7. 下列何者非 SMART 原則？　(A) 可衡量性　(B) 時間性　(C) 可達成性　(D) 可接受性。

(　　) 8. 高層之規劃類型爲__________。　(A) 戰術性規劃　(B) 作業性規劃　(C) 策略性規劃　(D) 短期規劃。

(　　) 9.「程序」屬於何種規劃之建構手段？　(A) 戰術性規劃　(B) 作業性規劃　(C) 策略性規劃　(D) 短期規劃。

(　　) 10. 規劃類型依照範圍區分時__________。　(A) 專案規劃的對象爲某一部門　(B) 部門規劃的對象爲特定事務　(C) 部門規劃由各階層主管執行　(D) 整體規劃由高階主管執行。

(　　) 11.「方案」爲何種組織階層之計畫？　(A) 中階主管　(B) 高階主管　(C) 基層主管　(D) 基層員工。

(　　) 12. 下列何者非史亭納整體規劃的內容？　(A) 規劃標準　(B) 規劃基礎　(C) 規劃主體　(D) 可行性測定。

(　　) 13. 規劃依時間來分類的定義＿＿＿＿＿。 (A) 長期規劃是十年以上 (B) 中期規劃是五至十年 (C) 短期規劃是五年以下 (D) 永久規劃是指導作用之規劃。

(　　) 14. 下列敘述何者正確？ (A) 中期規劃等於作業性規劃 (B) 長期規劃等於策略規劃 (C) 整體規劃等於策略規劃 (D) 短期規劃等於戰術性規劃。

(　　) 15. 司徒達賢教授與許士軍教授之規劃程序之比較何者正確？ (A) 司徒達賢的規劃開始於建立公司使命 (B) 許士軍的規劃開始於建立公司使命 (C) 司徒達賢的規劃是從未來看現在 (D) 許士軍的規劃是從現在看未來。

(　　) 16. 下列爲四位主管對於規劃的想法，請問何者爲非？ (A) 董事長：「身爲整個公司的領導者，爲了公司的未來發展，我應該要聚焦在戰術性規劃。」 (B) 總經理：「這次公司與競爭對手聯盟是一種非重複性的規劃。」 (C) 研發經理：「我們的產業技術變化快速，不適合做長期性規劃。」 (D) 行銷經理：「爲了即將到來的周年慶，我要做個專案規劃。」。

(　　) 17. 「計畫往往趕不上變化。」這句話主要是強調有效規劃的哪一種概念？ (A) 企業不需要正式的計畫 (B) 管理者應該倚賴經驗進行規劃 (C) 管理者應信任規劃的結果，後續不用調整 (D) 管理者應在不確定的環境中發展出兼顧彈性的計畫。

(　　) 18. 小謝想創業開間手搖飲，一開始想要加盟，但看見最近知名連鎖品牌唉呦喂紛紛關店或改其他品牌，覺得加盟風險過高，於是決定先以自有品牌方向來做創業規劃。請問以上敘述是規劃程序的何種步驟？ (A) 建立規劃的前提 (B) 制定特定目標 (C) 發展可行方案 (D) 選定最佳方案執行。

(　　) 19. 下列目標何種設定符合 SMART 原則？ (A) 業務部門要在一個月內降低客訴量 50% (B) 我長大後要賺很多錢 (C) 公司藉由教育訓練增加員工的管理知識 (D) 爸爸想要靠投資賺到退休金五百萬元。

(　　) 20. 語文補習班何佳人想將品牌拓展至新加坡，但對於新加坡的市場環境與顧客喜好並不熟悉，因此所承擔的投資風險較高，請問此時計畫應以何者爲佳？ (A) 長期性規劃 (B) 方向性規劃 (C) 特定性規劃 (D) 作業性規劃。

二、填充題

1. 規劃可能發生之問題爲＿＿＿＿＿、＿＿＿＿＿、＿＿＿＿＿、＿＿＿＿＿、＿＿＿＿＿。
2. SMART 原則爲＿＿＿＿＿、＿＿＿＿＿、＿＿＿＿＿、＿＿＿＿＿。
3. 羅賓斯的規劃分類可分爲＿＿＿＿＿、＿＿＿＿＿、＿＿＿＿＿、＿＿＿＿＿。
4. 史亭納模式的規劃基礎包含了＿＿＿＿＿、＿＿＿＿＿、＿＿＿＿＿。
5. 根據卡斯特與羅森威（Kast and Rosenzweig）的理論，規劃的特性可分爲＿＿＿＿＿、＿＿＿＿＿、＿＿＿＿＿、＿＿＿＿＿。

NOTE

第 06 章

決策

學習重點

本章我們要來了解決策的概念與不同決策的特性：

1. 決策的基本概念
2. 個人決策
3. 組織決策
4. 群體決策

- 決策的基本概念
  - 決策意義
  - 決策特性
  - 決策類型
  - 決策程序
- 個人決策
  - 理性決策
  - 有限理性決策
  - 直覺決策
  - 情境決策
  - 決策風格
- 組織決策
  - 組織決策類型
- 群體決策
  - 群體決策效率影響因素
  - 群體決策與個人決策比較
  - 群體決策程序
  - 群體決策改進技術

6-1 決策的基本概念

在生活上，我們隨時都在做決定，從一早出門來學校到目前爲止你做了多少決定呢？要怎麼來上學？早餐吃什麼？大大小小的事都是決策。決策做得對，可能使你一天心情都很愉快；做錯決策的話影響的可能不只你的心情，甚至可能帶來更嚴重的後果，影響你的一生。更何況對一個企業來說，決策的影響力更是不容小覷。對企業來說，做一個正確且成功的決策是需要高度智慧的，加上大環境不斷在改變，決策者們也需要不斷順勢地制定決策，以爲因應。既然決策對個人與組織都那麼的重要，那到底有哪些決策的概念是我們需要了解的，就讓我們繼續往下看下去吧。

一、決策的意義

決策（Decision Making）就是「做決定」。針對某一特定的問題，決策者在兩個或以上的替代方案中，考慮各種因素，選擇出一個最佳方案的思考程序。決策者做決定之前，往往面臨不同的方案和選擇、以及有關其決定後果之某種程度上的不確定性；決策者需要對各種決策的利弊、風險做出權衡，以期達到最優的決策結果。而決策就管理上的定義而言，並不僅限於政策的決定，組織內的決策者也不僅限於高階主管，請各位加以注意。

二、決策的特性

一般而言，決策涵蓋了四個特性：

1. 普遍性：決策普遍存在所有的管理功能中。
2. 未來性：決策是針對未來的行動做選擇。
3. 思考性：決策是解決問題的思考過程。
4. 階段性：決策過程可劃分爲搜尋、發展與評估等幾個階段。

到底要買哪一款手機？真令人困擾！我比較習慣使用A，但我的朋友都說B款CP值比較高，我想還是要去網路上看看其他人的評價再決定吧！

因此，好的決策應該是針對未來仔細地思考的選擇過程。在了解一個完整決策的決策程序前，我們先來看看決策有哪些分類的方法與類型。

三、決策的類型

根據不同學者的說法，決策可依不同區分方式分爲下列幾類，以下說明決策之類型，如表 6-1：

表 6-1　決策的類型

分類項目	決策類型
目標	單目標決策、多目標決策。
人數	個人決策、組織決策、群體決策。
領域	人事、會計、財務、行銷等不同領域決策。
層級	策略性規劃決策、戰術性規劃決策、作業性規劃決策。
結構	結構化決策、半結構化決策、非結構化決策。
程序	情報、設計、選擇、實施等決策程序。
風險	確定性決策、風險下決策、不確定性決策。

（一）以目標區分

以目標區分的決策可分爲「單目標」與「多目標」的決策。

（二）以人數區分

以人數區分的決策有「個人決策」、「組織決策」及「群體決策」。

一個人就可做決策的稱爲個人決策；有些決策並非個人能決策，需要一群人參加稱做群體決策；有些決策不僅由一群人來進行，同時還要透過一個組織結構來做協調溝通的工作，其中如果一個環節不同意，該決策便無法執行。

（三）以領域區分

以領域區分則有「人事」、「會計」、「財務」、「行銷」等不同領域的決策。

（四）以層級區分

用層級區分則有「策略性決策」、「戰術性決策」、「作業性決策」等不同的決策。

策略性決策注重整體組織的發展，問題較抽象，由高階主管所執行；戰術性決策多半是中階主管進行，是繼承策略規劃決策所制定的策略；作業性決策則是根據戰術規劃決策所設定的工作範圍與目標，來確保作業的有效完成。

（五）用結構區分

結構區分的決策則有「結構化」、「半結構化」與「非結構化」的決策。

決策結構化的程度取決於目標是否清楚？可能方案是否清楚？可操控變項是否清楚？變項間因果結構是否清楚？可能結果是否明確？如果上述問項愈不清楚，代表決策的問題愈偏向非結構化。

（六）用程序區分

用決策程序區分則分為「情報」、「設計」、「選擇」、「實施」等決策階段。

在決策之前須要先蒐集資訊，以判斷問題及所在方向。設計階段的主要任務是找出可行方案與變項間的因果關係，並評估不同方案。選擇為根據既定評估準則，用選擇模式來計算各種可能結果，並選出最有利的方案來實施。

（七）用風險區分

有「確定性」、「風險」、「不確定性」等決策。確定性的決策基本上是沒有太多風險的，可能的結果都是確定的。如果我們可以知道不同結果發生的可能性，則是風險下的決策。如果我們對不同方案可能的結果幾乎完全無法掌控，則稱之為不確定性的決策。

四、決策的程序

前述有說明決策的程序是一連串的分析與思考過程，我們可用「畢業後要考哪間研究所？」的例子來思考圖 6-1 所示的決策程序。

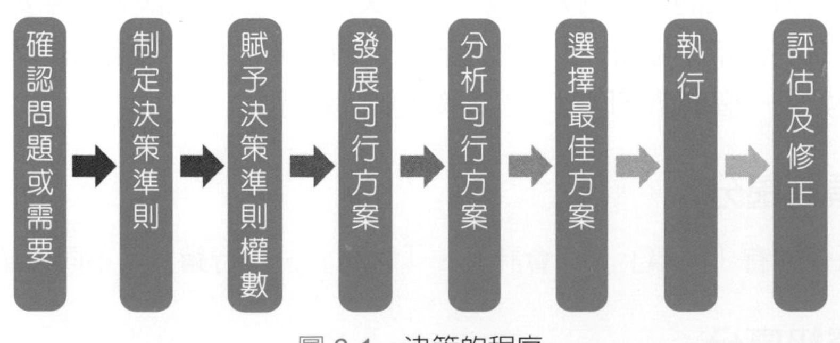

圖 6-1　決策的程序

（一）確認問題或需要

要做決策前，首先要界定眞正的問題或需求爲何。各位可以想像得出如果沒有問題或需求是不用下決策的。如果用「畢業後要考哪間研究所？」的例子來看，前提是因爲大學畢業後面臨繼續升學的需求。

（二）制定決策準則

確認好需求後，接下來是制定決策準則，也就是需要的標準爲何。確立要繼續升學的前提後，接下來要念哪間學校呢？可能評斷的準則有學校所在地區、學校環境、學費、風評、師資、軟硬體設備、有無獎學金補助等。

（三）賦予決策準則權數

再來就是對準則的重要性給予相對的權重。在每個決策者的心中對於重要性的看法可能都不一樣。比如對小花來說，最重要的是學校所在地區，那此項目就給予七分，其次爲風評，給予六分，第三是學費，給予五分，師資給予四分，學校環境三分、獎學金補助兩分、軟硬體設備一分。但對小宏來說，可能學校風評與學費同等重要，給予七分、學校環境給予六分、師資五分、學校所在地區四分、軟硬體設備三分、獎學金補助僅有一分等。

（四）發展可行方案

之後就是根據剛剛所確立準則權數，及詢問過學長姐與師長並利用網路或雜誌等找尋相關資訊與考慮相關的限制因素後，再根據這些因素發展可行的方案 A、B、C 三間學校的企管系做爲可行方案。

（五）分析可行方案

由於決策者資源及時間有限，現實環境考量下可以使用前述的權重比來分析上述三個可行方案。

（六）選擇最佳方案

根據分析過後發現 C 大學最適合。

（七）執行

參加 C 大學企管系考試。

（八）評估及修正

如有考上並就讀，在就讀期間決策者會根據之前的權重來評估是否如心中所想，也會去衡量心中的認知落差。如果有重大差異可能會選擇重新評估與修正，如休學或重考。

管理動動腦

請各位根據決策程序自行舉一個例子來應用。

6-2 個人決策

不論個人人生方向的選擇、工作計畫的擬定、問題的解決或危機的處理，再再都必須掌握先機、蒐集資訊，並運用決策模式，審愼分析後採取行動，才能達成預期的目標。個人決策的類型可分爲「理性決策」、「有限理性決策」、「直覺決策」三種。三種假設均爲不同，以下就讓我們來了解一下個人決策在理論上面的分類與假設。

一、理性決策（Rational Decision-Making）

決策者基於完全理性，追求最佳解之過程。

（一）完全理性決策的假設

根據羅賓斯與柯特勒（Robbins and Coulter, 2008）的理論，一項完全理性的決策必須滿足下列六大假設，如圖 6-2：

追求單一且明確的目標

意即假設目標間互不衝突，理性的決策者是追求單一且明確的目標。

所有相關資訊已知

指決策者能夠確認所有相關的決策準則及所有可行方案。

有明確的偏好

指決策準則及方案能依決策者的偏好順序予以排列。

前後偏好不變

意指在計畫執行期間決策者的偏好是有一致性的。即從計畫開始執行至終了，採取的決策準則不變，且給予的比重也是固定的。

無時間成本限制

理性的決策者，由於沒有時間成本的限制，故能取得決策準則及所有可行方案的資訊。

追求最大報酬

決策者所追求的是目標利益的極大化。

圖 6-2 完全理性決策的假設

（二）理性決策模式假設的缺失

但是真實世界上的決策行為不可能是完全理性的，到底與過去的假設有哪些不同與衝突之處可以參考表 6-2。

表 6-2 理性模式假設之缺失

理性模式假設	缺失
追求單一且明確的目標	真實的目標常會有彼此衝突的關係，決策者常被迫在多個目標之間折衷。
所有相關資訊已知	真實世界中，常會有資訊不對稱的問題，決策者常在有限資訊下來進行決策。

理性模式假設	缺失
有明確的偏好	某些決策的準則與內容是無法量化的。而且在不同時點上，會有不同的順序關係。
前後偏好不變	事實上，決策者的偏好與準則是有可能會改變的，此假設過於簡化。
無時間成本限制	現實上決策者常會受到許多成本與時間之限制。
追求最大報酬	在動態分析上，結果不一定為報酬最大。

因此決策上理性的假設慢慢被推翻，漸漸有學者提倡有限理性決策的想法來取代過去的假設，也就是強調人在決策時並非是完全理性的，一定會被許多內外在因素影響而決定了最後決策之品質與結果。

二、有限理性決策（Bounded Rationality Decision-Making）

（一）有限理性決策之意義

賽門（Herbert Simon, 1960）首先發現大部分的個人決策與組織決策並非出自於完全理性，因爲人們要知道所有的資訊來達成完全理性是不可能的。賽門認爲決策並非完全理性的，而是有限度的理性，於是修正理性決策的六大假設。其理論主要有三點論述：

1. 他認爲管理者所擁有的資訊是不完整的。
2. 決策是在有限理性下達成的。
3. 理性是在追求「滿意解」，而非最佳解。

理性受限制的原因主要是個體本身受限於時間成本，所以不可能搜索所有的資訊。另外，個體的資訊處理能力是有限的、立場與知覺也不同，容易有過早判斷、沉沒成本或承諾升高（Escalation of Commitment）的問題。

管理便利貼 沉沒成本與承諾升高

「沉沒成本」是決策者由於過去已投入大量的資源與時間在決策上，若不繼續執行，則過去投入的資源將會全部化為烏有，故決策者會由於捨不得過去已投入的成本而執行原方案。

「承諾升高」的意思則是決策者常明知過去的方案無法解決問題，但為避免承諾錯誤，卻仍繼續執行該方案，而且還投入更多的資源。像賭博就是承諾升高的例子。

（二）完全理性與有限理性

如果將完全理性與有限理性之決策概念做比較，完全理性是假設決策者在做決策時可以搜尋到所有的資訊，因此能找到「最佳解」。然而，有限理性下的決策者只能發展與評估「有限」的方案，只能找到「滿意解」而非最佳解。如果依照決策程序將兩者比較，更可發現完全理性與有限理性的論點是完全不同的，如圖 6-3。

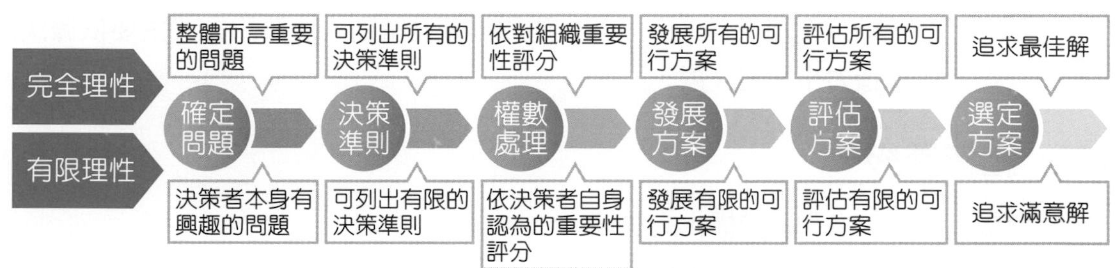

圖 6-3　完全理性與有限理性之比較

三、直覺決策（Intuitive Decision-Making）

直覺決策理論是認爲在某些情況下，決策者的直覺較適合，主要是以決策者的個人價值觀與過去的經驗做決策，但是並非取代理性分析，而是兩者彼此相輔相成，如表 6-3。

表 6-3　直覺決策使用時機、層次與途徑

使用時機	層次	途徑
當決策時間緊迫時	社會模式： 未經審慎思考的直覺反應。	當時間緊迫時，直覺性決策應在於理性決策前。
當決策情況是高度不確定時	啓發性決策： 利用過去類似事件中累積的經驗來建立一些規則。	當時間充裕時，直覺性決策應在於理性決策後。
當變數無法使用科學方法測量時		

四、情境決策

當做決策時，決策者通常無法預先知道各方案的結果，而是應該視問題的結構化程度及牽涉的組織層級來採取不同的方式，也就是之前提過的「It depends on the situation.」。情境決策主要探討的是「組織層級」、「問題形式」與「決策形式」的關係，其中，決策形式包含了「程式化決策」與「非程式化決策」。

（一）決策形式

1. 程式化決策

以過去的經驗和知識即可決定。通常此決策大多比照往例來處理，可憑電腦或建立標準作業來做決策。

2. 非程式化決策

不能以過去的經驗或知識做參考，只能作邏輯推理及論斷。決策的方式主要依據決策者的判斷力與創造力來制定決策。

（二）組織層級

1. 組織層級高：決策多為非結構化的決策。
2. 組織層級低：決策多為結構化的決策。

（三）問題的結構化程度

1. 問題的結構程度高

工作的重複性高、目標明確，決策多為程式化的決策。

2. 問題的結構程度低

目標不明確，工作重複性不高，決策多為非程式化的決策。

其三者的關係，如圖 6-4：

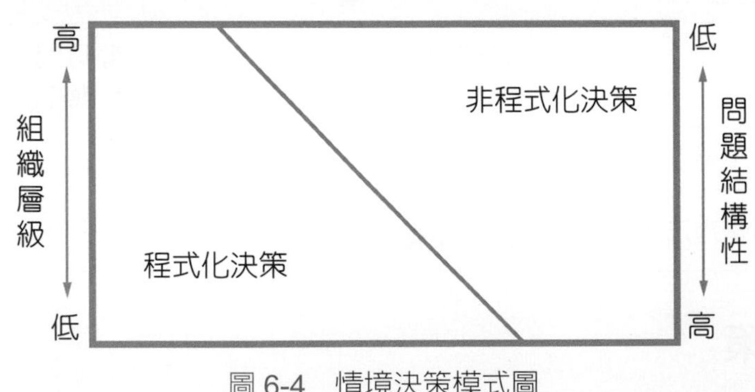

圖 6-4　情境決策模式圖

資料來源：Robbins（2008）. *Management*, 10th ed.

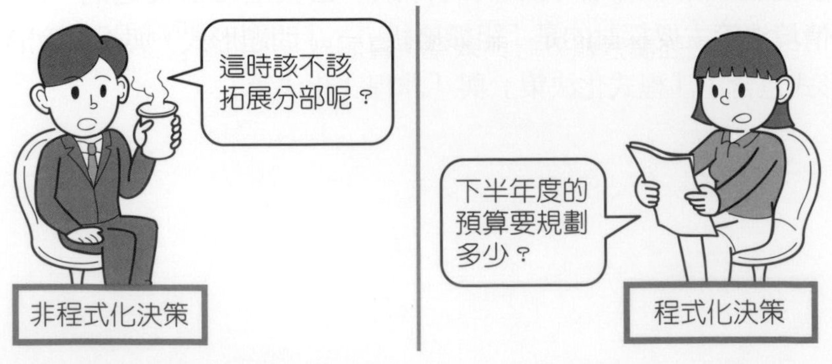

五、決策者類型與風格

決策的過程與結果大部分會受到決策者的風格與類型影響。所謂決策者的風格是決策者在決策中的思考方式與傾向，而決策者類型就是依據決策者的價值觀做分類，以下就讓我們來了解過去學者所分類及提出的相關理論。

（一）決策風格

在決策的風格上，學者羅賓斯（2001）依照決策者的「思考方式」與「對模糊的容忍程度」兩變數將決策區分爲四種風格：分析型、觀念型、引導型與行爲型，以了解決策者在決策中的思考方式與傾向，如圖 6-5。而決策風格的說明，如表 6-4。

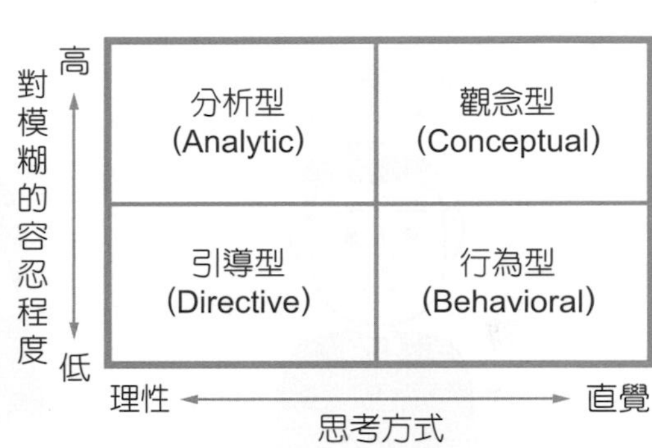

圖 6-5　決策風格圖

資料來源：Robbins（2001）. *Organizational Behavior*, 9th ed.

表 6-4　決策風格說明

類型	說明	舉例（以創業為例）
分析型（Analytic Decision Style）	分析型的決策者對模糊具有高度忍受力，同時又傾向理性的思考方式，希望能蒐集完整的資訊。因此，他們會傾向考慮許多方案，教育界出身的人最常屬於分析型的決策風格。	該不該創業這件事首先應該看是何種產業與時機，然後必須做不同的內外環境分析使市場調查再決定值不值得投入。畢竟這不是小事，一定要好好思考並多方蒐集資料與意見再做決定。
觀念型（Conceptual Decision Style）	觀念型的決策者通常有宏觀的看法，並會找尋很多解決方案，對模糊的容忍度高，較偏向直覺性思考。他們較專注於長期目標，且善於以創造性的思考來解決問題。	如果想要創業，就該承擔風險，長期思考，所以一時的成敗並不代表什麼。在過程中如果遇到困難，我會傾向按照自己的想法與詢問不同的人並找出一些新的做法來解決。
引導型（Directive Decision Style）	引導型的決策者對模糊的狀況比較難忍受，且偏向理性思考的方式。他們強調邏輯概念與效率，喜愛做一些短期的快速決策。	該不該創業就是要看能不能實踐自我的目標啊！只要經過分析後確認可以達成就可以做，如果不行就要放棄。如果過程中遇到無法解決的困難就要趕快停損，不要猶豫。
行為型（Behavioral Decision Style）	行為型的決策者則偏好直覺式思考，但同時卻也對模糊的忍受力低。這類型決策者常常邊做邊學，並能接納其他人的建議以修正方向。	如果想要創業，就不要想這麼多，就該承擔風險，在過程中如果遇到困難就多多找尋資訊與詢問其他同業的經驗。

（二）決策者的類型

斯普朗格（Spranger, 1928）依個人價值觀將決策者分六種類型，分別為「理論人」（Theoretical Man）、「經濟人」（Economic Man）、「政治人」（Political Man）、「藝術人」（Aesthetic Man）、「社會人」（Social Man）與「宗教人」（Religious Man）等，如圖 6-6：

我在決策時特別注重背後的道理與中間的過程。

經濟人

我在做決策時傾向理性思考，對我而言，決策的標準是如何達到組織的資源配置最適化與財富最大化。

政治人

我喜歡追求權力的擴張與競爭的感覺。

藝術人

我決策的根據是看決策當時的情境與感受。

社會人

我在做決策時很在乎別人的想法、感受及影響。

宗教人

我在做決策時不在乎世俗的想法。

圖 6-6　決策者的類型

管理動動腦

你認為大部分的人在做決策時多是「有限理性的決策」還是「直覺決策」？為什麼？

6-3 組織決策

組織決策是一種「問題認定」與「問題解決」的過程。每一個組織裡的主管及員工每天都必須做許多跟工作或機構發展有關的決策。組織決策開始於組織成員遇到某種狀況或問題後決定該如何解決問題，故以下將提出組織決策之類型。

一、組織決策的類型

根據戴夫特（Daft, 2004）的定義，組織決策可依「問題解決的技巧」與「問題認定的一致性」分爲四種類型，分別爲系統分析模型（System Analysis Model）、卡內基模型（The Carnegie Model）、漸進決策模型（Incrementalism Model）與垃圾桶模型（Garbage Can Model），如圖 6-7。

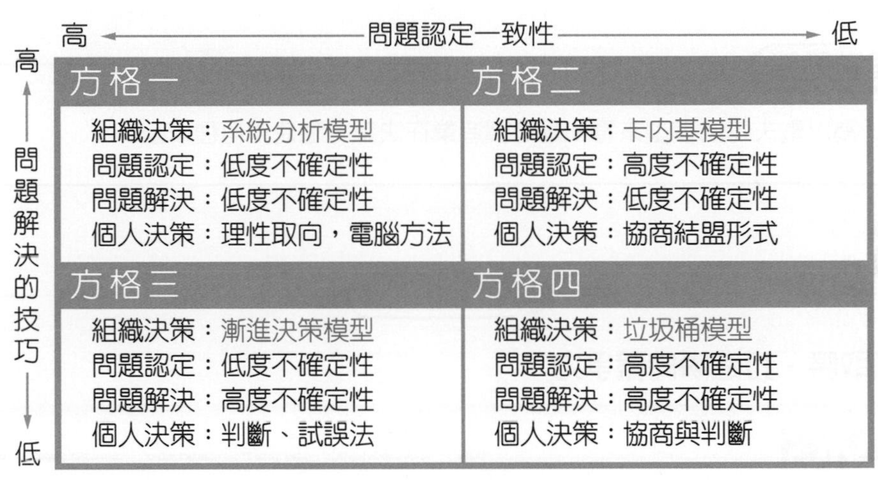

圖 6-7　組織決策的類型

資料來源：Daft（2004）. *Orgnization Theory and Design*, 8th ed.

（一）方格一

當組織的決策所面臨之問題是可分析、可衡量，以及可以用邏輯方式建構時，個人決策傾向於理性的決策方式；而組織決策使用系統分析將可發揮最大功能。

（二）方格二

當組織所面臨的問題是高度不確定性，風險較大時，且問題解決技巧爲低度不確定性時，個人的決策會接近協商結盟之形式。組織決策的方式是使用卡內基模型。所謂的卡內基模型是指在組織階層的決策包含很多的管理者，且最後的決定是由這些管理者共同結盟決定。意指這些管理者在組織目標與問題的優先權意見上必須相互認同。

（三）方格三

當問題認定較可衡量、評估，而問題解決的技巧是高度不確定時，個人的決策會使用判斷法與試誤法。組織決策則爲漸進決策模型，也就是在做決策時並非是提出創新性、突破性的想法，而是在可行的方案中去尋求一個滿意的解答。這種小部分的修正，漸進式的調整就是這種模型的主要觀點。明茲伯格（Mintzberg, 1994）認爲漸進決策的步驟有三步：「認定問題階段」、「發展可行方案階段」與「選擇可行方案」。

（四）方格四

當組織處於高度不確定的情況時，也就是組織對本身所追求的目標、如何達成目標的手段或方法不明確，或參與決策人員的流動性高時會使用垃圾桶模型。也就是將組織視爲垃圾桶，其中不同的參與者會將各種不同的問題與解決方案傾倒在這個垃圾桶中，只有在問題、解決方案與決策者彼此互動時，決策才會產生。

管理動動腦

你認為以戴夫特的模型來看，臺灣製造業在決策時應使用何種模型？

時事講堂

四策略取勝，打造瞬時競爭力

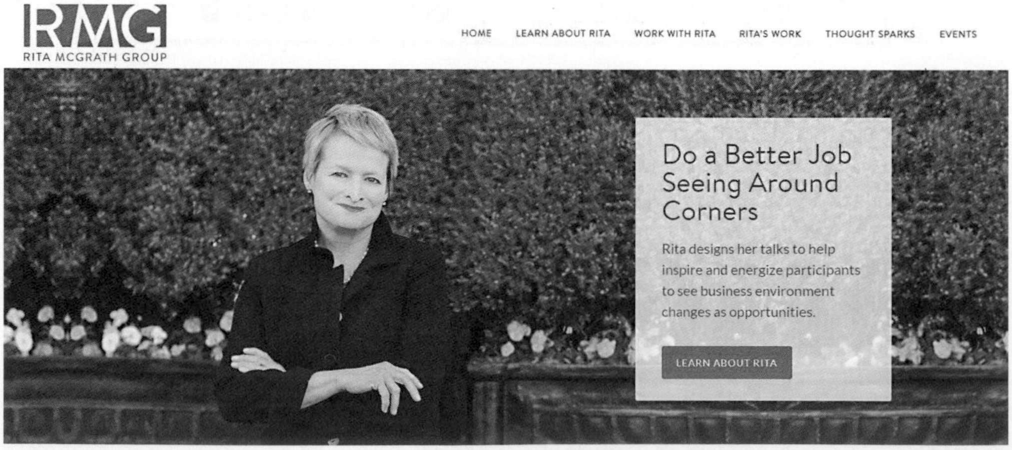

RMG
RITA MCGRATH GROUP
HOME LEARN ABOUT RITA WORK WITH RITA RITA'S WORK THOUGHT SPARKS EVENTS
Do a Better Job Seeing Around Corners
Rita designs her talks to help inspire and energize participants to see business environment changes as opportunities.
LEARN ABOUT RITA

策略大師麥奎斯（Rita Gunther McGrath）提到「以往，持久競爭優勢被企業視為策略聖杯，但現在的世界與商業環境，早已不同。」一針見血地提到傳統企業競爭思維在現今瞬息萬變的商業環境中，存在被革新的必要。

麥奎斯是美國哥倫比亞大學商學院教授，擅長研究有關企業如何因應環境快速變動、訂定策略，在 2013 年被 50 大思想家機構（Thinkers50）評選為全球前 10 大管理思想家，並獲頒最佳策略獎。麥奎斯對高度變動商業情境提出了新的競爭觀點，她認為企業要持續創造變動，才能穩定成長。

在全球化、數位革命、人口結構改變等趨勢的影響下，市場變化愈來愈快，顧客需求愈來愈難捉摸，市場進入障礙愈來愈低，競爭優勢的生命週期也縮得愈來愈短，短到只有幾年、甚至幾個月。「企業必須要換腦袋」麥奎斯指出，公司經理人必須要體認到在今天的商業環境下，「公司必須要創造瞬時優勢（Transient Advantage），也就是不長期固守單一優勢，而是能夠創造一波接一波的優勢，抓住變動中稍縱即逝的機會」麥奎斯指出新的制勝關鍵。因循這樣的產業優勢前提，麥奎斯提到在快速變動環境下，企業值得思考的四項策略。

策略一　看競爭：不看產業，而是挑「競技場」。

現行市場上跨界合作愈來愈頻繁，潛在的競爭對手不再侷限於產業內販售類似產品或服務的公司。如果在座競爭者分析時只用產業內進行分析，可能就不會發現零售巨人沃爾瑪跨入醫療保健業，行動通訊業者、刷卡機製造商都正搶進支付金流商機，挑戰傳統金融服務業。

管理者要用競技場（Arena）的概念來看變動環境下的競爭，應把關注的焦點放在顧客和解決方案之間的特定關係，不單著眼於近似的替代品、互補品的分析，要讓企業在開創新商機上有開放更大的靈活度。

策略二　看機會：不要被過去的成功綁架，才能養大新機會。

在企業經營中，管理者常會墨守於眼前既有的成就，為維護穩定持續的成長投注大量的資源，看到現有成就衰退，就加碼投資，但這樣的方式將錯失放眼未來的機會。

市場上最知名的案例就是諾基亞。雖然它推出智慧型手機的時間遠早於蘋果與三星，但其主導的 Symbian 作業系統，其實早在 iPhone 與 Android 系統出現之前，就已經做出可於平板電腦串接的應用功能，但是，這些新技術的應用，是歸屬公司當時金雞母傳統手機事業部之下，因此從未獲得足夠資源，以致喪失先機。領導人需要具有獨立的資源配置機制，不讓資源被原來的「既得利益者」霸著不放，才有機會能持續創造新的瞬時優勢。

策略三　看資源：取得資源，比擁有資源還更重要。

麥奎斯解釋，以前的資產密集度，讓許多企業得以樹立高資本投資的產業進入障礙。但現在掌握愈多資源，並不直接跟更強大的競爭力劃上等號，「世界逐漸變成付費取得資產的使用權，而不須全權擁有資源依然能在市場產生優勢」。

Airbnb 正是這種概念的代表。Airbnb 預計 1 年有 8 千萬間房的訂房數，那就表示全球旅館業將失去 8 千萬間房的生意，但 Airbnb 手上一間房間的所有權都沒有，而是善用資源、掌握瞬時優勢，就成功顛覆了旅館業的巨擘。

策略四　看未來：必須要有「提早離場」的勇氣。

要能創造一波一波的優勢，企業要懂得在優勢尚未耗盡之前，就急流勇退，懂得良性割捨，不要等到別無選擇的危急時刻，才迫不得以放手。割捨與失敗不應被混為一談，如何取得優勢跟如何割捨優勢，都同等重要。管理學巨擘彼得．杜拉克（Peter Drucker）提到「動盪時代最大的危險不是動盪本身，而是面臨動盪仍然用過去的邏輯做事。」競爭的規則，應總是不斷改變。在現今持久優勢難以持續的競爭環境中，瞬時優勢的打造，正是要企業練習改變舊思維，割捨過去成就的包袱，不斷的顛覆自己，才能於快速起落的趨勢潮流環境以優雅身段，輕盈翻轉。

影片連結

資料來源：顏和正（2015），「四策略取勝，打造瞬時競爭力」，天下雜誌，585 期。

圖片來源：Rita McGrath 網站。

6-4 群體決策

最後一種決策的方式則是群體決策。群體決策是由決策的相關人員共同決議，而選定某種決策方案。群體決策在組織中是否能夠被有效的使用，通常與組織結構和領導人風格有相對的關係，如組織內部有設立委員會或領導人的領導風格是較尊重組織成員的意見，相對來說群體決策被實行的機會較高。學校中在表決某一項事務時通常是使用群體決策，就可以體認其優點與缺點，接下來就讓我們來看看群體決策的優缺點與實施的技術。群體決策過程與決策執行之優缺點，如表 6-5。

表 6-5　群體決策優缺點整理

	優點	缺點
決策過程	1. 可集思廣益，有廣泛的資訊與知識做為基礎。 2. 增加合法性。 3. 方案範圍廣。	1. 時間成本高，效率差。 2. 易造成群體思考，組織成員易受到群體規範的影響，在壓力下決策，造成缺乏個人意見的決策。 3. 易存在意見領袖，造成決策結果趨同之現象。 4. 易產生風險移轉，因為個人容易誤以為不需對群體決策負責，因此群體會比個人更容易做出較高風險之事。 5. 成員間資料可能不願分享，使決策無法使用到這些資料。
決策執行	1. 結果接受度高。 2. 決策付諸執行時，溝通協調較容易。 3. 可減少方案執行溝通的需要。	1. 決策結果可能是妥協的產物。 2. 決策責任分擔不明確。

如同前面所述，一般而言，群體決策在效率上比個人決策差，但效率的影響因素如下。

一、群體決策效率影響之因素

（一）成員與群體之間所存在凝聚力之程度大小

成員間如果凝聚力強，彼此會較願意交換意見、分享經驗，有助於提高決策效果與效率。

（二）成員所具有之專長與決策問題之相關程度

如果成員之專長與決策問題相關度高，那彼此間能相輔相成。但如果成員間的專長與決策問題關聯度低，就可能會讓專長無法發揮，延長決策的時間與降低決策之品質。

（三）成員們對不同意見之態度

成員們對於彼此不同意見持有開放或封閉的態度會影響決策的速度或品質。如果成員間對於別人意見的接受度高，那決策過程會較順利；但如果成員間意見接受度低又各堅持己見，則很容易發生僵局等問題。

二、群體決策與個人決策之比較

（一）個人決策與群體決策

群體決策的優缺點是根據個人決策而來，故在此我們可做個比較，如表 6-6。

表 6-6　個人決策與群體決策之比較

	個人決策	群體決策
決策品質	主觀粗糙	周延客觀
決策時間	短	長
創新性	想法較少，創新性較少	想法較多，創新性較高
資訊充足性	低	高
成員接受性	低	高
決策合法性	低	高
決策執行性	阻力較大	阻力較小
責任歸屬	明確	不明確

三、群體決策程序

在群體決策的程序中，共有四項程序。包含了先行的導入（導入期）、中間會產生的衝突（衝突期）、之後達成的共識（共識期）與最後觀念之強化（強化期），如圖 6-8。

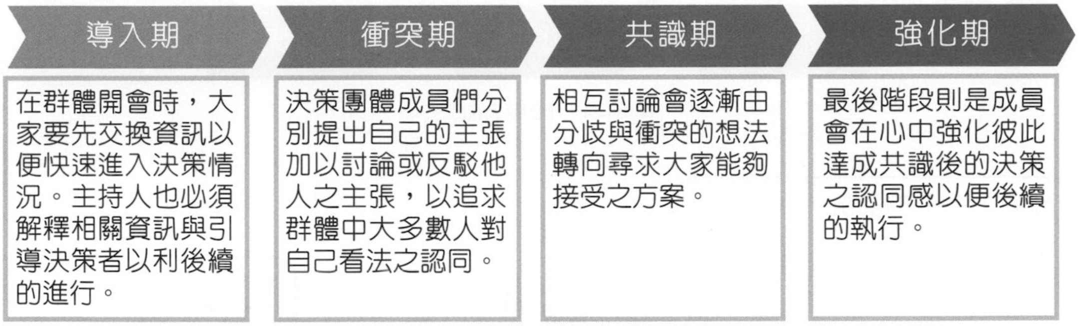

導入期	衝突期	共識期	強化期
在群體開會時，大家要先交換資訊以便快速進入決策情況。主持人也必須解釋相關資訊與引導決策者以利後續的進行。	決策團體成員們分別提出自己的主張加以討論或反駁他人之主張，以追求群體中大多數人對自己看法之認同。	相互討論會逐漸由分歧與衝突的想法轉向尋求大家能夠接受之方案。	最後階段則是成員會在心中強化彼此達成共識後的決策之認同感以便後續的執行。

圖 6-8　群體決策時期

四、群體決策改進技術

由於群體決策有上述所說的問題，因此後續就有些人陸續提出不同的群體決策改進技術來改進一人獨大、群體思考等問題，試圖提升決策的品質，表 6-7 列出常見之決策改進技術。

表 6-7　群體決策改進技術之實施要點

改進技術	實施要點
魔鬼辯證法	組織設立「魔鬼」的角色來負責批判不同的想法。
辯證質難法	由正反兩個不同的團體做決策，彼此相互評估與批評，高階主管聽取兩組報告後再做最後決定。
名目群體技術	參與者在構想階段時不能討論，等發表結束後才能進行討論。
德爾菲法	由一群專家彼此不見面，藉由數次的問卷來達成共識。
腦力激盪術	討論過程中鼓勵不同想法，自由表達，也歡迎搭便車，修正或合併其他成員的想法。
電子會議	電子會議是結合名目群體技術與電腦科技。參與者彼此匿名，不受空間的拘束。

（一）魔鬼辯證法（Devil's Advocate Approach）

組織為避免在群體決策中出現「群體思考」之問題，便在組織中設計了一個提供不同觀點且具有批判性思考之角色。魔鬼辯證法是群體決策技術，主要是為了打破群體決策過程中的從眾壓力與少數壟斷等缺點，而發展出來的群體決策改善技術，其主要特色如下：

1. 於決策過程中指定一人擔任魔鬼角色。
2. 魔鬼角色的任務是針對討論結果進行批判以引發討論。
3. 重複討論與批判，直到獲致最佳結果。

圖 6-9　魔鬼辯證法

（二）辯證質難法（Dialectical Inquiry）

此方法是由正反兩個不同的團體做決策，彼此相互評估與批評。高階主管聽取兩組報告後再做最後決定。此方式可以促進組織的多樣性，避免一言堂的現象，如圖 6-10。

圖 6-10　辯證質難法

（三）名目群體技術（Nominal Group Technique）

此方式是由一群人共同做決定，但是在構想產生階段，彼此的互動卻以個別方式，而不像開會般大家共同討論。其步驟與優缺點，如表 6-8。

表 6-8 名目群體技術實行步驟與優缺點

步驟	優點	缺點
Step1：在討論前，成員每人先個別寫下自己的意見。 Step2：成員每人單獨發表自己的意見，但不能討論。 Step3：發表結束後，群體開始針對各意見進行討論。 Step4：成員單獨對每方案評分，總分最高者即為選擇之方案。	1. 可促進團體成員的平均參與程度。 2. 群體中之強力個人或次群體較不容易影響全體之決定。	1. 難以在討論的過程中產生創新的意見。 2. 由於群體規範少，可能做出有利於自身，但有害於群體的決策。

（四）德爾菲法（Delphi Method）

德爾菲法又稱「專家意見法」。由一群專家作共同判斷，它是一種比較高級的意見調查或溝通方法。成員間彼此沒有面對面爲最大特點。其步驟與優缺點，如表 6-9。

表 6-9 德爾菲法實施步驟與優缺點

步驟	優點	缺點
Step1：清楚定義問題並設計問卷。 Step2：讓各專家在匿名且單獨的情況下回答問卷。 Step3：將結果平均，再將結果寄發各專家，並設計第二次問卷。 Step4：專家看過第一次的結果後再填寫第二次問卷。 Step5：重複步驟三與步驟四，直到取得共識為止。	1. 群體規範的壓力可以減輕。 2. 較可避免團體迷思。 3. 對於特定的問題效果明顯。 4. 預測方法簡單，無須艱深的統計技術。 5. 由於有多位專家參與，能獲得更專業的資訊。	1. 成效取決於參與人員的素質。 2. 由於要取得共識，常常費時甚多而影響進度。 3. 實施過程繁複，如無法給予誘因，不容易取得專家配合。 4. 結論可能過於籠統，有時很難做為實際上決策的參考。

（五）腦力激盪術（Brainstorming）

此技術最早爲奧斯本（Osborn, 1963）在其著作《How to Thinking》中提出。主要是企業激發員工創意以提出創新構想的方法，適合解決需要創新答案的問題。其進行之方式爲大約 5-12 人一組，發想時間約半小時至一小時，不宜太長。過程中鼓勵不同想法，自由表達，也歡迎搭便車，修正或合併其他成員的想法，最後再用不同的評估方式選出最好的意見。所以是重量不重質。其特色、步驟與優缺點，如表 6-10。

表 6-10　腦力激盪術之特色、步驟與優缺點

特色	步驟	優點	缺點
1. 拒絕批評（Criticism is ruled out）：不做任何有關優缺點的評價。 2. 歡迎自由聯想（Freewheeling is welcomed）：歡迎異想天開及荒謬的想法，但要自我控制，針對問題不說廢話。 3. 意見越多越好（Go for quantity）：鼓勵提出大量的點子越多越好。 4. 組合改進別人意見（Hitchhike/Improve on idea）：鼓勵搭便車，巧妙地利用並改善他人的構想。	Step 1：在會議前先訂好主題，範圍不宜太大，且須明確。 Step 2：邀請參與者。並在其邀請函中提供會議背景資料，並舉一些例子做為參考，讓與會者可事先思考議題。 Step 3：主持人負責組成小組，小組成員最好包含幾個有經驗的成員、其他對議題也感興趣的嘉賓與一個記錄員，負責記錄大家的想法。	1. 創意多，可增加決策之品質。 2. 可提高成員的想像力與創造力。	1. 此模式常在完整構想尚未孕育出以前就先做出結論。 2. 忽略構想批判與構想分級等問題。

（六）電子會議（Electronic Meeting）

電子會議目前已為趨勢，尤其對於國際企業而言，跨國與跨時的特色使得面對面的會議無法時常舉行。另外，現今新冠病毒所造成的跨國與跨區移動性困難也直接促使了電子會議的流行。由於科技不斷的進步，未來的電子會議將有不同的形式，也能提供更多豐富的資訊，就讓我們拭目以待吧。其特性與優缺點，如表 6-11。

表 6-11　電子會議其特色與優缺點

特色	優點	缺點
1. 電子會議是結合名目群體技術與電腦科技。 2. 會議參與者圍坐在電腦終端機的會議桌旁。 3. 當報告完所有的事項，參與者將其意見用鍵盤輸入。 4. 群體的結果將由會議室的大型螢幕呈現給所有人看。	1. 參與者可匿名表示意見。 2. 允許個人達到誠實，不必擔心任何的懲罰。 3. 可同時讓許多人發表意見，會議速度會加快。 4. 參與者可來自世界各地，影響力無遠弗屆。	1. 由於匿名的關係，提出好意見的人無法得到應有之讚賞。 2. 缺少面對面溝通時肢體的豐富性。

管理動動腦

請各位舉例在群體決策中，何種情境適合何種決策方式？為什麼？

台達電讓企業成長逾半世紀的永續經營策略

企業老化，是所有大型跨國企業在發展到一定規模後面臨的最大挑戰，一間公司真的是會越老越沒有活力嗎？本文將參考商周獨家專訪台達電創辦人鄭崇華、董事長海英俊與執行長鄭平來說明台達電如何透過雙軌轉型、十年大計與持續性改變修正，三大方針成功突破企業面臨轉型與接班的問題，在 2021 年將拿下全球動力與電源系統開發 10% 的市佔率，股價一年以來大漲 1.3 倍並成功轉型布局電動車、智慧工廠、資料中心、智慧城市與建築，以及風能與太陽能等再生能源產業的轉型歷程。

啓程：未來獲利停滯帶來的警訊

1999 年，台達電市值超越千億元大關，鴻海集團晚一年才追上。當時，台達電在 PC 電源供應器領域已經成為第一；但過沒幾年，鴻海市值已來到一兆六千四百億元，台達電在同期營收與市占雖然也有成長到七千八百多億元，但市值卻只約鴻海的一半，這樣的產業變化，讓台達電意識到，錯過了智慧型手機大爆發的商機，只在原先自己擅長的電源供應以及風扇世界佔有一席之地。台達電現任執行長鄭平提到：「當時我們已經覺得自己是在領域中最好的了，也因為陷入這樣的迷思，使台達電當時面臨成長停滯的問題」。

因此在鄭平接班後，花了三、四年建立營運總部，從台積電挖來郭珊珊接任品牌長，提升 IT、行銷能力，建立 NBD（新事業發展單位）以及尋找投資購併機會的單位。「這些部門主管，大概都是那時候進來的。」鄭平說。

之後，總部開始找出可培育的新事業方向，2017 年，著手台達電創辦以來的最大組織改造。

雙軌轉型：大幅汰換新血持續投注新事業

鄭平把所有的事業單位打掉，重組為五大領域（電動車、工業自動化、樓宇自動化、能源基礎設施以及資通訊基礎設施）。鄭平相信未來十年，這五個市場將成長快速，會有技術跟商業模式的改變。而為了驅動台達邁向這五大事業，轉型與接班即同時在台達發生，鄭平在功績未建的情形下，就大膽設定了遠大的變革目標。

一開始，也引來內部人事大動盪，「我人資換兩輪、IT 也兩輪……，區域總經理也全換一輪。」鄭平回憶說道。再來，新事業也很難立刻變現。一個電動車的投資，花了十二年才開花結果，累計虧損四億美元（約合新臺幣一百一十億元），直到 2020 年後才開花結果。

鄭平在接班地位尚未穩固時，即推行雙軌變革，在內部也有不少質疑新事業前景的反彈，內部會有異見多是因為這些養新事業的錢，是從原有事業部門分出的。當時鄭平與營運長達成協議，設了每年從獲利提撥固定比率用於投資新事業的規定。

當時，市場對這位新手 CEO 也不大信任。台達電股價曾在 2018 年跌破百元大關，市值大減兩千多億元。媒體報導：「模範生股價積弱不振」，直指台達遇到轉型與接班危機，不確定未來能否找到夠大的市場，突破成長遲緩。

變革的時候，「大家意見很多，不只 COO 有意見，CFO（財務長）也有意見，統統都告到我這邊來。」海英俊記得。董事會的激烈爭論成為常態，由其當時擔任營運長的李忠傑，對於公司未來前景的高不確定性充滿擔憂，李忠傑本已退休，在鄭平剛接班時回鍋力挺穩住事業群營運，甚至透過撙節策略為公司挪騰出更多獲利；當鄭平再次決定大改組時，他便以完成任務申請退休。就在這樣內憂外患並存的糾結下，鄭平堅持自己的信念與經營目標，每年依然固定比率金額的投資新事業，要大家睜眼看清未來。

以十年一個規劃，前瞻思維成為台達電獨特 DNA

「在變革的同時，我們也開始練習員工在設定工作目標時，講十年後目標，就算是達不到也寫下來，否則將會永遠只專注眼前，忽略未來，人唯有一直瞄準將來目標在哪裡，才能清楚知道自己匱乏什麼，進而預先做準備，否則將永遠都在做眼前的事。」鄭平提到。

「大家都喜歡管今天，因為有成就感」。2021 年，台達電董事會拍板，要大幅修改事業群總經理的激勵措施，以五年目標達成率作為紅利發放的計算指標；也就是說，如果各事業群總經理雖達到當年業績目標仍不算達成工作目標，還必須納入五年前規畫的目標達成率作為考量。「台達電董事會希望透過前瞻思維的培養，訓練總經理們有看未來的能力」海英俊解釋；同步在組織內也新設事業群副主管來顧好公司短線的獲利。「因為我的 COO 大部份時間在顧今天，讓我有時間可以去看將來，所以到各事業單位我們也覺得應該也要這樣子規劃！」鄭平說。

擁抱持續性變革，邁向遠期未來

「這十年來，我想台達電最大的不同就是很多制度建立得不錯。」海英俊說。台達電的決策團隊也因為分工清楚，讓接班人與專業經理人能截長補短，彼此尊重。「台達五十年，他（鄭平）接任時也已經四十年，有非常穩固的架構，事業群非常扎實。」張明忠說，很多事業做到全球第一，但過往的成就卻也成了台達成長的關卡。不過鄭平說

「要生存，就得變」，台達電變的基因，就藏在公司的英文名字中。「Delta（希臘字母Δ，數學公式中的變數），就是改變的意思啊！」海英俊說。「每天都要改，平常不小改，到時候一次改起來，就很大，」鄭平補充。現在回頭看，一個人跟一個企業如能去直視未來，並敢大聲做出承諾，還真是實際，因為它比任何競爭策略都深具威力。這，就是這個五十年都賺錢的老企業，能越活越好的真相。

資料來源：蔡靚萱（2021），「電動車最大贏家　台達電」，商業周刊，1746 期。

重點摘要

1. 決策的意義：針對一特定的問題，決策者在兩個或以上的替代方案中，考慮各種因素，選擇出一個最佳方案的思考程序。
2. 決策的特性：
   (1) 普遍性：決策普遍存在所有的管理功能中。
   (2) 未來性：決策是針對未來的行動做選擇。
   (3) 思考性：決策是解決問題的思考過程。
   (4) 階段性：決策過程可劃分爲搜尋、發展與評估等幾個階段。
3. 決策的類型：

分類項目	決策類型
目標	單目標決策、多目標決策。
人數	個人決策、組織決策、群體決策。
領域	人事、會計、財務、行銷等不同領域決策。
層級	策略性規劃決策、戰術性規劃決策、作業性規劃決策。
結構	結構化決策、半結構化決策、非結構化決策。
程序	情報、設計、選擇、實施等決策程序。
風險	確定性決策、風險下決策、不確定性決策。

4. 決策的程序：確認問題或需要、制定決策準則、賦予決策準則權數、發展可行方案、分析可行方案、選擇最佳方案、執行與評估及修正。
5. 個人理性決策假設與缺失：

理性模式假設	缺失
追求單一且明確的目標	真實的目標常會有彼此衝突的關係，決策者常被迫在多個目標之間折衷。
所有相關資訊已知	真實世界中，常會有資訊不對稱的問題，決策者常在有限資訊下來進行決策。
有明確的偏好	某些決策的準則與內容是無法量化的。而且在不同時點上，會有不同的順序關係。
前後偏好不變	事實上，決策者的偏好與準則是有可能會改變的，此假設過於簡化。
無時間成本限制	現實上決策者常會受到許多成本與時間之限制。
追求最大報酬	在動態分析上，結果不一定為報酬最大。

6. 個人有限理性決策：決策並非完全理性的，而是有限度的理性，是修正理性決策的六大假設。賽門的理論主要有三點論述：首先，他認爲管理者所擁有的資訊是不完整的；其次，決策是在有限理性下達成的；最後，理性是在追求「滿意解」，而非最佳解。
7. 個人直覺決策：直覺決策理論是認爲在某些情況下，決策者的直覺較適合，可以改善決策品質，但是並非取代理性分析，而是兩者相輔相成。
8. 情境決策：做決策時，決策者應視問題的結構化程度及牽涉的組織層級來採取不同的方式。故情境決策探討的是組織層級、問題形式與決策形式的關係。其中，決策形式包含了程式化決策與非程式化決策。
9. 決策風格：
   (1) 決策的風格上，羅賓斯依照決策者「思考方式」與「對模糊的容忍程度」兩變數將決策風格區分爲四種：分析型、觀念型、引導型與行爲型。
   (2) 斯普朗格依個人價值觀將決策者分爲經濟人、理論人、藝術人、社會人、政治人與宗教人等六種類型。
10. 組織決策：根據戴夫特的定義，組織決策可依「問題解決的技巧」與「問題認定的一致性」分爲四種類型，分別爲系統分析模型、卡內基模型、漸進決策模型與垃圾桶模型。
11. 群體決策之優缺點：

	優點	缺點
決策過程	1. 集思廣益。 2. 增加合法性。 3. 方案範圍廣。	1. 時間成本高。 2. 易造成群體思考。 3. 易存在意見領袖。 4. 易產生風險移轉。 5. 資料可能不願分享。
決策執行	1. 結果接受度高。 2. 溝通協調較容易。 3. 可減少方案執行的溝通。	1. 結果可能是妥協的產物。 2. 責任分擔不明確。

12. 群體決策與個人決策之比較：

	個人決策	群體決策
決策品質	主觀粗糙	周延客觀
決策時間	短	長
創新性	想法較少，創新性較少	想法較多，創新性較高
資訊充足性	低	高

	個人決策	群體決策
成員接受性	低	高
決策合法性	低	高
決策執行性	阻力較大	阻力較小
責任歸屬	明確	不明確

13.群體決策程序：導入、衝突、共識與強化。

14.群體決策改進技術：

改進技術	實施要點
魔鬼辯證法	組織設立「魔鬼」的角色來負責批判不同的想法。
辯證質難法	由正反兩個不同的團體做決策，彼此相互評估與批評，高階主管聽取兩組報告後再做最後決定。
名目群體技術	參與者在構想階段時不能討論，等發表結束後才能進行討論。
德爾菲法	由一群專家彼此不見面，藉由數次的問卷來達成共識。
腦力激盪術	討論過程中鼓勵不同想法，自由表達，也歡迎搭便車，修正或合併其他成員的想法。
電子會議	電子會議是結合名目群體技術與電腦科技。參與者彼此匿名，不受空間的拘束。

本章習題

一、選擇題

( ) 1. 在組織中誰可以做決策？ (A) 高階主管 (B) 中階主管 (C) 基層主管 (D) 每個人都可以。

( ) 2. 決策不包含下列何種特性？ (A) 過去性 (B) 思考性 (C) 普遍性 (D) 階段性。

( ) 3. 決策之程序如下：1. 制定決策準則 2. 賦予權數 3. 分析可行方案 4. 選擇最佳方案，請依規劃順序排列。 (A)1324 (B)2134 (C)2143 (D)1234。

( ) 4. 策略性的決策多由組織中何種階級所決定？ (A) 中階主管 (B) 低階主管 (C) 高階主管 (D) 董事長。

( ) 5. 所謂的決策者理性的假設是指？ (A) 決策的程序很理性 (B) 追求多種且明確的目標 (C) 追求合理的報酬 (D) 不可能知道所有的訊息。

( ) 6. 何謂沉沒成本？ (A) 沉默成本 (B) 過去投資的成本 (C) 掉在水中的成本 (D) 利潤－成本。

( ) 7. 下列何者非決策者的類型？ (A) 理論人 (B) 社會人 (C) 宗教人 (D) 關係人。

( ) 8. 下列何者非羅賓斯（Robbins）的決策風格？ (A) 規劃型 (B) 分析型 (C) 引導型 (D) 行為型。

( ) 9.「對模糊的狀況比較難忍受，偏向理性思考的方式」是哪一種決策風格？ (A) 規劃型 (B) 分析型 (C) 引導型 (D) 行為型。

( ) 10.「決策者在做決策時較關心他人的感受與福利」是哪種決策類型？ (A) 理論人 (B) 社會人 (C) 宗教人 (D) 藝術人。

( ) 11. 在組織決策中下列何者為真？ (A) 漸進決策模型適合問題是低度不確定時 (B) 垃圾桶模型適合問題是低度不確定時 (C) 系統分析模型適合解決方式是不明確時 (D) 卡內基模型適合解決方式是不明確時。

( ) 12. 組織成員易受到群體影響而做出決策是為： (A) 群體趨勢 (B) 風險轉移 (C) 群體壓力 (D) 群體思考。

( ) 13. 下列何者有誤？ (A) 群體決策的品質比個人決策好 (B) 群體決策的資訊充足性比個人決策高 (C) 群體決策的責任歸屬較個人模糊 (D) 群體決策的接受度較個人決策低。

( ) 14. 下列何種群體決策決策者沒有面對面？ (A) 腦力激盪術 (B) 德爾菲法 (C) 名目群體技術 (D) 魔鬼辯證法。

( ) 15. 高階層級的決策多為＿＿＿＿＿。 (A) 目標明確 (B) 問題結構性高 (C) 非程式化決策 (D) 程式化決策。

( ) 16. 鴻泰科技公司決定在年底時舉辦員工旅遊，公司福委會發起員工投票，讓同仁票選最想去的地點。以上過程符合下列何種決策類型？ (A) 群體決策 (B) 個人決策 (C) 組織決策 (D) 高階決策。

( ) 17. 全聯福利中心決定在北大社區附近設立分店，關於分店內的人力配置、櫃位擺設及結帳動線安排等決策是屬於何種決策類型？ (A) 策略性規劃決策 (B) 戰術性規劃決策 (C) 作業性規劃決策 (D) 高階規劃決策。

( ) 18. 美國太空總署決定在明年發射一枚新型火箭去火星探測，根據精密的數據計算，約有 83% 的機率會成功、11% 的機率可能會在飛行過程中爆炸、6% 的機率則可能無法發射。此一決策情境符合以下何者情況？ (A) 確定情況 (B) 不確定情況 (C) 風險情況 (D) 以上皆非。

( ) 19. 晴晴上大學後想買一臺筆記型電腦，她先在網路與雜誌找尋相關資訊與考慮自身的預算後，再根據這些因素發展可購買的品牌與型號。請問上述的說明為決策程序之＿＿＿＿＿。 (A) 確認問題或需要 (B) 制定決策準則 (C) 分析可行方案 (D) 發展可行方案。

( ) 20. 以下敘述何者為「承諾升高」的例子？ (A) 小新之前投資的股票面臨虧損，小新反而繼續加碼，想拉低均價。 (B) 小安開了一間義式餐廳，但近年卻受到疫情影響導致虧損，但由於捨不得之前所投入的成本，於是繼續咬牙硬撐。 (C) 小千之前答應朋友要一起合資開公司，為遵守承諾，她去銀行貸款投資。 (D) 以上皆非。

二、填充題

1. 群體決策之程序為＿＿＿＿＿、＿＿＿＿＿、＿＿＿＿＿、＿＿＿＿＿。
2. 群體決策改進技術有哪些？＿＿＿＿＿、＿＿＿＿＿、＿＿＿＿＿、＿＿＿＿＿、＿＿＿＿＿、＿＿＿＿＿。
3. 組織決策可依＿＿＿＿＿、＿＿＿＿＿分為四種類型。
4. 以人數區分的決策有＿＿＿＿＿、＿＿＿＿＿、＿＿＿＿＿。
5. 根據羅賓斯（Robbins）的理論，決策風格可分為＿＿＿＿＿、＿＿＿＿＿、＿＿＿＿＿、＿＿＿＿＿。

NOTE

第 07 章

策略管理

學習重點

1. 策略管理意涵與特性
2. 策略管理程序
3. 策略管理之層級
4. 不同層級的策略類型與分析工具

策略管理之意涵

- 策略管理之定義
- 策略的特性與形成要素
- 策略管理與一般管理

↓

策略管理程序

- 定義組織使命與目標
- 分析外部環境
- 分析內部資源
- 形成策略
- 執行策略
- 評估結果

↓

策略層級

- 公司層級策略
  - 公司層級策略類型
  - 公司層級策略分析工具
- 事業層級策略
  - 事業層級策略類型
  - 事業層級策略分析工具
- 功能層級策略

7-1 策略管理之意涵

企業存在的目的是要能夠在市場中獲利與永續生存。為了能順利打敗競爭對手，並獲得持久性的競爭優勢，企業領導人必須透過策略性的思考，並運用組織本身的核心能力、資源的配置與部屬，達成組織整體目標，如圖 7-1。本節將透過策略管理之定義、特性與形成要素帶領讀者了解策略管理之基本內涵。

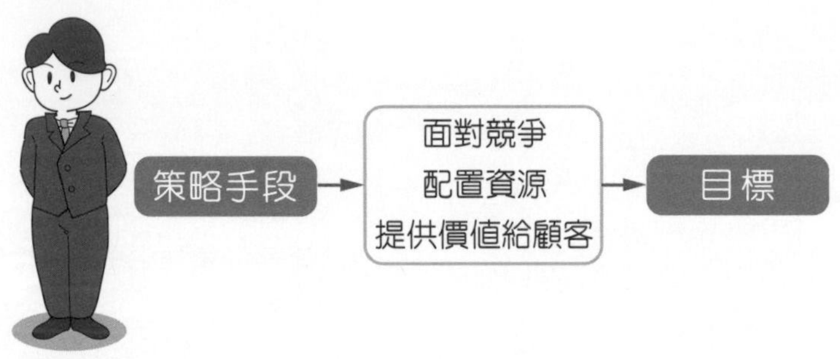

圖 7-1　策略管理之意涵

一、策略管理之定義

策略管理（Strategic Management）是為了達成組織目標而採取全面性及整合性的行動，不僅涵蓋基本的管理功能（如規劃、組織、領導與控制），也包含一系列策略管理程序。組織可透過策略管理，了解自身的優劣勢與核心能力，以此決定組織在產業中的定位與價值，以及面對競爭對手的因應方案，以達成長期績效。

二、策略的特性與形成要素

策略的本質是手段，根據長期的規劃和與外界的互動而形成。關於策略的形成，首先要先了解組織生存的目的與社會需求。

再者，由於策略並非閉門造車的產物，組織在規劃策略時，必須同時評估外部環境的影響與內部能力，以發掘未來可能遭遇的問題，並及早準備。策略的選擇受到組織文化、策略制定者的價值觀與喜好影響，如圖 7-2。

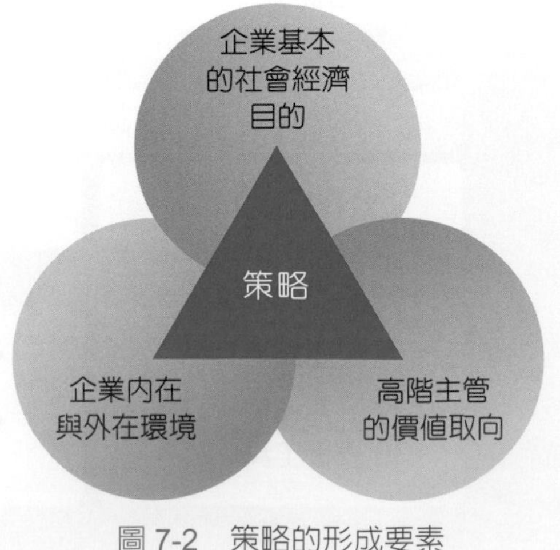

圖 7-2　策略的形成要素

三、策略管理與一般管理

根據定義，策略管理涵蓋了策略管理與一般管理，但在本質上，策略管理與一般管理為不同概念。策略管理的決策者通常為公司高階主管，是為達成某種特定目的所採取的手段，對於組織的績效影響甚大。而一般管理則是規劃、組織、領導、控制等管理程序的展現，存在於各個管理階層中。其說明如表 7-1。

表 7-1　策略管理與一般管理之比較

	策略管理	一般管理
決策者	高階主管	各階層之主管
涵義	主要是為達成某種特定目的所採取之資源調配方式。	是規劃、組織、領導、控制等管理程序的展現，目的為達成組織目標。
時程	可分為長期、中期與短期。	無特定管理時程，隨時都需要。
影響	如果策略管理不當，影響組織目標成敗甚大。	如果一般管理不當，會影響組織目標成敗，但尚有彌補之機會。

管理動動腦

請簡要說明策略管理與一般管理之不同，並各舉一例。

7-2 策略管理程序

決定組織長期績效之行動合稱策略管理，涵蓋了策略規劃、執行與修正等過程，形成策略管理循環之流程。策略管理的制定需要經過一定程序，策略管理程序（Strategic Management Process）涵蓋了六個步驟，如圖 7-3。

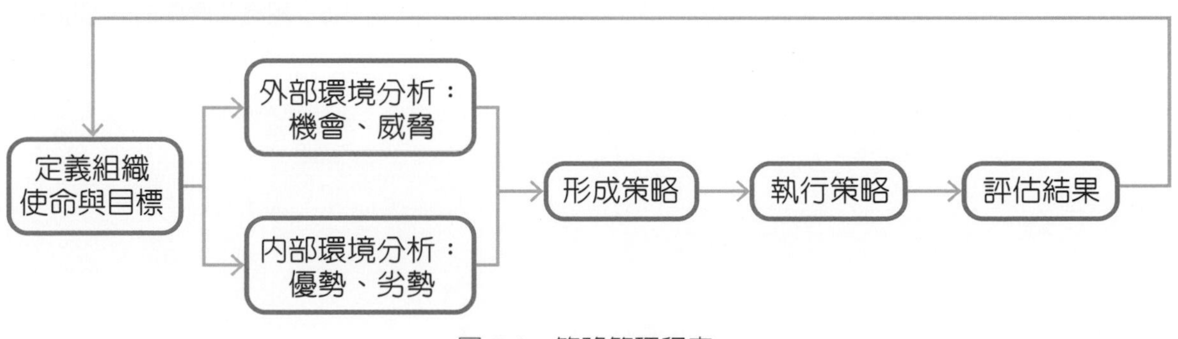

圖 7-3　策略管理程序

一、定義組織使命與目標

組織存在之理由與目的就是組織的使命（Mission）。組織需要思考本身爲何而存在，以及公司提供什麼產品或服務給顧客。使命不僅可做爲策略發展與管理的基礎，也可讓員工了解公司未來的走向。

企業訂定出使命後，便可依使命設定出明確的目標（Objectives），即公司需在什麼時間內達成什麼事。根據目標發展與選擇，後續的策略再形成可達成目標之手段。使命、目標與策略之間的關係，如圖 7-4。

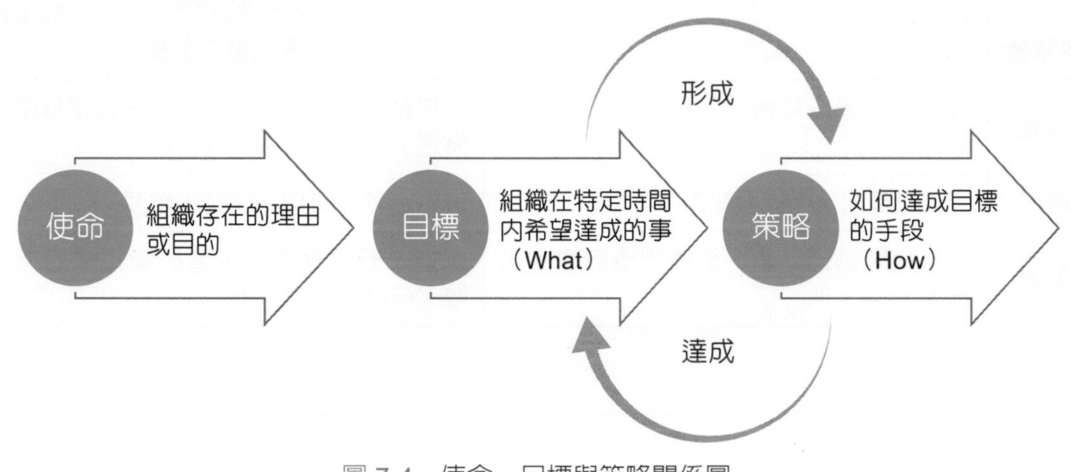

圖 7-4　使命、目標與策略關係圖

二、分析外部環境

做策略發展時，管理者要先評估組織外部環境，正面趨勢即可利用的外部「機會」（Opportunities），負面趨勢則是面臨的「威脅」（Threats）。透過外部環境分析，組織可了解外部環境的限制因素，以及可切入的市場利基，如圖 7-5。

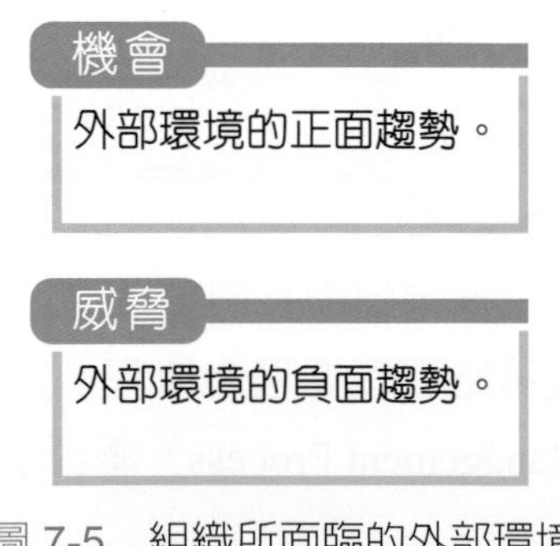

圖 7-5　組織所面臨的外部環境

三、分析內部資源

分析完外部環境後，還需檢視組織內部環境。與同產業中其他競爭對手相比，組織內部能力較強之處即爲「優勢」（Strengths），較弱之處則爲「劣勢」（Weaknesses），其涵義如圖 7-6。

優勢

組織內部所擁有的資源與能力，包含了有形與無形的資源。

劣勢

組織需要，但卻未擁有的資源或是與其他競爭對手比較，表現較差的部分。

圖 7-6　組織所面臨的內部環境

綜合企業內外部資源的總體分析，稱爲 SWOT 分析（SWOT Analysis），名稱取自優勢、劣勢、機會與威脅等四個詞的英文字首。企業分析的重點在於如何利用分析結果擬定經營策略。一般來說，企業可採取的策略共有四種：使用優勢並利用機會、利用機會來克服劣勢、使用優勢來克服威脅與改善劣勢來降低威脅，如圖 7-7。

	優勢（S）	劣勢（W）
機會（O）	S-O策略：使用優勢並利用機會	W-O策略：利用機會來克服劣勢
威脅（T）	S-T策略：使用優勢來克服威脅	W-T策略：改善劣勢來降低威脅

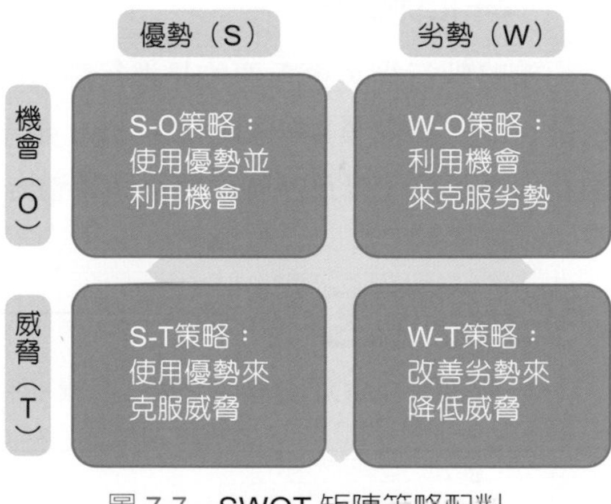

圖 7-7　SWOT 矩陣策略配對

SWOT 分析是一種謹愼思辨的過程，分析者不斷在收集資料和思考中得到可能的解決方案與制定後續策略。分析時須注意的地方，如圖 7-8。

目標

要做SWOT分析前必須要先有目標與比較基準，才能判斷哪些是優勢、劣勢、機會與威脅。是跟全國性連鎖的商店做比較，亦或跟附近的地區型商店做比較要先闡釋清楚。

未來性

SWOT分析的焦點並非短期，而是企業長期的未來。因此，分析者必須要思考長期可能會發生的機會與威脅及可以維持的優勢為何，以協助擬定高合適之策略。

動態概念

SWOT並非一次性的分析，而是應該要隨時間前進而作動態的調整。隨著時間的變遷，原本的優勢、劣勢、機會、威脅在未來可能都不再會是。

工具

SWOT分析是種工具，而非結果。在做完分析後，應該依據分析結果加入創新思維來訂定合適與有價值的策略。

圖 7-8　SWOT 分析注意事項

四、形成策略

完成內外部環境分析後，管理者根據前述的分析，開始擬定不同層級的策略，如公司總體策略、事業策略以及功能策略。

五、執行策略

策略形成後，下一步就是將策略化成行動，透過行動來協助組織達成目標。策略規劃出來後要能夠達到執行層面才有用，否則只是光說不練，無法協助組織達成目標。

六、評估結果

策略執行後，更重要的是進行評估與檢討，比較策略實際成效與標準，了解本次策略是否能夠有效幫助組織達成目標？如果成效與標準之間有明顯的差距，則必須思考原因爲何？該如何修正？提出修正與調整方案，作爲後續策略規劃調整基礎。

管理動動腦

請說明 SWOT 分析之意義，並舉一企業為例。

7-3 策略層級

傳統上，在策略分析與制定時，管理者會從三個層級思考。從最高層次往下分別爲：公司層級策略（Corporate-Level Strategy）、事業層級策略（Business-Level Strategy）與功能層級策略（Function-Level Strategy），如圖 7-9 與 7-10。

須注意的是，雖然策略之間有分層級，但在運作上，並不一定都是由上往下運作，有時是由下往上，彼此互動來達成目標。以下將針對不同層級做簡單的介紹，詳細的策略內涵與分析工具則分別在後續小節討論。

公司策略	公司策略是企業的整體策略，為策略層級中的最高層次。對於多個事業部企業來說，內容主要是包含決定企業未來整體的方向與目標、事業投資組合（Business Portfolio）、事業間關聯性的決定、事業部間的資源分配，以及各事業單位彼此間的發展與協調。
事業策略	事業層級策略是指公司層級下獨立的策略事業單位（Strategic Business Unit, SBU）各自的策略，通常由事業部的主管制定。策略事業單位是指單位間彼此獨立，有各自特定提供的產品或服務與目標顧客之事業體系。事業策略的制定必須要依照公司整體策略為基礎，並與其他的事業單位溝通協調，使策略間運作順暢，往整體目標邁進。一般而言，事業層級策略包含了策略定位、核心能力的創造、市場競爭策略、產品生命週期策略等。對於單一事業部的小型組織來說，事業層級策略通常就是公司層級策略。
功能策略	功能策略是各部門依據事業策略目標而執行的策略。當事業層級的策略被制定後，底下各部門就會去設計相關活動以支援事業單位層次的策略。功能策略通常可分為生產策略、行銷策略、人資策略、財務策略以及研究發展策略等。

圖 7-9　策略層級意涵

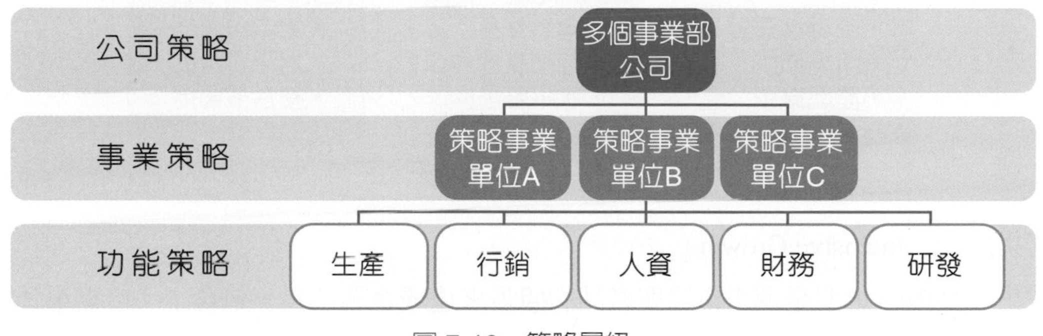

圖 7-10　策略層級

管理動動腦

請闡述公司策略、事業策略與功能策略之相異處及應用時機。

7-4 公司層級策略

本節將介紹公司層級策略的類型。公司層級策略是指一個企業中擁有多個事業部，經營範疇多於一個產品或市場時所考量之整體策略。一般而言，我們可將公司層級策略分為「成長策略」、「穩定策略」與「更新策略」。

一、公司層級策略類型

（一）成長策略（Growth Strategy）

成長策略指企業透過擴張產品數目或市場規模等方式，提升組織的營運範疇或市佔率。對企業來說，追求成長是重要的目標，如果沒有持續成長，只維持現狀，長期而言企業容易陷入困境中。一般來說，成長策略可分為「密集成長」、「整合成長」、「多角化成長」等方式，如圖 7-11。只要互相不排斥，企業可同時採取多種成長策略，以追求最大成長。對企業而言，要追求成長就要先了解企業所面臨之環境、時機與可成長的方式。以下將說明各種常用成長策略之定義、使用時機與例子。

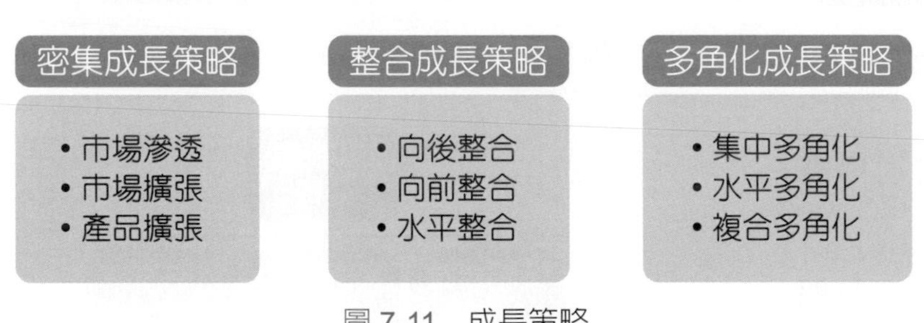

圖 7-11 成長策略

1. 密集成長（Intensive Growth）

密集成長策略主要是運用市場與產品的擴張來達成企業成長，包含了「市場滲透」、「市場擴張」與「產品擴張」三種方式，說明如圖 7-12 與表 7-2。

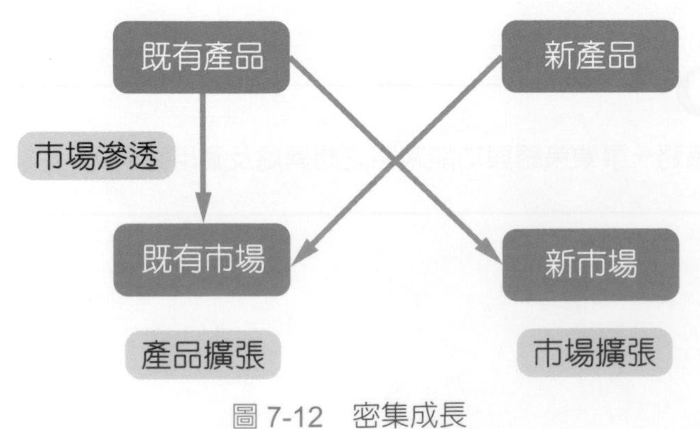

圖 7-12 密集成長

表 7-2　密集成長策略

策略	市場滲透（Market Penetration）	市場擴張（Market Expansion）	產品擴張（Product Expansion）
時機	當公司現有產品及市場都還有發展空間時，可採取市場滲透策略。	如果原先市場已飽和，或者其他市場可獲得更高的投資報酬率，企業可以透過市場擴張進入其他市場。	如果現有產品線的成長趨緩，或是看到新的產品機會，企業可使用產品擴張策略。
說明	企業並非透過開發新產品或新市場來成長，而是在現有的市場及既有產品線上追求市佔率的提高。	企業以現有的產品進入新的市場，增加銷售機會。	在現有的市場上，引進新產品線，或改良現有產品，增加銷售機會。
舉例	車商在原先車款加入智慧設備與自動駕駛，提升產品價值，藉此提升購買量。	速食產業在不同國家積極展店。	筆電廠商發展平板與手機商品。

2. 整合成長（Integrative Growth）

假如公司所屬的行業具有高發展潛力，可透過垂直與水平整合進行擴張，以增加利益。其中垂直整合又可分爲向後整合與向前整合。說明如圖 7-13 與表 7-3。

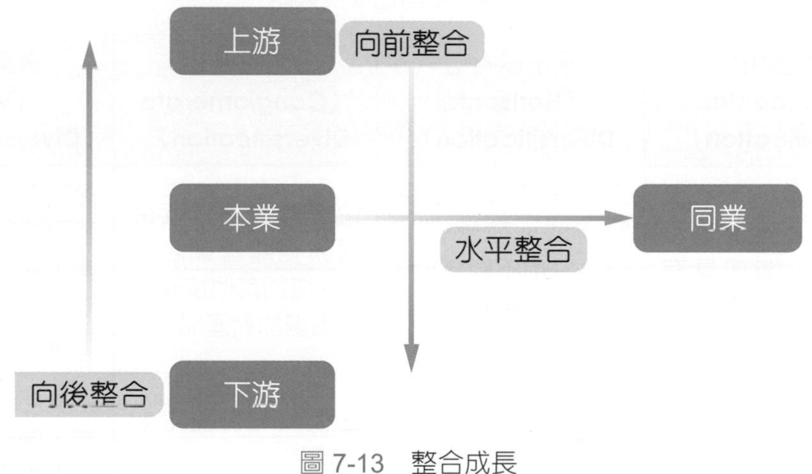

圖 7-13　整合成長

表 7-3　整合成長策略

策略	向後整合（Backward Integration）	向前整合（Forward Integration）	水平整合（Horizontal Integration）
時機	確保上游整合後可帶來經營上的競爭優勢，如確保原料品質、降低單位成本等。	確保下游整合後可帶來經營上的利益，如銷售通路之穩定性與增加資訊流通等。	確保同業整合後可擴展市佔率、產生規模經濟或範疇經濟，以降低成本，或提升議價力與服務能力。
說明	企業往產業上游進行擴張與整合。	企業往產業下游進行擴張與整合。	在相同的產業中整合競爭對手，接受對方之顧客。
舉例	電子公司併購關鍵零組件公司。	食品廠開展自有品牌之食品專賣店。	通路商間之併購。

3. 多角化成長（Diversification Growth）

假如企業所處之行業，並未有更多的獲利機會，企業可採取相關多角化與非相關多角化成長策略。其中，相關多角化包含了「集中多角化」；而非相關多角化涵蓋了「水平多角化」、「複合多角化」與「垂直多角化」。多角化策略可為企業增加企業價值、分散經營風險，以及創造綜效，如表 7-4。

表 7-4　多角化成長策略

策略	集中多角化（Concentric Diversification）	水平多角化（Horizontal Diversification）	複合多角化（Conglomerate Diversification）	垂直多角化（Vertical Diversification）
說明	企業透過設立或併購方式，在現有產品線上，增加具有共同技術或市場的新產品。	企業透過設立或併購方式，在原有的市場採用不同技術，跨行業發展新產品，以滿足新的需求。	企業透過設立或併購非相關產業之公司，增加其他技術，或市場的新產品。	企業在其現有的產品或服務領域，向上或向下擴展，以擴大其市場範圍或增加其價值鏈的不同環節。
舉例	水餃店面設立冷凍水餃事業。	咖啡廠商併購茶類公司。	面板公司併購電信公司。	生產和銷售鞋子的公司，開設零售店鋪為向下垂直多角化。

（二）穩定策略（Stability Strategy）

穩定策略是企業維持現狀而不求改變，只求固守原先市場之策略。企業通常會持續維持提供現有產品或勞務給顧客，專注在本業經營，目標是維持現有的市占率與相同的報酬率等。穩定策略一般適用於內外部環境相當穩定的企業，或者追求長期獲利穩定的小企業。如筆電公司專注在本業經營，而不尋求進入其他平板或桌電電腦領域。

（三）更新策略（Renewal Strategy）

通常，企業在績效下降或產業環境不佳時，需要發展新的策略以做調整及因應，希望透過更新策略來改善現有的問題。更新策略可分爲「緊縮策略」與「轉型策略」，如表 7-5。

表 7-5 更新策略

策略	緊縮策略（Retrenchment Strategy）	轉型策略（Turnaround Strategy）
時機	績效下降，但尚未達到嚴重情況時。	績效大幅下降或虧損，並非短期緊縮策略可解決時。
涵義	緊縮策略屬於短期策略，主要目標是降低營運成本與提升效率。如裁減人員或減少產品勞務等方式。	大幅度改革，企業的業務或結構設計，以縮減預算，維持生存之條件。
舉例	疫情嚴峻與法規限制，旅遊業資遣三分之二的員工。	區域型補習班不敵少子化大環境趨勢，學生人數銳減，便將所有資源改做線上教學，以拓展客群與減少支出。

時事講堂

金融業數位轉型─台新銀行 Richart

台新銀行總經理發現銀行客層年齡層較大，為了要吸引 25-40 歲年輕客群的加入與使用，台新銀行於 2015 年開始著手於發展數位金融，開發了子品牌 Richart。團隊內的成員都低於 40 歲以下，了解年輕人的市場與思考。

團隊首先發現年輕人不愛用銀行轉帳，主要是帳戶號碼難記。於是 Richart 推出只要有對方手機號碼，即可直接轉帳的「任意轉」。另外，他們實行減法策略，將 app 介面變簡潔與操作流程簡化，把「常用的往前推，不常用的往內縮」，例如將餘額直接放在首頁，一目瞭然，方便年輕人使用。不只減法，團隊更想出了以「趣味」概念出發的存錢方式。Richart 融入「豬公」概念，將錢隨機存入，用戶要打破才知道餘額，讓存錢變得更有趣。

團隊每兩週就更新一次版本，推出新功能，同時回頭優化舊功能。經過幾年的研發與改善，Richart 穩坐數位帳戶之王，平均每 6 個 25 至 40 歲的年輕人裡，就有一個是 Richart 用戶。

影片連結

資料來源：李若雯（2021），「app 也要斷捨離　為何每 6 個年輕人就有 1 個是 Richart 用戶？」，天下雜誌，715 期。

二、公司層級策略分析工具

公司層級的策略，主要目標在於有效分配資源於多個策略事業單位，並整合各事業單位的利益，以創造優勢。如何分配資源，就必須了解公司層級的策略分析工具。以下將介紹不同的分析工具：BCG 矩陣、GE 矩陣與生命週期模式。

（一）BCG 矩陣（BCG Matrix）

BCG 矩陣是由美國波士頓顧問群（Boston Consulting Group）所提出的架構，用以幫助企業管理不同的事業體。BCG 矩陣可用來決定企業資源的最適分配，以決定要積極發展或支援哪些策略事業單位？該維持哪些事業單位穩定經營？或是該裁撤哪些事業單位？

該矩陣是由「預期市場成長率」（縱軸）與「市場佔有率」（橫軸）兩構面所組成，並依此將企業中所有的策略事業單位分爲四大類：「問題事業」、「明星事業」、「金牛事業」與「落水狗事業」。在劃分成四個事業群後，企業可針對不同事業群採行不同策略，如圖 7-14 與表 7-6。

圖 7-14　BCG 矩陣

表 7-6　BCG 矩陣涵義與對應策略

類型	涵義	策略
問題事業（Question Marks）	問題事業的特點是市場佔有率低、市場成長率高，未來情況不明。由於後續有機會變成明星事業或落水狗事業，問題事業是企業內風險較高的策略事業單位。	問題事業可採取建立（Build）策略，保留可成為明星事業的公司，透過增加投資支出提高市場佔有率；並將剩餘的公司出售。
明星事業（Stars）	明星事業的特點是市場佔有率高、市場成長率高。明星事業能夠產生大量現金流，對公司獲利有很大的貢獻，但相對的成本支出也很可觀。當市場飽和，明星事業便會轉為金牛事業。	明星事業可採取建立（Build）策略，也就是投入金牛事業獲得的資金，來維持高市場佔有率。
金牛事業（Cash Cows）	金牛事業的特點是市場佔有率高、市場成長率低。金牛事業在市場中處於穩定狀態，可以持續為企業帶來大量現金流，但相對未來的成長幅度則有限。如果無法維持其競爭優勢，後續則會變成為落水狗事業。	可減少投資金牛事業，並將其獲利最大化，獲得的資金可用以投資明星事業與問題事業。
落水狗事業（Dogs）	落水狗事業的特點是市場佔有率低、市場成長率低，已進入衰退期。此類事業能產生的現金很少，亦不需要更多的現金投入，但績效不佳，是企業中最差的事業體系。	落水狗事業可採取收割或撤資策略，也就是減少投資支出，甚至將事業單位出售或清算，剩下的現金用來投資問題事業，輔助其成長。

（二）GE 矩陣

GE 矩陣是美國奇異公司（GE）於 70 年代所創立之模式，其主要運作方式，是對企業中每個事業單位進行評估，並決定各個策略事業單位的投資組合。詳細模式說明，如表 7-7 與圖 7-15。

表 7-7　GE 矩陣之說明與策略

背景	美國奇異公司（GE）於 70 年代創立。	
涵義	對企業中的每個事業單位進行評估，並決定各個策略事業單位的投資組合。評估結果，將所有事業單位分成三區塊、九方格，各方格有不同策略可採行。	
構面	行業吸引力	包含了相對市佔率、市場增長率、買方增長率、產品差別化、生產技術、生產能力與管理水準等指標。
	公司競爭力	包含了產業增長率、市場價格、市場規模、市場結構、競爭結構與獲利能力等指標。
策略	成長策略	行業吸引力高與公司競爭力強時，適用於成長策略。
	選擇性投資	行業吸引力中與公司競爭力中等時，適用於選擇性投資策略。
	收割或退出	行業吸引力低與公司競爭力弱時，應採用收割或退出策略。
與 BCG 之比較	GE 矩陣設計的目的，主要是為了改善 BCG 矩陣缺點。GE 矩陣用「行業吸引力」代替 BCG 矩陣的「市場成長率」、用「公司競爭力」代替「市場佔有率」。另外，BCG 矩陣只有四個象限，GE 矩陣則有九個象限，在分析上可更精確。	

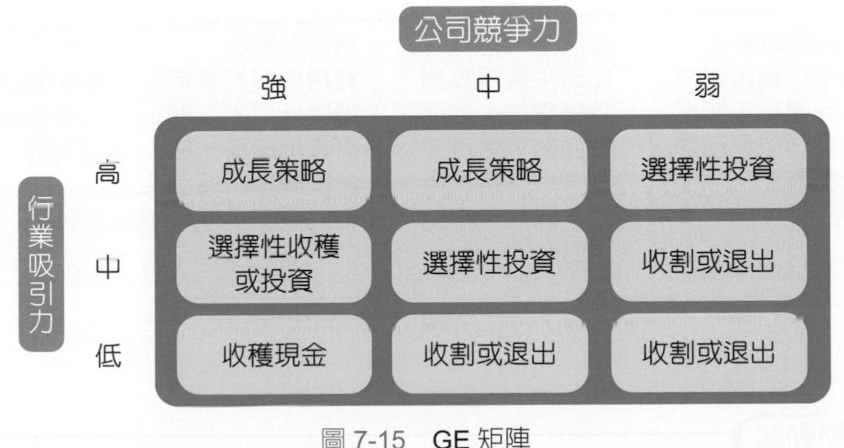

圖 7-15　GE 矩陣

（三）企業生命週期模式（Corporate Life Cycle）

企業生命週期模式由美國 ADL（Arthur D. Little）顧問公司提出，如同生命的生老病死一般，公司是有其隸屬時間軸之變化。各事業體可依時間，將生命週期區分為「萌芽期」、「成長期」、「成熟期」與「衰退期」。每個期間都有其特色與對應之策略，可與前述 BCG 矩陣相對應。生命週期每一階段對於企業策略有不同之意涵，如圖 7-16。

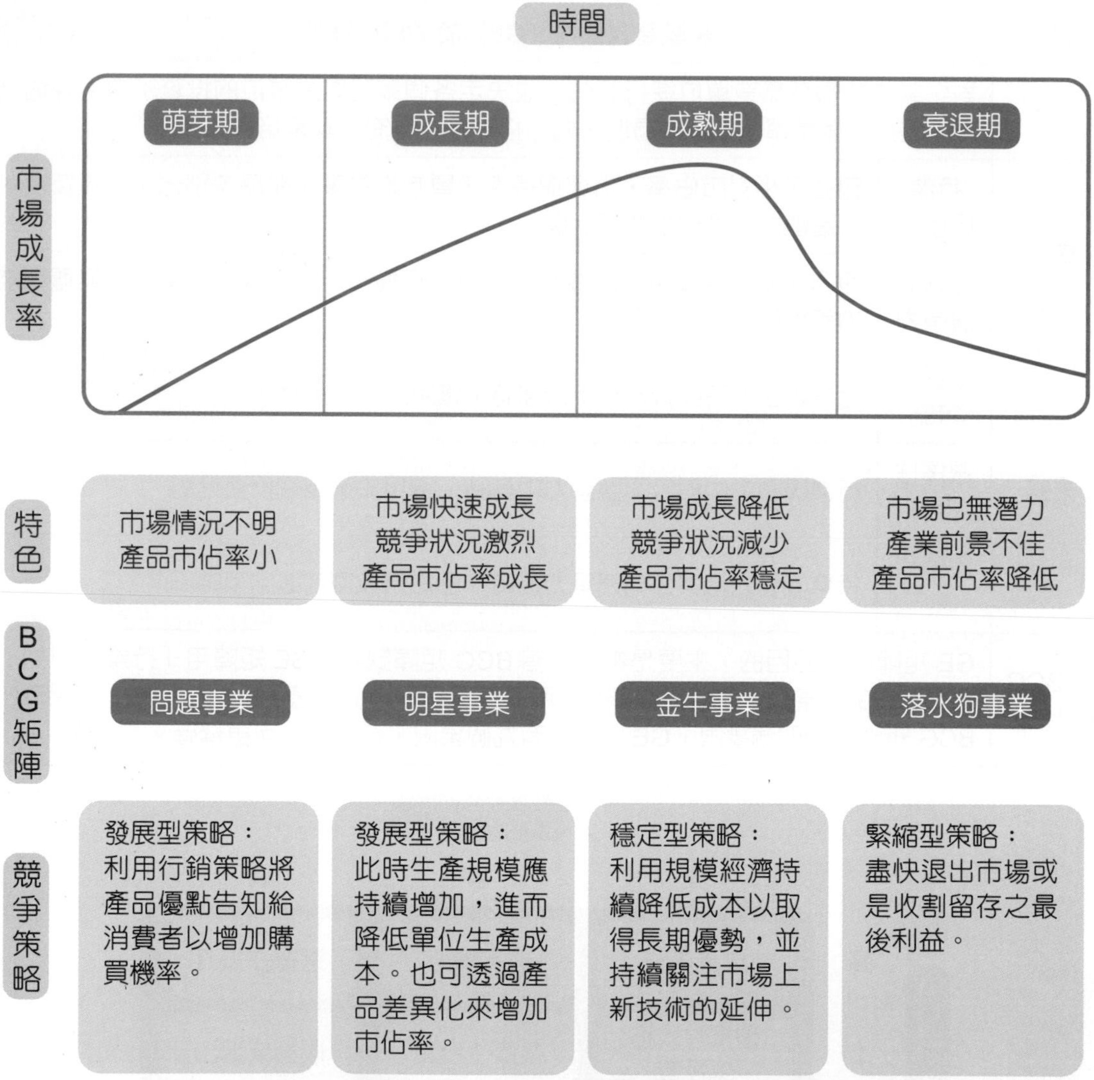
時間
萌芽期
成長期
成熟期
衰退期
市場成長率
特色
市場情況不明
產品市佔率小
市場快速成長
競爭狀況激烈
產品市佔率成長
市場成長降低
競爭狀況減少
產品市佔率穩定
市場已無潛力
產業前景不佳
產品市佔率降低
BCG矩陣
問題事業
明星事業
金牛事業
落水狗事業
競爭策略
發展型策略：
利用行銷策略將產品優點告知給消費者以增加購買機率。
發展型策略：
此時生產規模應持續增加，進而降低單位生產成本。也可透過產品差異化來增加市佔率。
穩定型策略：
利用規模經濟持續降低成本以取得長期優勢，並持續關注市場上新技術的延伸。
緊縮型策略：
盡快退出市場或是收割留存之最後利益。

圖 7-16　企業生命週期模式

管理動動腦

何謂 BCG 矩陣？何謂 GE 矩陣？何謂企業生命週期模式？請將此三個策略工具做比較，並簡述其異同。

7-5 事業策略

一、事業層級策略分析工具

（一）外部分析—五力分析

企業管理者在擬定事業單位策略時，必須思考企業要如何與產業中的其他公司競爭，這時要先了解自身所處的外部與內部環境。因此，我們在這先介紹產業外部分析常用的工具——五力分析（Five Forces Analysis）。

五力分析是麥克・波特（Michael Porter）於 1980 年在其《競爭策略》一書中所提出的分析模式，此模型藉由探討影響產業吸引力與獲利力的五種力量，來幫助管理者決定企業合適的競爭策略。這五種力量分別為：「供應商的議價能力」、「購買者的議價能力」、「現存競爭者的威脅」、「新進入者的威脅」以及「替代品的威脅」，如圖 7-17 與表 7-8。

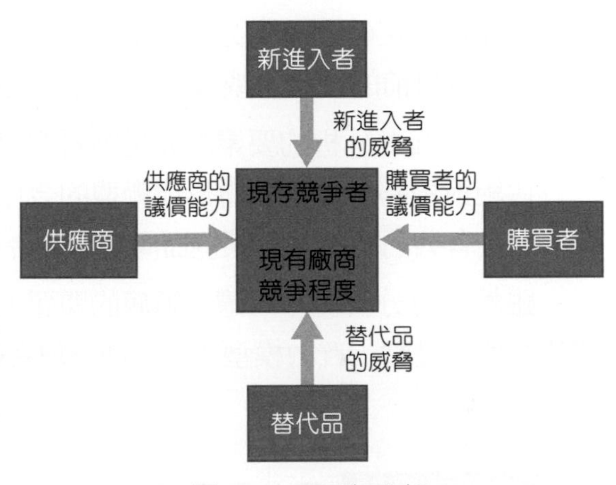

圖 7-17　五力分析

表 7-8　五力分析

因素	涵義	舉例
供應商的議價能力（Bargaining Power of Suppliers）	如果供應商供應的原物料有很大的獨特性與差異性，或是買方轉換成本很高時，供應商的議價能力比較高，可以索取較高的價格。	高階鏡頭廠商大立光，在鏡頭產業中由於產品品質佳、技術先進、良率高，競爭對手少，對於高階手機廠商的議價能力較高。
購買者的議價能力（Bargaining Power of Buyers）	當購買者購買的數量夠大、買方有許多替代品可使用，或是買方的轉換成本不高時，買方會有較大的議價能力，也會藉此壓低產品的價格。	統一集團進貨量大，與上游的議價能力高，獲利空間大。
現存競爭者的威脅（Intensity of Competitive Rivalry）	產業內現存競爭者的競爭程度會直接影響產品的價格。產業內的競爭密度愈大、競爭者品牌知名度愈高、經營時間愈久，或是提供顧客附加價值愈高的廠商，愈有威脅。	在手搖飲產業中，由於現存同業的競爭密度太大，連鎖品牌衆多，因此需要時常推出新品與特價來吸引顧客上門。

因素	涵義	舉例
新進入者的威脅（Threat of New Entrants）	新競爭者進入某一產業的難易度。新進入者進入產業，會影響原有企業的獲利。假使產業進入障礙高，則愈不容易出現新進入者，威脅就愈低。	服飾業由於門檻低，加上獲利空間大，常面臨新品牌的威脅，業者必須要在產品上強調差異化，或是壓低價格以求生存。
替代品的威脅（Threat of Substitute Products or Services）	企業產品被其他競爭者替代的難易度。替代品會限制公司在產業中能夠訂定的價格上限。假使替代品替代性高或是價格較低，威脅就會較大。	電動車由於環保與省錢，近幾年已成為車市中的新寵兒。對於傳統車商已造成一定的威脅。

五力分析是一般產業分析中常用之模型，但是在使用上，需要考慮以下兩點。首先，許多人僅在特定時間點做分析，未考慮長期的時間因素與動態的過程。如果將時間因素列入，許多目前的競爭者或替代品的因素就會不同，因此必須要將時間因素列入考量。

另外，五力分析的要素並非是絕對的對立面。在討論彼此的議價力時，不一定只有一方佔絕對優勢，有可能會形成聯盟的合作。亦或現存競爭者與替代品彼此是競合的概念。在具有共同利益下，某些面向是彼此合作，創造雙贏。

雖然五力分析有不少遭人詬病的問題，但仍是一個很好的工具，提供管理者決定營運時的切入重點。五力模型可以協助管理者確認該使用何種競爭策略讓獲利提高。

管理便利貼　五力分析之缺點

五力分析一直以來有許多爭議，許多學者認為該模型更像是一種理論思考工具，而非可以實際操作的戰略工具。

原因是因為該模型的理論是建立在以下三個假設之上。但在實務上，這些假設並不容易達成。

1. 模型的制定者需要了解整個行業的動態和資訊。但在現實當中很難知道所有產業的訊息。
2. 模型裡面指的同行業之間只有競爭關係，沒有合作關係。可是現實中企業之間是競合關係，不單單只有競爭關係。
3. 模型假設行業的規模是固定的。要獲取更大的資源與市場只能通過奪取對手的市佔率此一方式。但現實中企業之間不只可以吃掉對手，也可以透過與對手合作來獲取更大的利潤，或是可以通過不斷的開發市場和產品創新來增加市佔率。

資料來源：MBA 智庫，波特五力分析模型。

（二）內部環境分析

1. 價值鏈分析

策略事業單位要獲利，除了要了解自身在產業中的地位外，更重要的是要發展競爭者難以模仿的核心競爭優勢（Core Competencies）。由於每個企業有各自獨特之核心能力，在同一個產業中，不同的企業面臨同樣的環境時，擬定的策略與回應都不盡相同。

價值鏈分析（Value Chain Analysis）可幫助公司，找到內部有何獨特且難以模仿之核心能力與競爭優勢。其理論意涵，如表 7-9 與圖 7-18。

表 7-9　價值鏈分析涵義與構面

背景	價值鏈分析由麥克．波特（Michael Porter）於 1980 年在其《競爭優勢》一書中所提出。		
涵義	價值鏈是指企業提供給顧客最終的產品與服務中，所創造一連串的價值活動（Value Activities），並透過這些價值活動創造出企業的利潤。經過內部的價值活動分析，企業可檢視真正創造價值與無法創造價值的活動。可為公司創造價值的活動必須增強並投入更多資源；而無法創造價值的活動需要進一步改善。 企業需了解比起同產業的其他公司，本身的競爭優勢與核心能力的來源，以實施低成本或差異化策略。這些價值會反映在消費者願意付出購買產品或服務的價格上，形成企業的獲利。		
構面	主要活動：實體產品的生產、銷售，以及配送給顧客的活動	進料後勤（Inbound Logistics）	與進料相關之活動，包含原物料的運輸、倉儲、存貨與控制等活動。
		生產作業（Operations）	將原物料轉化成最終產品的活動，包含機械製造、包裝、組裝、設備維護、檢測等活動。
		出貨後勤（Outbound Logistics）	將最終產品配送至賣方的所有相關活動，包含集中、儲存與運送等活動。
		行銷與銷售（Marketing and Sales）	傳遞產品訊息及引導買方的所有相關活動，包含廣告、促銷活動、選擇合適的配銷通路以及雇用合適的銷售人員等。
		售後服務（Service）	為了增加或維持產品價值，公司投入的所有相關活動，包含了安裝、維修以及培訓等活動。
	支援活動：支援主要活動的其他活動	公司的基礎建設（Firm Infrastructure）	包含了一般管理、規劃、財務、會計、法律，以及其他支援整個價值鏈運作的行政活動等。
		人力資源管理（Human Resource Management）	招募、雇用、訓練、留才與薪資給付等相關活動。
		技術發展（Technology Development）	與改善和提升公司的產品及流程有關的活動，包括流程設備設計、基礎研究與產品提升、服務程序設計等。
		採購作業（Procurement）	購買投入企業價值鏈活動的產品，包括原物料與補給品，以及實體資產，如機器、辦公設備、實驗設備與建築設施等。

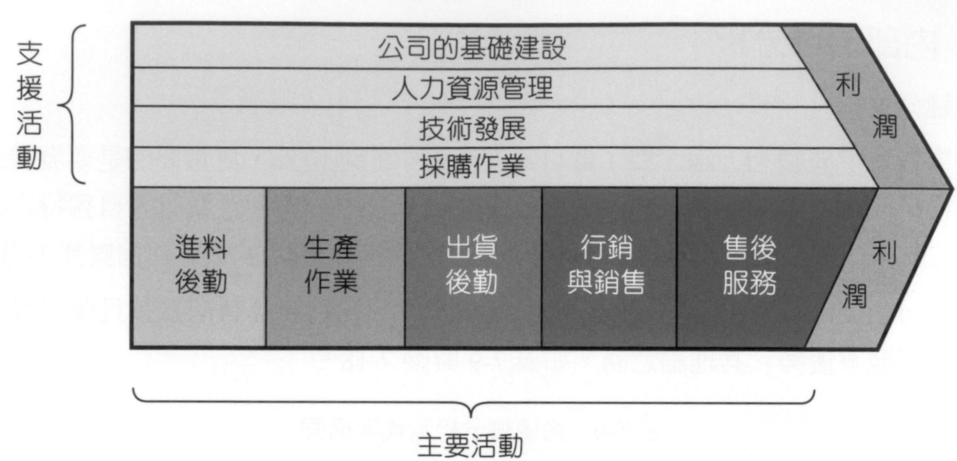

圖 7-18　價值鏈活動

2. 核心競爭能力

如同前述所說，價值鏈分析主要是要找出與其他競爭對手相較，企業內部具有優勢的核心競爭能力。核心競爭能力通常是企業內獨特的資源（Resources）與能力（Capabilities），資源是指企業有形與無形的資源；能力則是協調整合這些資源，使其運用至生產力的能力。通常這些資源與能力很難被競爭者模仿，且能讓顧客認同。核心能力一旦形成，就能成爲其他企業的進入障礙，並爲公司賺取超過同業的超額利潤。

進一步說明，企業如果要分析自身的核心競爭能力可透過以下步驟，如圖 7-19。透過分析核心競爭力，企業可了解各策略事業單位在該產業中的競爭優勢，進而規劃不同的策略，如「成本領導策略」、「差異化策略」與「集中化策略」等。策略類型之說明則於下部分介紹。

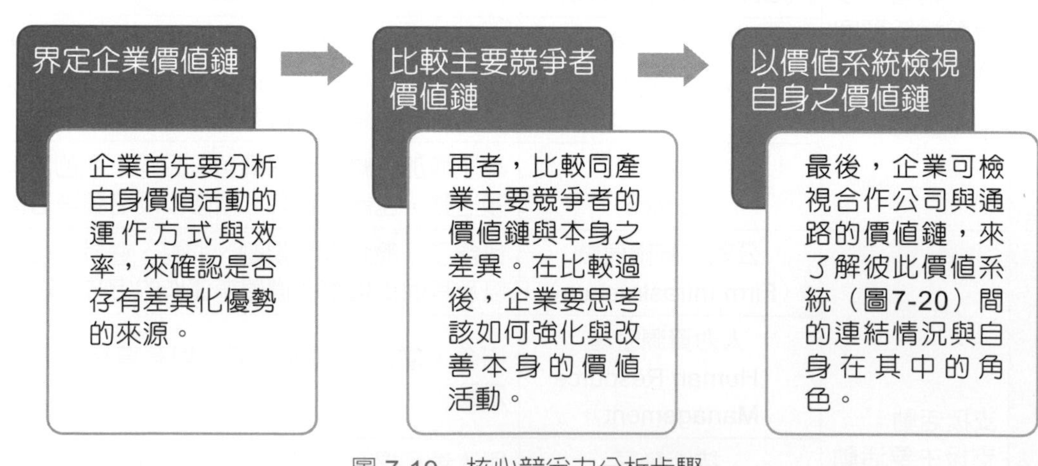

圖 7-19　核心競爭力分析步驟

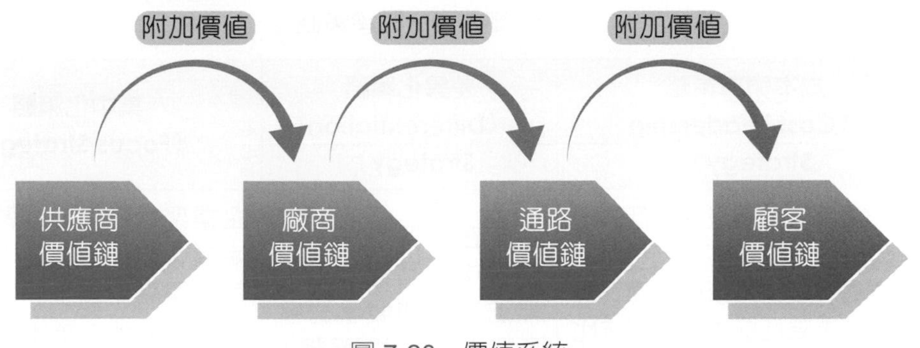

圖 7-20　價值系統

二、事業層級策略類型

在做過五力分析與價值鏈分析後，了解企業本身在環境中所處的地位與競爭優勢後，事業單位可以根據分析結果採取三種競爭策略。根據策略大師麥克•波特（Michael Porter）所說，企業主要有三種競爭策略：「成本領導策略」、「差異化策略」與「集中化策略」。其中，集中化策略又可分爲低成本集中與差異化集中，如圖 7-21。策略涵義，如表 7-10。

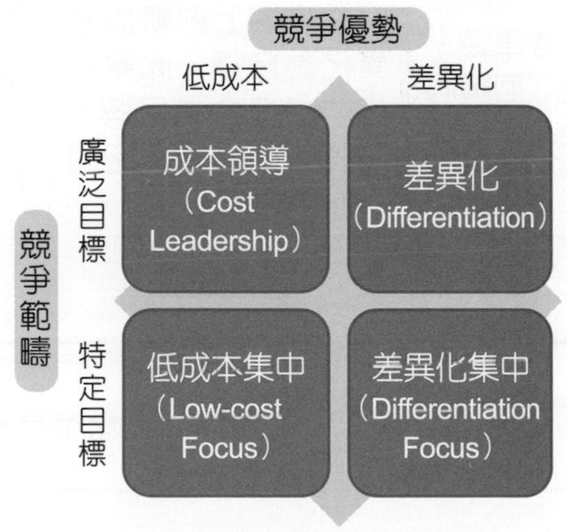

圖 7-21　事業層級競爭策略

資料來源：Michael Porter，"The Five Competitive Forces That Shape Strategy." *Harvard Business Review*, January 2008.

表 7-10　事業層級競爭策略

策略型態	成本領導策略（Cost Leadership Strategy）	差異化策略（Differentiation Strategy）	集中化策略（Focus Strategy）
涵義	成本領導策略即是提供低價的產品與服務給顧客。公司可透過達成規模經濟或與供應商長期合作來降低成本，想辦法比競爭者提供更低的價格。	企業在市場中提供顧客心中具有獨特性、無法被其他競爭對手所取代的產品與服務。	企業聚焦特定地理區域、特定顧客類型、配銷通路或特定的產品型態來採取低成本策略（低成本集中）或差異化策略（差異化集中）。
方式	當公司的產品無法與競爭者產生差異，或是顧客無法察覺差異性時，可藉由降低產品價格的競爭策略取得優勢。 但是低價策略最後很容易導致所有的企業都無法獲利。企業如想要使用低價策略，需要有更精確的評估。	公司可透過提供差異化產品或服務來與顧客索取較市場平均高的價格，增高獲利空間，達到公司獲取競爭優勢的基礎。	公司可選擇競爭者忽視的市場來集中經營，達到市場區隔。對這些尚未被服務的顧客採取低成本或差異化的策略，通常可獲得不錯的獲利。
舉例	全聯福利中心強調沒有明顯的招牌、寬敞的走道與停車場，所有省下的錢都是為了回饋消費者便宜的商品價錢。充分體現全聯成本領導的競爭策略。	蘋果公司的產品就是以在市場上創新與差異化為目標。此舉也成功打造企業品牌，並將售價與利潤空間大幅度的提高。	路易莎咖啡避開精華區展店，改到大學周邊去開店。定價改採平價策略，以此培養更多死忠顧客。成為近年來成長最快的連鎖咖啡品牌。

管理動動腦

何謂核心競爭能力？與價值鏈有何關係，試舉一企業來說明。

串流影音平臺—Netflix 與 Disney+ 之營利策略

近年來疫情期間，許多國家的人口選擇待在家不出門，串流影音便成為最受歡迎的娛樂之一。其中，最為大眾所熟知的兩大平臺，Netflix 與 Disney+ 彼此在爭奪全球影音串流服務的龍頭地位，但是兩家企業的經營策略卻截然不同。以下我們將從營收與內容兩構面來了解兩大平臺的策略模式。

從營收面來看，Netflix 的策略主要是靠影音內容盈利，因此訂閱數多寡與其營收高度相關，訂閱數持續成長與每個訂閱戶賺取的平均收入成為主要的目標。但訂閱戶總有其極限，如 2022 年第一與第二季就出現了訂閱數衰退，獲利減少。為了避免營收減少，訂閱數不僅不能減少，Netflix 更決定在 2023 年將策略切入廣告市場，開始推廣廣告訂閱方案，推出了「Basic with Ads」的廣告方案，提供品牌根據地區與節目類別鎖定投放的廣告服務。計畫每小時安插 4 分鐘的廣告，出現時機將落在「節目開始前」與「影片播放中期」，以每月 6.99 美元，推出串流影音訂閱最低價，期待以量制價。廣告不僅可讓 Netflix 有繼續提升訂閱數的動能，同時也減少 Netflix 一直調升價格以應付製作成本的壓力。

而迪士尼原本就是從電影製作與遊樂園起家，旗下更擁有授權商品這隻金雞母，因此相較於 Netflix 營收只有來自於訂閱數，迪士尼的獲利方式更多元。換句話說，對迪士尼而言，Disney+ 的訂閱戶增長在於消費者購買迪士尼背後的「夢想」。迪士尼的串流平臺策略是將頻道內容併入類似 Hulu 聯播網的整合型服務，或與 ESPN+ 共同訂閱，藉由與其他影音服務共創訂閱成長效應，與 Netflix 單一訂閱平臺的服務截然不同。透過聯合的方式雖然能讓訂閱數大幅增長，但需要與其他服務分潤，導致訂閱服務的獲利大幅降低。因此，即使 Disney+ 訂閱數超過 Netflix，但如果要獲得足以盈利的人數，預估至少需要比現在多 1 倍的訂閱戶。

與 Netflix 相同，廣告訂閱方案也是能夠增加更多訂戶數的方式。Disney+ 廣告方案「Disney Plus Basic」為每月 7.99 美元，同時調漲無廣告方案至每月 10.99 美元，同樣將以「每小時 4 分鐘」的頻率投放廣告，秒數有 15 秒、30 秒兩種規格。但相對來說，迪士尼的成本壓力較低。以美國來說，迪士尼訂閱費用還比 Netflix 貴 1 美元，也沒有處理多人共用帳號之急需性。除了廣告業務外，Disney+ 也正全力開發一個新的會員方案，整合迪士尼旗下的商品，包含遊樂園、郵輪、影視製作、串流影音與周邊商品、創作內容與服務體驗，進行全管道跨域銷售，希冀將串流影音融入現有的會員制度，同時將整合會員資料，採取提供現有用戶更優質與客製化的服務來提高價格、增加營收。

因此，從 Netflix 與 Disney+ 的營收策略可以發現，隨著訂閱戶成長逐漸飽和，串流影音平臺皆面臨營收的天花板，兩大平臺皆於 2022 年末推出廣告計畫，採取「訂閱制營收（SVOD）」混合「廣告收費（AVOD）」的策略模式。過去以向平臺用戶收取訂閱費用作為收入基礎的串流服務，將逐漸轉型成訂閱與廣告盈利並存的商業模式。

資料來源：1. Dindo Lin（2022），「串流之戰》為什麼 Netflix 全力拚訂閱戶成長、Disney+ 虧錢也沒差？」，商業週刊。
2. tobey（2022），「比完訂戶數之後，下個戰場是廣告！ Netflix 與 Disney+ 誰將勝出？」，數位時代。

圖片來源：Netflix、Disney Facebook。

重點摘要

1. 策略管理之定義：策略管理是為了達成組織目標而採取的全面及整合的行動集合，不僅涵蓋基本的管理功能，也包含一系列策略管理程序。可透過策略管理，組織了解自身的優劣勢與核心能力，決定組織在產業中的定位與價值，以及面對競爭對手的因應方案，達成長期績效。
2. 策略的特性與形成要素：
   (1) 先了解組織生存的目的與社會需求為何。
   (2) 組織在做策略規劃時，必須同時評估外部環境的影響與內部能力，以發掘未來可能遭遇的問題，並及早準備。
   (3) 最後的策略選擇過程，會受到組織文化與策略制定者的價值觀與喜好影響。
3. 策略管理與一般管理：

	策略管理	一般管理
決策者	高階主管	各階層之主管
涵義	主要是為達成某種特定目的所採取之資源調配方式。	是規劃、組織、領導、控制等管理程序的展現，目的為達成組織目標。
時程	可分為長期、中期與短期。	無特定管理時程，隨時都需要。
影響	如果策略管理不當，影響組織目標成敗甚大。	如果一般管理不當，會影響組織目標成敗，但尚有彌補之機會。

4. 策略管理程序：策略管理程序涵蓋六個步驟，分別為定義組織使命與目標、分析外部環境（機會、威脅）、分析內部資源（優勢、劣勢）、形成策略、執行策略與評估結果。
5. SWOT 分析：綜合企業內外部資源的總體分析，稱為 SWOT 分析，名稱取自優勢、劣勢、機會與威脅等四個詞的英文字首。企業分析的重點在於，如何利用分析結果擬定經營策略。一般來說，企業可採取的策略共有四種：使用優勢並利用機會、利用機會來克服劣勢、使用優勢來克服威脅與改善劣勢來降低威脅。
6. 策略層級：在策略分析與制定時，管理者會從三個層級思考。從最高層次往下分別為公司層級策略、事業層級策略與功能層級策略。

7. 公司層級策略類型：

成長策略	密集成長策略	市場滲透、市場擴張、產品擴張
	整合成長策略	向後整合、向前整合、水平整合
	多角化成長策略	集中多角化、水平多角化、複合多角化、垂直多角化
穩定策略	穩定策略是企業維持現狀而不求改變，只求固守原先市場之策略。企業通常會持續維持提供現有產品或勞務給顧客，專注在本業經營，目標是維持現有的市占率與相同的報酬率等。	
更新策略	緊縮策略	緊縮策略屬於短期策略，主要目標是降低營運成本與提升效率。
	轉型策略	將企業的業務或結構設計做大幅度的改革以縮減預算，維持持續生存之條件。

8. 公司層級策略分析工具：

項目	概念
BCG 矩陣	BCG 矩陣是由美國波士頓顧問群提出的架構，用以幫助企業管理不同的事業體。該矩陣是由「預期市場成長率」（縱軸）與「市場佔有率」（橫軸）兩構面所組成，並依此將企業中所有的策略事業單位分為四大類：「問題事業」、「明星事業」、「金牛事業」與「落水狗事業」。在劃分成四個事業群後，企業可針對不同事業群採行不同策略。
GE 矩陣	GE 矩陣是美國奇異公司於 70 年代所創立之模式。對企業中每個事業單位進行評估，並決定各個策略事業單位的投資組合。評估結果，將所有事業單位分成三區塊、九方格，各方格有不同策略可採行。
企業生命週期模式	企業生命週期模式由美國 ADL 顧問公司提出，如同生命的生老病死一般，公司是有其隸屬時間軸之變化。各事業體可依時間，將生命週期區分為「萌芽期」、「成長期」、「成熟期」與「衰退期」。每個期間都有其特色與對應之策略。

9. 事業層級策略分析工具：

項目	概念
五力分析	五力分析是麥克•波特提出的分析模式，此模型藉由探討影響產業吸引力與獲利力的五種力量，來幫助管理者決定企業合適的競爭策略。這五種力量分別為：「供應商的議價能力」、「顧客的議價能力」、「現存競爭者的威脅」、「新進入者的威脅」以及「替代品的威脅」。

項目	概念
價值鏈分析	價值鏈是指企業提供給顧客最終的產品與服務中，所創造一連串的價值活動，並透過這些價值活動創造出企業的利潤。經過內部的價值活動分析，企業可檢視真正創造價值與無法創造價值的活動。可為公司創造價值的活動必須增強並投入更多資源；而無法創造價值的活動需要進一步改善。
核心競爭能力	核心競爭能力通常是企業內獨特的資源與能力，很難被競爭者模仿，且能讓顧客認同。核心能力一旦形成，就能成為其他企業的進入障礙，並為公司賺取超過同業的超額利潤。

10.事業層級策略類型：

<table>
<tr><th>類型</th><th colspan="2">說明</th></tr>
<tr><td>成本領導策略</td><td colspan="2">成本領導策略即是提供低價的產品與服務給顧客。公司可透過達成規模經濟或與供應商長期合作來降低成本，想辦法提供比競爭者更低的價格。</td></tr>
<tr><td>差異化策略</td><td colspan="2">企業在市場中提供顧客心中具有獨特性、無法被其他競爭對手所取代的產品與服務。</td></tr>
<tr><td rowspan="2">集中化策略</td><td>成本集中化</td><td rowspan="2">企業聚焦特定地理區域、特定顧客類型、配銷通路或特定的產品型態來採取低成本策略（低成本集中）或差異化策略（差異化集中）。</td></tr>
<tr><td>差異集中化</td></tr>
</table>

本章習題

一、選擇題

(　　) 1. 以下關於策略特性與形成要素的描述，何者爲非？ (A) 策略是爲求達成某種特定目的所採取的手段 (B) 策略是與環境互動之結果 (C) 策略的選擇會受到制定者的價值觀影響 (D) 策略是一種作業性、短期性的計畫。

(　　) 2. 以下關於策略管理與一般管理的描述，何者正確？ (A) 策略管理與一般管理的決策者爲各階層主管 (B) 一般管理之時程可分爲長期、中期與短期 (C) 策略管理如果不當對組織目標成敗影響大 (D) 策略管理是規劃、組織、領導、控制等管理程序的展現，藉此達成組織目標。

(　　) 3. 以下關於策略管理程序的順序，何者正確？ (A) 定義使命與目標→環境分析→評估結果→執行策略 (B) 定義使命與目標→環境分析→執行策略→評估結果 (C) 環境分析→評估結果→形成策略→執行策略 (D) 環境分析→形成策略→評估結果→執行策略。

(　　) 4. 品冠在做策略規劃時，分析了公司的 SWOT 分析，請問他是在策略管理程序中的哪個步驟？ (A) 環境分析 (B) 定義使命與目標 (C) 形成策略 (D) 評估結果。

(　　) 5. 關於「使命、目標及策略」三者間的描述，以下何者正確？ (A) 策略是組織在特定時間內希望達成的事 (B) 使命是描述組織存在的理由或目的 (C) 目標探討的是 How 的議題，策略則是有關 What 的議題 (D) 一般而言，公司會先有策略，才發展出特定的目標。

(　　) 6. 下列有關於「SWOT 分析」的描述，何者有誤？ (A) 針對組織內外部的優勢、劣勢、機會與威脅進行分析 (B) 威脅是指組織所面臨之不利的環境趨勢 (C) 機會與威脅是組織內部分析，優勢及劣勢則與外部分析有關 (D) 在進行 SWOT 分析前，應先說明比較的基準會較爲準確。

(　　) 7. 蔡經理任職於一家國內的電動摩托車公司，他打算在下一年度提出進軍日本市場的策略方案，針對此一策略方案，蔡經理進行了初步的 SWOT 分析，試判斷以下何者分類有誤？ (A)「機會」：本公司具備成熟的零組件製造技術，並且已取得多國專利認證 (B)「威脅」：日本當地的一家自行車公司也打算進入這塊市場，根據瞭解，日本的消費者對於自己國內的廠商有較高的信賴與偏好 (C)「優勢」：由於本公司一開始就是以電動機車起家並發展多年，對於電動摩托車市場的行銷手法已累積豐富經驗 (D)「劣勢」：雖然公司在技術上獨步全球，但在產品設計上卻一直缺乏人才與創新能量。

(　　) 8. 右圖是陶陶食品公司的組織圖，王先生是「行銷部」經理，他在做的策略應屬以下何種策略層級？
(A) 公司策略（CorporateStrategy）
(B) 功能策略（Functional Strategy）
(C) 單元策略（Unit Strategy）
(D) 事業策略（Business Strategy）。

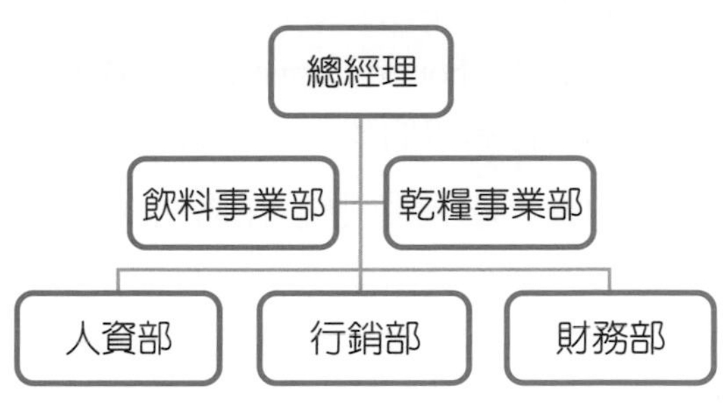

(　　) 9. 瓶裝水市場在國內雖已高達近百億產值，但由於各家廠商的產品差異性不大，且消費者可選擇的品牌相當多元，因此影響了個別廠商的獲利狀況。根據所述，影響瓶裝水公司獲利狀況的因素可能為以下何者？ (A) 替代品的威脅 (B) 潛在競爭者的威脅 (C) 供應商的議價能力 (D) 購買者的議價能力。

(　　) 10. 相較於智慧型手機而言，一般型手機在國內市場之銷售數量已大幅度下降，於是 A 手機廠商改將一般型手機銷售至第三世界國家，在當地獲得許多消費者的青睞，也讓公司獲得新的成長機會。此一手機品牌商的成長策略屬於以下何者？ (A) 密集成長（Intensive Growth） (B) 整合成長（Integrative Growth） (C) 多角化成長（Diversification Growth） (D) 以上皆非。

(　　) 11. 印表機租賃公司總經理在年前發給員工一封公開信：「目前公司在噴墨印表機與雷射印表機的租賃業務皆有不錯的表現。新的一年期許各位同仁能繼續為公司保持目前的市佔率。」請問該公司目前的策略類型應屬以下何者？ (A) 成長策略（Growth Strategy） (B) 更新策略（Renew Strategy） (C) 穩定策略（Stability Strategy） (D) 多角化策略（Diversification Strategy）。

(　　) 12. 劉先生在專訪時有以下說法：「我們將公司定位為消費者運動的好夥伴，目前除了自行車、運動服飾及智慧配戴裝置三大事業部外，未來我們將投入旅遊事業的開發，讓消費者在運動場域上有更多元的選擇及服務。」劉先生的策略思考層級應屬以下何者？ (A) 事業策略（Business Strategy） (B) 公司策略（Corporate Strategy） (C) 功能策略（Functional Strategy） (D) 多元策略（Multiple Strategy）。

(　　) 13. 某製筆公司是國內經營胎毛筆製作與銷售的百年廠商，近年由於少子化原因，銷售量比起過去大幅減少，公司於是將製作胎毛筆的技術加以調整，切入製作女性化妝眉筆、彩妝筆等事業，成功協助公司營收轉虧為盈。以上所述的策略類型屬於下列何者？ (A) 成長策略（Growth Strategy） (B) 穩定策略（Stability Strategy） (C) 緊縮策略（Entrenchment Strategy） (D) 轉型策略（Turnaround Strategy）。

( )14. 以下何者是價值鏈（Value Chain）中的「支援活動」？ (A) 進料後勤（Inbound Logistics） (B) 人力資源管理（Human Resource Management） (C) 行銷與銷售（Marketing andSales） (D) 售後服務（Services）。

( )15. 全聯福利中心在廣告中強調：「我們沒有明顯的招牌、沒有顧客停車場、沒有寬敞走道、沒有拋光石英磚、沒有漂亮的制服、沒有宅配服務——我們省下錢，給你最便宜的價格。」根據此段廣告內容，可以判斷全聯採取的策略類型爲以下何者？ (A) 差異化策略（Differentiation Strategy） (B) 成本領導策略（Cost Leadership Strategy） (C) 集中差異化策略（Differentiation Focus Strategy） (D) 水平整合策略（Horizontal Integration Strategy）。

( )16. 連鎖速食龍頭麥當勞爲了確保店內食材的新鮮度及穩定供貨，與有機生菜農場簽訂契約，訂定整年度的保證產量與品質，並在每份餐點上標示詳細的生產履歷，讓消費者吃得安心。根據以上說明，麥當勞成長策略應屬以下何者？ (A) 向後整合（Backward Integration） (B) 水平整合（Horizontal Integration） (C) 向前整合（Forward Integration） (D) 市場滲透（Market Penetration）。

( )17. 看好少子化趨勢下，家長會更願意爲幼童追求精緻多元的產品及服務，某尿布公司開始將觸角拓展至嬰幼兒玩具、食品及服飾等，近年更打算成立育幼中心。此一公司的多角化策略符合以下何者？ (A) 集中多角化（Concentric Diversification） (B) 水平多角化（Horizontal Diversification） (C) 複合多角化（Conglomerate Diversification） (D) 市場發展（Market Development）。

( )18. 博仕博集團旗下有四大產品事業部，以下根據 BCG 矩陣的分析，何者有誤？ (A) 甲產品屬於問題事業（Question Marks），目前雖然市占率還相對較低，但後續成長可期，集團可評估是否要在產品研發上增加投資 (B) 乙產品屬於落水狗事業（Dogs），看起來市佔率與未來成長性都普遍低落，若該產品並非其他事業部營運成功的關鍵資產，公司或可考慮將其出售給其它公司 (C) 丙產品屬於明星事業（Stars），市占率雖相對較低，但後續成長機會相當可觀，目前也是集團主要的現金收入來源，可考慮高價出售 (D) 丁產品屬於金牛事業（Cash Cows），雖然目前市占率相對較高，但後續成長力道可能趨於疲乏，集團或許可思考將此事業部所賺取的現金用來開發下一波主力產品。

( )19. 某不織布公司旗下的過濾布市場具有「市場情況不明、市占率小」的現象，根據企業生命週期模式的分類，該市場應處於哪一階段與事業體？ (A) 萌芽期，問題事業 (B) 成熟期，金牛事業 (C) 成熟期，明星事業 (D) 衰退期，落水狗事業。

(　　) 20. 當公司在定位策略時，若發現既無法在成本上取得優勢，也無法提供差異化的產品或服務時，根據麥克．波特的說法，該公司可能陷入以下何種情況？
(A) 競爭優勢（Competitive Advantage） (B) 進退維谷（Stuck in the Middle）
(C) 集中化策略（Focus Strategy） (D) 替代品的威脅（Threat of Substitute Products or Services）。

二、填充題

1. 請說明策略管理程序定義：__________、__________、__________、__________、__________、__________。
2. 公司層級策略爲__________、__________、__________。
3. BCG 矩陣可分爲四種事業，分別爲__________、__________、__________、__________。
4. 五力分析的五個力量爲__________、__________、__________、__________、__________。
5. 事業層級競爭策略可分爲__________、__________、__________。

NOTE

第 08 章

組織結構與設計

學習重點

本章我們要來了解組織的基本概念與不同組織結構設計之特性：

1. 組織結構的基本概念
2. 組織設計的關鍵因素
3. 組織結構
4. 組織權變理論

- 組織結構的基本概念
  - 組織的意義
  - 組織的種類
  - 結構的定義
  - 職權、職責與負責
  - 組織的功能
- 組織設計的關鍵因素
  - 分工與專業化
  - 部門劃分
  - 指揮鏈
  - 控制幅度
  - 集權與分權
  - 正式化
- 組織結構
  - 組織結構分類
  - 組織、組織設計與組織結構
  - 分權與組織結構
- 組織權變理論
  - 組織情境理論
  - 組織設計理論

8-1 組織結構的基本概念

兩人以上即成組織。根據歷史記載，自有人類以來就有組織，從基本的家庭組織、族群組織、社會組織到政府組織，都是由人類文明所創造，維持與延續的機制。由於個人能力與資源之限制，在現在的生活中大家已離不開組織。組織不僅是代表人的集合，更是蘊含了共同的願景與績效目標。透過組織，讓個人有所屬，管理功能得以完整的實踐，也能藉由持續的創新與分化來延續組織的生命。

一、組織的意義

組織有動詞與名詞之義。做動詞時，組織（Organizing）是管理功能之一，主要是根據組織設定的目標做分組與協調其任務、職權與職責。同時，組織也是代表組織活動的結果的名詞（Organization）。

二、組織的種類

綜合各家學者所說，組織可用四種方式來區分，如圖 8-1。

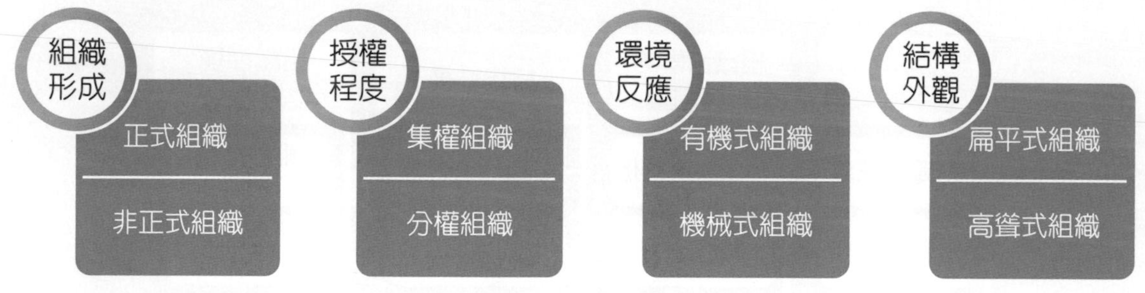

圖 8-1　組織種類

（一）組織形成

在組織的形成方式上，可分爲「正式組織」與「非正式組織」。正式組織是基於某些法定程序而成立的結構。非正式組織則是由於組織成員互動的原因，導致自然發展的群體關係。

（二）授權程度

以授權程度來分，組織可分爲「集權式組織」與「分權式組織」。集權式組織的決策權力在高階主管上；而分權式組織在決策上則多下放至基層管理者與部屬身上。

（三）環境反應

依據對外在環境反應的彈性來看，組織種類可分為「有機式組織」與「機械式組織」。有機式組織是指具有彈性運作的組織，可視組織外在環境變動作快速的調整。機械式組織則是強調正式規章與層層節制、權責劃分清楚，彈性小的組織。

（四）結構外觀

依照結構外觀區分，可將組織種類分為「扁平式組織」與「高聳式組織」。扁平式組織是將中間階層砍去，減少階層的數目，使反應更迅速。高聳式的組織則是縱向階層較多，結構如同金字塔般，層層節制。

三、結構的定義

根據卡斯特與羅森威格（Kast and Rosenzweig, 1970）對於結構之定義，認為「結構是依組織各構成部份之某種特定關係形式」，就像是人體由骨骼、神經、內臟等器官所組成的。依照許士軍的說法，組織可以很簡單，也可以很複雜。一個企業可以只請幾位員工，十分單純。但隨業務發展，原先的組織層級就會變得漸漸複雜，可能會有多角化經營的「事業部」、「專案管理組織」或是「矩陣式的組織」。

四、職權、職責與負責

「職權」與「職責」在正式的結構組織中彼此有相依的權責關係。具有這種權責者，必須對其他職位「負責」，如圖 8-2。

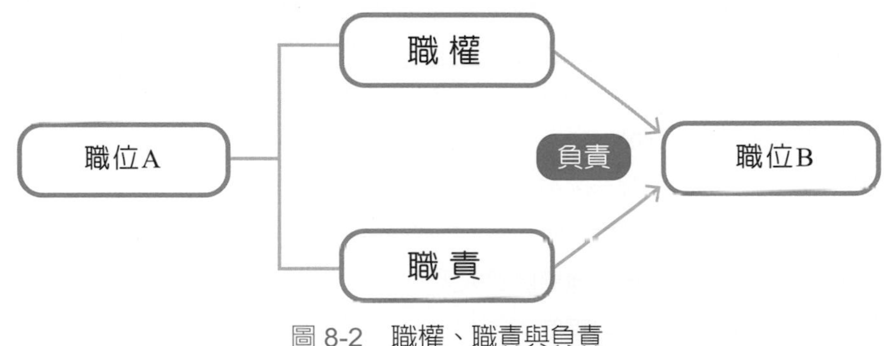

圖 8-2　職權、職責與負責

（一）職權定義

職權是屬於組織經由正式途徑，所賦予某個職位的一種權力。具有這樣的權力者可指揮與監督下屬相關工作。

（二）職權的來源

1. 傳統理論

(1) 個人屬性論（Personal Attributes）

職權的來源則多屬於個人的屬性與特質，如魅力、專家能力等。此理論強調的是職權是透過個人屬性所附帶出來的權力，使他們能夠具有指揮他人的權力，非僅由職位所賦予的職權。

(2) 形式理論（Formal Theory）

是社會學者所提出。此理論乃是源於組織所有者的私有財產權，授予公司的最高層後，再層層下授，以至於各級主管及人員。也就是權力關係就同等於所有權關係，不包含其他因素，接近官僚理論學派的概念。

(3) 知識職權論（Authority of Knowledge）

在組織內凡是對某一情況認識最多者，便負責相關作業。

(4) 接受理論（Acceptance Theory）

此理論是由巴納德（Barnard）於 1938 年提出。也就是我們之前所提出行爲學派對於職權的論點。他認爲，僅僅依規定行使職權，未必是職權產生之來源，職權行使與否的關鍵，在於下屬對於上司的命令是否接受，是否在工作的無異區間內。

管理便利貼　無異區間（Zone of Indifference）

無異區間的概念由巴納德提出，認為下屬於固定之領域內，可以接受上司職權之行使，若超出此程度，職權之行使將會無效。相對的，無異區間愈大，則部屬聽命於上級的機率愈大，職權行使就會愈順利。而無異區間會受到以下幾個因素所影響：

1. 下屬對上司命令的了解程度
   如果下屬對上司命令的了解程度愈高，無異區間愈大。
2. 上級命令符合組織目標之程度
   上級命令若愈符合組織目標，無異區間愈大。
3. 上級命令符合下屬個人利益之程度
   上級命令若愈符合個人利益，無異區間愈大。
4. 上級命令符合下屬心智能力之程度
   上級命令若愈符合下屬的能力，無異區間愈大。

(5) 情勢理論（Situational Theory）

學者佛列特（Follett, 1942）認為職權是根據不同情況所產生之不同的接受作用。她認為傳統強調對下屬的職權與命令的概念本身對接受者而言是不愉快的。職權會發生作用的前提是彼此都認為在特定情境下需要從事某種行動時。圖 8-3 即說明職權來源之傳統理論。

圖 8 3　職權來源之傳統理論

（三）職權之分類

1. 直線職權（Line Authority）

此乃上司與部屬間的職權關係，包括發布命令及執行決策的權力，由組織的最尖端延伸至最底層，形成所謂的「指揮鏈」。

2. 功能職權（Functional Authority）

乃是對某些特定專業業務的決策權力。此乃經理人對自己管轄以外的個人或單位所行使的。此職權乃是一種「有限度的職權」，以專門的能力作爲基礎。

3. 幕僚職權（Staff Authority）

幕僚職權是一種輔助性的職權，本身並不包括指揮權在內。對於組織的業務，只負責諮詢、協助、建議，以方便直線部門作業能更加順暢。幕僚職權的主要目的，乃是在彌補直線經理人在時間、專業知識以及使用資源上的不足，又可分爲下列兩類：

(1) 個人幕僚（Personal Staff）

此職位並無職權，主要工作乃是擔任直線經理人的助理，處理一般性的業務。

(2) 專業幕僚（Specialized Staff）

此具有特殊經驗或專門知識，去協助組織的專業問題。即提供經理人所沒有之專業背景，以爲直線經理人作出建議方案或評估情形。圖 8-4 即在說明直線職權與幕僚職權間之關係。

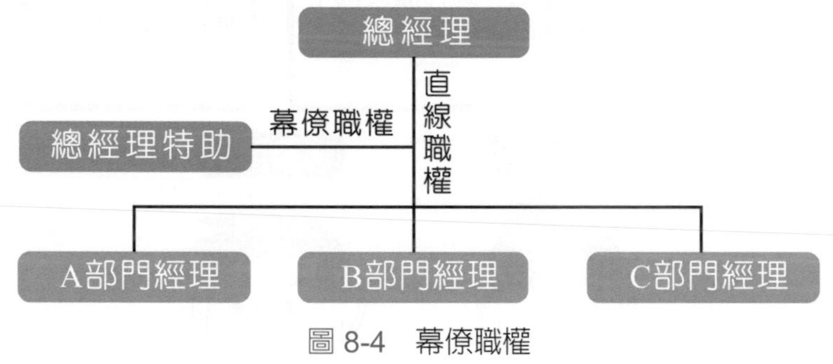

圖 8-4　幕僚職權

（四）職責的定義

職責代表一種完成某種被賦予的任務的責任。這種責任是隨職位而來的，所以稱爲職責，可分爲「作業職責」與「最終職責」。在古典理論學派中職權與職責必須相當，不可有職無責或是有責無職。因此，一位良好的經理人不能只顧到本身職位的責任，還須著眼於其背後更廣泛之責任，設法予以增進。

（五）負責的定義

負責是指一人員對於本身職權與職責之履行，並將過程與結果向其上級報告。因此，如前所述，負責與職權與職責不可分割，負責必須是人員擁有良好之職責與職權的授予爲前提，如表 8-1。如果一個經理人所負之職責超過他應負之範圍，或缺乏應有之職權，他該如何向上司負責呢？

表 8-1　職權、職責與負責之比較

	職權	職責	負責
定義	職權是經由正式法律途徑所賦予某職位的一種權力。	職責代表一種完成某種被賦予的任務的責任。	負責之意義是為一管理人員對於本身職權之行使與職責之履行。
特性	職權是屬於一種職位的權力，而非某項或個人的能力。	職責是隨職位而來，而非個人。職責必須與職權對等。	負責必須以良好的職責與職權的行使作為前提。
來源	職權的來源有三：形式理論、接受理論與情境理論。	職責可分為作業職責與最終職責。 1. 作業職責：完成任務所需要負起的職責。 2. 最終職責：個人所須負的最終責任。	負責主要基於： 職權的下授與作業職責的來源。

五、組織的功能

爲何要有組織？組織的重要性爲何？各位可以想像如果沒有組織的生活，那我們的生活該有多累啊？食衣住行育樂什麼東西都要靠自己，所以組織對於個人，甚至國家社會都是無比的重要。表 8-2 即在說明組織的功能。

表 8-2　組織的功能

功能	說明
組織可達成分工	組織能夠促使成員間有效的分工，完成個人獨立無法完成的工作，增加效率與效能。
組織可達成目標	組織可透過分工，利用不同的資源分配，來協助達成組織想要的目標。
組織可適應環境	面對變化快速的環境，組織可透過衆人之力量來協助個人適應外在環境，甚至進一步影響不斷變動的環境。
組織可創造價值	組織可為其利害關係人，如股東、消費者或員工等創造價值。
組織可協助溝通	基本上，只要有兩個或以上相互關聯的個人或部門，希望達成共同目標時都需要協調與溝通活動，可分為文字溝通、口語溝通與肢體語言溝通，有效的溝通可以增進組織的效能。

管理動動腦

請說明職權、職責與負責三者之不同。

8-2 組織設計的關鍵因素

根據學者羅賓斯（2001）的分法，組織設計的工作內容包含了六個關鍵因素。也就是組織結構在設計時須考慮到以下的六種因素：「分工與專業化」、「部門劃分」、「指揮鏈」、「控制幅度」、「集權與分權」、「正式化」。

一、分工與專業化（Work Specialization）

組織需要很多人的共同合作。因此，組織結構之設計首先要考慮的就是分工問題（Division of Labor）。另外，工作依某種原則予以細分後，發揮其專長，熟練其技巧，以獲得所謂的專業化（Specialization）之利益。自此來看組織結構，就是將一組織之整體任務去細分爲不同性質之具體工作，再將這些工作組合爲特定的單位或部門。同時將一定之職權與職責授予這些管理人員，要求他們負責達成所負任務。接下來將個別工作予以組合之過程稱爲部門化。

綜上所述，在組織結構設計之法則上第一步應先將組織的任務詳加劃分，也就是「分工」；接下來則是將各項任務交由專業員工擔任，稱之爲「專業化」；最後，則是將專長相近的工作合併爲同一部門，稱之爲「部門化」，如圖 8-5。

圖 8-5　組織設計之法則

二、部門劃分（Departmentalization）

部門化之設計基礎可分爲兩大類：一爲根據產出或目的導向；一爲根據內在程序或功能因素。依據功能或程序導向的設計較注重內部效率，適用於環境較穩定時，其績效的評估單位是單位績效，包含了功能基礎及程序基礎產品。而依產出或目的導向的組織設計著重的是外部彈性、面對的環境較動態，以及整體的績效，包含了產品基礎、顧客基礎與地區基礎。其比較如表 8-3：

表 8-3　部門化設計基礎之比較

	功能或程序導向	產出或目的導向
部門化方式	功能基礎、程序基礎	產品、顧客、地區基礎
著眼點	內部效率	外部彈性
適用環境	環境較穩定時	環境較動態時
使用策略	單一策略	多角化策略
資源配置方式	資源精簡利用	資源重複利用
績效評估單位	單位績效	整體績效

（一）部門化之方式

1. 產品基礎

將公司內的工作依不同的產品與服務組成不同之部門，可配合產品之特性來充分利用此方面之專門人才與設備，各部門間自負盈虧，如圖 8-6。這種劃分方式適合面對環境變動大、具有多種不同之生產線的企業。

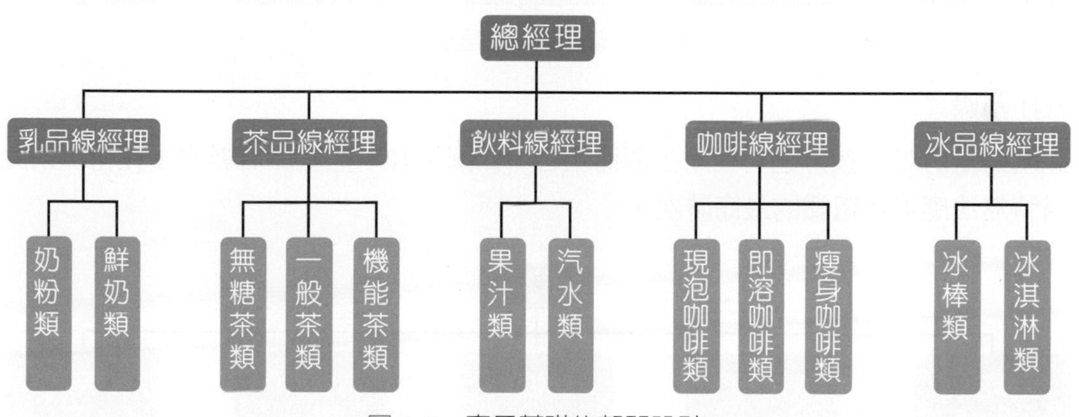

圖 8-6　產品基礎的部門設計

2. 顧客基礎

部門的劃分基礎是以顧客消費行為的差別做區分，如圖 8-7。通常是公司如有不同類型之顧客，而各類顧客彼此所需的服務有顯著不同時，可採取以顧客基礎的部門化方式。

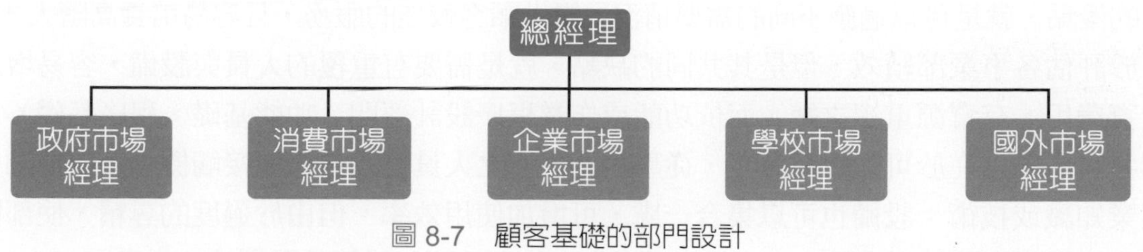

圖 8-7　顧客基礎的部門設計

3. 地區基礎

當一公司的銷售地區範圍廣闊，可能需要的服務與經營方式都不同，所以適合使用不同的地區做部門的劃分，如圖 8-8。

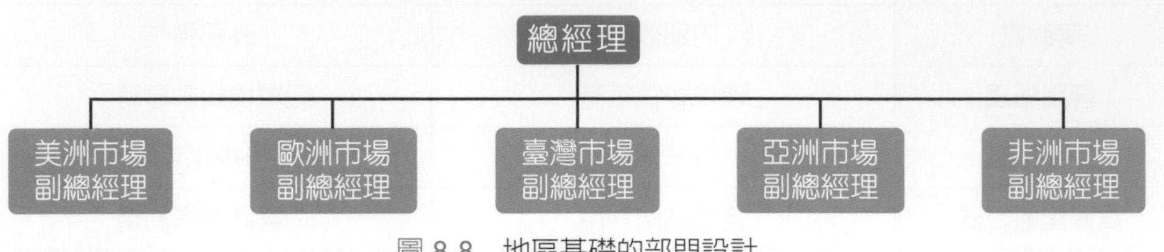

圖 8-8　地區基礎的部門設計

4. 功能基礎

各部門依其經營功能作設計，如生產、行銷、財務等，如圖 8-9。但此基礎缺乏具有整體觀的人才，容易使人目光狹隘。

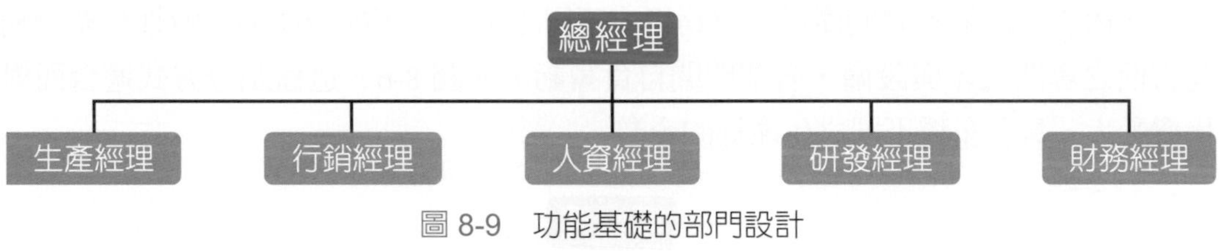

圖 8-9　功能基礎的部門設計

5. 程序基礎

此基礎是將工作按照進行程序步驟而組合，如圖 8-10。但產品若非常多元化，則此結構將無法應用在組織的最高層次。

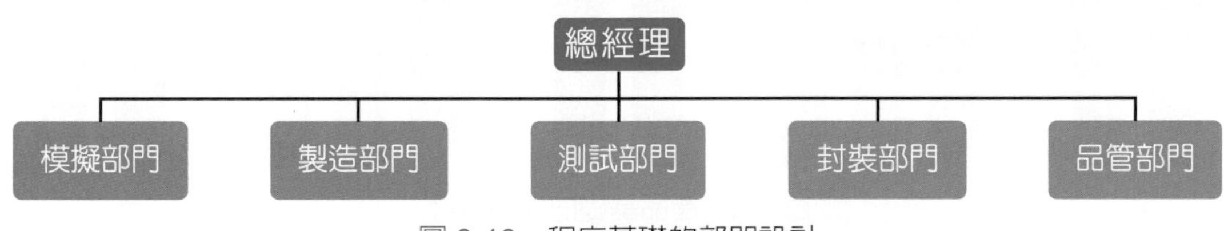

圖 8-10　程序基礎的部門設計

（二）部門化之優缺點

以產出或目的爲主的部門設計方式（產品基礎、顧客基礎、地區基礎），都具有共同的優點，就是可以適應不同的需要情況，提供顧客較佳的服務，且容易培養高階人才、易於評估各事業部績效，但是其共同的缺點，就是需要有重覆的人員與設備，容易增加投資費用，有資源重複之嫌。而依功能或作業程序設計部門（功能基礎、程序基礎），其共同之優點在於可以專精分工，從事相近工作之人員可以彼此因接觸機會多而增加其專業知識或技術；設備也可以集合一處，可增加使用效率。但由於過度的專精，使部門間的協調與溝通較不容易，也容易只注重本身的利益而忽略掉整體利益，如表 8-4。

表 8-4　部門化之優缺點

部門化	說明	優點	缺點
產品基礎	當組織有多種產品線時適合使用產品基礎之部門化。	特定產品可由專門部門負責，可以受到持續性、完整性之專注力。	公司的內部資源有重複浪費之虞，容易降低公司整體營運效率。
顧客基礎	當公司有不同類型的顧客，不同顧客的服務與作業方式不同時適合使用顧客基礎。	公司可以為每一類顧客提供快速且令人滿意之服務。	公司的內部資源有重複浪費之虞，容易降低公司整體營運效率。
地區基礎	公司面對市場廣泛且隨地區不同在經營方式有差別時，可使用地區基礎。	可以快速且立即回覆顧客的需求。	組織不容易整合與協調，也容易造成人力的重覆與浪費。
功能基礎	是依組織功能組合的型態，是一種常見的組織劃分原則。	1. 管理人員可以依功能別專業化。 2. 人員訓練較單純。 3. 管理者控制較嚴密。 4. 有明確的目標與活動。	1. 對特定產品、顧客、市場或區域之關注少。 2. 只能培育功能性專才而非通才管理者。
程序基礎	是依工作進行程序或步驟加以組合，適合生產程序是連續性者。	1. 強調分工與專業化的效率原則。 2. 以高產出導向為主要依歸。	1. 程序間協調需要使用更多的人力。 2. 缺乏整體績效觀而是強調程序過程的單位利益。 3. 部門績效難以評估。

三、指揮鏈（Chain of Command）

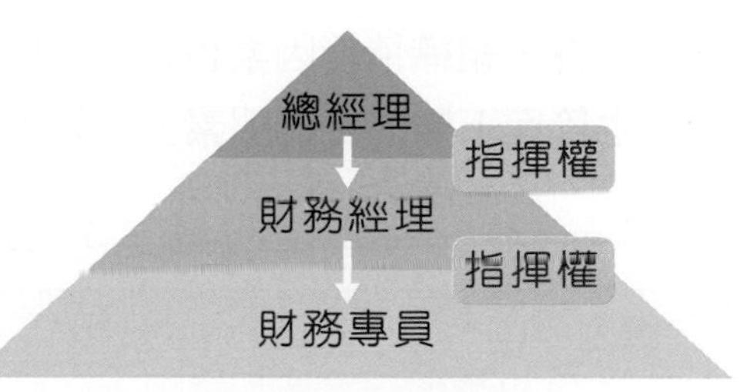

圖 8-11　指揮鏈

指揮鏈代表組織從高層到基層的一條連續性的職權關係，每一層均有其明確之地位，構成一金字塔狀。一般來說，由最高主管向下，層層指揮，愈下層職位愈多，並採取命令統一與單一命令的原則。每位部屬只會有一位直接監督的主管，也僅對這位直屬主管負責。指揮鏈明確的指出誰該向誰報告，可協助員工解決有事該找誰、該向誰負責的問題。在指揮鏈上，主管有權指揮其部屬工作，無須徵詢他人的意見，也就是有直線職權（Line Authority）的權力，如圖 8-11。

四、控制幅度（Span of Control）

每個職位都有其控制幅度，也就是上司可以有效率且有效能管理的員工數目。一般而言，高階管理者由於管理工作較複雜，所以控制幅度相對較小。而基層管理者則因分工較精細，可以執行較大的控制幅度。

依據古典組織理論，一位主管的控制幅度不應太大，而應該是有限的，否則將無法協調。曾經有一位管理顧問葛萊納卡斯（A.V. Graicunas）認爲，當下屬人數以算術級數增加時，主管與下屬的接觸次數將呈幾何級數增加，其潛在的接觸型態如下：

$$C = N\left[\frac{2^N}{2} + N - 1\right]$$

N 表示下屬的人數

C 表示潛在的溝通次數 / 頻率

戴維斯（1951）則認爲高層主管所監督之下屬數量之控制幅度應不宜太多，應在 3 至 9 人間；中層主管在 10 至 19 人間。而基層主管由於屬作業人員，其控制限度可增大至 30 人，如圖 8-12：

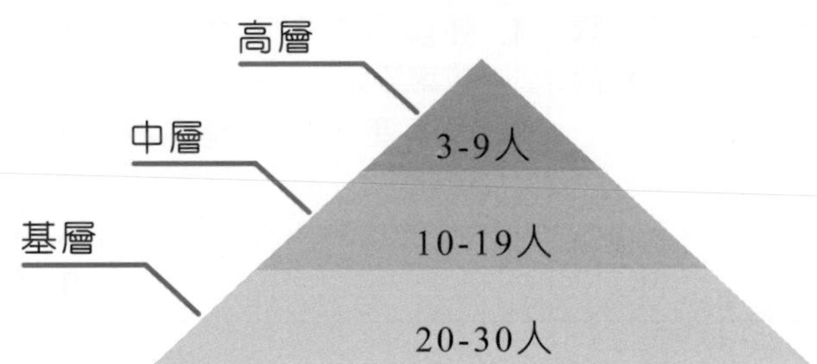

圖 8-12　戴維斯（Davis）的控制幅度

另外，組織情境因素也會影響控制幅度，如「環境因素」、「主管與部屬個人因素」及「主管與下屬的工作因素」，如表 8-5。

表 8-5　影響控制幅度之不同情境因素

類別	項目	說明
個人因素	部屬個人的能力	部屬工作能力較強，主管就不用花費太多監督時間在一人身上，則控制幅度就可較大。
	主管個人的能力	主管本身能力較強，可同時做許多事，其控制幅度可以比較大。
	主管對權力的欲望	如果主管權力欲望較強烈，則可能希望控制幅度較大。但如果權力欲望較低，則可能不希望管理人數太多。

類別	項目	說明
工作因素	職務性質	員工面對的工作環境變化或是職務性質需要創造力愈大，管理幅度宜愈小；反之愈大。
	主管職務工作性質	主管工作如需要常與員工溝通協調或其他非管理性之工作，則管理幅度宜小；反之則大。
	部屬職務工作性質	部屬工作性質若常須與主管進行溝通協調，則管理幅度宜小；反之則大。
	部屬間彼此工作的關聯性	主管所帶部屬間彼此工作若關聯性小，主管需要監督與協調的時間變多，管理幅度將較小；反之則大。
	部屬間彼此工作標準化程度	若部屬間的工作相似度高、標準化程度愈高，則主管管理幅度將較大；反之則小。
環境因素	技術因素	若組織的產業是大量生產作業，控制幅度可較大。如果是手工生產方式，則控制幅度將宜小。
	地理因素	若部屬工作地點較分散，主管無法管理較多人，則控制幅度不宜大。

五、集權與分權（Centralization and Decentralization）

（一）集權與分權之定義

集權與分權是組織結構之一體兩面。集權是指組織的決策權掌握在單一管理者的集中程度，而分權就是基層管理者或員工提供相關或參與較多的決策。如果高層主管在做決策時決策權多集中在手上，則代表此組織較集權，爲一集權組織；反之，若決策權的分散程度高，則此組織爲一分權組織。

（二）衡量分權程度之指標

依據戴斯勒（2004）提出的論點，認爲有幾個指標可以幫助我們衡量一組織分權或集權之程度，如圖 8-13。

低	分權程度	高
少	基層主管做的決策數目	多
低	基層主管做決策之重要性	高
低	各級主管自由裁決的程度	高
大	主管向上司報告事項的涵蓋範圍	小
多	下級向上司請示的次數	少
小	同層次主管做決策的涵蓋範圍	大
高	問題與因應決策制定的距離	近

圖 8-13　衡量分權程度之指標

（三）分權之優缺點

分權有不同之優點與缺點，其內涵如表 8-6。

表 8-6　分權之優缺點

分權之優點：（亦為集權之缺點）	分權之缺點：（亦為集權之優點）
1. 分權可以迅速反應，因地制宜。 2. 分權可以鼓勵下屬，培養下屬獨當一面。 3. 分權讓各階層的權責較完整，控制可以較有效。 4. 分權較能提供自主性與完整的職權，適合多角化、國際化的經營。	1. 分權容易讓各部門產生本位主義。 2. 分權容易導致資源之重覆配置、浪費資源。 3. 由於分權的管理是較鬆散，不適用於成員素質較差時。

（四）影響集權或分權之因素

根據羅賓斯（2008）的分法，偏向集權或分權的因素取決於不同的因素，如表 8-7。

表 8-7　羅賓斯集權與分權傾向的影響因素（取自 Robbins 與 Coulter 之《管理學》）

偏向集權	偏向分權
1. 穩定環境。 2. 相較於高階管理者，基層管理者較缺乏決策的能力與經驗。 3. 基層管理不願負決策的責任。 4. 該決策事關重大。 5. 組織正面臨企業失敗的危機與風險。 6. 大型的企業。 7. 公司策略是否有效達成，有賴參與管理者出面表達意見。	1. 複雜而不確定的環境。 2. 基層管理者有決策的能力。 3. 基層管理者希望有決策權。 4. 決策相對不重要。 5. 組織文化開放而允許管理者有表達意見的機會。 6. 地理區域分散的企業。 7. 公司策略是否有效達成，決定於管理者的參與及彈性決策。

六、正式化（Formalization）

正式化是指組織將工作標準化，以及員工遵循公司規範與標準作業程序的程度，旨在強化對員工與資源的分配方式，以及協調整合各部門單位的功能與職能。在其中，需要仰賴具體明確的典章制度與執行的規範，以使組織全體成員能夠達成組織的目標。

所以工作是否很正式化，端看執行工作的員工在其內容、時間與方式上是否需要很多考量或標準作業流程。在高度正式化的組織中，管理者或員工的工作須照制式的說明書，缺乏自行作主的餘地，自由度低。

由於環境變化快速，無法使用太多規章引導員工行爲，所以現今的管理者愈來愈少會倚賴正式化來限制員工的行爲，留給員工更大的自主空間，但僅限於是在許可的範圍內，爲了公司整體利益，有許多公司的規定仍是不可變動的。

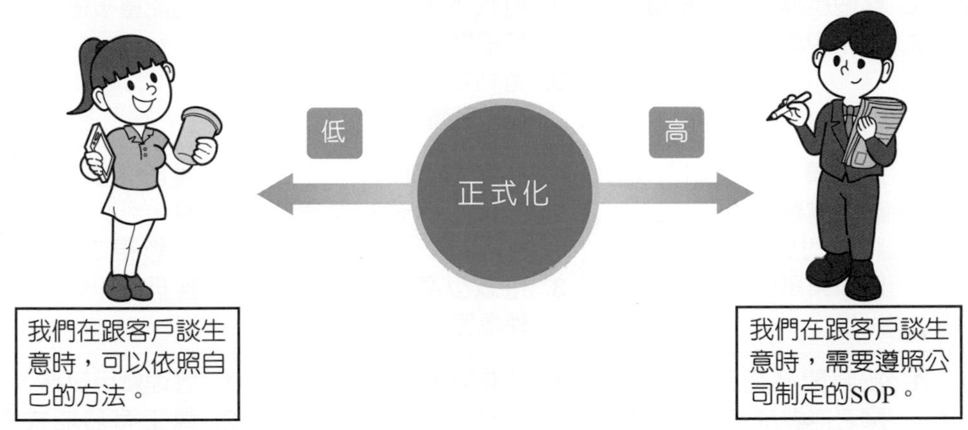

管理動動腦

如果今天你是位公司老闆，你傾向較集權或較分權的管理？為什麼？

8-3 組織結構

一般而言，組織結構大約可分爲以下幾種，大多數組織都是以此不同結構發展而成，適用於不同的環境與組織文化，以下將簡單的介紹不同組織的結構要點、優缺點與適用情況，如表 8-8。

表 8-8　組織結構表

	結構要點	優點	缺點
簡單式結構	1. 層級少。 2. 結構簡單。 3. 高階主管的集權度高。 4. 所有權與經營權常不分。	1. 組織運作彈性。 2. 對外界的反應迅速。 3. 經營成本低。	當組織規模擴大時，業務增加或所在行業需規模經濟特性時，則無法生存。
功能式結構	1. 強調高度的專業分工，各部門有明確且清楚的營運目標。 2. 適用於以生產為主、強調效率而產品較少的單位。	可讓具有相同專長的人員聚集一起以收規模經濟之效。	1. 過於本位主義與封閉。 2. 容易缺乏水平溝通。 3. 忽略外在環境之影響與刺激。 4. 將完整之管理程序分割，造成協調困難。

	結構要點	優點	缺點
事業部結構	1. 針對不同產品、地區或顧客成立獨立的部門。 2. 整個組織為分權組織。 3. 利潤中心制度。	1. 各產品部門利潤責任劃分清楚。 2. 對於各產品線情形易於掌握。 3. 有利於公司成長與多角化經營。	1. 容易形成只重短期利潤之現象。 2. 功能重複造成浪費。
區段式結構	1. 將成員作彈性組合及按市場需要配置。 2. 將部門做整合，成立策略事業單位。	1. 具有高度彈性。 2. 強化部門間的溝通整合。 3. 可減少高階主管之管理幅度。	1. 過於強調各部門之經驗。 2. 被忽視之部門人員有挫折感。
矩陣式結構	1. 按照開發產品或成立專案之需要成立任務小組。 2. 由原來各單位派人協助，在任務完成後歸建至各單位。 3. 採取功能式的專業分工與產品式的彈性適應。	1. 可兼顧效率與彈性。 2. 可強化團隊合作之能力。 3. 在資訊交流與幕僚人員上較有效率。	1. 管理費用較高。 2. 員工有功能式與專案式雙重任務，負擔加重。
專案式結構	1. 按照專案基礎或產品基礎進行部門的劃分，員工並無隸屬之功能部門。 2. 各部門自負盈虧。 3. 以分權為原則。	1. 各部門主管有較大的自主權。 2. 可培養通才人員。 3. 水平流通較容易。	1. 增加對通才人員訓練成本。 2. 垂直資訊流通較不易。
委員會結構	1. 組織各種委員會來集思廣益。 2. 分為暫時性的委員會與常設性的委員會。	1. 可達成集思廣益之效。 2. 決策執行較容易共識。	1. 容易造成決策遲緩、品質下降。 2. 責任無法歸屬而易做出風險性較高之決策。
自由式結構	不拘泥特定形式的多重型態組織。	1. 降低對層級與正式規章之依賴。 2. 可高度適應環境變化，極有彈性。	由於太過彈性，容易使企業失之方向。

一、組織結構分類

（一）簡單式結構（Simple Structure）

簡單式結構組織層級少，結構簡單，高階主管的集權度高，通常所有權與經營權不分，適用於小規模、外在環境單純的小企業。其優點爲組織運作彈性，對外界的反應迅速，且經營成本低。但缺點是當組織規模擴大時、業務增加或所在行業需規模經濟特性時則無法生存。

（二）功能式結構（Functional Structure）

功能式結構以任務與職能做爲設計，強調高度的專業分工，各部門有明確且清楚的營運目標，適用於以生產爲主、強調效率而產品較少的單位。其優點是可讓具有相同專長的人員聚集一起以收規模經濟之效。缺點爲過於本位主義與封閉，容易缺乏水平溝通與忽略外在環境之影響。

（三）事業部結構（Divisional Structure）

事業部結構爲產出導向，針對不同產品、地區或顧客成立獨立的部門，整個組織爲分權組織，適用於部門本身具有較大的自主性或組織規模很大，且擁有多條產品線時。優點是對於各產品線的情形容易掌握、各產品部門的利潤責任劃分清楚、對於各職能協調容易。缺點是組織內許多功能性作業重覆配置，容易造成資源浪費。

（四）區段式結構（Sector Structure）

區段式結構是將成員作彈性組合及按市場需要配置，或將部門做整合，成立策略事業單位（SBU），適用於當環境不確定性高、產品線間差異很大之企業。優點爲具高度彈性、減少管理人員之管理幅度，使之著重於策略性思考。而缺點則是太強調各部門經驗，以及容易造成被忽視之部門人員有挫折感。

（五）矩陣式結構（Matrix Structure）

矩陣式結構是按照開發產品或成立專案之需要成立任務小組，由原來各單位派人協助，由一位專案經理領導，在任務完成後歸建至各單位，稱爲矩陣式結構，如圖 8-14。矩陣式結構是採取功能式的專業分工與產品式的彈性適應，因此其優點爲可兼顧效率與彈性，並可強化各成員團隊合作的能力，在資訊交流與幕僚的人員運用上也較有效率。而管理費用高、員工兼顧功能及專案式工作讓其負擔加重，爲此結構主要之缺點。另外，矩陣式組織會有專案與功能別兩個上司，違反傳統的指揮統一原則。對於組織內必須快速交流資訊與業務涉及不同專長人員的企業較適用此種結構方式。

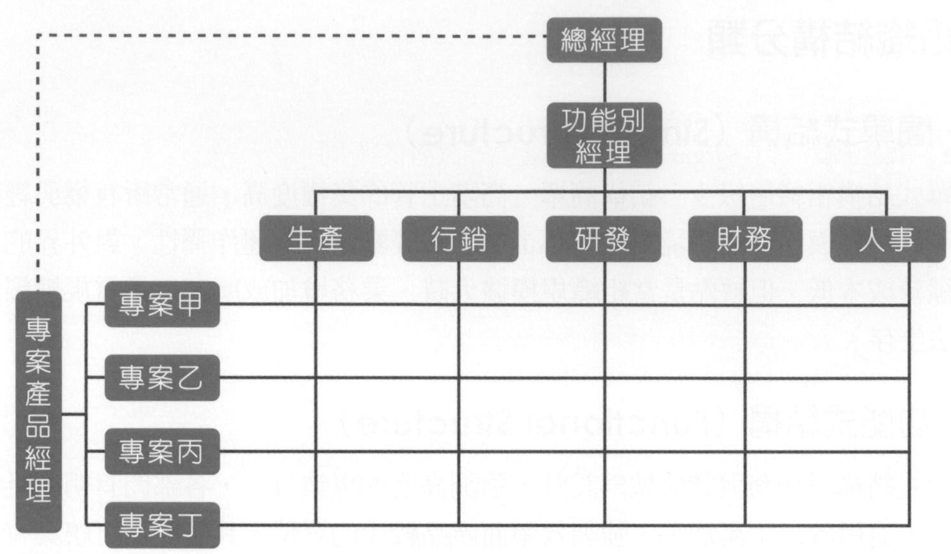

圖 8-14　矩陣式結構

（六）專案式結構（Project Structure）

專案式結構的要點以分權為原則，按照專案基礎或產品基礎進行部門的劃分，各部門自負盈虧，與矩陣式組織的不同是專案式結構的員工並無隸屬的功能別部門，員工是不斷的在專案中工作。當組織的規模擴大，所面對的環境變化快速時適用此結構組織，或是少量生產與工作例行性低的作業單位也適合採用。專案式結構之優點是各部門具有較大的自主權，可以迅速決策，水平資訊流通也較容易，因此，成員對組織整體之目標會有較強的認同。但相對的，垂直的資訊流通不易，另外，也會增加對不同部門間通才的訓練成本。

（七）委員會結構（Committee Structure）

委員會結構是組織各種委員會來集思廣益。重點是蒐集各種意見，以執行委員會的方式強調決策的執行，分為暫時性的委員會與常設性的委員會。優點是可集思廣益，執行時也較容易取得大家的共識。而缺點則是由於多人參與決策，會容易使決策遲緩，造成決策品質下降；成員間也會因責任不易歸屬而做出風險性較高的決策。凡決策事項牽扯較廣或是以協調功能為重的臨時性編制可適用之。

（八）自由式結構（Free-form Structure）

自由式的結構是不拘泥特定形式的多重型態組織，有如變形蟲般。適用於多元化或大規模的企業。此組織的優點是降低了對正式規章與權威的依賴，可高度適應環境變化，有高度彈性。缺點則為由於過於彈性的特色，常使企業無法有效率地運作，甚至失去方向。

二、組織、組織設計與組織結構之差異

看到這裡，讓我們來比較與綜合一下組織（Organizing）、組織結構（Organization Structure）與組織設計（Organization Design）三者的不同。

首先，這裡的組織指的是管理的功能之一，是將組織任務與職權予以適當的分配及協調，以達成組織的目的。組織結構則是一名詞，是組織各構成部分其間某種特定關係形式，有複雜化、正式化與集權化三個構成要素。組織設計則是一組織結構之建立與改變之過程，不同的學派支持不同的組織之設計，如古典學派強調效率與層級、行為學派強調彈性與人性、權變學派強調結構追隨情況等，如表 8-9。

表 8-9　組織、組織結構與組織設計之比較

組織	組織結構	組織設計
1. 為一管理功能。 2. 將組織任務及職權予以適當地分配及協調，以達成組織的目的。	1. 是組織各構成部分其間某種的特定關係形式。 2. 由複雜化、正式化與集權化三構成要素所決定。	1. 是一組織結構之建立和改變的過程。 2. 不同學派組織設計有不同差異，如古典學派、行為學派、系統學派、權變學派與近代管理。

三、分權與組織結構

以各部門化方式在分權上的表現來看，不同的組織如以產出為導向的組織、以程序為導向的組織與矩陣式組織會有不同的分權程度，如圖 8-15。

1. 有機式組織

   組織愈是偏向有機式，分權程度愈高。

2. 產出導向組織

   以產品、顧客、地區為基礎的產出導向，如事業部組織的分權程度會愈高。

3. 矩陣式組織

   矩陣式組織的分權程度適中。

4. 程序導向組織

   以功能程序基礎的程序導向，如功能式組織的分權程度會較低。

5. 機械式組織

   機械式組織是所有組織中分權程度最低者。

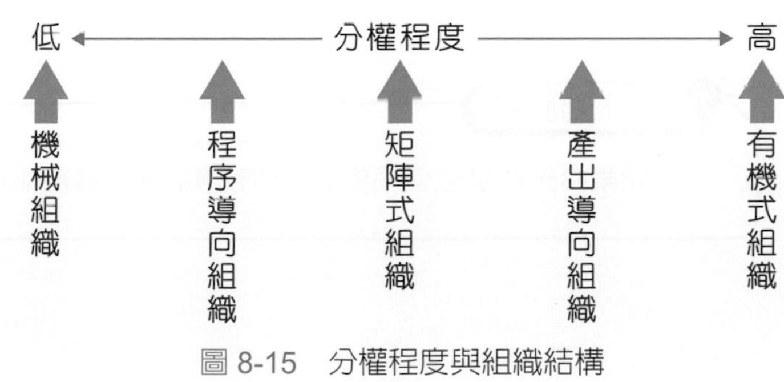

圖 8-15　分權程度與組織結構

時事講堂

人單合一，組織內微型創業驅動海爾無限創新能量

中國企業巨擘海爾推「人單合一」的內部創業機制，驅動公司營收近十年每年增加 18%。2017 年海爾旗下平臺共創造了 160 萬個就業機會，建立 15 個創新和創業基地，來支援 118 個孵化器、2,246 個孵化專案，以及 1,333 個風險投資機構，掌控人民幣 120 億元的創投基金。

海爾營收十年來每年成長 18%，新事業的市值更高達 20 億美元（約合新臺幣 620 億元），這段輝煌成績的背後是由海爾董事會主席暨執行長張瑞敏 2005 年開始投入企業轉型計畫，提倡「人單合一」的概念而起，「人」指員工，「單」指用戶，「合一」意思是指員工要與用戶目標協調一致，員工以用戶為中心的核心思維，進行新產品的開發，並在組織內部創業，成為自營微型創業家，簡稱「小微」。

小微就像是一間獨立的公司，員工若創立小微即享有小老闆般的運作模式，必須自己主動觀察市場潛在未滿足的需求，自負盈虧、可分潤。最有名的案例：地瓜洗衣機，海爾從四川客戶的反饋發現，當地居民用海爾的洗衣機洗地瓜時，經常會有阻塞出水道的問題。因此，為了滿足四川農民可以輕鬆使用洗衣機洗地瓜的要求，海爾為四川市場特意開發了「地瓜洗衣機」，不僅能洗地瓜，還能洗馬鈴薯等小型蔬菜，地瓜洗衣機也就成為了一個小微單位。

海爾的五個製造產業（白色家電轉型、投資孵化、金控、地產和文化產業）中擁有超過二十個平臺，各平臺事業都是小微的產品開發夥伴與支援。小微主提出消費者需求，而由平臺協助開發產品專利共享，以及獲利分享。平臺主本身也自己可以決定，事業體下要容納多少個小微，以確保小微的發展方向與海爾的策略一致。

這些小微（小老闆）也對盈虧負責，他們根據為用戶創造的價值獲得報酬，而不是從海爾領取固定工資。如果他們超過了獲利目標，可獲得一定比率的紅利分享。小微組織將每位員工視為小老闆，打破舊有將業務人員定位隸屬於營銷部門，必須遵循高層目標的組織結構的問題，更適合自主性高的千禧世代，為傳統產業組織管理轉型上提供新世代管理的典範。

影片連結

資料來源：邱奕嘉（2019），「海爾激勵年輕員工，為何是讓他們『消失』？」，商業周刊，1634 期。

管理動動腦

如果今天你是位公司員工，你較喜歡在何種組織結構內工作？為什麼？

8-4 組織權變理論

組織的型態並非普世皆同的，組織如想要長久發展、永續經營就必須要根據不同的情況形成不同的組織結構，也就是組織的情境理論。組織理論不斷在改變，由過去的層級結構到現在的無疆界組織，再再都顯示出組織的型態的確會隨內外在的需要而加以變化，變成一個最有彈性，最合適的組織。

一、組織情境理論

（一）機械式與有機式組織

1. 機械式組織

   機械式組織是古典學派的觀點，認為組織模式應強調層級結構、職位、正式規章，組織成員應依其地位取得職權。組織成員必須具有合適的專長，依法令規章及理智決策，將私人感情因素排除在外，如同機械運作一樣。

2. 有機式組織

   有機式組織是行為學派的觀點，強調組織的彈性與應變能力。認為組織內職責的劃分應避免固定化，而是應該根據任務的需要加以彈性編組。在工作設計方面則認為每個人的工作應盡可能的使內容多樣化，避免過度細分而陷入僵硬。因此在組織設計時不能只考慮理性因素，還須將「人」的因素考慮進來。

3. 兩者比較

   那究竟哪種組織適用於哪種組織結構，還需要看許多內外在的因素來決定適合偏向有機或機械化之組織，如圖 8-16。

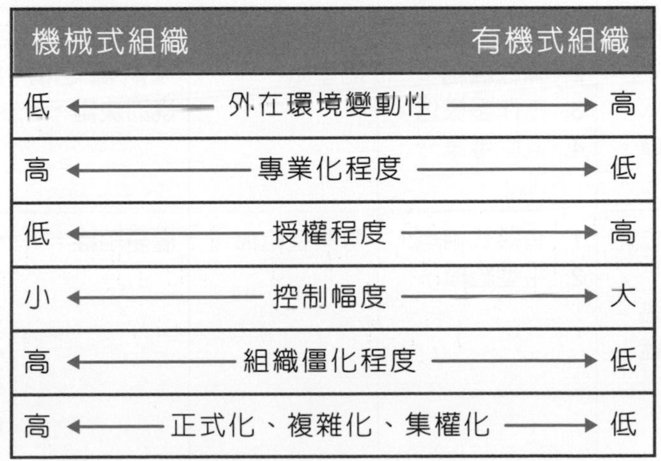

機械式組織		有機式組織
低	← 外在環境變動性 →	高
高	← 專業化程度 →	低
低	← 授權程度 →	高
小	← 控制幅度 →	大
高	← 組織僵化程度 →	低
高	← 正式化、複雜化、集權化 →	低

圖 8-16　機械式組織與有機式組織之權變因素

管理便利貼 學者羅賓斯（Robbins）的組織設計三構面

羅賓斯指出組織設計主要有三個構面：正式化、複雜化與集權化。

正式化是指組織內建立完整的制度與依賴正式規章的程度。複雜化是組織的部門與員工之專業分工程度，或組織結構形成垂直分化與水平分化的複雜程度。集權化則是組織決策權維持在高層的程度。正式化愈低、複雜化愈低、集權化愈低愈偏向有機式組織；而正式化愈高、複雜化愈高、集權化也愈高則偏向機械式組織。如下圖所示：

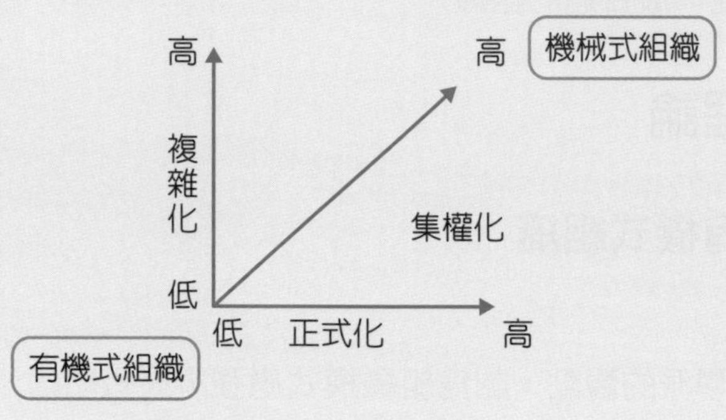

二、組織設計的理論

組織設計的演進中，主要是不同時期的管理學派，提出解決當時組織問題或增進管理效率的研究成果，都有其適用之情境，其比較如表 8-10。

表 8-10　組織設計的理論演進

年代	1900～1940	1950～1960	1970～1980	1970～1980	1990 後
學派	古典學派	行為學派	系統學派	權變學派	近代管理
理論重點	強調層級與效率。	重視組織彈性與人性。	將組織視為開放系統。	視情況決定組織結構。	強調組織學習與應變之能力。
組織特性	1. 層級原則。 2. 專業分工。 3. 專業效率。 4. 正式規章。 5. 指揮統一。	1. 強調人性。 2. 彈性編組。 3. 工作多樣化。 4. 低度專業分工。	綜合古典與行為學派。	組織結構須視所處之情境而決定。	強調組織要有很強的應變能力。
代表性組織	1. 機械式組織。 2. 高型組織。 3. 官僚組織。	1. 有機式組織。 2. 平型組織。	專案型組織。	權變組織。	1. 自由形式組織。 2. 學習型組織。 3. 虛擬組織。 4. 水平組織。 5. 網絡型組織。 6. 倒金字塔組織。 7. 無疆界組織。

（一）古典學派之組織設計

古典學派所主張之組織模式的設計原則，主要以韋伯（Weber）的層級組織模式爲代表，強調層級結構、職位、職權與正式規章，將每一細項工作交由專門的員工負責，加速效率。而且組織成員必須具有某種適合其職位之專長，如同機械運作一樣。如果依照羅賓斯（Robbins）的說法，可歸納爲高度的正式化、複雜化、集權化，強調專業分工以增加組織效率，也就是所謂的「機械式組織」。其組織類型爲官僚組織、機械式組織與高型組織。

（二）行為學派之組織設計

行爲學派認爲組織結構模式過於機械化，忽略了人性的一面。他們認爲人類組織應視爲一種社會系統，需要滿足組織成員各種需求。所以組織結構之設計並不能只考慮理性、職權、規章等方法。可能有更重要的非正式因素，如動機、群體等在影響人員之行爲，即出現了「有機模式」之組織結構。

有機模式強調組織內職責之劃分，應盡可能避免固定化，應該要把「人」的因素考慮進來，依照任務的需要加以彈性編組。在工作設計方面也認爲，每個人的工作應盡可能使其內容多樣化，避免細分而過度僵硬。其組織類型爲有機式組織與平型組織。

（三）系統學派之組織設計

系統學派代表人物萊斯（Rice）在組織設計上綜合古典與行爲學派兩者的觀點，提出以技術子系統與社會子系統來進行組織設計。技術子系統是強調古典學派的效率管理原則，而社會子系統則重視環境應變之彈性與人性管理原則。其組織類型爲專案型組織。

（四）權變學派之組織設計

權變學派主張組織結構會受到組織的「目標與策略」、「外在環境」、「任務性質」、「組織規模」與「員工特質」等不同權變因素所影響。組織的結構沒有一種普遍適用的標準，必須看所處情境在「內部效率」與「彈性」的關係中求得最適的平衡，來決定是偏向有機或機械式的組織，如圖 8-17。

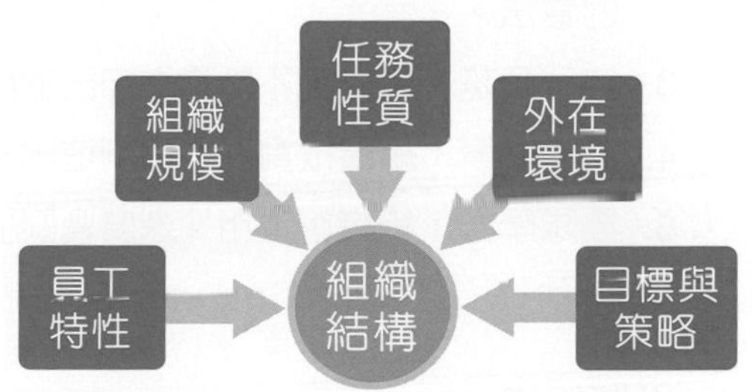

圖 8-17　組織設計之權變因素

（五）近代組織設計之理論

近代組織設計包含了自由形式的組織、學習型組織、虛擬組織、水平組織、網絡型組織與倒金字塔型組織等不同組織，強調組織內部的學習能力與對外聯盟的範疇經濟，不僅企圖具有環境的應變能力，甚至，希望可以更進一步由被動改為主動來改變環境。

1. 自由形式組織（Free-Form Organization）

   自由形式的組織沒有一定形式，不受部門劃分與職位的限制。由中央管理部門制定策略與分配重要資源，在面對特定問題時會運用不同的工作團隊，集合不同人才去處理。此種組織很注重人性，最高的指導原則為應付變動。

2. 學習型組織（Learning Organization）

   學習型組織是由管理學者彼得．聖吉（Peter Senge）所提出，他認為組織結構應該更扁平化、有彈性以及能不斷學習與創造未來以達成更高的組織績效。在學習型組織中，每位員工擁有共同的願景，大家彼此互相公開資訊與學習，領導者充分地授權於下屬，大家可以將學習的知識應用於工作當中，學習型組織與傳統組織的比較如表 8-11。

管理便利貼

彼得．聖吉在 1990 年進一步提出「五項修練」作為建構學習型組織之途徑，分別為系統思考（System Thinking）、改善心智模式（Improve Mental Models）、自我超越（Personal Mastery）、創造共同願景（Creating Shared Vision）與團隊學習（Team Learning）。

1. 系統思考：在面對複雜的問題時，應使用宏觀的角度來對事件做整體考量與思考。
2. 心智模式：一個人應學習敞開自己的心智模式，撇開根深蒂固之偏見，將會改變對事情的看法。
3. 自我超越：個人應不斷增進自己的能力，以達到個人想追求之目標。
4. 共同願景：組織成員應努力創造出組織的共同願景與一體感。
5. 團隊學習：組織應運用「深度會談」與「討論練習」讓團隊成員共同學習。

3. 虛擬組織（Virtual Organization）

   虛擬組織的特色是強調組織須專注在本業與核心價值上，其餘主要的機能則放置在公司外，如行銷或配送功能，並且強調彈性，要能隨時因應市場需求來調整產品，希望以最有效率的方式，生產出滿足顧客需求之產品。因此，此種組織成員的組成主要包含了小部分核心全職員工與外聘專家。透過這樣的設計，公司可以大幅度減少不必要的開支與複雜的管理以降低成本。

表 8-11 傳統組織與學習型組織之比較

傳統組織	學習型組織
金字塔結構、層層相疊	組織結構扁平化、精簡化
重視效率	追求彈性
被動因應環境變動而改變。	不斷的主動學習，創造未來。
強調管理者自我成長，負責指引組織方向。	團體學習，共同決定組織的發展。
上司指揮下屬，下屬聽命行事。	鼓勵上下階層對話。
員工的努力是為了達成組織目標。	員工為組織與自身一致性的目標而努力。

4. 水平組織（Horizontal Organization）

水平組織是將組織的階層減少，將管理幅度加大，給予成員較大的授權與自主性。這種組織結構水平溝通會比垂直溝通多且重要，對外部環境也具有較佳的彈性。

5. 網絡型組織（Network Organization）

網絡結構的組織是一種小型的中心組織，透過合約和依賴其他組織來執行經營活動，讓公司本身能專心於自己擅長的活動。主要特色是在網路中設立中間商來匯集不同廠商，原本一個組織來運作的事業功能將由網路中的獨立組織來完成，組織間基於本身的專業形成自然分工，同時又相互依賴，形成一個禍福與共的事業共同體。

6. 倒金字塔型組織（Inverted Pyramid Organization）

倒金字塔組織的結構與傳統科層組織完全相反，組織上層爲基層的員工，最下層才是領導者，如圖 8-18。會如此設計的理由主要爲上層的員工是第一線與顧客接觸，應該擁有相當大的彈性與自主權；底層的領導者則是站在支援員工的角色，並採取授權與協助員工完成各自的目標。倒金字塔型組織無須像過去一樣層層報告，可減少顧客之不滿。更重要的是，領導者須負起整體責任，就像陀螺般的持續旋轉。

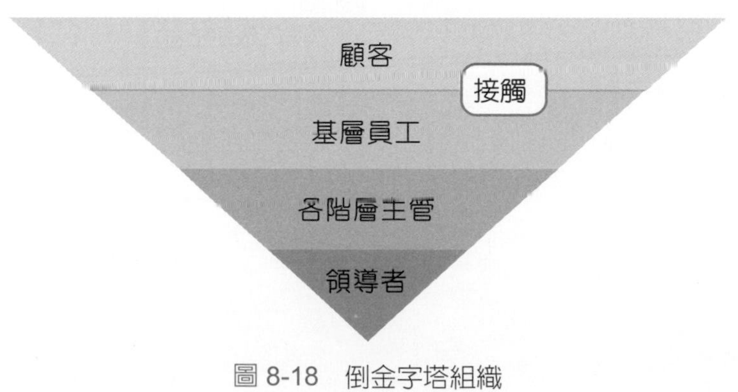

圖 8-18 倒金字塔組織

7. 無疆界組織（Boundaryless Organization）

由於電腦與網路科技的發達，使得社會加速模糊，傳統部門劃分式的組織會漸漸轉型，取而代之的爲無疆界組織。無疆界組織主要是將管理階層精簡爲扁平化，沒有正式的層級與結構，也就是將公司、供應商、顧客等疆界以跨功能團隊取代正式傳統部門的編制，員工不再隸屬於某個特定部門做特定的工作，員工可能會同時屬於許多不同的團隊。未來的組織將會傾向無固定形式的無疆界組織。

管理動動腦

何謂有「彈性」的組織？

臺鐵的組織結構與工安關係

臺鐵缺人？它缺的是員工效率！

員工數已回到20年前高峰

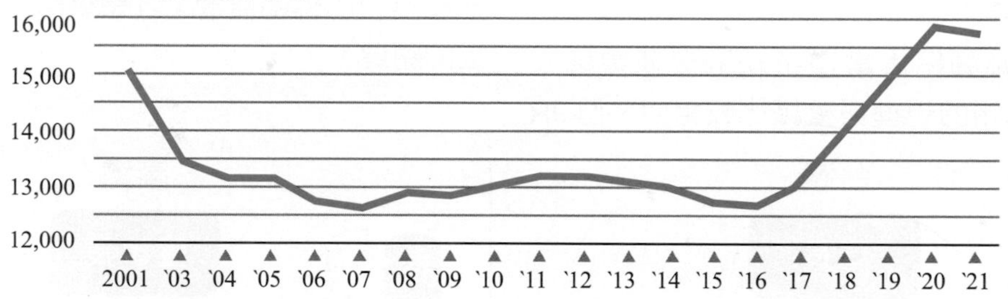

每公里要多用10人，效率比日本差

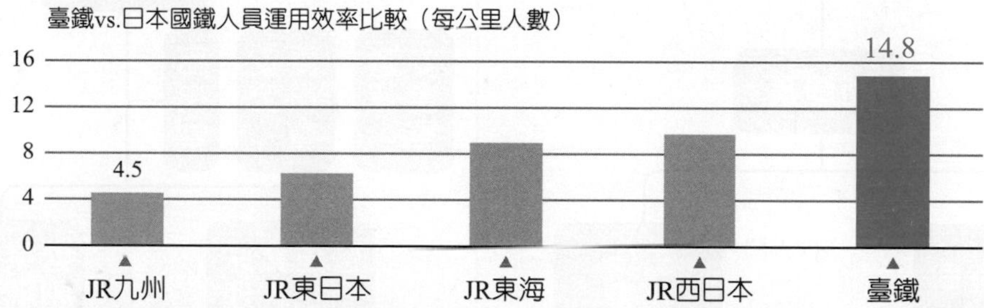

註1：臺鐵員工數2002年無報告統計，2020年為12月數據、2021年為2月數據

註2：人員運用效率指總員工數／營運里程數（公里）的比例，為常用的鐵路系統效率指標之一

資料來源：日本國鐵各公司2019年報、臺鐵 研究整理：史書華

2021 年清明時節，許多家庭破碎、斷魂。載著花東返鄉民眾的太魯閣號，在花蓮清水隧道，發生臺鐵開通 73 年來最嚴重的死亡事故。由於隧道出口工地的工程車掉落軌道，且承包商未即時向臺鐵通報，造成火車迎面撞上工程車，多節車廂滑出軌道，被隧道擠壓變形，整體事故 49 人死亡、218 人輕重傷。然而這件工安事件並非偶然，這次太魯閣號事件只時隔 2018 年普悠瑪事故兩年半，看似因組織內員工鬆散造成的漏洞，一再釀成巨災的人禍，令人好奇，臺鐵還有改革的機會嗎？

2018 年，花東普悠瑪事件帶走 18 條人命，換來臺鐵內部提供 5 份檢討報告；2021 年清明，49 人喪命，可想又會帶來誠意滿滿的檢討報告，但未能轉換成具體行動。每天搭乘臺鐵乘客約 55 萬人次，一個安全的承諾，為什麼對臺鐵而言這麼困難？

擔任立法院交通委員會成員的民進黨立委林俊憲列舉，立法院對臺鐵革新與提升安全的經費支持：一、鐵路行車安全改善六年計劃，政府編列了 275 億，二、前瞻基礎建設計劃，軌道建設預算的三分之一、逾 3,500 億的預算也是給臺鐵。國民黨立委洪孟楷也強調，臺鐵目前不缺安全改善預算，也不缺員工，因為政府自 2008 年開始恢復鐵路特考，臺鐵員工人力已慢慢回升到 1.5 萬人次，雖然因為先前停招引起的十年勞動空窗期，對工作技法的經驗傳承以及師徒制的培養影響極大，但盤點員工數與平均業務量關聯，臺鐵員工的工作量已經自 2015 年後緩步下降。

相比鄰國日本鐵道系統的營運數據來看，JR 九州的規模與臺鐵比較相似，但 JR 九州的營運里程是臺鐵的兩倍長，每公里值勤員工數量卻只要臺鐵的三分之一。可見勞力吃緊並不是臺鐵頻出包的關鍵原因，臺大李吉仁教授提到，臺鐵的關鍵問題核心在組織設計：臺鐵目前還是用載貨時代的組織架構，來做載客的生意，組織內老舊的管理結構、缺乏紀律與安全意識的組織文化以及交通部無力的外部監管，才是臺鐵長年無法改進的關鍵。

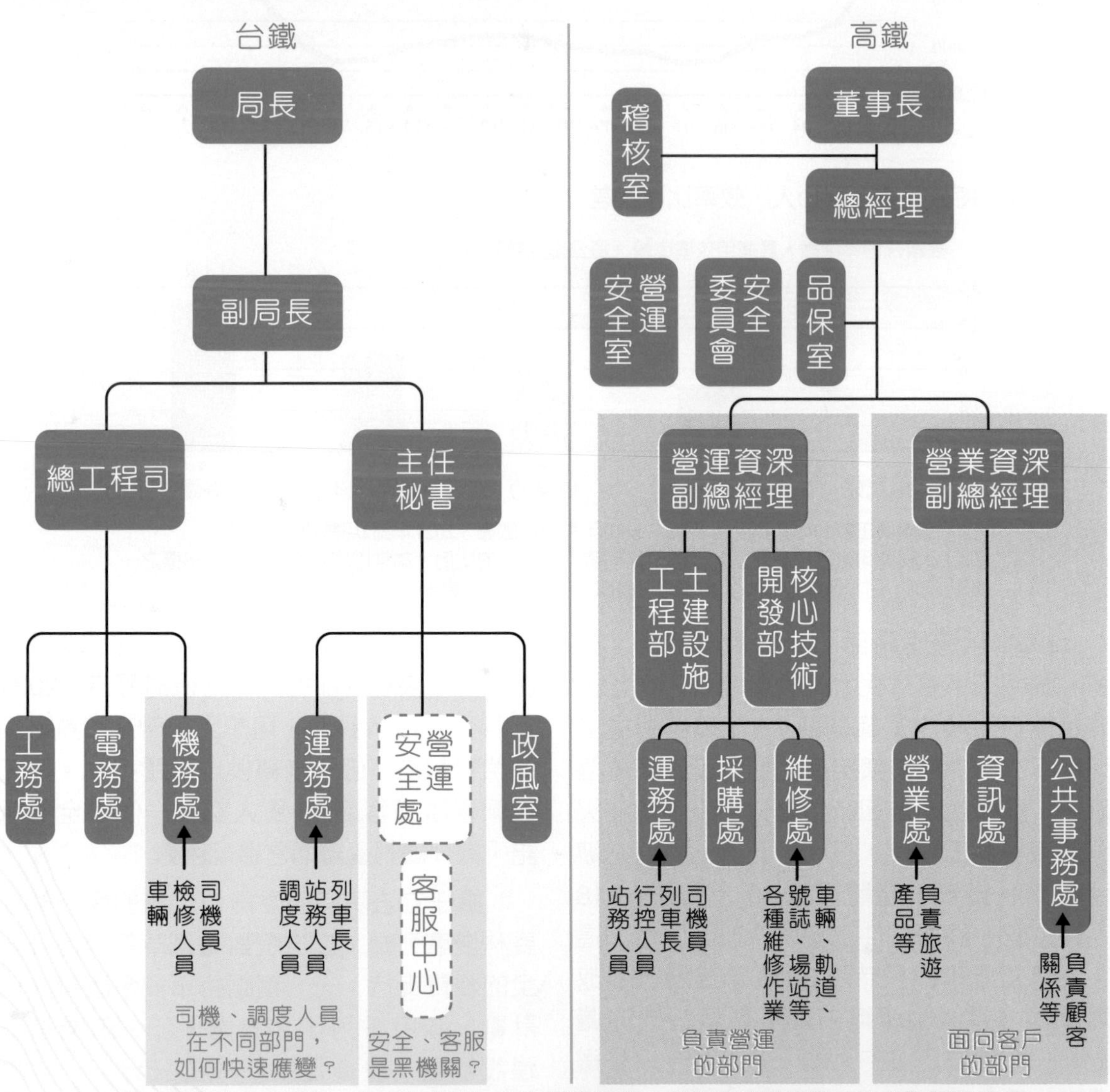

註：臺鐵營運安全處、客服中心等目前為任務編組，尚待立法院同意才能成為編制單位
資料來源：臺鐵、高鐵 研究整理：陳一姍、吳靜芳

如上圖左側所示，可以看到在臺鐵維護行車安全的司機、檢修人員、列車長、站務人員以及調度人員，分屬兩個不同的單位，司機屬於總工程司下的機務處，而列車長、站務人員等則隸屬主任秘書下的運務處。在行車其間，管控行車安全的司機與列車長，分別隸屬不同單位，如何有效溝通是這樣的組織結構設計的大挑戰；此外，由於臺鐵現行仍處於生產導向為主，也就是只管建設鐵路，相對較不重視服務：安全、客服在這樣的策略 Mindset 下，成為一個黑機關，李吉仁說。組織設計的關鍵是，必須在收到一線客戶對服務或產品砲聲隆隆後，需有效修正與優化服務內容，跟上需求，才能提供更好品質的產品。以高鐵為例，營運資深副總經理管運務，而營業資深副總經理管顧客關係、企劃新產品，由高階層的主管親自督導產品研發，由客戶導向進行思考。反之，臺鐵受組織法限制，臺鐵根本無法有效地調整內部組織的結構。2019 年行政院要求臺鐵總體檢報告，並成立營運安全處，負責安全管理業務，但新部門的層級仍設定在第三層與運務處地位平行。

在高鐵，員工手冊上有明文規定，列車行進時，組員不得進入駕駛室，組員與駕駛若違規，立刻被公司開除。臺鐵面對許多公安、誤點等違規，員工績效的評核都照職等來進行薪資的分派。相較臺鐵，稽核由政風室、主計室及企劃處負責，基本要求是依法行政以及執行，但卻無力管到運工機電四大處各自標準作業程序的執行品質。在高鐵，公司治理相關事宜直接稽核直屬董事會負責，臺鐵則是組織權責分工不均，以及職位間關聯不佳的設計。從企業組織改造的診斷來看，天下雜誌比對臺鐵與高鐵組織設計及管理系統，發現內部組織分工過於細緻，由 73 個小組織組成，卻缺乏橫向聯繫、統一整合的平臺；而且臺鐵文化只重技術生產，機、工、電三單位，掌管臺鐵運輸安全的重要單位，聽不見客戶現場需求，負責品管監督的公務機關三單位政風、主計、企劃，只管依法行政，不管品質落實，導致長年工安事件頻傳。反觀高鐵的組織結構，安全委員會、品保室以及營運安全室都由總經理直屬管轄，顯示組織內管理層級對運輸安全的重視以及決心。

資料來源：陳一姍、吳靜芳、史書華、楊孟軒（2021），「1600 頁報告、3 張圖挖掘出包真相　這一次，怎麼救台鐵？」，天下雜誌，721 期。

重點摘要

1. 組織的意義：組織有動詞與名詞之義。做動詞時，組織（Organizing）是管理功能之一，主要是根據組織設定的目標做分組與協調其任務、職權與職責。同時，組織也是代表組織活動的結果的名詞（Organization）。
2. 組織的種類：
   (1) 組織形成：正式組織、非正式組織。
   (2) 授權程度：集權組織、分權組織。
   (3) 環境反應：有機式組織、機械式組織。
   (4) 結構外觀：扁平式組織、高聳式組織。
3. 職權、職責與負責：職權是經由正式法律途徑，所賦予某職位的一種權力。職責代表完成某種被賦予的任務的責任。負責是指一人員對於本身職權與職責之履行，並將過程與結果向其上級報告。
4. 組織的功能：組織可達成分工、組織可達成目標、組織可適應環境、組織可創造價值與組織可協助溝通。
5. 組織設計的關鍵因素：學者羅賓斯認爲組織設計的工作內容，包含六個關鍵因素，分工與專業化、部門劃分、指揮鏈、控制幅度、集權與分權及正式化。
6. 集權與分權之權變因素：

偏向集權	偏向分權
1. 穩定環境。 2. 相較於高階管理者，基層管理者較缺乏決策的能力與經驗。 3. 基層管理不願負決策的責任。 4. 該決策事關重大。 5. 組織正面臨企業失敗的危機與風險。 6. 大型的企業。 7. 公司策略是否有效達成，有賴參與管理者出面表達意見。	1. 複雜而不確定的環境。 2. 基層管理者有決策的能力。 3. 基層管理者希望有決策權。 4. 決策相對不重要。 5. 組織文化開放而允許管理者有表達意見的機會。 6. 地理區域分散的企業。 7. 公司策略是否有效達成，繫於管理者的參與及彈性決策。

7. 不同的組織結構：

	結構要點	優點	缺點
簡單式結構	1. 層級少。 2. 結構簡單。 3. 高階主管的集權度高。 4. 所有權與經營權常不分。	1. 組織運作彈性。 2. 對外界的反應迅速。 3. 經營成本低。	當組織規模擴大時，業務增加或所在行業需規模經濟特性時，則無法生存。
功能式結構	1. 強調高度的專業分工，各部門有明確且清楚的營運目標。 2. 適用於以生產為主、強調效率而產品較少的單位。	可讓具有相同專長的人員聚集一起以收規模經濟之效。	1. 過於本位主義與封閉。 2. 容易缺乏水平溝通。 3. 忽略外在環境之影響與刺激。 4. 將完整之管理程序分割，造成協調困難。
事業部結構	1. 針對不同產品、地區或顧客成立獨立的部門。 2. 整個組織為分權組織。 3. 利潤中心制度。	1. 各產品部門利潤責任劃分清楚。 2. 對於各產品線情形易於掌握。 3. 有利於公司成長與多角化經營。	1. 容易形成只重短期利潤之現象。 2. 功能重複造成浪費。
區段式結構	1. 將成員作彈性組合及按市場需要配置。 2. 將部門做整合，成立策略事業單位。	1. 具有高度彈性。 2. 強化部門間的溝通整合。 3. 可減少高階主管之管理幅度。	1. 過於強調各部門之經驗。 2. 被忽視之部門人員有挫折感。
矩陣式結構	1. 按照開發產品或成立專案之需要成立任務小組。 2. 由原來各單位派人協助，在任務完成後歸建至各單位。 3. 採取功能式的專業分工與產品式的彈性適應。	1. 可兼顧效率與彈性。 2. 可強化團隊合作之能力。 3. 在資訊交流與幕僚人員上較有效率。	1. 管理費用較高。 2. 員工有功能式與專案式雙重任務，負擔加重。
專案式結構	1. 按照專案基礎或產品基礎進行部門的劃分，員工並無隸屬之功能部門。 2. 各部門自負盈虧。 3. 以分權為原則。	1. 各部門主管有較大的自主權。 2. 可培養通才人員。 3. 水平流通較容易。	1. 增加對通才人員訓練成本。 2. 垂直資訊流通較不易。
委員會結構	1. 組織各種委員會來集思廣益。 2. 分為暫時性的委員會與常設性的委員會。	1. 可達成集思廣益之效。 2. 決策執行較容易共識。	1. 容易造成決策遲緩、品質下降。 2. 責任無法歸屬而易做出風險性較高之決策。
自由式結構	不拘泥特定形式的多重型態組織。	1. 降低對層級與正式規章之依賴。 2. 可高度適應環境變化，極有彈性。	由於太過彈性，容易使企業失之方向。

8. 分權與組織結構：分權程度由低而高爲機械組織、程序導向組織、矩陣式組織、產出導向組織與有機式組織。

9. 機械式組織與有機式組織之權變因素：

機械式組織		有機式組織
低	←— 外在環境變動性 —→	高
高	←— 專業化程度 —→	低
低	←— 授權程度 —→	高
小	←— 控制幅度 —→	大
高	←— 組織僵化程度 —→	低
高	←— 正式化、複雜化、集權化 —→	低

10.組織設計理論：

年代	1900 ～ 1940	1950 ～ 1960	1970 ～ 1980	1970 ～ 1980	1990 後
學派	古典學派	行為學派	系統學派	權變學派	近代管理
理論重點	強調層級與效率。	重視組織彈性與人性。	將組織視為開放系統。	視情況決定組織結構。	強調組織學習與應變之能力。
組織特性	1. 層級原則。 2. 專業分工。 3. 專業效率。 4. 正式規章。 5. 指揮統一。	1. 強調人性。 2. 彈性編組。 3. 工作多樣化。 4. 低度專業分工。	綜合古典與行為學派。	組織結構須視所處之情境而決定。	強調組織要有很強的應變能力。
代表性組織	1. 機械式組織。 2. 高型組織。 3. 官僚組織。	1. 有機式組織。 2. 平型組織。	專案型組織。	權變組織。	1. 自由形式組織。 2. 學習型組織。 3. 虛擬組織。 4. 水平組織。 5. 網絡型組織。 6. 倒金字塔組織。 7. 無疆界組織。

本章習題

一、選擇題

(　　) 1. 組織的類型有許多的分法，其中使用「組織形成」的種類為下列何項？ (A) 分權式組織 (B) 扁平式組織 (C) 有機式組織 (D) 非正式組織。

(　　) 2. 巴納德所提出之職權的來源為？ (A) 知識職權論 (B) 形式理論 (C) 職權接受論 (D) 個人屬性論。

(　　) 3. 以下哪一種組織最強調授權？ (A) 自由式組織 (B) 簡單式組織 (C) 矩陣式組織 (D) 功能式組織。

(　　) 4. 尚德公司中行銷部與研發部彼此相互溝通稱為__________。 (A) 向上溝通 (B) 橫向溝通 (C) 向外溝通 (D) 向下溝通。

(　　) 5. 大娘喂連鎖飲料店銷售責任區分為臺灣北部、中部、南部、東部與離島，是為何種類型之部門化？ (A) 產品別 (B) 地區別 (C) 顧客別 (D) 功能別。

(　　) 6. 倒金字塔組織的特色為何？ (A) 最頂層是決策者，最底層是基層員工 (B) 最頂層是決策者，最底層是顧客 (C) 最頂層是顧客，最底層是基層員工 (D) 最頂層是顧客，最底層是決策者。

(　　) 7. 下列何者非羅賓斯（Robbins）的組織設計三構面？ (A) 正式化 (B) 複雜化 (C) 簡單化 (D) 集權化。

(　　) 8. A 公司為一中型公司，組織結構可分為研發部、財務部、行銷部、人資部與製造部。下列何者非 A 公司組織結構的缺點？ (A) 員工有雙重任務，負擔加重 (B) 容易缺乏水平溝通 (C) 過於本位主義 (D) 將完整之管理程序分割，造成協調困難。

(　　) 9. 有關於分權與組織結構之關係何者正確？ (A) 組織愈是偏向有機式，分權程度愈低 (B) 功能式組織的分權程度會較高 (C) 機械式組織是所有組織中分權程度最低者 (D) 以產品為基礎的產出導向分權程度會愈低。

(　　) 10. B 公司強調員工持續學習、領導者須充分授權與有彈性，請問這是何種組織？ (A) 倒金字塔組織 (B) 網絡型組織 (C) 虛擬組織 (D) 學習型組織。

(　　) 11. 將組織視為「開放系統」的學派為？ (A) 系統學派 (B) 行為學派 (C) 權變學派 (D) 古典學派。

(　　) 12. 以下何者並非組織設計的構成要素？ (A) 集權與分權 (B) 正式化 (C) 部門劃分 (D) 國際化程度。

(　　) 13. 孟子提出「民為貴，社稷次之，君為輕」的民本想法，認為人民應該要放在第一位，國家次之，君王在最後。在上位者的德行和為政不為百姓所接受，那上位者將喪失繼續執政的資格。此一觀點較符合以下何者所提出的職權來源論？ (A) 佛列特（Follett）的情境理論（Situational Thoery） (B) 彼得·聖吉（Peter Senge）的學習型組織（Learning Organization） (C) 巴納德（Barnard）的接受理論（Acceptance Theory） (D) 以上皆非。

(　　) 14.「雙重指揮鏈」的問題可能發生於以下何種組織結構？ (A) 矩陣式結構（Matrix Structure） (B) 功能式結構（Functional Structure） (C) 事業部結構（Divisional Structure） (D) 簡單式結構（Simple Structure）。

(　　) 15. 下圖為微星航空的組織圖，小尤任職於稽核室，負責公司內部控制。根據職權的分類，小尤具有以下何種職權？ (A) 直線職權（Line Authority） (B) 幕僚職權（Staff Authority） (C) 功能職權（Functional Authority） (D) 知識職權（Authority of Knowledge）。

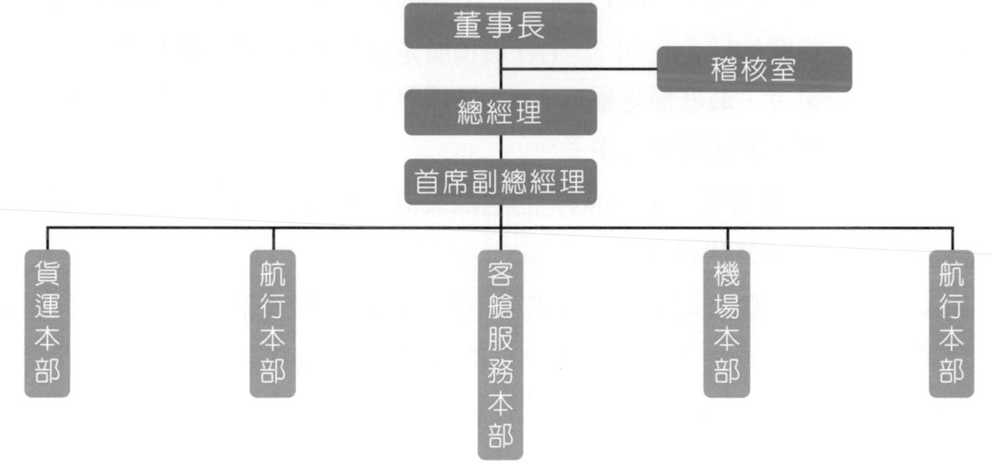

(　　) 16. 下圖為 C 食品公司的組織圖，該公司的部門劃分方式應屬於以下何者？ (A) 顧客別部門化 (B) 產品別部門化 (C) 程序別部門化 (D) 功能別部門化。

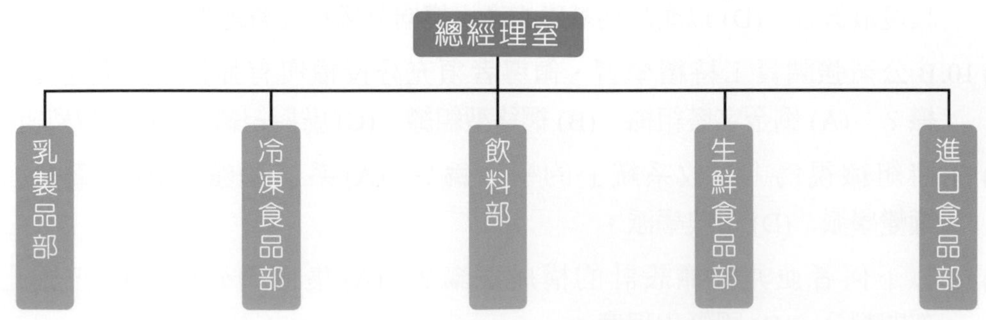

(　　) 17. 北山人壽保險公司按照案件屬性將產品予以分類，例如交通事故意外險、醫療險、旅平險、儲蓄險及壽險等，並由單位內各有專精的人員分別負責。請問這種分類方式符合何種組織設計原則？ (A) 指揮鏈統一 (B) 專業分工 (C) 集權管理 (D) 提高正式化。

(　　) 18. 以下關於組織權變因素與控制幅度間的關係，何者正確？ (A) 當部屬工作能力較強時，主管控制幅度應較小 (B) 在大量生產作業下，控制幅度應減少 (C) 若部屬間工作關聯性低，且工作的標準化程度亦低時，適合較小的控制幅度 (D) 當工作環境變化大，且職務性質需要高度創造力時，適合較大的控制幅度。

(　　) 19. 美美為北山保險公司之業務，負責防疫保單之推銷，由於近日 COVID-19 確診數遠遠超過預期，公司審核過後不同意美美原先所簽約保戶之保單，而要取消，但是並非由公司相關部門通知客戶，而是通知美美告知。許多客戶因此認為美美不守信用，而將不能承保之問題怪罪於她，美美也因此感到相當委屈。根據美美發生的狀況，最可能是導因於以下何項組織結構設計問題？ (A) 效率與效能失衡 (B) 專業分工失當 (C) 規劃與執行未充分連結 (D) 職權與職責未相當。

(　　) 20. 范小姐任職於一間生技公司，過去負責新型病毒之相關研究，並將研究結果發表於頂級科學期刊上。公司目前想跨足新病毒疫苗之研發領域，因此將疫苗開發與測試任務交由她與她的團隊主導。請問范小姐的職權來源符合以下何種觀點？ (A) 形式理論（Formal Theory） (B) 知識職權論（Authority of Knowledge） (C) 個人屬性論（Personal Attributes） (D) 接受理論（Acceptance Theory）。

二、填充題

1. 部門化有哪些基礎？________、________、________、________、________。
2. 企業溝通的方向有哪些？________、________、________、________。
3. 組織設計時會考慮到的六種因素：________、________、________、________、________、________。
4. 職權的來源有：________、________、________。
5. 組織的種類可用哪幾種方法區分？________、________、________、________。

NOTE

第 09 章

組織文化與組織變革

學習重點

本章我們要來了解組織文化與組織變革：

1. 組織文化
2. 組織變革

組織文化 → 組織變革

組織文化
- 組織文化定義
- 組織文化來源
- 組織文化構面
- 組織文化的功能與失能
- 組織文化的類型
- 組織文化的延續

組織變革
- 組織變革的意義
- 組織變革的類型
- 引發變革之因素
- 組織變革程序
- 組織變革抗拒之因
- 降低抗拒變革之方法

9-1 組織文化

一、組織文化的定義

組織文化（Organizational Culture）是指組織內所有的成員共同遵守信念、價值觀與基本假定之集合。經由長期的塑造，並以非正式的方式來傳達與規範組織成員合適的行爲，使該組織與其他組織有所不同，並成爲該組織的一大特色。

二、組織文化的來源

組織文化會在成員間醞釀出一種氛圍，對成員的態度與行爲有很重要的影響，並且會受到其薰陶，而展現出符合組織所期待的行爲。

一般來說，組織文化主要傳達創辦人之信念與價值觀，其次則爲組織結構、早期的員工工作經驗及心得與組織所面臨之內、外部關鍵事件而形塑，在彼此互動中形成組織內部的相關文化，如圖 9-1。

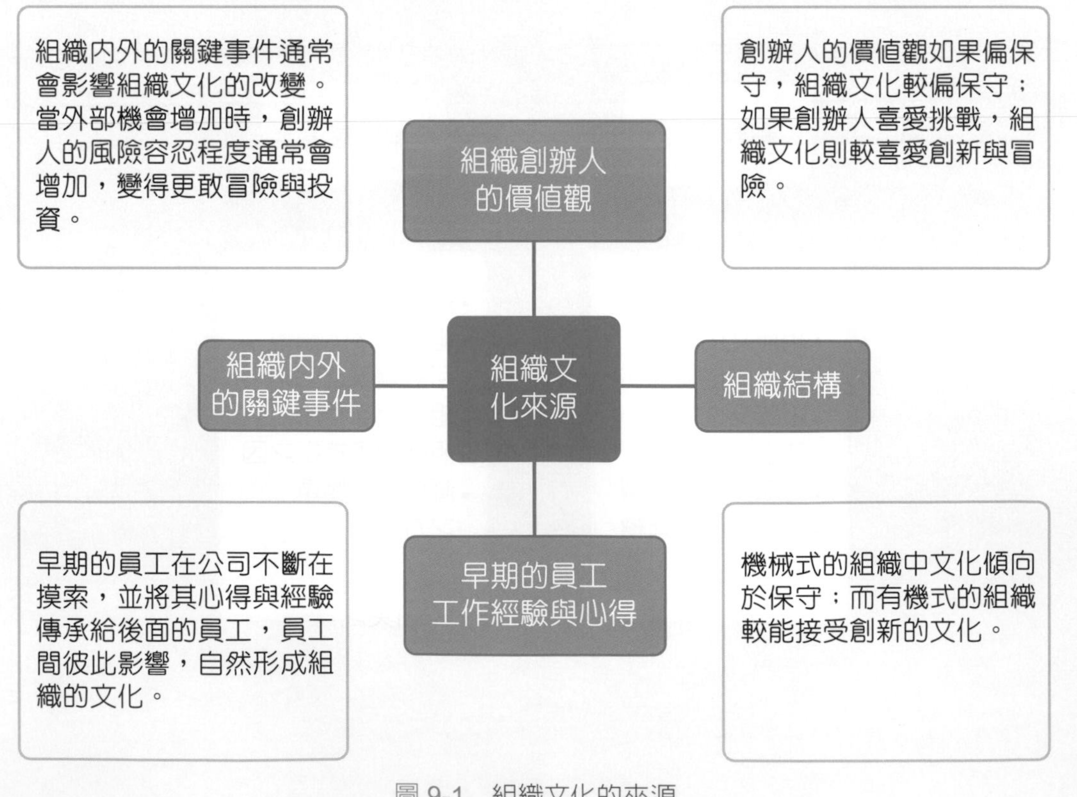

圖 9-1　組織文化的來源

三、組織文化構面

在前述的定義中，組織文化可以建立成員符合組織價值觀的行爲，並且讓該組織與其他組織做出區別。因此，如果組織領導者要了解自身與其他組織間的差別，分析組織自身強勢與弱勢的文化，可以從組成組織文化不同的面向來理解不足之處，並進一步作調整。

羅賓斯（Robbins）、查特曼與耶恩（Chatman and Jehn, 1994）所列出的組織文化構面，如圖 9-2。

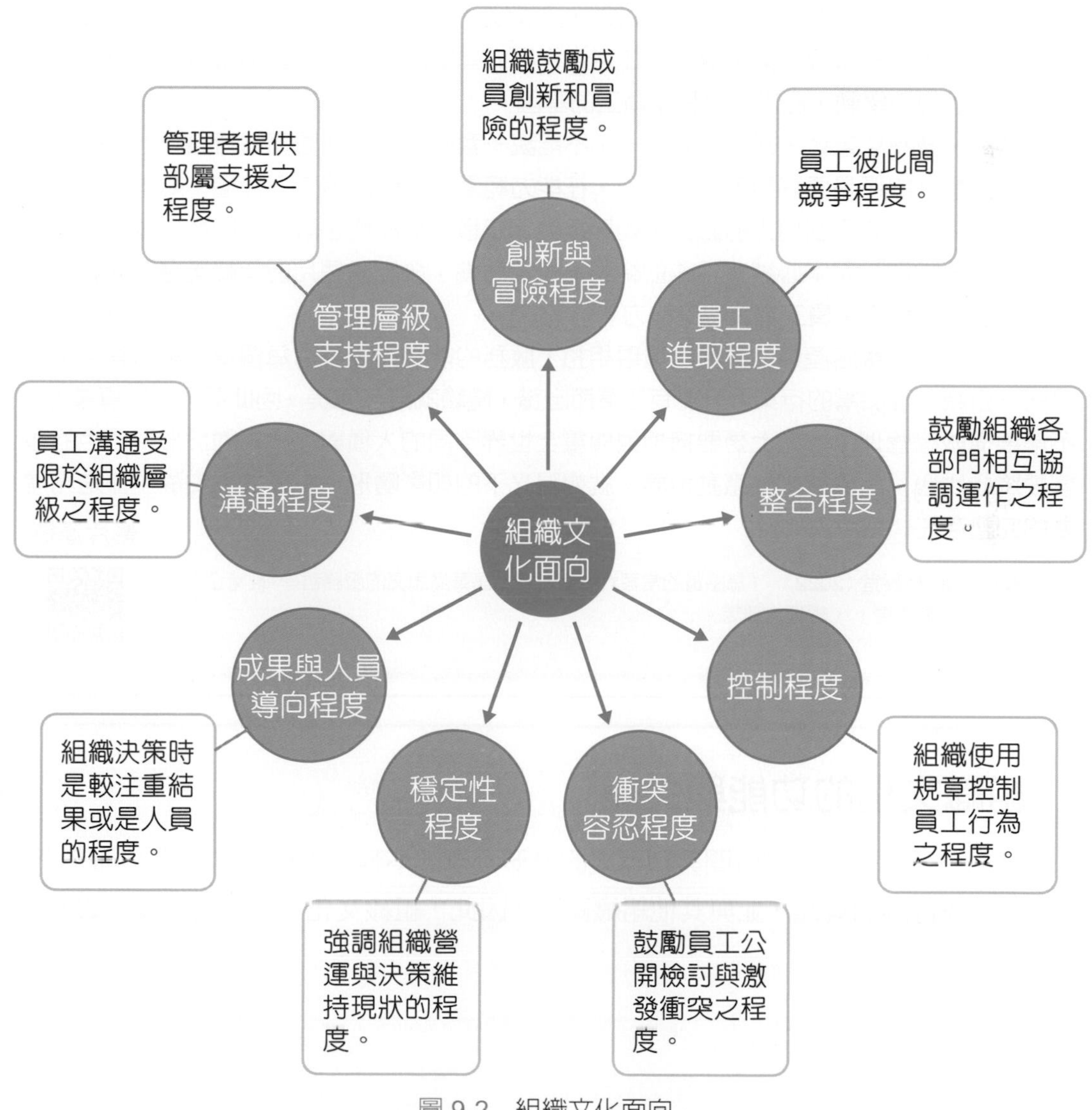

圖 9-2　組織文化面向

時事講堂

晶華酒店的「將心比心」組織文化

在經營企業上，晶華創辦人潘思亮積極打造職場上的「將心比心」組織文化。他認為經營企業，文化比策略還重要，好的企業文化可以是讓團隊由平凡變非凡的力量。所謂的「將心比心」，是要學會從顧客、同事、股東、合作夥伴的窗戶往外看。同時也是生活化的，不管在職場上或私領域上，晶華人都要內化將心比心的想法，要以主人的待客之道來款待對方，融入溫度，才能準確進入對方的世界，達到共好。

大部分的晶華員工都有與客人之間的故事。晶華有不少定期入住老顧客，員工會熟悉他們的生活習慣。曾有房務同仁在下班後，還特別煮了雞湯給一位重感冒的國際常客，想讓這位老客人早點恢復元氣，讓這位住遍全世界五星級飯店的客人直讚臺灣的人情味。這些將心比心的小舉動，已內化為晶華員工的基因。

然而，做為經營者，言行更要如一，不能說一套做一套。潘思亮堅持晶華即便遇上危機，首先想到的還是要對員工將心比心，在能力範圍內，保障員工工作權。如同這幾年的疫情，飯店業營收受到極大的影響，如果按全年業績，年終獎金最多只能發一個月，但潘思亮首次未按照利潤中心績效評鑑的結果，決定加碼，發出兩個月的年終獎金。他認為經營者若能將心比心，員工才會有向心力。

一般來說，飯店產業的服務鏈環環相扣，服務的前臺與後臺的每個單位都有其專業，是個一百減一等於零的行業，只要有個環節出錯，體驗就無法完美。因此晶華人在專業上，不僅要懂飯店管理，心態上更要擁抱與尊重全世界不同的人種與文化，對於形形色色的顧客要將心比心，用款待服務感動世界。就如陽光下的如影隨形，影子雖然安靜，卻是光需要的完整存在。

影片連結

資料來源：林靜宜（2022），「為感冒的常客煮一碗雞湯！晶華潘思亮的服務哲學：經營企業，文化比策略重要」，經理人雜誌。

四、組織文化的功能與失能

組織文化是經由漫長的時間累積而成的無形資產，不容易被模仿與改變；同時可幫助組織成員形成行為的規範，並與其他組織區別。因此，組織文化有以下的功能，如表 9-1。

表 9-1　組織文化的功能

組織文化的功能	說明	實例
闡明組織存在之意義與價值	組織文化闡明組織成員所需要遵守的價值觀與信念。 當組織成員做事時，或是遇到內、外部的變化不知該如何決策與回應時，應該遵守組織文化。	當公司員工遇到客戶希望給予回扣藉此得到訂單時，員工想到公司有誠實與不得收賄的文化，於是回絕。
區別不同組織的特色	組織文化可以界定組織的特色與行為，使本組織有別於其他的組織。	A 公司極度重視環保與節儉的文化，因此所有單面的廢紙都需要重複使用；或溫度未達 27°C，公司不能開冷氣。
促進組織內部的穩定	當組織文化一旦形成且被奉為圭臬後，成員對組織的向心力會提高，可促進組織的整合與團結。	B 公司對於品質非常重視，成員都很認同公司的文化，因此研發人員在產品的設計上盡量降低不良率，而第一線的人員對客戶服務也非常在乎，遵守客戶至上的理念。
提高成員認同對組織的承諾	當組織的價值觀形成大家的行為規範時，可以讓成員放棄私慾，對組織做出更多的承諾，來協助組織達成目標。	C 公司希望員工們都能學習團隊合作的價值觀，因此員工 Andy 每次在討論時都很注重其他部門同仁的想法，不會堅持己見，希望可以找出對公司最好的方式。
界定與控制員工的態度和行為	組織文化會成為成員在工作中的行為，可作為員工行為的控制機制，讓成員形成符合公司文化的工作態度與合適的行為。	D 公司最注重的文化就是創新。如果員工可以對於產品設計或營運流程上提出創新，且可實行的想法，公司則會大力支持其理念；但如果員工總無法提出創新的點子，公司則會在年度考核時，毫不猶豫地解雇該名員工，此舉激發員工在產品會議時充滿了創意。
提供成員在決策時的參考依據	當組織成員間彼此在工作中的合作有爭執或疑慮時，組織文化可作為管理者在領導員工，或員工在決策時的參考依據。	E 公司以追求顧客滿意度為原則。因此員工在遇到客訴時，不論是非對錯，秉持著顧客永遠是對的理念，還是盡力處理顧客的抱怨，絕對不可起衝突。

雖然組織文化能夠協助組織達成許多目標，但如同刀的兩面刃，組織文化如果不當的使用也會產生失能，造成不好的後果。如表 9-2 說明文化失能的涵義，並以手機零組件廠爲例。

表 9-2　組織文化的失能

組織文化的失能	涵義	例子
成為組織目標的達成之阻礙	組織為適應動態的環境，目標與策略常常需要做改變。此時，原有的文化可能不僅不能幫助新目標的達成，反而成為阻礙。	甲公司過去為一間只接國內訂單的手機零組件廠。 然而近年國內市場緊縮，該公司決定積極拓展海外市場，因為常需要和不同時差的國外顧客開會，導致業務無法適應而喪失許多國外訂單。
妨礙多元文化的形成	許多國際企業常忽略多元文化帶來的影響，繼續秉持著母公司原先的文化去領導國外子公司，造成決策時的單調性。	幾年後，甲公司將產品版圖擴張整個歐洲市場，在義大利與荷蘭建設子公司。但高階主管皆為臺灣外派，且忽視在地文化的影響與不同國家員工之意見，導致做出許多失敗的決策。
阻礙變革	當外在環境急遽改變，組織為因應變化而需要進行變革時，組織固有的文化與慣性，通常會成為員工抗拒變革與創新之理由而造成失能。	母公司發現單一文化對拓展歐洲市場不利之影響。 為解決此問題，決定子公司高階主管除臺灣外派外，還要聘請當地優秀人才一同決策與管理。此舉造成臺灣外派高階主管之抗拒，覺得地位與權利被剝奪，不願與國外人員配合。

五、組織文化的類型

眾多學者中以卡麥隆與昆恩（Cameron and Quinn, 1999）兩位學者所提出的組織文化型態最爲知名。兩位學者將「組織管理焦點傾向」與「組織運作傾向」兩個面向結合，分類出四種組織文化構面：「宗族型態文化」（Clan Culture）、「積極創新型態文化」（Adhocracy Culture）、「科層型態文化」（Hierarchy Culture）與「市場型態文化」（Market Culture），如圖 9-3 及表 9-3。

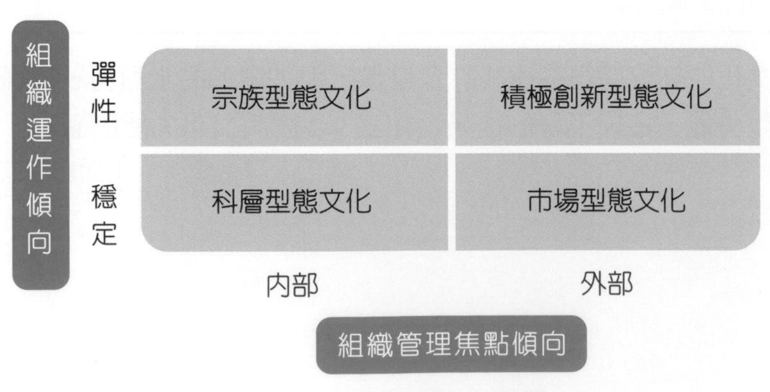

圖 9-3　四種組織文化類型

表 9-3　組織文化類型與涵義

類型	涵義	例子
宗族型態文化	最主要就是組織像一個家族，成員間有高度的信任與凝聚力，也會相互包容，以組織的最大利益為目標及決策考量。 此組織的上司與下屬彼此相互合作，並擁有和諧的氣氛；相對的比較保守，對外也容易有排他性。	家族企業
積極創新型態文化	此組織文化強調組織對外的競爭導向和動態應變能力。 內部的組織成員需要具備創新與勇於承擔風險之精神，還能獨立自主的解決複雜度及難度高的問題，此種文化適合組織屬於高度變動的產業。	科技產業
科層型態文化	科層文化就是以組織層級與權力作為控制內部成員的方式。 此組織內部層級劃分清楚、職權分明、集權導向、員工自主權低，為一整合性高之組織，適合環境穩定與單純之產業。	傳統產業
市場型態文化	市場型態的文化則是組織是目標導向，鼓勵成員間彼此競爭，績效掛帥，高績效者可獲得高報酬。 此種文化雖然為組織創造獲利，但也容易造成沒有跨部門的相互整合與合作機會。	跨國企業不同品牌子公司

另外，現今的組織爲因應環境變化與增加組織績效，多強調組織要建立創新的制度與文化；道德文化與企業倫理的價值觀，目前也成爲許多組織文化的主流。組織建立創新與道德文化的價值觀會直接影響成員在工作場域的行爲，但是價值觀是如何影響組織的文化呢？

組織文化的建立可取決於兩個變數（Yoash Wiener, 1988）：成員對於「價值觀的認同程度」（價值觀的一致性程度）以及「文化對於組織成員的影響力」（價值觀的強度）。

這兩個變數合起來可發展成四種不同的文化：「強勢文化」（Strong Cultures）、「弱勢文化」（Weak Cultures）、「被動型文化」（Passive Cultures）及「競爭型文化」（Competing Forces），如圖 9-4。

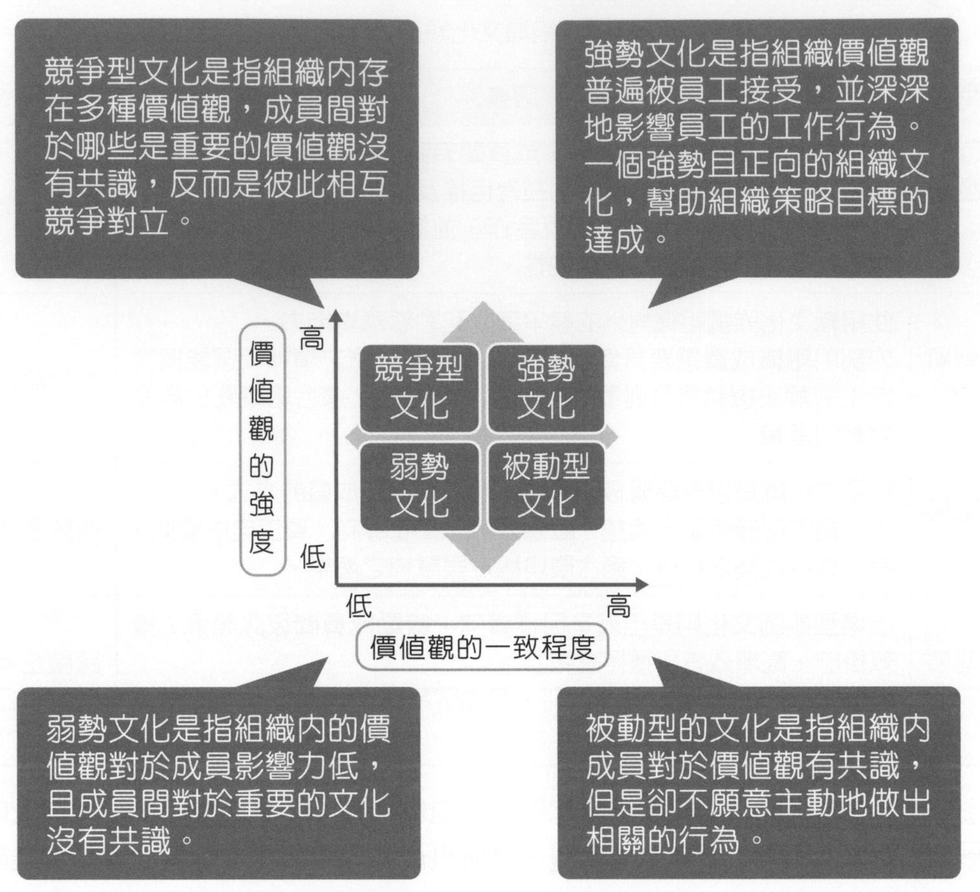

圖 9-4　價值觀對於組織文化的影響

資料來源：改編自 Yoash Wiener（1988）. "Forms of Value Systems：A Focus on Organizational Effectiveness and Cultural Change and Maintenance,". *Academy of Management Review,* 13 (4), P. 534-545.

管理便利貼

組織內除了組織文化外，還有可能存在不同的次文化（Subculture）。次文化是指以性別、部門、工作群體等為基礎而形成的群體，彼此有共同之價值觀，而其價值觀與行為並未被不屬於同一群體之成員所接受，形成組織內獨特的一群成員。如業務部門中專門有一群人強調業績至上的論點，所有行為均為追求最高績效為指標，反而忽略了道德與倫理。

六、組織文化的延續

組織文化形成後，必須思考文化如何在組織中保存且延續下去的方法。組織可透過不同的方式將文化深植在組織中，這稱爲「組織文化的社會化」。

社會化主要是透過幾個方式進行，如表 9-4：

表 9-4　組織文化的社會化

方式	涵義
領導者以身作則	組織文化深植人心的要點，就是組織領導者必須以身作則，扮演組織文化中的典範角色。
製作正式的書面資料發布給員工	組織中通常有正式的規章與書面資料，告知組織所尊崇之價值觀與信念，作為新進員工訓練與現有員工做事之準則。
將文化列入甄選與升遷員工之標準	組織可以透過甄選或延攬認同該組織文化的人員，使文化得以延續。另外，為強化現有員工對該文化的認同，也可將符合組織文化之相關行為納入升遷的標準。
獎酬系統的建立	組織可建立符合組織文化所期待之行為的獎酬系統，鼓勵員工出現公司預期之行為，或抑制員工出現不適當的行為。
物質表徵	組織可透過空間的設計、陳設與員工的穿著等外在形象，向員工與顧客傳達組織文化的重要訊息。
儀式	組織可透過內部的儀式來宣傳組織文化，並藉由給予認同文化的員工讚揚與獎勵，進一步激勵其他員工向成功的員工學習。
故事與傳說	組織可將其創辦人或員工過去的事蹟，在適當的場合分享給員工，讓員工可快速與深刻的理解組織的文化與期待的行為。

圖 9-5 即以一間強調團隊文化的組織爲例，說明組織內部是利用哪些方式傳達與延續團隊文化之精神。

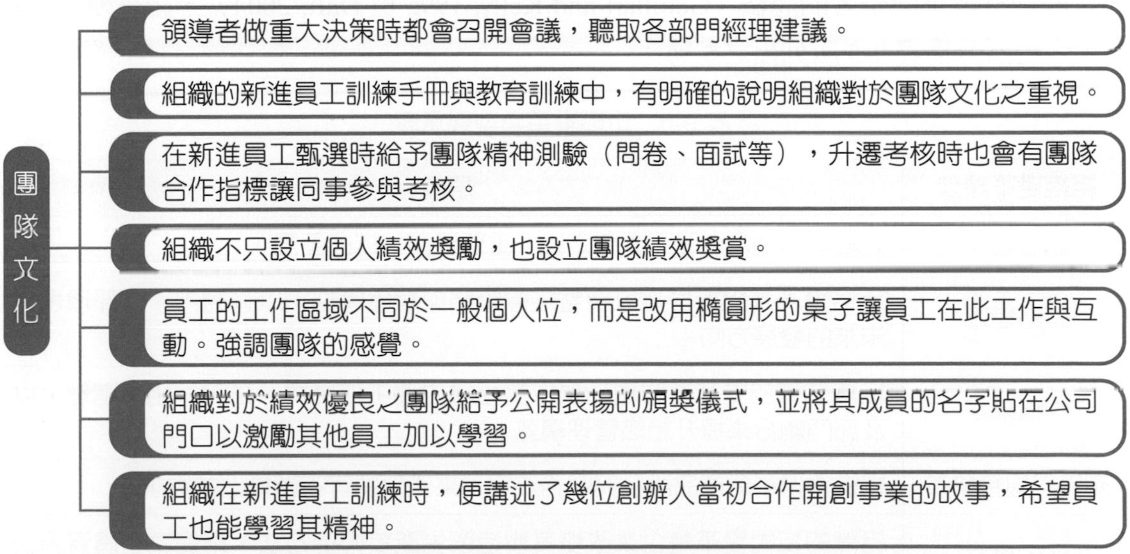

團隊文化

- 領導者做重大決策時都會召開會議，聽取各部門經理建議。
- 組織的新進員工訓練手冊與教育訓練中，有明確的說明組織對於團隊文化之重視。
- 在新進員工甄選時給予團隊精神測驗（問卷、面試等），升遷考核時也會有團隊合作指標讓同事參與考核。
- 組織不只設立個人績效獎勵，也設立團隊績效獎賞。
- 員工的工作區域不同於一般個人位，而是改用橢圓形的桌子讓員工在此工作與互動。強調團隊的感覺。
- 組織對於績效優良之團隊給予公開表揚的頒獎儀式，並將其成員的名字貼在公司門口以激勵其他員工加以學習。
- 組織在新進員工訓練時，便講述了幾位創辦人當初合作開創事業的故事，希望員工也能學習其精神。

圖 9-5　組織文化傳承與延續之方式－重視團隊文化之某組織為例

請依組織文化的不同面向與類型，說明你所在的組織（如社團、系所或打工場所等）有何特色與所屬之類型。

9-2 組織變革

由於環境的快速變遷，組織爲求生存與永續經營，不得不追求組織的創新與改變，將過去不合時宜的結構、策略、管理或文化等進行有計畫之改變，以因應企業面對內、外部新環境的挑戰。

一、組織變革的意義

通常是由於外部或內部之壓力促成變革的動機，企業管理者因應壓力，爲追求永續經營與持續發展，必須將組織進行適當的調整與改變。通常會聚焦於人員、策略、技術、文化、結構，以及服務體系等不同面向的改革與調整，以增進組織整體的效能，進而達成永續經營之目標。

二、組織變革之類型

經過整理不同學者的想法（Gouillart and Kelly, 1995 與 Daft, 2004），組織變革的類型大致可區分爲表 9-5 所列出之型態：

表 9-5　組織變革類型與意義

組織變革類型	意義
觀念變革	對組織的使命與願景重新定義，重新建構組織的藍圖。
策略變革	策略變革是組織擬定或調整經營策略與競爭策略，以適應內、外部環境與未來的發展方向。
結構變革	組織結構的變革是強調透過改變組織內部工作結構、分工、組織階層，以及部門劃分來提升組織管理績效。
產品與服務變革	組織透過創新產品設計與服務流程，來滿足顧客不斷變化的需求。
技術變革	組織的技術變革是企業改變其製造或生產技術的方法，來提高整體資源的使用效率。通常包含生產體系、組織技術、營運流程與管理技術之改變。

組織變革類型	意義
行為變革	組織行為的變革，主要是透過改善內部員工工作態度、增加員工工作技巧與知識技能，來提升員工之生產力，如專案團隊即是一例。
文化變革	組織為因應新的環境而調整成員的信念、價值觀與行為模式來建立典範。

三、引發變革之因素

組織是個開放性系統，很容易受到內、外在的影響，所以引發變革之因素可分爲「內部」與「外部」因素。內部因素包含個人、群體或組織等不同層面的因素；外部因素則包含總體環境與任務環境，如政治、制度、技術、法律、科技或產業與市場的變化，圖 9-6 即在說明組織變革之過程：

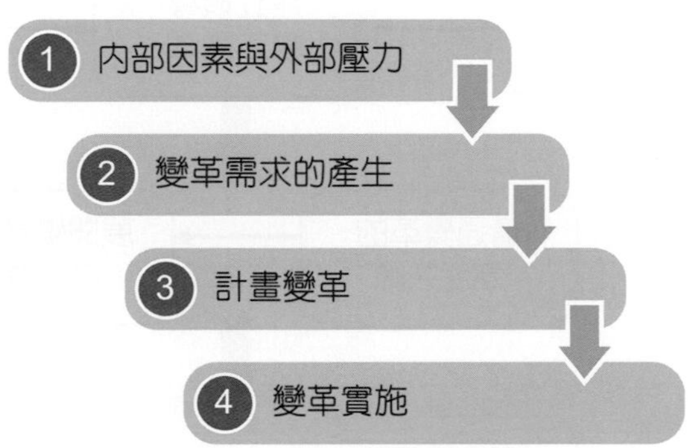

圖 9-6　組織變革過程圖

資料來源：Kotter, J.P. and Cohen, D.S.（2002）. *The Heart of Change*., P.5.

管理便利貼　組織變革內外部力量

一般來說，組織變革力量可分為內部與外部。內部的力量包含了如新的軟硬體設備導入、新的組織策略調整、引進新的人力資源或員工的建議等。相對於內部的因素，外部的影響因素如政府新政策或新法規、經濟環境好壞、消費者需求或競爭者策略之改變及科技環境之提升等。這些不同的因素都會影響到企業的策略、組織結構或經營方式，而進一步促使組織走上變革之路。

四、組織變革程序

科特與柯恩（Kotter and Cohen, 2002）將組織變革的程序分爲四個步驟與八個流程，如圖 9-7 與 9-8。

步驟一	步驟二	步驟三	步驟四
始於升高組織經營的危機意識，期望建立凝聚變革的高度共識，而後建立出領導變革團隊。	領導變革團隊勾勒出新的願景，營造出變革急迫感的氣氛，創造必須變革的理由，並利用溝通與利益結盟來排除變革的障礙。	開始全力展開變革行動，鼓勵有創意的想法，並鞏固變革成果，希望持續變革以達成目標。	最後必須繼續推廣，讓變革的結果深植在組織文化中。

圖 9-7　組織變革四步驟

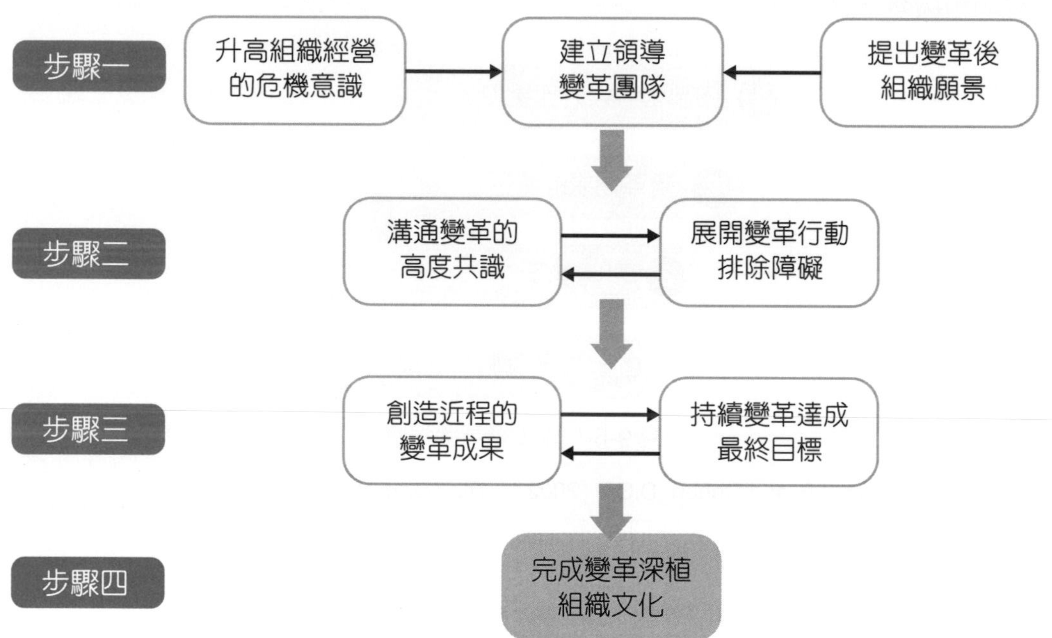

圖 9-8　組織變革的八個流程

資料來源：陳水竹等人著（2012），《管理學理論運用發展與個案教學實例》，全華圖書股份有限公司，頁 211。

管理便利貼

科特里溫（Kurt Lewin）認為為了要穩定變革過程，變革需要經歷三個步驟：解凍（Unfreezing）、改變（Changing）、再凍結（Refreezing）。

五、組織變革抗拒之因

只要是有變革就一定會有抗拒。抗拒可能是來自於個人的擔心，也可能是團體的因素。基本上，組織變革的抗拒力量可能是來自於四個方面，內容如下與表 9-6 所示：

1. 群體因素：由於組織內部本來就會形成許多非正式的群體。因此在變革期間，可能會影響這些非正式群體建立出來的規範與員工間互動的關係，而破壞原有群體行為，進而產生抗拒因素。
2. 個人因素：變革的結果時常會衝擊到組織內部某些人的利益，導致產生強烈的不安全感。另外，變革的過程也會讓較保守的人改變其習慣。再來，許多人會對變革後的情況產生不確定的恐懼，造成抗拒的心理。
3. 組織因素：組織改革會對組織內部的資源與人事重新調整，威脅到既有的某些部門或主管現有的權利，使得內部的管理者怕犧牲自己的利益而有抗拒的心態。另外，如果原先組織是屬於機械式架構的，會傾向維持原狀，不喜歡變革。
4. 其他因素：內部的管理者害怕權力變更後會得罪企業金主，或既有利益者而產生抗拒。

表 9-6　組織變革抗拒之因

因素	說明	舉例
個人因素	不安全感、習慣改變、衝擊個人利益。	公司決定要換新作業系統，由於員工要花許多的時間學習，因此普遍接受度不高。
群體因素	改變非正式組織的規範、破壞員工原來的互動行為。	公司為避免辦公室戀情發生而影響工作，明訂異性員工私下不可聚會與交流，破壞了員工間非正式的交流，造成員工之抗拒。
組織因素	管理者害怕影響自我利益、機械式組織較不傾向改革。	公司空降新的總經理，各部門經理因為覺得新總經理搶了他們升遷的機會，因此抗拒新總經理的到來。
其它因素	怕得罪金主或既有利益者之權利。	今年度的員工旅遊，員工希望公司更換過去的承包之旅行社，但由於承包廠商為公司內最大股東親戚所開，故公司高層決定不更換旅行社。

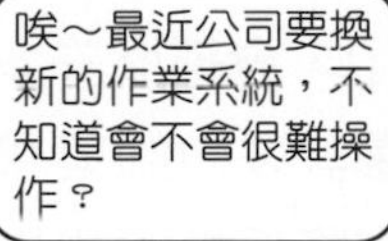

六、降低抗拒變革之方法

當企業欲進行組織變革而遭受到抗拒時，推動變革的主管需要使用一些方法來解決這些抗拒。通常公司使用的方式可分爲兩種，有負面的降低變革抗拒與正面的提高變革意願。

提高變革意願是指讓組織成員能有共同的信念，願意自發性的配合組織改變。羅凱揚與施進忠（2012）提出提升變革意願可分爲「強勢文化」、「企業的承諾」、「明確的願景」與「利益的一致性」，如表 9-7。

表 9-7　降低抗拒變革之方式

類型	方式
降低變革抗拒	透過循序漸進的方式推動改革，以階段式實施組織變革。
	選擇合適的組織變革推動者，透過領導者的適當溝通與協調來降低抗拒。
	透過教育訓練的溝通方式，讓其他人員能了解變革的內容。
	讓參與人員彼此充分討論，來爭取對於變革的認同感與支持。
提高變革意願	強勢文化： 強勢文化是指組織成員強烈接受該企業的核心價值觀，其文化對員工有強勢的規範作用。如果組織文化是較願意改革的，會有利於變革的推行。
	企業承諾： 當企業對組織成員承諾變革會有助於成員間未來的長期發展時，成員對於變革的接受度將會提高。
	明確願景： 企業必須透過各種管道，讓組織成員明確的了解到組織的願景，以及變革的原因，以增加員工對變革的信心。
	利益一致性： 許多人抗拒變革的原因其中之一，就是懼怕變革會影響到其原先的利益。 因此組織變革應以組織成員的個人利益作為變革的主要動力，要使成員了解變革對於個人與企業的利益為何，來加強成員的信心。

以下以 A 與 B 兩大學合併爲例。一般大學在合併的過程中，會經歷許多年的溝通、協調與磨合。因爲在合併過程中，光是制度的改變就可能會讓許多教師與學生感到不適應或抗拒。此時，校長在推動改革時，就會透過很多的方式來降低抗拒或提高變革之意願，如圖 9-9。

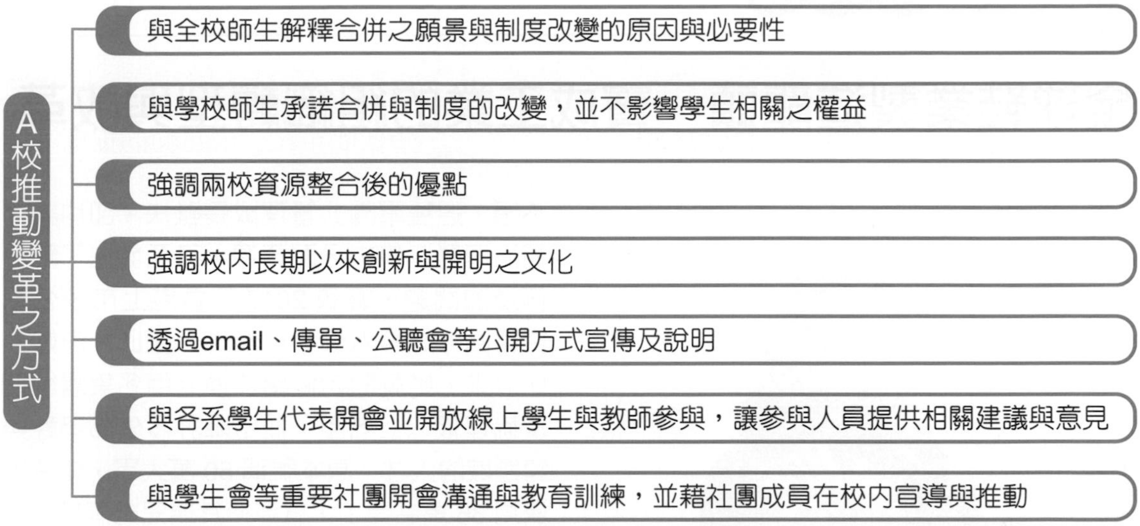

A校推動變革之方式

- 與全校師生解釋合併之願景與制度改變的原因與必要性
- 與學校師生承諾合併與制度的改變，並不影響學生相關之權益
- 強調兩校資源整合後的優點
- 強調校內長期以來創新與開明之文化
- 透過email、傳單、公聽會等公開方式宣傳及說明
- 與各系學生代表開會並開放線上學生與教師參與，讓參與人員提供相關建議與意見
- 與學生會等重要社團開會溝通與教育訓練，並藉社團成員在校內宣導與推動

圖 9-9　A 校推動變革為例

管理動動腦

依照過去許多企業改革的經驗，有循序漸進的改革，也有速戰速決的方式。請問你贊成前者，或是後者之改革方式？並說明原因。

全球鞋業製造龍頭—寶成工業的組織轉型與改革

寶成—全球知名鞋業的代工廠，是一間員工數達 36 萬人、年營收近 3 千億的跨國企業。平均全世界每 5 雙鞋，就有 1 雙出自寶成，全球運動鞋巨頭耐吉（Nike）、愛迪達（Adidas）都是寶成的客戶。寶成在 1969 年由蔡裕元所創辦，初期主要從事塑膠鞋之生產製造及出口，爾後開始專注於運動鞋及休閒鞋之研發製造，並於 2012 年僅 33 歲的蔡佩君由父親蔡其瑞手中接棒。

對蔡佩君而言，她接的是全球最大製鞋代工王國，但同時在人事與經營上也暗藏了許多挑戰。因此，蔡佩君接班後首要任務就是進行改革與轉型。她也因管理與領導作風強悍，被外界形容為「鐵血公主」。並於 2016 年被《富比士》名列亞洲 50 位女強人之一，排名第 44。

寶成事業版圖龐大，各事業群的權力極大。在父親蔡其瑞時代，給予寶成集團旗下各事業群主管極大的權力，並依業績論資源。不過，這種軍團式管理成長雖快，卻也讓公司治理難以集中分配資源，甚至發生了鞭長莫及的問題，導致 2017 年香港上市子公司寶勝國際爆發做假帳的事件。因此，自她上任以來，她就開始陸續汰換近百名集團經理及協理級以上老臣，並空降許多外部年輕與跨領域的人才，原本號稱 50 萬大軍，如今也僅剩 36 萬名員工，就連蔡其瑞兄弟蔡其仁、蔡其建、蔡其能的二代，原在集團任職也已相繼退出，讓公司少了家族色彩，變得更企業化與年輕化。她完全改變過去老董蔡其瑞的時代，升遷幾乎都是由基層論業績往上爬的情況。因為她知道，公司如果不轉型，過去的軍團式管理會有著長期隱憂。

其次，代工不好賺。尤其近年疫情重創下，製鞋獲利大不如前。但其實早在蔡其瑞任內，就有心推動集團改革，想要從製造端跨到零售與品牌端，成為真正的、永遠的、長長久久的事業。同時，蔡其瑞也雇用不少科技、金融業人才擔任高階主管想做轉型，但礙於人情包袱難施展。因此，女兒蔡佩君在接班後便積極學習品牌客戶經營消費市場的模式，開始轉型於發展通路事業。她開始著力於運動零售通路品牌「寶勝」及轉投資南山人壽。她認為全通路的轉型，可以有助於公司對顧客有更好的了解，通路端可以將顧客的訊息，回饋給品牌客戶，可以讓寶成與品牌客戶，從設計與製造更緊密合作，進一步提升寶成對於品牌客戶的價值。

這不僅僅是為集團長出第二收入來源，更牽動製造的轉型大計。未來製鞋不再只是談價格，而是談對顧客的價值，更讓寶成有機會再次獲得 Nike 的關愛。集團旗下寶勝國際目前在中國有近 9000 家店，近年更打進健身市場開設體驗店，不僅成立練跑團，還跟運動員合開理髮廳，希望結合運動、社群、體驗，跨入會員經濟，以藉此獲得顧客消費與體驗行為數據。寶勝旗下還有 pb+ 專門報導運動賽事與內容的媒體，希望透過運動行銷與活動經營，將其轉化為訂單。根據寶成財報公告，鞋業製造營收比為近六成，另外四成則為運動用品零售及品牌代理。

然而，想跨入通路業仍不是件簡單的事。首先，必須權衡店數營運與全通路轉型的資源配比。再者，跨入通路是從大型品牌客戶商業模式，轉向對終端消費者銷售，原先公司的「製造腦」必須轉型為「服務腦」。最後，發展通路需要智慧製造與彈性製造能力的配合，並依據消費者客製化的需求，調整彈性生產模式。

企業想要克服危機進而成長，就要不斷的進行改革。即使會面臨內部巨大的抗爭與外部的挑戰，但直至現在，蔡佩君的改革還在進行。

資料來源：1. 吳靜芳（2019），「從寶成小公主到鞋界代工女王　她如何帶領 36 萬人破除兩大轉型困境？」，天下雜誌。

2. 曾如瑩（2020），「都解封了，寶成還在放無薪假？蔡佩君能否帶公司重回 Nike 懷抱，就靠這招」，商業週刊。

3. 林榮芳（2021），「寶成疫亂兵慌 2 ／靠轉投資繳漂亮成績單 老臣：鐵血公主對鞋業沒感情」，周刊王 CTWANT。

圖片來源：寶成工業官網。

1. 組織文化的定義：組織文化是指組織內所有的成員，共同遵守信念、價值觀與基本假定之集合。經由長期的塑造，並以非正式的方式傳達與規範組織成員合適的行為，使該組織與其他組織有所不同，並成為該組織的一大特色。
2. 組織文化的來源：組織創辦人的價值觀、組織結構、早期員工的工作經驗與心得及組織內外的關鍵事件。
3. 組織文化構面：創新與冒險程度、員工進取程度、整合程度、控制程度、衝突容忍程度、穩定性程度、成果與人員導向程度、溝通程度與管理層級支持程度。
4. 組織文化的功能與失能：
   (1) 組織文化的功能：闡明組織存在之意義與價值、區別不同組織的特色、促進組織內部的穩定、提高成員的認同對組織的承諾、界定與控制員工的態度和行為以及提供成員在決策時的參考依據。
   (2) 組織文化的失能：無助於組織目標的達成、阻礙變革與阻礙多元文化的形成。
5. 組織文化的類型：
   (1) 卡麥隆與昆恩將「組織管理焦點傾向」與「組織運作傾向」兩個面向結合，分類出四種組織文化構面：宗族型態文化、積極創新型態文化、科層型態文化與市場型態文化。
   (2) 組織文化的建立，可取決於兩個變數：成員對於「價值觀的認同程度」（價值觀的一致性程度）以及「文化對於組織成員的影響力」（價值觀的強度），發展成四種不同的文化：「強勢文化」、「弱勢文化」、「被動型文化」及「競爭型文化」。
6. 組織文化的延續：文化延續之方式，分為儀式、物質表徵、領導者以身作則、製作正式的書面資料發佈給員工、將文化列入甄選與升遷員工之標準與獎酬系統的建立。
7. 組織變革的意義：通常是由於外部或內部之壓力促成變革的動機，企業管理者因應壓力，為追求永續經營與持續發展，必須將組織進行適當的調整與改變。通常會聚焦於人員、策略、技術、文化、結構與服務體系等不同面向的改革與調整，以增進組織整體的效能，進而達成永續經營之目標。
8. 組織變革之類型：觀念變革、策略變革、結構變革、產品與服務變革、技術變革、行為變革以及文化變革。

9. 引發變革之因素：可分爲內部與外部因素，內部因素爲個人、群體或組織等不同層面的因素。外部因素包含總體環境與任務環境，如政治、制度、技術、法律、科技或產業與市場的變化。

10. 組織變革程序：科特與柯恩將組織變革的程序分爲四個步驟與八個流程。

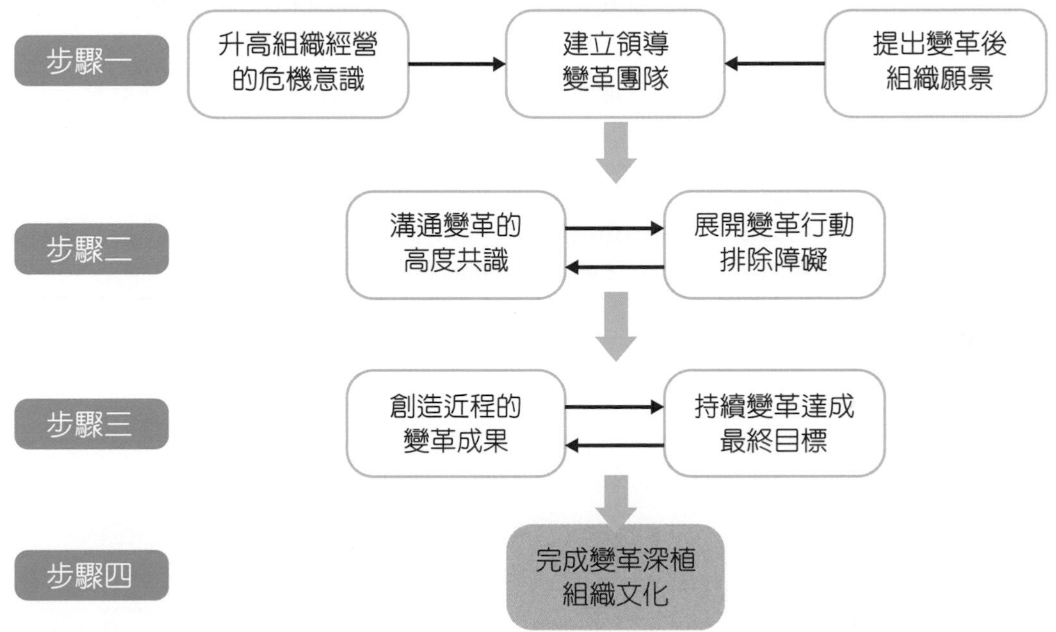

11. 組織變革抗拒之因：

因素	說明
個人因素	不安全感、習慣改變、衝擊個人利益。
群體因素	改變非正式組織的規範、破壞員工原來的互動行為。
組織因素	管理者害怕影響自我利益、機械式組織較不傾向改革。
其它因素	怕得罪金主或既有利益者之權利。

12. 降低抗拒變革之方法：

類型	方式
降低變革抗拒	以階段式實施變革。
	選擇合適的組織變革推動者。
	透過教育訓練的溝通方式。
	讓參與人員彼此充分討論。

類型	方式
提高變革意願	強勢文化： 企業有一種強勢文化，其文化對員工有強勢的規範作用。
	企業承諾： 企業對組織成員承諾變革，會有助於成員間未來的長期發展。
	明確願景： 企業必須透過各種管道，讓組織成員明確的了解到組織的願景，以及變革的原因，以增加員工對變革的信心。
	利益一致性： 組織變革應以組織成員的個人利益作為變革的主要動力。要使成員了解變革對於個人與企業未來的利益為何，加強成員的信心。

本章習題

一、選擇題

(　　) 1.組織變革程序如下：1. 升高組織經營的危機意識 2. 建立領導變革團隊 3. 排除變革行動障礙 4. 深植變革到組織文化，請依規劃順序排列。 (A)1324 (B)2134 (C)2143 (D)1234。

(　　) 2.透過改善內部員工工作態度、增加員工工作技巧與知識技能，來提升員工之生產力的組織變革為何？ (A) 組織文化變革 (B) 組織行為變革 (C) 組織結構變革 (D) 組織觀念變革。

(　　) 3.下列何種因素屬於引發改革的內部因素？ (A) 修法 (B) 圖利個人 (C) 技術創新 (D) 政黨改革。

(　　) 4.下列何者不為降低變革抗拒的因素？ (A) 循序漸進的推動改革 (B) 選擇合適的組織變革領導者 (C) 提供教育訓練 (D) 給予明確的改革願景。

(　　) 5.下列何者並非組織文化的失能之處？ (A) 當組織目標改變時，舊有價值觀可能成為負債 (B) 當環境急遽改變時，固有文化可能成為創新的阻礙 (C) 當組織國際化時，公司強勢文化可能排擠多元文化的效益 (D) 當組織招聘新人時，無法聘僱不認同組織文化的人力。

(　　) 6.伍小姐為電腦公司之研發部主管，某天在主管會議中提出了新產品的想法，總經理卻以「與公司既有本業不符」為由，拒絕了提案。此一情境的發生可能主要導因於以下何者？ (A) 組織結構設計失當 (B) 公司策略方向錯誤 (C) 外部環境分析失焦 (D) 組織文化失能。

(　　) 7.某餐廳在應徵外場員工的招聘廣告中強調「短期勿試」，此一餐廳的組織文化強調何者？ (A) 創新與冒險（Innovation and Risk Taking） (B) 專注細節（Attention to Detail） (C) 穩定性（Stability） (D) 進取性（Aggressiveness）。

(　　) 8.北美保險公司鼓勵員工間彼此競爭，績效掛帥，高績效者可獲得高報酬。北美保險公司可能具有以下何種組織文化？ (A) 宗族型態文化 (B) 積極創新型態文化 (C) 科層型態文化 (D) 市場型態文化。

(　　) 9.黃先生一手創立全球最大的滑板車公司，他經常親身測試公司的產品，也會拜訪客戶詢問對於產品的意見，以實事求是的精神經營公司，使各級成員也都信奉「一步一腳印」的理念。此公司組織文化的來源為以下何者？ (A) 組織內外的關鍵事件 (B) 組織創辦人的價值觀 (C) 組織結構的型態 (D) 組織的經營成效。

( ) 10. 小熊兒童牙醫診所的護士都被要求穿著可愛的小熊粉紅制服，以表達活潑的感覺，請問這是何種組織文化表達之方式？ (A) 故事與傳說 (B) 儀式 (C) 物質表徵 (D) 書面資料。

( ) 11. 受到組織員工廣泛接受的文化，稱之爲________。 (A) 次文化 (B) 主流文化 (C) 強勢文化 (D) 被動型文化。

( ) 12. 幸福房屋是國內知名的房仲業者，公司爲了鼓舞業務人員士氣並勇於開發新客戶，規定主管每天帶領員工在店門口呼喊口號。此方法符合以下何種組織文化傳遞的方式？ (A) 正式書面資料呈現組織的哲學與信念 (B) 組織獎酬系統的建立 (C) 儀式 (D) 故事與傳說。

( ) 13. 欣欣果菜行在第二代接手後，爲增加銷售並因應疫情，開始將產品轉爲實體與線上同時販售，強調新鮮到家，天天五蔬果的搭配，吸引了不少家庭主婦訂購，業績比過去多上三成。此公司主要透過以下何者組織變革實現業績成長之目標？ (A) 服務變革 (B) 觀念變革 (C) 結構變革 (D) 行爲變革。

( ) 14. 下列何者<u>不爲</u>組織變革之驅動力？ (A) 組織策略調整 (B) 新的硬體設備引進 (C) 科技環境改變 (D) 負責人追求穩定之性格。

( ) 15. 升學補習班逐漸在近年導入 AI 線上課程，在疫情期間大受好評。請問此種組織變革類型爲以下何者？ (A) 技術變革 (B) 結構變革 (C) 人員變革 (D) 文化變革。

( ) 16. 根據組織變革流程來看，「提出變革後的組織願景」後，下一步爲何？ (A) 升高組織經營的危機意識 (B) 展開變革行動排除障礙 (C) 建立領導變革團隊 (D) 創造近程的變革成果。

( ) 17. 郭董事長近幾年來積極投入機器人研發。他親自帶隊組成新產品線團隊，爲同仁展示引進機器人，對於改善生產效率及工作品質的成效，讓大家驚訝不已。根據科特（Kotter）提出的變革八步驟，郭董事長的做法符合以下哪一步驟？ (A) 建立組織的危機意識 (B) 建構變革領導團隊 (C) 排除變革行動障礙 (D) 完成變革並深植於組織文化。

( ) 18. 某餐廳爲了提升生產效率與減少人力成本，導入了前臺自動化的點餐系統，造成不少員工因此失業，留下的員工也不斷抗拒新的設備，最可能的原因爲以下何者？ (A) 破壞群體關係 (B) 對未來的不確定性 (C) 打破個人慣性 (D) 害怕損及股東利益。

(　　) 19. APEC 公司決定挖角另一間公司經理來公司做高階主管，藉此帶來新的經營方式，空降的方式讓許多員工不能接受。爲了要降低變革抗拒，以下何者並非公司可用之做法？　(A) 忽視員工意見　(B) 給予支持的員工好處　(C) 與反對員工開會溝通　(D) 承諾不會因此影響員工之利益。

(　　) 20. 曉晴爲新進業務部門之人員，他發現有一部分的同事在工作上很消極，另一部分的同事則很積極，造成大家在團體合作時無從分配工作。請問小晴的部門普遍存在何種文化？　(A) 強勢文化　(B) 弱勢文化　(C) 被動型文化　(D) 競爭型文化。

二、填充題

1. 卡麥隆與昆恩（Cameron and Quinn, 1999）兩位學者所提出的組織文化型態有哪四種？__________、__________、__________、__________。
2. 根據價值觀影響的組織文化有哪四種？________、________、________、________。
3. 請列舉出任四個組織變革類型：__________、__________、__________、__________。（請根據課本內容任寫出四個）
4. 組織變革的抗拒四種力量爲：__________、__________、__________、__________。

NOTE

第 10 章

企業人力資源管理

學習重點

本章我們要來了解人力資源管理程序之運作與方式：

1. 人力資源的基本概念
2. 人力資源之選才與招募
3. 人力資源之育才與訓練
4. 人力資源之用才與績效評估
5. 人力資源之留才與福利

基本概念	選才與招募	育才與訓練	用才與績效	留才與福利
1.人力資源的意義 2.人力資源管理 3.人力資源管理之重要性 4.人力資源管理程序	1.招募與甄選程序 2.人力資源規劃與預測 3.招募人才的過程與來源 4.員工甄選與測試	1.訓練與發展之五步驟 2.訓練需求分析 3.訓練的種類 4.訓練的方法 5.管理者的在職訓練 6.訓練成效評估	1.薪酬管理 2.績效評估與財務獎勵	1.升遷遣調 2.福利措施 3.人際關係 4.職涯發展

10-1 人力資源的基本概念

社會從古至今皆有人力與勞務之關係，也就有管理的問題。人力資源管理就是發揮組織內的員工的最大效能，以協助組織存續與達成目標。人力資源象徵一個國家具有勞動能力人口之總和，但如果缺乏安排與管理，工作事倍功半。

如同前面章節所述，組織要有兩人以上，並相互協助，因此「員工」就是一個企業中最重要的核心資產。奇異的前總裁史隆（Sloan）曾說：「儘管取走我所有的資產設備，只要留下所屬成員，給我五年時光，我必將東山再起」。

一、人力資源的意義

人力資源（Human Resource）狹義來說，是指組織所擁有能以自身能力提供服務與參與工作之人力，組織可透過集結擁有不同知識與技術的人力，來協助達成組織的目標；而廣義來說，是指能為整個社會與經濟體系創造物質、財富與文化等價值，以及提供勞務之人。

二、人力資源管理

回顧第一章的內容，有提出管理的五大功能—規劃、組織、任用、領導與控制，其中人力資源管理，就是「任用」的職能。謝爾曼（Sherman）認為人力資源管理是「負責組織人員的招募、甄選、訓練與報償等功能的活動」，希望組織與員工能夠雙贏。其執行內容，包含進行一連串的工作分析，招募人員、新進人員訓練、薪資管理、獎酬制度、績效考核、溝通協調與員工安全等。

三、人力資源管理之重要性

人力資源管理對組織或管理者的重要性，可分為積極面與消極面來看。

好的管理者能將企業的人力當作最寶貴的資產，以合適的管理來達成用人適所的目標，來抵抗外在的競爭。

（一）積極面

可以幫助組織甄選出有能力的員工，激發其潛力與貢獻、提升工作上的信心與成就感，且找到合適組織文化的員工。每位員工可發揮所長，並留住有績效的員工。

（二）消極面

可降低員工流動率、主管時間有效化、減少員工意外事故、降低訓練成本，及避免組織劣幣驅逐良幣的情形。

四、人力資源管理程序

可分爲「選才」、「育才」、「用才」與「留才」。

選才是指爲組織招募與甄選到合適的員工；育才是使用多元的訓練與方式，培育具有創新與未來性的優秀員工；用才是使用公平的薪資制度，依照員工的績效給予適當的財務獎勵；留才是建立員工的忠誠度，除了財務獎勵，還要配合良好的升遷機會、和諧的工作環境、不同的福利措施與長期的職涯發展學習，如圖 10-1。

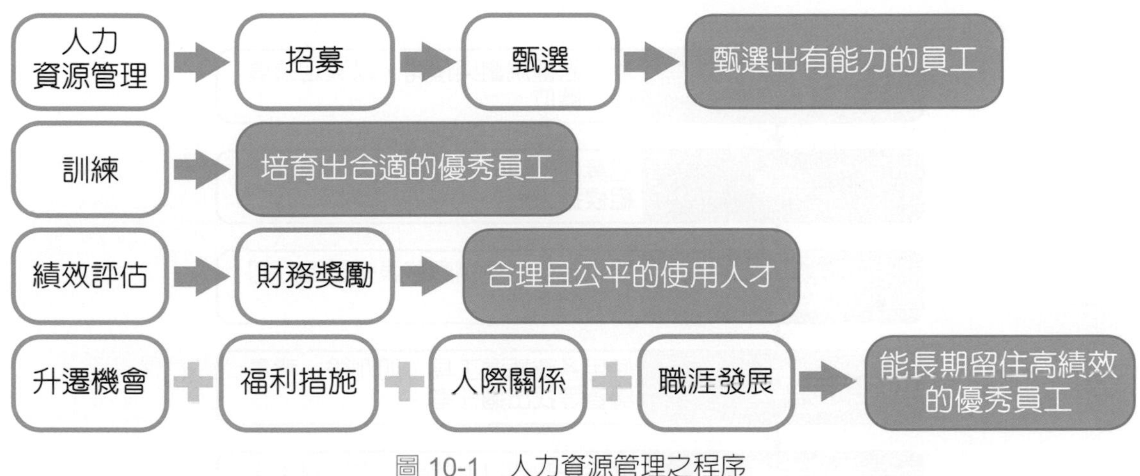

圖 10-1　人力資源管理之程序

管理動動腦

「人力資源」與「人力資源管理」有何不同？

10-2 人力資源之選才與招募

企業的人力資源是以增進員工的表現為導向，並進一步達成組織永續經營之目標。在人力資源的發展，首重「選才」。企業首先要根據組織的目標、人力的需求、公司文化與工作職務內容來招募甄選任用。如果招募進不合適或無法認同公司理念的員工，管理上不但困難，也無法進一步創造團隊的精神。

一、招募與甄選程序（Recruitment and Selection）

根據學者戴斯勒（Dessler, 2005）的說法，人事規劃是招募與甄選程序的第一個步驟，如圖 10-2：

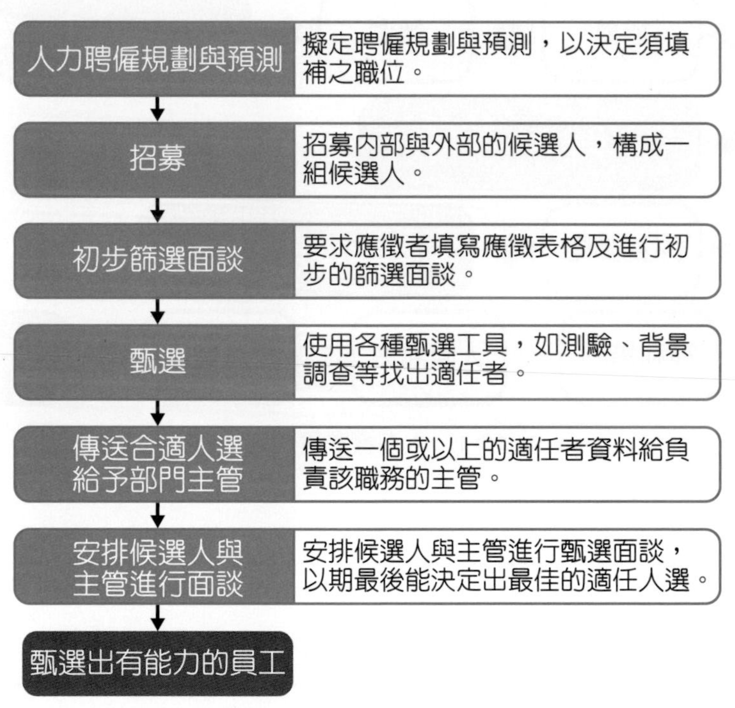

圖 10-2　招募與甄選程序

二、人力資源規劃與預測（Human Resource Planning）

（一）人力資源規劃

人力資源規劃主要是評估現今的資源能力、評估未來的人力需求，以及發展方案滿足未來的需要，保證他們在合適的位置有正確的數目，並且在適當的時候，能有效且高效率地執行他們的任務。規劃可由「人力分析」、「組織分析」與「工作分析」三部分來看，如圖 10-3。

人力分析

人力分析通常是就公司內現有的人力數量、年齡、素質或類別等進行了解與盤點，並結合各業務組織的需求與人力配備以作為人資規劃基礎。

組織分析

組織分析可由組織的成長與規模、現有的產品與技術、競爭策略、財務能力與產業環境等層面來評估現有人力之情形。

工作分析

工作分析是藉由有系統的收集與分析工作資訊，了解工作的內容、工作的時間與地點、工作程序與為何如此的原因。管理者根據工作分析的資訊來明確的訂定工作職能、職務與行為規範，賴以作為人力資源管理的基礎，進而發展出「工作說明書」與「工作規範」。

圖 10-3　人力資源規劃

管理便利貼　工作說明書（Job Description）與工作規範（Job Specification）

- 工作說明書：用來描述工作內容的書面文件，包含了職務的內容以及工作的任務，以此作為員工在該職位上的參考依據。
- 工作規範：列出為了達成工作目標，員工所需要具備的最低資格的書面文件，包含人格特質、語言能力或學經歷等要求。

這兩者皆是進行員工招募與甄選時的重要文件，以下舉一公司招募輔導老師的徵才廣告來說明。

應徵職位：國中英文輔導老師
工作內容：批改學生考卷並作考後輔導。
資格條件：1.公私立大學相關科系畢業（仍就讀可）
2.擅長國中英文文法
3.需有耐心教導學生
4.寒暑假可配合者
5.對教學有熱情，無經驗可
工作待遇：250/hr
有興趣者歡迎聯絡ABC補習班，Vicky主任　（02）1234-5678

工作說明書

工作規範

（二）預測方式

透過以上三個面向來規劃後，如果想用雇用需求做預測，通常還需要三組預測，分別是「人事需求」、「內部合適人選」與「外部人力之供給」，如表 10-1。

在使用人事需求預測時，要考慮幾項因素：如未來的銷售預測、預計人員的流動率、員工的素質與技能是否符合、是否有可提高生產力科技，或其它的變革等因素。

1. 人事需求：

主要只考慮公司需要多少員工，但沒考慮是從內部或外部獲得。

2. 內部挑選：

預測內部的人力供給，可考慮每位員工的績效記錄、教育背景及晉升之可能性，也可選擇雇用第二次回流之員工與潛在繼任者。

3. 外部人力供給的預測：

主要是要考量未來的失業率、當地的市場條件與職業市場條件。一般來說，預期未來失業率愈低，招募人才愈困難，同時當地的產業與勞工條件是否相符也很重要。另外，公司如果是特定產業，如鋼鐵廠就有可能有找不到員工之困境。

表 10-1　人力資源規劃與預測方式

人力資源規劃	預測方式
人力分析： 了解公司現有人力配備，作為規劃基礎。	人事需求： 在整體需求上，要考慮如未來的銷售預測、預計人員的流動率、員工的素質與技能是否符合、是否有可提高生產力科技或其它的變革等因素。
組織分析： 由組織各個層面來評估現有人力。	內部合適人選： 可考慮每位員工的績效記錄、教育背景及晉升之可能性，由內部拔擢合適人才。
工作分析： 藉由有系統的收集與分析工作資訊，來明確的訂定工作職能、職務與行為規範。	外部人力供給： 要考量未來的失業率、當地的市場條件與職業市場條件，來決定如何找到合適的外部人力。

三、招募人才的過程與來源（Recruitment）

招募人才是吸引與尋找合適應徵者的過程。首先要擬定招募的計畫，再確定人力的來源，最後選擇招募的方法以及活動。招募人選的數目可依招募金字塔來決定。

假設公司需要 50 名新進員工，就需要：

1. 先得到 1200 份的應徵函，而後依照 1：6 的比率邀請 200 位的應徵者面試。
2. 在 200 位的面試者中，依據 4：3 的原則，通過面試只有 150 位。
3. 根據 3：2 的原則，再挑選出 100 位的考慮人選。
4. 最後根據 2：1 的選用比例，就可以得到公司所要的 50 位人選，如圖 10-4：

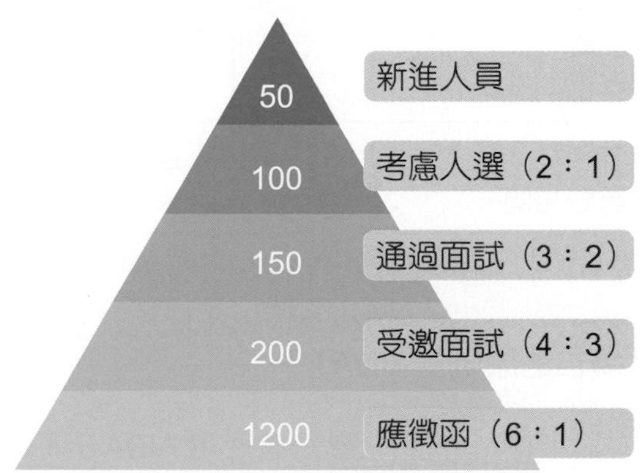

圖 10-4　招募金字塔

資料來源：方世榮（譯）（2005）。現代人力資源管理（八版）

在招募人員的來源方面有許多方式，依最常使用順序爲：媒體廣告與工作公告、透過仲介機構介紹（如人力仲介公司）、政府就業訓練機構或網路人力銀行。另外，校園徵才、社群媒體社團與員工推薦也是目前常用之方法。

根據過去國外調查報告指出，招募不同的職位會有不同的適合管道。以管理職位而言，80% 的公司會採取報紙廣告，75% 的公司會找就業仲介機構，65% 則會透過員工的推薦；而行政基層人員的招募，90% 的公司是依賴推薦與自薦，另有 80% 的公司使用報紙廣告，以及 70% 採用輔導就業機構，但隨資訊與網際網路的發達，目前許多基層的招募方式已多改爲使用網際網路進行。不同管道招募有不同優缺點，如表 10-2。

表 10-2　不同招募管道之優缺點

管道	優點	缺點
員工推薦	透過員工先行篩選，遇到合適且優秀的人選機會較大。	1. 可能容易找到相似員工。 2. 可能會有關係利益的問題來取代工作能力。
實體就業仲介機構	1. 可根據公司需求找人。 2. 適合高階職位人力。	可用之人力數量較少。
媒體廣告	1. 曝光度高。 2. 可快速找到應徵者。	1. 廣告費用昂貴。 2. 應徵者參差不齊。
網路就業仲介機構	1. 快速曝光。 2. 廣告密集度高。 3. 較快得到應徵消息。	容易招來許多不合適的應徵者。
校園徵才	1. 可集中徵才。 2. 應徵者性質較相同。	不適合找尋高階職位，或需要相關經驗之人力。

管理便利貼　徵才廣告的原則（AIDA）

廣告設計為了達成其目標，許多廣告主會使用 AIDA 的原則。所謂的 AIDA 就是 Attention（注意）、Interest（興趣）、Desire（慾望）與 Action（行動）四項原則。也就是首先要能夠吸引消費者的注意，其次要發展創意廣告來引起求職者的興趣；再來藉由強化誘因或目標來引發甄選的慾望。最後，廣告要能夠用強烈的字眼促使求職者，如「我們保證我們有良好的薪資與福利，是你工作的最佳首選」等。

四、員工的甄選（Selection）與測試（Testing）

員工的甄選是透過預測的活動來篩選應徵者，以確保能雇用最合適的人選，所以應徵者會通過重重測試才能進入公司。

（一）甄選程序

員工的甄選程序大致分爲七個步驟，各步驟如圖 10-5：

申請表的初步篩選	針對應試者的申請書進行檢查與資料查核做初步的篩選，但須注意不得有種族、性別、國籍或宗教等限定。
初步面試	經過申請表初步的篩選後，選出合適人選進入第一次的面試階段，面試官透過面試與應試者互動，可更了解應試者的個人特質與未來的生涯規劃或工作潛力。
聘僱測試	為了解應試者的專業技能與性向，應試者需進行紙筆或電腦等測驗。而測試的類型可分為認知能力測試、人格與興趣之測試、操作或體能測驗、成就測驗等測驗。
後續面試	在通過前面的關卡後，人事部門會進行第二輪的面試。此次面試可能是由更高階的主管透過小組面試或團體面試等不同的方法來測試更深入的問題，了解應徵者的意願且是否符合組織的要求。
推薦查證	可由過去的主管、老師或推薦函來查證應徵者的資料，了解應試者的學習態度、工作態度與合作精神是否良好。目前已有許多的雇主會請應徵者提供查證的相關資料與背景查證，大部分是打電話給過去的主管查詢或推薦函；少部分較重要或較高階的職位會請商業徵信社代為查詢。常被查證的資料為過去的工作職務與評價、教育程度、過去有無犯罪紀錄，或是個人的信用徵信。
體能檢驗	要求員工進行體能檢測或健康測驗，來確認員工可勝任此等工作，尤以某些產業需要大量勞力者更為重視。
最後決策	透過不同階層主管的討論決定出合適人選。不管有無錄取都應盡快通知，不僅對錄取者發放錄取通知與後續相關報到作業，也要對未錄取者發放未錄取通知以表示惋惜。

圖 10-5　員工的甄選程序

（二）測試的基本觀念

目的主要是藉由測試來評估應徵者的能力與特質，是否符合企業與職位所需。因此，爲了要了解測試的結果是否有效，首先必須要先了解測驗的信度與效度。信度與效度之概念請參考圖 10-6。一般來說，效度比信度來的更爲重要。

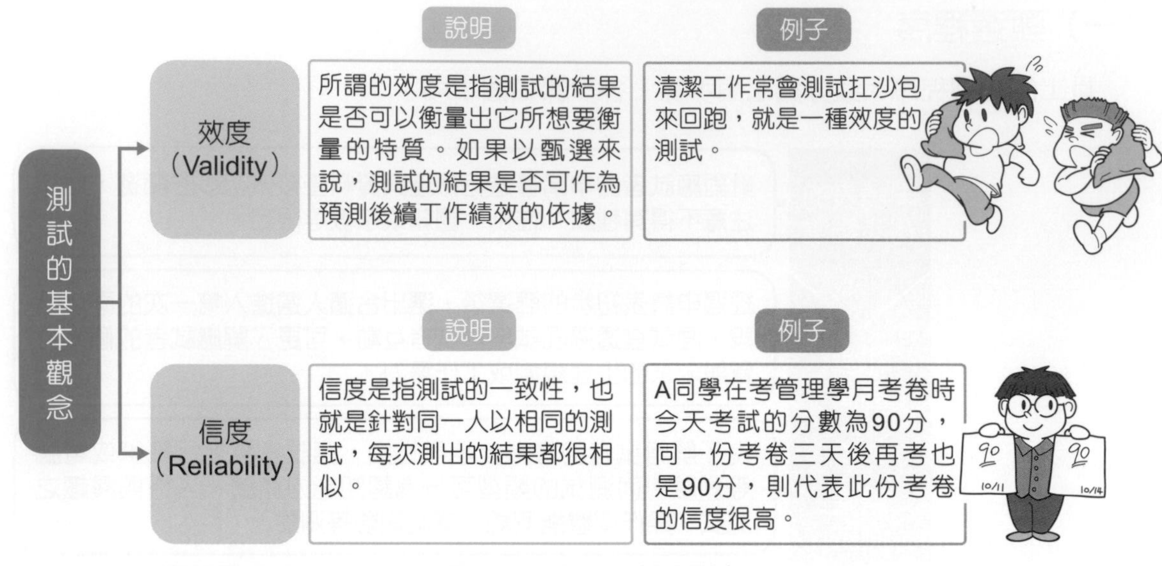

圖 10-6　測試的基本觀念

（三）測試的指導原則

應徵者在做相關測試時，企業須注意表 10-3 之指導原則：

表 10-3　測試的指導原則

項目	說明
給予適當的測試環境	舉行測試時，應確保所有受測者的環境是安靜隱密，且不受干擾。另外也要注意環境溫度，以免影響受測者的身心而影響測試的信效度。
指出測試結果連結之標準	測驗前應與受測者明確說明，此測試的目的與結果的連結之參考。同時必須讓受測者了解，其評分之標準與影響的結果，以免日後有錄取之爭議。如明確說明智力測驗不滿七十分就無法進行下一關。
驗證測試的效度	應在組織中驗證組織需要的人才特性測試是否有效度，並修正與改進不適合之處。但是須注意測試只是甄選技術的其中之一，作為輔助分辨哪一位應徵者應淘汰，而非決定錄用的絕對標準，應再輔以其他如面試等測驗，較為一完整之測試過程。
須保存正確之紀錄	測試後的結果與淘汰應徵者之紀錄須詳加保存。公司應盡可能的客觀說明應徵者淘汰的原因，以供應徵者有疑議時查詢。

（四）測試的類型

企業在甄選員工時，多少都會使用不同的測試，來測驗應徵者是否具有企業所想要之條件。一般而言，測試可分爲以下幾種類型：「認知能力測試」、「專業能力測試」、「人格特質與興趣測試」、「操作或體能測試」等類型，如表 10-4。

表 10-4　測試的類型

類型	說明
認知能力測試	主要是一般推理能力的測驗與特定心智能力的測試，最常使用的是「智力測驗」（Intelligence Test）與「性向測驗」（Aptitude Test）。
專業能力測試	指透過針對專業知識的測驗，了解應試者對於工作上是否有足夠的能力，此測驗目前已被企業廣泛的運用，尤以需要專業度高的行業應用最多。如數學教師在應徵時須考有關於數學能力的相關測驗。
人格特質與興趣測試	多是用來衡量應徵者個性的層面，組織通常使用「興趣量表」來了解應試者的個人特質，與是否在其應徵的領域中顯現出充分的興趣，適合使用在人格特質與工作績效有密切相關的工作，也可預期未來工作績效的表現。此種測試方式，也可作為未來雇主在分配調度員工工作時的重要參考依據。
操作或體能測試	測試應徵者在各種動作的操作能力與反應速度，尤以需要體力或專業技術能力的工作應用最多。

管理動動腦

你曾經有過面試的經驗嗎？請分享讓你印象深刻的自身或他人的經驗。

10-3 人力資源之育才與訓練

當組織招募到所需之人員後，後續應引導新進員工快速的適應組織的文化與工作內容，協助他們建立適當的行爲模式，以順利的完成工作。在引導的計畫中包含了非正式的介紹與正式課程等一系列的訓練。初步的引導通常由人事部的相關人員負責介紹，隨後再由該單位的主管與同事接手，協助員工熟悉工作環境，讓他們能快速的成爲具生產力的員工。

一、訓練與發展之五步驟

根據戴斯勒（Dessler 2005）之理論，訓練與發展過程的五個步驟分別爲「需求分析」（Need Analysis）、「引導性設計」（Instructional Design）、「驗證」（Validation）、「執行」（Implement the Program）、「評估」（Evaluation）與追蹤，如圖 10-7。

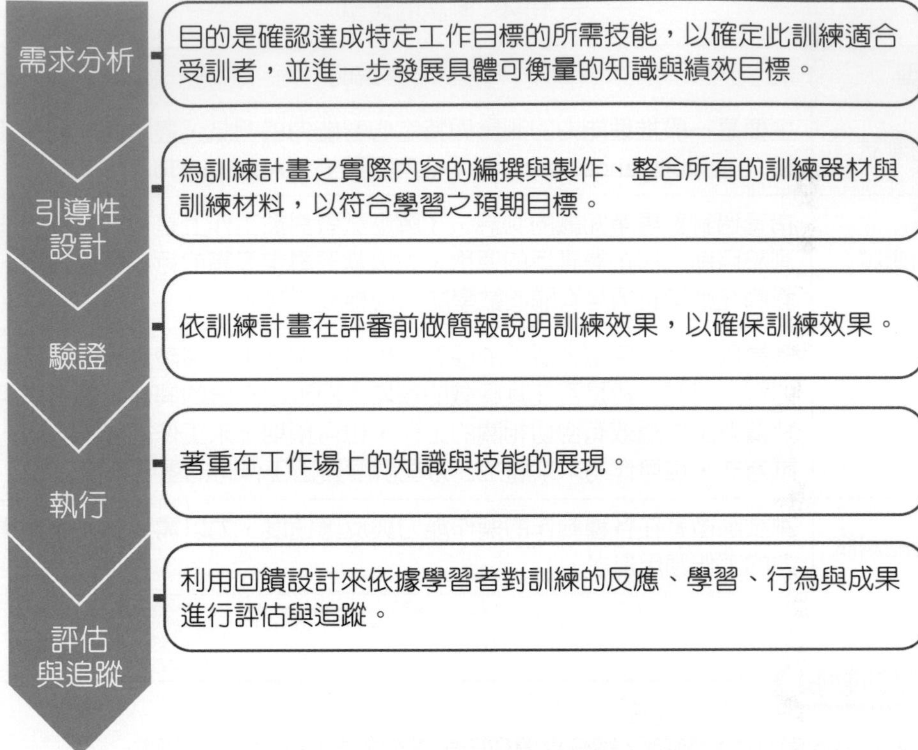

圖 10-7　員工訓練與發展之程序

二、訓練需求分析

評估需要何種訓練是訓練計畫的第一要務。確認訓練需求主要有兩種方法：「任務分析」（Task Analysis）與「績效分析」（Performance Analysis）。圖 10-8 則在說明此兩種方法之不同。

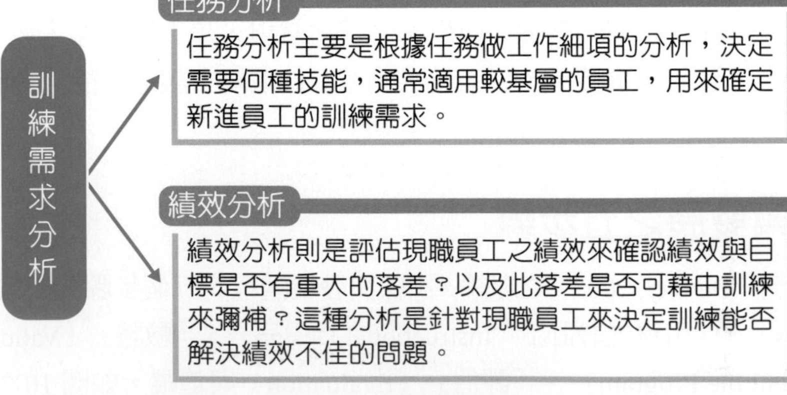

圖 10-8　訓練需求分析

三、訓練的種類

在訓練種類可分爲「職前訓練」與「在職訓練」。其中職前訓練又稱爲引導訓練，就是將新進成員「內化」至組織的文化與價值觀等規範中。而在職訓練則依「訓練場地」、「訓練時間」、「訓練內容」與「訓練目的」區分不同的種類。另外，還有自己對於自我要求而引伸出自我發展的訓練，如圖 10-9。

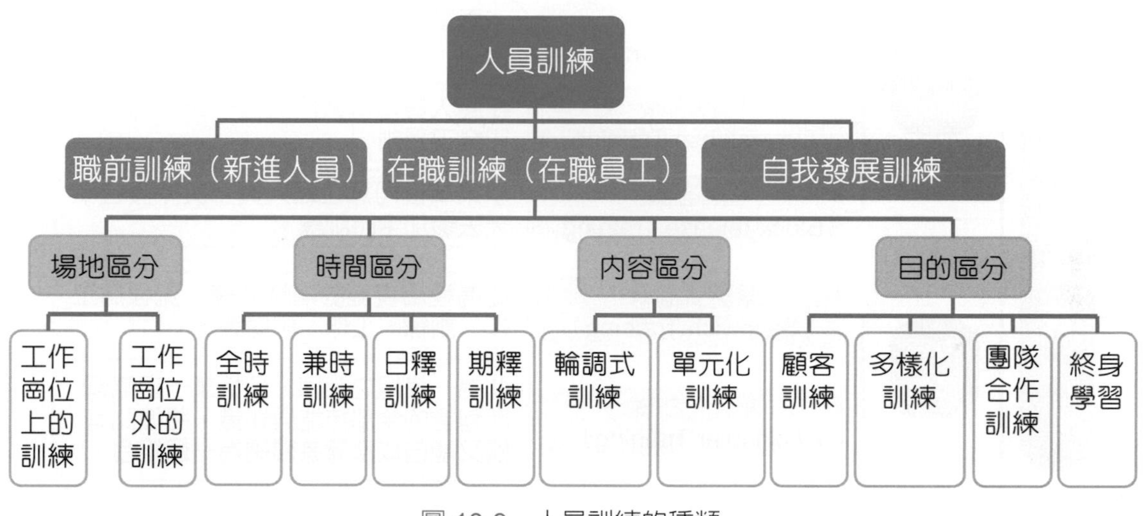

圖 10-9　人員訓練的種類

（一）職前訓練（Pre-service Training）

職前訓練主要是針對新進人員的訓練，讓他們了解組織環境，以及工作的權責與義務，使新進就業者結束訓練後，可立即勝任所擔任之工作。

（二）在職訓練（In-service Training）

以在職員工爲訓練對象，使員工學習新工作與技能，可因場地、時間與內容之不同區分爲不同的訓練。通常是由有經驗的主管或員工來訓練。在職訓練的優點爲成本相當低廉，受訓者可邊做邊學，也不需要其它額外的設施，並且受訓者可得到立即的回饋與修正，如圖 10-10。

（三）自我發展訓練（Self-development Training）

此訓練是強調個人與經營團隊共同學習，屬於個人主動進修，與各階層管理者增進管理知能的主要領域，可與其他訓練相輔相成。

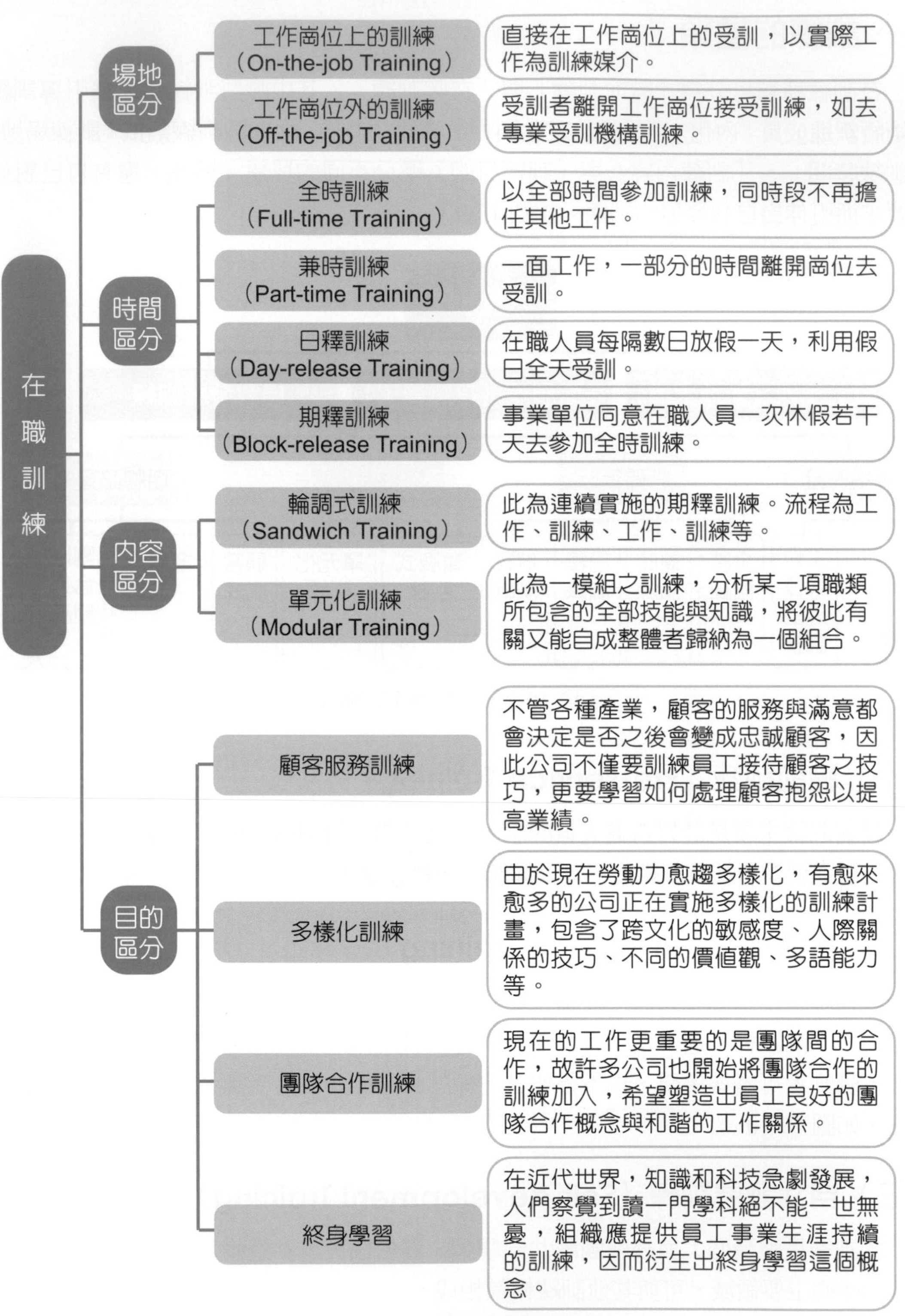

圖 10-10　在職訓練分類與說明

四、訓練的方法

除前述所提出的在職訓練，另外仍有其他種訓練的方法，如「工作指導訓練」、「師徒制的訓練」、「講授」、「模擬訓練」、「電腦的訓練」以及「視聽法訓練」。

表 10-5 說明了不同訓練的方式與例子，而表 10-6 則進一步說明每種訓練方法其優缺點。

表 10-5　訓練方法說明與例子

項目	說明	例子
工作指導訓練（Job Instruction Training，JIT）	將工作依其程序與步驟列出關鍵點，顯示流程以及為何這樣處理來依序教導。通常是具有專業或標準化較高的行業會使用此種訓練方式。	飲料調製訓練
師徒制訓練（Apprenticeship Training）	藉由和資深員工一起工作，使員工變成具備某些技能，這種訓練在一些傳統行業較容易出現。	汽機車修護 水電行
講授（Lecture）	如同老師在課堂上教導學生或給予演講一般，以重點式的方式快速將知識傳授給受訓者。	師資培訓教學
模擬訓練（Simulated Training）	讓受訓者運用實際或模擬設備來學習，適合當設備太昂貴或有危險性時使用，這樣不僅可以節省成本，也顧及安全性。	飛機駕駛訓練
電腦訓練（Computer-based Training）	組織設計電腦互動與評分系統，讓受訓者運用電腦互動的特色來提升知識或技能的學習。訓練結束後，電腦會提供受訓者進一步指導性的資料來修正錯誤。	教師進修課程
視聽法訓練（Audiovisual Techniques Training）	使用影片、視聽帶或視訊會議的方式訓練員工，雖然比傳統的講授法更昂貴，但比較能深入其境，且能以簡單的方式，讓受訓者看到講授法無法呈現的畫面。	醫療手術過程

表 10-6　不同訓練方法之優缺點

訓練方法	優點	缺點
師徒制訓練	1. 可學到較精深的功夫。 2. 彼此互動性高，回饋即時。	組織內可能會有不同派別衝突發生。
工作指導訓練	1. 可透過一步步的教授了解到許多細節。 2. 可建立工作的一致性品質。	容易抹煞員工原本的創意，只會照著標準化流程走。
模擬訓練	1. 可在安全的空間中學習。 2. 節省使用設備的成本。	模擬訓練與真實環境仍有差異。
講授	1. 成本相對來說較低。 2. 快速且簡單。	1. 較無趣，且成果容易受到講師好壞的影響。 2. 缺乏雙向互動。 3. 只能傳授特定的知識
視聽法訓練	屬於較活潑的訓練。	比傳統的方式較昂貴。
電腦的訓練	1. 受訓不受時間與空間的限制。 2. 互動的科技可提高受訓者的學習動機，使學習時間減少一半左右。 3. 比起將員工聚在一起訓練，電腦的訓練也可幫忙企業節省大筆的成本。	不擅長使用電腦的人會受侷限。

五、管理者的在職訓練

在職訓練不僅適用於一般員工，管理者也需要定期訓練，通常管理者的在職訓練包含「工作輪調」、「教練／見習法」與「行動學習」，如表 10-7。

表 10-7 在職訓練項目與說明

項目	說明
工作輪調（Job Rotation）	有計畫的轉調所欲培養的管理者，讓他們定時轉調在不同的部門工作，學習各事務，從而達到考察員工的適應性和開發員工多種能力的目的。另外，輪調也可以被視作一種水平晉升的觀念。
教練／見習法（Coaching/Understudy Approach）	此種訓練法是受訓者直接在現職者的指導下工作。通常是因為受訓者可能是未來接其任務之人，這樣的訓練方式可確保現職者未來遇到升遷、退位、轉任或解僱時，有人可順利遞補。
行動學習（Action Learning）	讓經理人與員工全程參與非自己部門的專案，來解決該部門的問題。受訓者通常為 4 ～ 5 人，彼此組成專案小組一起工作或共同討論彼此的專案。

六、訓練成效評估

受訓者在完成訓練後，組織應該要評估其訓練的成果與目標達成情況，以確保訓練的品質與之後改善之空間。在訓練結果的衡量中，所要衡量的結果有四種類型：「反應」、「學習」、「行爲」與「成果」。圖 10-11 說明了每種類型的概念。

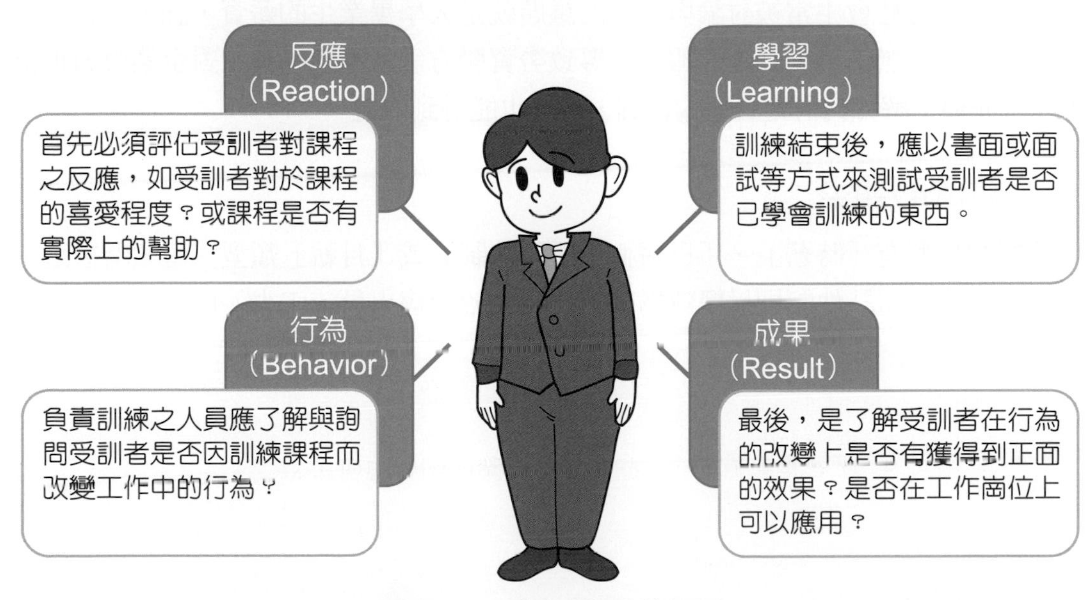

圖 10-11 訓練成效評估類型

雖然訓練結束後可使用這四種類型來衡量結果，但是績效與訓練並非成正比，評分很高不等同工作上能力。組織也要注意某些情況下訓練不如預期的原因，可能是因爲訓練本身並非是解決問題的最好方法。此時，組織必須尋找其他的方式來改善員工的行爲。

管理動動腦

請各位想像如果你是一間公司的員工，你喜歡哪些員工訓練？請說明原因。

10-4 人力資源之用才與績效評估

在用才方面，首先要考慮員工的薪資與工作內容的公正性。如果沒有合適的薪資比率與管理，會讓員工感到被忽視或不公平，甚至影響工作績效，評估的可信度降低。考核的結果對於組織與個人更是重要。對於績效好的員工，必須給予合理的財務獎酬或紅利回饋；而績效較差的員工要與主管檢討問題，並共同規劃下一年度的目標，盡力協助員工達成目標。因此，以下將介紹薪資管理、評估的步驟與方式及分階層式的獎酬計畫。

一、薪酬管理

目前在臺灣社會中常被討論與爭論的議題就是大學畢業生的薪資，許多出社會的新鮮人認爲其專才無法得到合理的報酬，導致勞資雙方爭議不斷，員工對企業忠誠低落。故用才首先要了解如何訂定合理的薪酬，企業也能得到效益。

（一）薪酬的類型

薪酬的類型有「時薪」、「日薪」、「計件制」或「月薪」類型。藍領階級通常使用時薪或日薪；而計件制則以績效爲基礎，適用於銷售人員或工人。而月薪則適用於管理與專業人員。

（二）決定薪資率的因素

決定薪資率的設計基本上有幾個影響因素：「法律」、「工會」、「政策」、「工作層級」與「公平性」，如表 10-8 與圖 10-12。

表 10-8　影響薪資之因素

因素	說明
法律因素	各國都會有不同的法律，影響雇主所給付的最低薪資或最長工時等。
工會因素	產業工會也會影響薪資的決定。如果企業太過於不合理，工會會代表與雇主協商談判以保障員工的權利。
政策因素	薪資的政策會影響工資的給付與福利水準，通常工資的給付標準與產業特性息息相關。
工作層級因素	根據員工所在的職務層級，以及內容複雜度與困難度來定。
公平性因素	內部與外部的公平性也會影響薪資率的制定標準。所謂內部公平是指員工與其他公司內的員工比較後會覺得薪資是公平的；而外部公平則是比較其他同類的公司，薪資的給付標準是具有公平性。為避免太大差異，公司應先了解其他公司對於相同或類似的職位薪資水準。另外，在內部將工作做評價，再決定公司內部不同工作的價值。

圖 10-12　決定薪資率因素之舉例

二、績效評估與財務獎勵

設立績效標準與評估員工績效，以達到客觀的人力資源決策，並提供能支持上述人資決策之必要文件的一個過程。可定義爲評估員工目前或過去的績效，也可作爲薪酬、獎勵、加薪、晉升、調遣或解雇等人力發展指標。另外，領導者可以藉此檢視部屬的表現，給予正面肯定或矯正計畫，也讓全體成員能夠確定與溝通自己所達成的目標的程度，以及可獲得的報償，藉此達到激勵的效果。

（一）績效評估的步驟

根據戴斯勒（Dessler, 2005）的理論，績效評估的過程包含三個步驟：「定義工作」、「評估績效」與「回饋面談」，如圖 10-13。

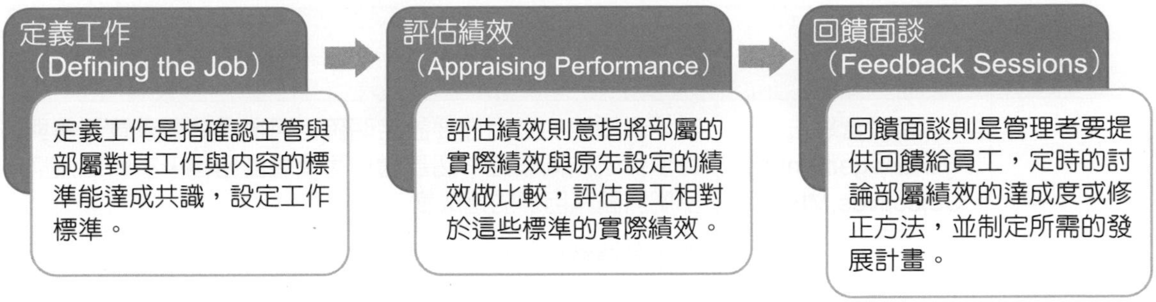

定義工作
（Defining the Job）
定義工作是指確認主管與部屬對其工作與內容的標準能達成共識，設定工作標準。

→

評估績效
（Appraising Performance）
評估績效則意指將部屬的實際績效與原先設定的績效做比較，評估員工相對於這些標準的實際績效。

→

回饋面談
（Feedback Sessions）
回饋面談則是管理者要提供回饋給員工，定時的討論部屬績效的達成度或修正方法，並制定所需的發展計畫。

圖 10-13　績效評估三步驟

（二）績效評估的方法

表 10-9 與 10-10 分別說明了績效評估的方式，以及各種方式之優缺點。

表 10-9　績效評估方法與說明

<table>
<tr><th>績效評估方法</th><th colspan="2">說明</th></tr>
<tr><td rowspan="4">主管直接評估</td><td>書面評估法</td><td>由主管透過書面的方式寫下對於員工的評論，同時提供員工改進的意見。</td></tr>
<tr><td>多人比較法</td><td>將該員工與其他員工做比較，使用相對的概念來評估，包含「配對比較法」、「分組排序法」與「個人排序法」。
● 配對比較法是針對每一屬性，如工作品質或創造力等，列出所有參與比較的各組員工，彼此兩兩比較，在每一屬性以＋或－加以註記來比較員工的表現。在某一個屬性中的加號個數加總，即可排出該屬性各員工的評分。
● 分組排序法是要求評價者把員工按水準、表現、業績等進行分組，並將小組進行排序。
● 個人排序法是評估者將員工按績效，從高到低的順序加以排列。</td></tr>
<tr><td>重要事件法</td><td>主管擁有每位員工的工作相關行為或事件之紀錄，主管可依部屬歷年一系列的重要事件來評估員工的績效，也可以讓員工更瞭解自己的績效或如何改進。</td></tr>
<tr><td>評等尺度法</td><td>找出有關於工作的許多變數作為客觀的準則，如創意度、團體精神、工作品質、出席率等，然後針對受評估者在每個因素的尺度上做評比。在尺度的選擇方法上通常使用李克特五點量表（Likert Scale）來評估員工的絕對績效。</td></tr>
</table>

<table>
<tr><th>績效評估方法</th><th colspan="2">說明</th></tr>
<tr><td rowspan="2">非主管
直接評估</td><td>目標管理法
（Management by Objectives,MBO）</td><td>首先最重要的是目標要設定明確且可衡量。要求管理者與每位員工共同設定一個具體且可衡量的目標，主管定期與部屬討論其目標的達成度。</td></tr>
<tr><td>360 度績效回饋法
（360-degree Feedback Method）</td><td>有別於傳統由上而下的績效評估法，而是由所有的階層做評估：直屬主管、部屬、同事與顧客等相關人員來填答評估調查表；接著採用電腦將所有意見做整合；最後，會與自己的直屬主管開會討論，分享心得來作為日後自我改進之參考。但在實務上非常耗時，故很少企業採用，執行力也很差。</td></tr>
</table>

表 10-10　不同績效評估方法之優缺點

評估方法	優點	缺點
書面評估法	易於使用。	未能提供工作行為的深度衡量。
多人比較法	多重比較較客觀。	當員工人數衆多時就不易使用。
重要事件法	可具體舉出部屬的優劣事項。	1. 過於主觀，缺乏量化數據。 2. 很難比較個別員工之評分與排序。
評等尺度法	1. 易於使用。 2. 採用定量數據，較有時效性。	容易有標準不清、集中趨勢、暈輪效應與偏見等問題。
目標管理法	1. 可以將目標與績效加以結合。 2. 容易獲得部屬的認同。	主管與部屬需達到一致性的目標，在協商過程中很耗費時間。
360 度績效回饋法	1. 評估人員涵蓋較廣，不容易受單一人員所影響。 2. 兼具公平性與公正性。	1. 由於涉及人員較多，在時間上很耗時。 2. 實際上執行不易。

（三）績效評估的問題

績效評估就是針對員工所投入的努力程度，以及產出的成果進行檢驗的過程。在過程中難免會遇到一些問題，以下即是針對在評估過程中，可能遇到的問題來說明以供參考，如表 10-11。

表 10-11　績效評估之問題

評估問題	說明
主管的角色	主管必須要了解如何進行公平的評估。但實務上主管都會受到個人與部屬間的關係，或是主管個人特質所影響，這是在績效評估時需要注意的地方。
評分標準不明確	在評分標準上容易淪於主觀，導致評估有偏差，因此對於優劣應更明確的解釋。
暈輪效應（Halo Effect）	指由於評分者的刻板印象，而對被評分者特定的評估項目也產生影響，如員工與主管的關係不好，就很有可能被評為工作績效不好，就像很多人也會認為會打架的學生成績一定也不好。
集中趨勢	主管在打分數時通常會勾選中間的分數的現象。如果以李克特量表尺度來看，多會集中在 3 分，會避免 1 分或 5 分的情形。這樣的評選是無效度的。
偏見	在工作上面，有些主管對種族、性別或年齡等不同因素會有偏見，如認為年紀較大相對比較沒有體力；或是女性的工作績效較差；甚至懷孕的婦女工作投入會較低等偏見，導致在績效評估時有偏差。

時事講堂

Z 世代績效考核思維！

每年年底對員工而言，既期待又害怕，期待公司發放今年年終獎金；但也焦慮著主管將針對自己的工作表現進行績效考核。美國人力資源管理協會（SHRM）指出，多數員工在面臨公司進行績效面談時，都會產生「績效排名焦慮」的負面情感反應，團隊內也會瀰漫著互相敵對，不信任的氣氛。

績效評估制度由美軍在一戰時，為了篩選軍隊中表現較差的人員提出，沿用至今已有超過一百年了。大部分企業都有員工績效考核制度，不過對企業經營是推力，還是阻力？一直是所有人力資源管理從業人員關注的議題。因為美國人力資源管理協會報告指出「有約 95% 的離職員工離職原因是因為對雇主的績效評估過程感到不滿意」，因而在年底績效面談結束後，選擇離職，產生年底員工自願離職的高峰期。

事實上，並不只員工對於企業目前執行的績效考核不滿，部分企業的經理人以及人力資源部門的工作者也對績效考核制度存有疑慮。企業執行委員會（CEB）在 2013 年針對全球一萬三千名員工調查指出，有 95% 的企業經理人因為耗時，對公司目前的績效管理流程並不滿意；而 90% 的人力資源工作者，並不認為績效評估能提供準確員工表現資訊。

為什麼大家對於績效評估制度都沒什麼好感？傳統績效考核制度主要是回顧員工過去一年工作表現中良好與否，但績效考核制度也多會與獎金制度串聯，所以主管在審核員工的表現時，常會關注在員工表現不佳的地方。而且讓員工感覺績效面談，就是要被指正自己工作表現中錯誤或需改正的會議，而被列舉的錯誤會影響到他能獲得的獎金，因此對績效面談抱持負向的看法。

績效考核，應是幫助員工更好，而不是放大過去犯的錯

國際企業 Adobe 在 2012 年時宣布取消傳統績效評估制度，不再使用員工績效排名作為工作績效表現的指標，改以從更頻繁的員工與主管對話內容中，評核員工表現的成長曲線，關心員工在達成公司未來目標上有哪些地方需要協助，並非著眼於員工過去所犯的錯誤。《富比世》指出，Adobe 在放棄績效排名的一年半後，該公司股價上揚了 68%。

員工對企業組織而言是重要且關鍵的的人力資本。對組織經營而言，頻繁的流失員工所產生的成本與影響效果，反而比培訓員工，提升員工能力更大。績效評核的原意，本就是希望能提升員工的工作品質，但傳統的篩選機制，反倒使員工失去對未來努力的動力，甚至恐懼會影響員工向心力以及工作表現。美國人力資源管理協會調查指出，包括微軟、Gap 等企業近年來也相繼放棄年度績效審查制度，改以即時回饋的制度，了解員工面臨的困境與挑戰，給予即時的支持與協助，來提升員工績效表現。

《金融時報》指出，年輕的員工喜歡即時收到回饋，沒耐心等到一年一度，或是半年一次的績效檢討才知道自己的工作表現狀況。《人力專家》（HR Technologist）也指出，千禧世代與 Z 世代的工作最佳趨勢是他們自己，他們需要的是能夠說服他們願意投入的工作挑戰，並非來自於團隊中績效排名產生的激勵，年度績效考核尤其不適用於千禧世代與 Z 世代員工。

影片連結

參考資料：楊倩蓉（2019），「第一次大戰的美軍績效制，影響全球企業一百年！」，商業周刊，1675 期。

（四）財務獎勵計畫類型

績效評估後應要給予相關人員適當的獎勵以激勵其信心，提高忠誠度與生產力。將獎勵計畫與績效加以連結，可使企業員工更專注在營運績效與在其中扮演的角色，這樣的計畫不僅可爲個人帶來財富，更可帶給企業直接的貢獻，達到雙贏的局面。以下我們將分成不同的構面來探討不同的獎勵方式與制度，如表 10-12。

表 10-12　財務獎勵之類型與說明

財務獎勵類型	說明	
個人獎勵計畫	作業人員	分為「計件制」與「標準工時制」。 1. 計件制與員工生產力相關，做多少算多少。 2. 標準工時以時間計算，員工的績效超過標準時，就可以獲得某一比例之給付。
	業務人員	「佣金制」是依照業務人員的銷售業績成正比給付，通常員工不是底薪很低就是沒有底薪。
	主管	分為短期之「年度紅利」與長期的「股票選擇權」。希望鼓勵經理人可以以長期的觀點來思考，與公司一起努力與成長。
	專業人員	除了財務上的紅利、股票選擇權等獎勵，更重視非財務之獎勵，如更彈性工時或更多的假期等。
團體獎勵計畫	員工個人除底薪外，另加上團隊獎金。	
利潤分享計畫	在一定期間內將 15% ～ 20% 的利潤，以現金分配給所有員工的「現金計畫」。	
利益分享計畫	員工可直接分享因其建議，而節省成本產生的利潤。	
員工持股計畫	依照員工的年資或職位，給予一定之比例之公司股票，讓員工成為股東。	

1. 個人獎勵計畫（Individual Bonus Plan）

(1) 作業人員的獎勵

一般企業最常使用的獎勵爲「計件制」與「標準工時制」的方式。計件制分爲完全計件制與保障計件制，前者是沒有最低工資的保障；而後者則是有員工有最低工資的保障，超過某一生產量後領取工資變少，目前較多採用的爲完全計件制。

標準工時制則以工時計算，且有底薪保障。當員工的績效超過標準時，就可以獲得某一比例之給付。

(2) 業務人員的獎勵

業務人員的獎勵通常是採取「佣金制」，可讓高績效的員工有努力的動機獲得更多的報酬，公司也可透過此方式篩選出好的業務人員與淘汰績效差的業務人員。

(3) 主管的獎勵

企業對於主管的獎勵計畫分為短期與長期的獎勵。短期獎勵是公司每年的「年度紅利」，一般來說階層愈高的紅利會愈多，但也可能針對主管的績效來做調整。所以紅利的分配連結主管個人與公司整體的績效，以此來激勵經理人與降低代理問題。在長期的獎勵方面則是有「股票選擇權」。這樣的計畫通常是與公司的獲利能力與每股盈餘有很大的關聯，目的是希望鼓勵經理人可以以長期的觀點來思考，與公司一起努力與成長。

管理便利貼 何謂員工的股票選擇權？

員工的股票選擇權（Employee Stock Options）是指公司提供員工（特別是優秀人才及經理人）一種報酬方式。通常公司會與其訂立一個契約，此契約約定特定價格（通常會與市價接近）、特定股數、持有期間、履行契約日期等項目，員工將持有此項權利至履約日到期。在履約日當天，如果股票市價高於約定價格，則員工可以執行此項權利，而公司將會發行新股或是由市場買回股票給員工，員工拿回轉換之股票後，將可決定出售獲利或是繼續持有。

(4) 專業人員的獎勵

專業人員是指工作涉及專業知識來為雇主解決問題的人員，如醫師、律師、工程師等。專業人員的獎勵在財務方面通常也都有紅利或股票選擇權，但是目前有更多公司以非財務方面的獎勵，如更彈性的工作時間或更多的假期，來吸引這些優秀的專業人員投入。

2. 團體獎勵計畫（Team Incentive Plan）

通常是將團隊績效與公司的策略目標加以連結，員工除了底薪外，如果團隊還能達到或超過公司訂定的績效，可另外獲得團隊獎金，希望藉此改變員工，以集中團隊力量於策略目標上。

3. 利潤分享計畫（Profit-sharing Plan）

使多數或所有員工都可以分享公司的年度利潤，通常是在一定期間將 15% ～ 20% 的利潤，以現金分配給員工的「現金計畫」。

4. 利益分享計畫（Gain-sharing Plan）

員工可直接分享因其建議，而節省成本產生的利潤，希望藉此降低成本與增進與員工合作之關係，達成全體員工共同致力於達成公司生產力目標所設計之獎勵計畫。

5. 員工持股計畫（Employee Stock Ownership Plans, ESOP）

現在的企業很流行員工持股計畫，就是公司依照員工的年資或職位，提撥一定之比例的股份給員工，而信託機構代表員工來購買股權，並代爲管理員工個人帳戶中的股票。

之後，員工退休或停止工作後信託機構發給股票。企業希望藉由員工持股計畫來鼓勵員工對公司的承諾與建立團隊合作的精神。

圖 10-14　財務獎勵計畫類型

雖然獎勵計畫可以給予員工正面的激勵因子，但更重要的是要塑造員工正確的價值觀與承諾，以免讓出發點良好的獎勵計畫，成爲員工只是爲了錢而工作的計畫。

管理動動腦

如果你是一間公司的高階主管，你會喜歡哪些獎勵方式？請說明原因。

10-5 人力資源之留才與福利

企業的主管常說找到「人」很容易，但找到「人才」卻很困難，而如何留住人才更是不容易。由此可知，企業如何留住人才比如何找到人才來的更重要。畢竟，人才有較好的知識與技巧，或是受過較好的訓練，所以可能對組織與自我會有較多的要求。根據統計，員工要留在組織的因素，除了前述財務方面的報酬外，也希望組織提供良好工作環境與良好福利的要求。以下便針對組織常用的留才方式來進行說明。

一、升遷遣調

依據赫茲伯格的雙因子理論（Two-Factor Theory），薪資對於員工只不過是保健因子（Hygiene Factors），要進一步激勵與讓員工對公司有忠誠度，就必須給予激勵因子（Motivational Factors），升遷的機會就是其中一項。員工在組織工作中的目標常常不僅是為了錢，更重要的是工作能提供何種其他的機會與認可。

在一般升遷的決策中，有些公司使用年資來決定，有些公司則使用能力來決定。通常在公家機關或較遵從日本文化的公司較會採用年資的計算來升遷，而私人機構通常採取美式的做法，以績效作為升遷的標準。不管是何種升遷方式，公司都應該以正式且書面的方式公告晉升的政策與程序，讓員工可以明確了解他們是被公平的對待與願景的建立。

二、福利措施

組織要留住好的員工除了重視一般的財務的報酬外，非財務的福利更是重要，如休假給付、教育計畫、交通或餐點補助、醫療津貼、退休金、子女教育補助、保險或托育設施等項目，如表 10-13。

表 10-13　不同的福利措施

項目	說明
休假給付	一般來說，休假給付是指員工在非工作時間仍有薪資，像是現在政府努力推的育嬰假或產假等。另外，有些公司會有喪假、病假等補助。
教育計畫	許多公司為提升或鼓勵員工的進修，會與顧問公司合作提供免費課程修習，或是給予員工在組織外進修的補助。
員工保險	通常在員工進入公司時就必須給予團保、勞健保等。依照法律規定，兼職員工也必須幫其投保。
家庭津貼	有許多公司的福委會會與其他遊樂或食品企業合作，提供員工在娛樂上或食品購買的優惠，鼓勵員工注重生活品質，或是提供子女照顧，如托育設施及子女教育補助。
個人補助	目前臺灣有些大公司仿美式的做法，認為員工的健康就是企業的核心，提供員工交通、餐點補助、免費餐點、醫療津貼、免費年度健康檢查，讓員工不用擔心受傷沒錢可領。
其他福利	曾經有出版企業首先開創周休三日的福利。

三、人際關係

組織的人際關係對於員工是否願意留在組織中效力也是一個重要的因素。組織內如果有和諧的氣氛，工作氛圍和諧，較能凝聚大家的共識與降低人員流動率。若反之，員工容易情緒低落、工作效率不佳，難以對組織有忠誠度，甚至因爲人際關係不佳而離開組織。目前已有許多研究在研究人際關係與工作滿意度的關係，或是人際關係對離職率的影響。

四、職涯發展

組織在管理員工時，應給予員工適當的自我管理權，並且對員工給予長期而漸進的培育計畫，符合員工個人成長的期望，才能使員工覺得有學習的空間與提升自我職涯發展的機會。因爲一個沒有發展前景的公司，無法吸引並留住人才。

管理動動腦

有人說職涯發展同等於升遷計畫，這樣的觀念你贊同嗎？原因為何？

海尼根雙軌打造客製化培訓育才學

海尼根臺灣目前在全公司推行「個人發展計畫」，透過與經理人的定期會面輔導，幫助每位員工規劃個人的職涯地圖，客製化專屬的培訓計畫，讓員工潛能發揮極大化，此外，順應新世代員工普遍期待開放活潑的職場氣氛、完善的升遷培訓制度，海尼根從 2016 年起推出「亞太區跨國儲備幹部計畫」（Asia Pacific Graduate Program, APGP），將本地人才外派至跨國分公司。讓應屆畢業生和工作資歷 3 年內的員工，有機會透過輪調到亞洲地區 20 個以上不同國家工作，將個人職涯版圖拓展至全世界。

海尼根臺灣區總經理鄭健發分享海尼根的理念，他認為培育人才不僅是對員工有利，一旦員工建立起策略思維高度與國際市場的視野，最終都會回饋公司績效。因此，透過亞太區跨國儲備幹部計畫（APGP）方案，讓職場新鮮人可以透過短期的培訓計畫周遊列國，拓增視野。此外，不只是鼓勵員工向外發展，「個人發展計畫」（Personal Development Plan, PDP），透過專業經理人的定期輔導，協助員工擬定個人客製化的培訓地圖，激發潛能。

人才培育重視企業價值與員工規劃一致性

企業成長的動能應是來自員工的投注。唯有員工對於未來努力的方向，與企業發展的方向一致時，才能順勢地彼此成長。因此在培訓制度中，最一開始會清楚地把企業重視的價值概念傳遞給員工，包括：享受生活（Enjoyment of Life）、尊重人與環境（Respect for People & Planet），以及對追求品質保有熱情（Passion for Quality）。

「享受生活」指希望帶給消費者和員工的不只是產品，而是一種生活體驗享受的概念。重視人際關係的緊密連結，擁抱彼此生命經驗，一直是海尼根獨有的企業 DNA。在職場中鼓勵員工進行交流，聆聽彼此的故事，享受當下。

「尊重人與環境」傳達的是，公司非常尊重每位員工的獨特性和創造力。每位員工對公司而言，都是獨立且唯一的重要資產，這也是海尼根開放員工到不同國家去累積新職涯經驗的原因，因為不同人看到的世界與感受都會不同，轉化出的創造力也是獨一無二的。

至於「對追求品質保有熱情」，則是希望讓員工有追求卓越的精神。海尼根全球CEO 講過：「What is good yesterday is ok today, but not good enough tomorrow.」（昨天覺得好的，用今天的標準看只是 OK，但放在明天的標準，還不夠好）。公司鼓勵員工持續地追求頂尖，重視「Winning Mindset」（致勝思維），希望在公司中創造高績效文化、培養敏捷力、消費者導向，以及釋放勇氣。

國際在職培訓，提高新進人員思維高度與視角

多元的視角，一直是海尼根重視且持續培育員工具備的關鍵核心職能。鄭總經理認為啤酒市場的消費者需求是截然不同的，因此多元文化與需求的洞察能力，是身為海尼根一份子所必備的重要能力，透過 APGP 計畫，讓剛進社會或工作未滿 3 年的員工，有機會於在職兩年內輪調 3 個不同國家的分公司，挑戰分配在不同崗位下完成四項專案，提升員工能有更全面的發展與整體戰鬥力。

在 APGP 計畫中表現優異的現職員工，期滿後還可以選擇為期約 6 個月的「Short-term Assignment」（短期任務培訓），或是以年計算的「Long-term Assignment」（長期任務培訓）。到國外分公司長期駐點工作，像之前有員工就申請到紐西蘭和馬來西亞進行 6 個月的任務培訓體驗，回臺後在決策時，都展現出更高的全球思維視野。

客製化個人發展計畫，提升員工自主與當責態度

推行員工個人發展計畫的教育培訓制度，主要用意在提升員工的責任心。過往傳統的教育訓練制度，多半是員工被動接受企業依照特定職位能力設計對應課程，但往往造成員工參與度不高，或覺得學非所用。海尼根的個人發展計畫，即是要讓員工規劃自己工作的目標，而且了解自己未來工作上可能會遇到哪些問題與挑戰，需要公司如何提供適當的資源幫助你，透過專業經理人的定期輔導，協助員工規劃自己職涯發展所需的客製化培訓課程。除了員工，每個部門主管也有一套屬於自己的自我發展計畫，面談的對象則是更高階的經理人，層層落實下來，串聯成一套完善的人才培訓鏈。

在培訓內容時間比重安排上，目前採行「70 — 20 — 10」為原則，鄭總經理受訪時提到，讓員工 70% 的時間應用於工作，20% 的時間花在輔導和指導其他員工上，剩下 10% 的時間讓員工可以依據自己的需求，參加各類課程。

四要素成功打造海尼根未來人才

企業培養人才的關鍵，是勞資雙方的期望必須相同，可分4個元素：連結（Connect）、型塑（Shape）、發展（Develop）及交付（Deliver）。海尼根視每位優秀的員工為未來的有潛力的領導者，培養他們具備聯繫周遭資源、塑造未來想像等能力，最後再根據員工的潛能來適性發展，交付適合的重要任務，讓員工在迎接挑戰的同時，為組織貢獻、找到個人價值。

資料來源：吳佩旻（2021），「3年不到就能『飛出去』，客製化培訓的育才學」，Cheers雜誌，233期。
圖片來源：卓杜信。

重點摘要

1. 人力資源的意義：廣義的人力資源，是指能為整個社會與經濟體系創造物質、財富與文化等價值，以及提供勞務之人。狹義的人力資源，是指組織所擁有，能夠以自身能力提供服務與參與工作之人力，組織可透過集結這些擁有不同知識與技術的人力，來協助達成組織的目標。
2. 人力資源管理之重要性：人力資源管理對組織或管理者的重要性，可分為積極面與消極面來看。
   (1) 積極面：人資管理可以幫助組織甄選出有能力的員工、激發員工的潛力與貢獻、提升員工在工作上的信心與成就感。
   (2) 消極面：人資管理可以降低員工流動率、降低訓練成本之浪費。
3. 人力資源管理程序：
   (1) 人力資源管理通過招募及甄選，來甄選出有能力的員工。
   (2) 透過訓練來培育出合適的優秀員工。
   (3) 運用績效評估，並使用財務獎勵，確認組織能夠合理且公平地使用人才。
   (4) 為了能長期留住高績效的優秀員工，透過升遷機會、福利措施、良好的人際關係，以及透明的職涯發展等方式來留住人才。
4. 招募與甄選程序：人力聘僱規劃與預測、招募、初步篩選面談、甄選、傳送合適人選給予部門主管、安排候選人與主管進行面談，最後甄選出有能力的員工。
5. 人力資源規劃與預測方式：

人力資源規劃	預測方式
人力分析： 了解公司現有人力配備，作為規劃基礎。	人事需求： 在整體需求上，要考慮如未來的銷售預測、預計人員的流動率、員工的素質與技能是否符合、是否有可提高生產力科技或其它的變革等因素。
組織分析： 由組織各個層面來評估現有人力。	內部合適人選： 可考慮每位員工的績效記錄、教育背景及晉升之可能性，由內部拔擢合適人才。
工作分析： 工作分析是藉由有系統的收集與分析工作資訊，來明確的訂定工作職能、職務與行為規範。	外部人力供給： 要考量未來的失業率、當地的市場條件與職業市場條件，來決定如何找到合適的外部人力。

6. 招募人才的過程與來源：

(1) 招募人才的過程：首先要擬定招募的計畫，而後確定人力的來源是內部或外部，再選擇招募的方法以及從事招募的活動。

(2) 不同招募管道的優缺點：

管道	優點	缺點
員工推薦	透過員工先行篩選，遇到合適且優秀的人選機會較大。	1. 可能容易找到相似員工。 2. 可能會有關係利益的問題來取代工作能力。
實體就業仲介機構	1. 可根據公司需求找人。 2. 適合高階職位人力。	可用之人力數量較少。
媒體廣告	1. 曝光度高。 2. 可快速找到應徵者。	1. 廣告費用昂貴。 2. 應徵者參差不齊。
網路就業仲介機構	1. 快速曝光。 2. 廣告密集度高。 3. 較快得到應徵消息。	容易招來許多不合適的應徵者。
校園徵才	1. 可集中徵才。 2. 應徵者性質較相同。	不適合找尋高階職位，或需要相關經驗之人力。

7. 員工的甄選與測試：

(1) 員工的甄選程序：申請表的初步篩選、初步面試、聘僱測試、後續面試、推薦查證、體能檢驗與最後決策。

(2) 測試的基本觀念：「效度」指測試的結果，是否可以衡量出想要衡量的特質。「信度」則爲測試的一致性。

(3) 測試的類型：可分爲以下幾種類型，認知能力測試、專業能力測試、人格特質與興趣測試、操作或體能測試等類型。

8. 員工的訓練：

(1) 員工訓練與發展程序：需求分析、引導性設計、驗證、執行，以及評估與追蹤。

(2) 訓練需求分析：「任務分析」主要是根據任務做工作細項的分析，用來確定新進員工的訓練需求。「績效分析」則是評估現職員工之績效，確認績效與目標是否有重大的落差，以及此差是否可藉由訓練來彌補。

(3) 訓練的種類：職前訓練又稱爲引導訓練，將新進成員「內化」至組織的文化與價值觀等規範。在職訓練則依「訓練場地」、「訓練時間」、「訓練內容」與「訓練目的」區分不同的種類，以及自己對於自我要求，而引伸出「自我發展訓練」。

(4) 訓練的方法：針對員工的訓練方法，分爲工作指導訓練、師徒制訓練、講授、模擬訓練、電腦訓練與視聽法訓練。針對管理者的訓練，則分爲工作輪調、教練／見習法和行動學習。

(5) 訓練的成效評估：受訓者在完成訓練後，組織應該要評估其訓練的成果與目標達成情況，確保訓練的品質與改善之空間。在訓練結果的衡量中，所要衡量的結果有四種類型：「反應」、「學習」、「行爲」與「成果」。

9. 薪酬管理：

(1) 薪酬之類型：藍領階級爲時薪或日薪。白領階級爲月薪。銷售人員或工人則爲計件制。

(2) 決定薪資率的因素：工會、法律、政策與公平性。

10.績效評估與財務獎勵：

(1) 績效評估的步驟：定義工作、評估績效與回饋面談。

(2) 績效評估的方法：主管直接評估，包含書面評估法、多人比較法、重要事件法、評等尺度法。非主管直接評估，則包含目標管理法、360 度績效回饋法。

(3) 績效評估的問題：容易受主管個人特質影響、評分標準不明確、暈輪效應、集中趨勢與性別或宗教之偏見。

(4) 財務獎勵計畫類型：

財務獎勵類型	說明	
個人獎勵計畫	作業人員	「計件制」與「標準工時制」。
	業務人員	「佣金制」。
	主管	分為短期之「年度紅利」與長期的「股票選擇權」。
	專業人員	財務與非財務的獎勵。
團體獎勵計畫	員工個人除底薪外，另加上團隊獎金。	
利潤分享計畫	在一定期間內將 15% ～ 20% 的利潤，以現金分配給所有員工的「現金計畫」。	
利益分享計畫	員工可直接分享因其建議，而節省成本產生的利潤。	
員工持股計畫	依照員工的年資或職位，給予一定之比例之公司股票，讓員工成為股東。	

11.組織人員之留才：職涯發展、人際關係、福利措施與升遷遣調。

本章習題

一、選擇題

(　　) 1. A 公司希望使新進員工能快速的內化至組織文化，需要實施何種訓練？ (A) 自我訓練 (B) 職前訓練 (C) 在職訓練 (D) 以上皆可。

(　　) 2. 組織發展「留才」計畫其最終目標為？ (A) 晉升人才 (B) 網羅人才 (C) 培育人才 (D) 使員工成為企業夥伴。

(　　) 3. 人力資源規劃的起點，是以何種方式來了解現行人力資源的狀態？ (A) 顧客需求分析 (B) 組織分析 (C) 工作分析 (D) 人力分析。

(　　) 4. 若甄選工具是衡量項目是否有一致性，則代表此工具具有 ______。 (A) 信度 (B) 效度 (C) 可靠度 (D) 依賴度。

(　　) 5. 以下關於「工作說明書（Job Description）」與「工作規範（Job Specification）」的敘述，何者有誤？ (A) 工作說明書是用來描述工作內容的書面文件 (B) 工作說明書會列出為了達成工作目標，員工所需具備的資格 (C) 工作規範的內容可能包含工作經驗或語言能力等要求 (D) 工作時間與地點的描述是屬於工作說明書的內容。

(　　) 6. 以下何者為「非」財務的激勵？ (A) 年終分紅 (B) 彈性工時 (C) 員工股選擇權 (D) 團體獎勵金。

(　　) 7. 為了保障少數弱勢族群的權益，安安集團配合政府規定，保留部分職缺給原住民及身心障礙人士。小傑出身布農族，他可能在哪項文件上看到職缺中對於員工身份的資格要求？ (A) 人力資源盤點表 (B) 李克特量表 (C) 工作說明書 (D) 工作規範。

(　　) 8. 校園徵才有何缺點？ (A) 較適用於基層員工的甄選 (B) 費用太過昂貴 (C) 應徵者素質不齊 (D) 以上皆是。

(　　) 9. 在人力需求的預測技術上有很多分析方法，請問下列何者不是用在人力需求上？ (A) 管理者判斷法 (B) 趨勢分析 (C) 市場分析 (D) 比率分析。

(　　) 10. 公司為了留才，除了財務性報酬外，也會透過非財務性制度留住員工。以下哪一家公司的做法並非財務性的留才制度？ (A) 建築公司：為每位員工投保勞保及健保，並特別針對職業災害保險另外加保 (B) 計程車公司：每位司機每年都有第二外語進修的全額補助計畫，凡提出申請均可受理 (C) 便利商店：員工服務滿十年後，可自行提出「希望展店計畫」，由公司提供資金與開店設施，協助員工成為加盟店長 (D) 以上做法均屬於非財務性的留才制度。

(　　) 11. 下列何者敘述為「有效度」？ (A) 卡卡今天起床時量體重為 80 公斤，隔天起床時又量一次仍是 80 公斤 (B) 卡卡在做智力測驗時，今天做與明天做出的結果都很類似 (C) 主管 A 與 B 詢問卡卡未來的計畫，卡卡的回答都是希望能創業 (D) 卡卡的班級同學在英文月考上的成績分配平均。

(　　) 12. 泉華股份有限公司最新留才方案，是給予員工公司股票。欣欣獲選為員工持股計畫一員，請問此留才方案的特色何者為非？ (A) 員工需要時可變賣手中股票 (B) 是由信託機構來管理 (C) 透過此計畫建立與企業同舟共濟的想法 (D) 通常是根據年資給予一定的比例。

(　　) 13. 小朋為一圖書公司之業務人員，請問他適用於何種獎勵計畫？ (A) 底薪制 (B) 標準工時制 (C) 佣金制 (D) 計件制。

(　　) 14. 小瑛為一企管顧問公司主管，又到了每年的年終考核，她要如何才可以避免錯誤的評估？ (A) 只記錄部屬好的事件 (B) 平常要與員工保持良好之互動 (C) 避免人多嘴雜，避免超過一人進行評估 (D) 為公平起見，每個階級都使用同樣的評估方法。

(　　) 15. 人力資源管理步驟為下列何者？ (A) 用才 ➡ 選才 ➡ 育才 ➡ 留才 (B) 選才 ➡ 留才 ➡ 育才 ➡ 用才 (C) 用才 ➡ 育才 ➡ 用才 ➡ 留才 (D) 選才 ➡ 育才 ➡ 用才 ➡ 留才。

(　　) 16. 滴滴是一名介紹英文知識的 Youtuber，他的收入來源主要是靠業配不同廠商的產品／服務，依據承接案子所需花費的時間與投入成本，進而決定收費價碼。請問滴滴的薪酬來源主要屬於以下何種類型？ (A) 計件制 (B) 時薪制 (C) 月薪制 (D) 日薪制。

(　　) 17. 下列何者屬於「非主管直接評估」的績效評估方法？ (A) 重要事件法（Critical Incident Method） (B) 評等尺度法（Rating Scale Method） (C) 目標管理法（Management by Objective） (D) 多人比較法（Multiperson Comparison Method）。

(　　) 18. 隨著虛擬實境（Virtual Reality, VR）技術的成熟，許多航空公司結合軟體應用商開發出訓練飛行員的模擬器，受訓者可透過電腦設計的不同情境，體驗面對不同風速、風向、氣溫及氣壓的飛行環境，並訓練其臨場反應；而透過電子評分系統，公司也能確實掌握每位受訓者的表現。此 訓練方法稱之為__________。 (A) 師徒制訓練（Apprenticeship Training） (B) 視聽法訓練（Audiovisual Techniques Training） (C) 工作指導訓練（Job Instruction Training） (D) 電腦訓練（Computer-based Training）。

( ) 19. 大有集團欲徵聘 3 名專案經理，根據戴斯勒（Dessler）的建議，大有集團應先得到多少份應徵函爲佳？ (A)72 份 (B)60 份 (C)120 份 (D)9 份。

( ) 20. 美連舍是一家地區型超商，在招募新人時，公司偏好由員工推薦人選參與面試，關於此一做法，以下敘述何者正確？ (A) 相較於媒體廣告，員工推薦較有助於大量曝光徵才訊息 (B) 相較於網路廣告，員工推薦較容易招來不適任的應徵者 (C) 員工推薦可能因爲關係利益，而取代了工作能力的選才標準 (D) 員工推薦較媒體廣告更可能增加員工的多樣化。

二、填充題

1. 常用的測試類型有：＿＿＿＿＿、＿＿＿＿＿、＿＿＿＿＿、＿＿＿＿＿。
2. 績效評估之三步驟：＿＿＿＿＿、＿＿＿＿＿、＿＿＿＿＿。
3. 訓練方法之五步驟:＿＿＿＿＿、＿＿＿＿＿、＿＿＿＿＿、＿＿＿＿＿、＿＿＿＿＿。
4. 請任舉出三種福利措施：＿＿＿＿＿、＿＿＿＿＿、＿＿＿＿＿。
5. 請舉出三種甄選管道：＿＿＿＿＿、＿＿＿＿＿、＿＿＿＿＿。

第 11 章

激勵

學習重點

本章我們要來了解激勵之內涵：

1. 激勵的意義
2. 激勵理論類型
3. 激勵之方法

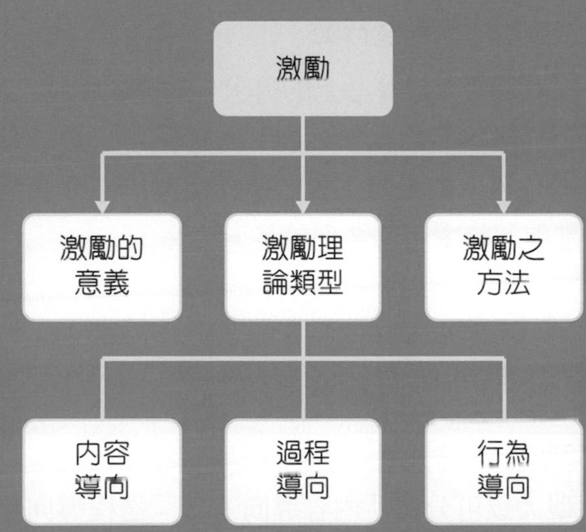

11-1 激勵的意義

每個人進入組織都有其不同的動機存在，有些人可能只是希望賺取薪水，養家活口即可；有些人則是希望能展現自我才能與抱負，實現人生價值。不管是何種動機，組織中最重要的核心是「人」，要能達成目標還需要人員的幫忙。

故組織與員工彼此的關係是互為一體，不僅員工應盡力完成組織的目標，組織也應該給予員工相對價值的獎酬，才能對員工產生激勵的作用，否則，將造成負面效果。許多人都認為只有金錢才是激勵的唯一方式，但過去有一項針對美國五百家大企業的調查，結果發現懂得褒獎員工的企業比漠視或批評員工表現的公司，其股東權益（Shareholders' Equity）多了三倍。

根據羅賓斯與庫特（Robbins and Coulter, 2008）的說法，激勵（Motivation）的定義是指透過影響人們的內在需求，而加強、引導和維持其努力行為的過程。激勵也可分為兩個方向來解釋：「內在（Intrinsic）與外在（Extrinsic）」。

依內在的定義來看，公司能滿足員工工作精神需求因素（如：工作成就感、發揮個人的潛能、自我成長等），可根據工作連結而來的快樂與滿足，並不受外在環境之限制。

由外在的觀點來看，激勵是種影響力量。組織針對員工的需要與願望給予滿足（如薪資與福利），讓員工依照組織的期望行動。

總而言之，激勵是組織針對人員身心上的需求、動機或願望，透過維持激發的手段，符合組織行為的一種過程（蔣台程等人，2003），組織可以透過有效的激勵來強化員工的責任感，協助組織達成任務。如果員工對於組織激勵的感受與能力評價愈高，團隊的顧客滿意度、員工滿意度與留職率也將名列前茅。

11-2 激勵的理論類型

當代的激勵理論類型大致可分為「內容導向」、「過程導向」與「行為導向」三種理論。

一、內容導向（Content Approach）

內容導向的理論是著重於個人內在需求因素之探討，主要有「需求層級理論」、「三需求理論」、「ERG 理論」、「雙因子理論」與「X 與 Y 理論」。

（一）需求層級理論（Need Hierarchy Theory）

由著名心理學家馬斯洛（Maslow）在 1943 年所提出，其理論認爲人的需求有分爲五個層級：「生理需求」（Physiological Needs）、「安全需求」（Safety Needs）、「社會需求」（Social Needs）、「自尊需求」（Esteem Needs）與「自我實現需求」（Self-actualization Needs），如圖 11-1。

而這些需求的層級是由下往上一步步實現，也就是馬斯洛主張必須要先滿足生理需求後，才會上升至安全需求下一個層次。生理需求與安全需求，屬於受制於外在的低層次需求；另外三個需求則是內在的高層次需求。這些需求不但會影響員工的行爲，而且被滿足後即不再對其有激勵作用。因此應用在組織管理中，必須先了解不同員工的需求，並給予對應的激勵方法滿足員工，才有激勵員工之效用。

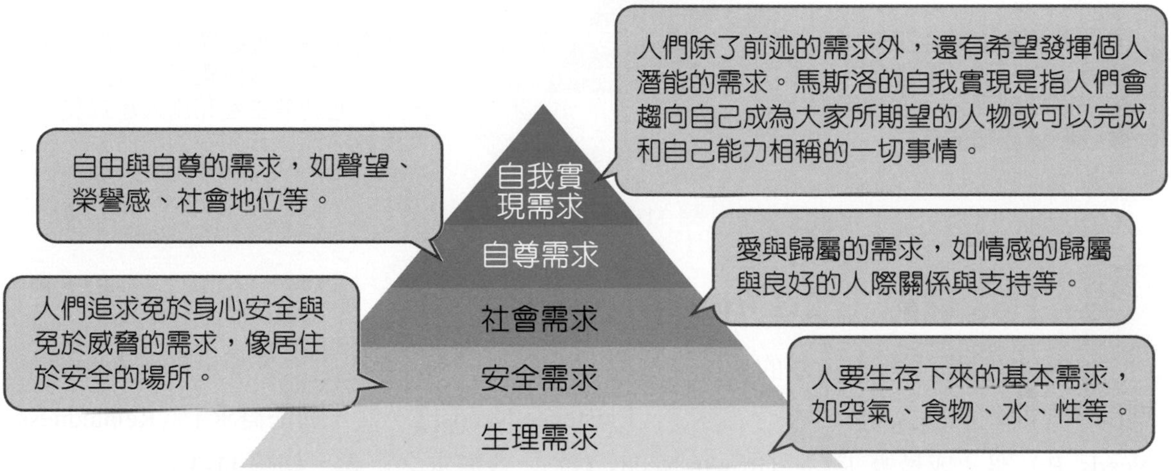

圖 11-1　馬斯洛的需求層級

資料來源：Maslow（1970）. *Motivation and Personality*.

管理便利貼　馬斯洛需求理論之問題

雖然馬斯洛的需求層級被許多學說奉為圭臬，但在管理界中，有許多學者對於馬斯洛的需求理論有以下之懷疑與疑問：「每個人都是滿足生理需求後，才會尋求安全需求嗎？」

波特（Poter）曾經以 1990 名經理人為樣本做實證研究，就發現他們不存在「生理需求」。

馬斯洛的理論背後隱藏著很強的假設，「人們一次只會追求一種需求」，但學者由很多實證的例子中發現人其實會同時有生理與心理上的需求，或可能追求兩種層級以上的需求。

（二）三需求理論（Three Needs Theory）

麥克里蘭（McClelland）於 1961 年提出的理論，又稱為「成就動機理論」，主要是在探求成就高低與行為間的關係，認為員工的成就動機和工作表現有顯著的相關。他主張在工作環境中有三種重要的激勵因素，分別代表三種內在的需求：「成就需求」（Need for Achievement）、「權力需求」（Need for Power）與「歸屬需求」（Need for Affiliation），且無層級關係。激勵是三種需求的函數，每個人都有不同比重的這三種需求。組織可以利用訓練的方式來增加員工的成就需求。各需求之說明，如圖 11-2。

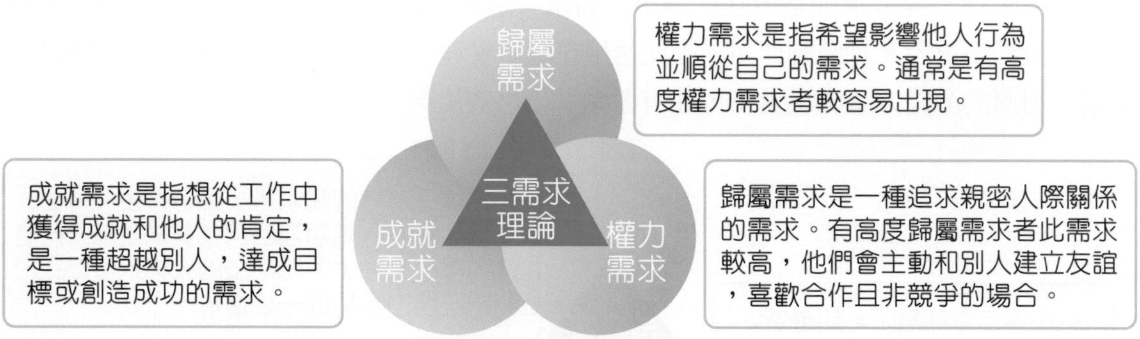

歸屬需求

成就需求

權力需求

三需求理論

權力需求是指希望影響他人行為並順從自己的需求。通常是有高度權力需求者較容易出現。

成就需求是指想從工作中獲得成就和他人的肯定，是一種超越別人，達成目標或創造成功的需求。

歸屬需求是一種追求親密人際關係的需求。有高度歸屬需求者此需求較高，他們會主動和別人建立友誼，喜歡合作且非競爭的場合。

圖 11-2　三需求理論

（三）ERG 理論（ERG Theory）

ERG 理論是由耶魯大學的教授艾德福（Alderfer, 1969）提出，以補足馬斯洛的需求理論，並簡化成三大類：「生存需求」（Existence Needs, E）、「關係需求」（Relatedness Needs, R）與「成長需求」（Growth Needs, G）。各需求之定義，如圖 11-3。

生存需求是指維持生存的物質條件，也就是生理和物質的各種需求，如飲食、居住、薪資、工作環境等，相同於馬斯洛的生理需求和部分的安全需求。

關係需求是指維持人際關係的慾望，是種分享思想與感情的需求，相當於馬斯洛的安全需求、社會需求與部分的自尊需求。

成長需求是指個人追求自我發展的慾望，就是員工在工作上會希望達成上司的肯定與追求個人之發展的機會，相當於馬斯洛的部分自尊需求與自我實現需求。

圖 11-3　ERG 理論

三需求理論也有三種假設前提：

(1) 每一層級的需求愈不滿足，則對它的欲望就愈大（需求的滿足）。

(2) 較低層級的需求愈滿足，則對較高層級需求的慾望就愈大（需求的強度）。

(3) 較高層的需求愈不滿足，則對較低層級需求的慾望就愈大（需求的挫折）。

艾德福認爲一個管理者應該要想辦法透過了解與滿足部屬的需求，以激勵員工的士氣與潛能。如果無法滿足較高的需求，可先滿足員工較低層級的需求，以達成激勵效果，不一定要像馬斯洛主張，必須滿足較低層級的需求才能進一步。這樣相對而言會較符合現況和彈性。

管理便利貼　ERG 理論與馬斯洛需求理論之比較

ERG 理論主要是根據馬斯洛的理論來補足其不足之處。

差異點	馬斯洛需求理論	ERG 理論
主張	每一個需求必須被滿足後，才會進入下一個層次之需求。	個人會同時追求一種以上的需求，補足了馬斯洛的需求理論。
心理狀態	未提及如果個人未能滿足較高層次的需求時，其心理狀態是停留在原層次或妥協。	人在需求滿足之過程中，不僅會有「滿足－進展」（Satisfaction-Progression）導向，而且還有「挫折－退縮」（Frustraction-Regression）導向，加強滿足次一層級的需求來代替。
背景與文化		可能會因為背景與文化的不同，而先尋求關係需求的滿足，然後才會滿足追尋生存需求。

（四）雙因子理論（TwoFactor Theory）

由赫茲伯格（Herzberg）在 1950 年代對工作滿足與需求關係的研究中，所提出的結論。研究發現受訪者不滿意的項目，多與工作的外在環境有關；而受訪者感到滿意的則是工作本身的條件。赫茲伯格對於能夠防止不滿的因素，稱爲「保健因素」（Hygiene Factors），而能夠帶來滿足的因素，稱爲「激勵因素」（Motivating Factors），如圖 11-4。赫茲伯格認爲要激勵員工要從激勵因子著手。

保健因素包含了工作環境、薪資與人際關係等。這些都是員工工作的基本需求，因此這些因子本身並無激勵作用，也就是員工如果擁有這些因素並不會感到滿意；但如果缺乏這些因素一定會感到不滿意。

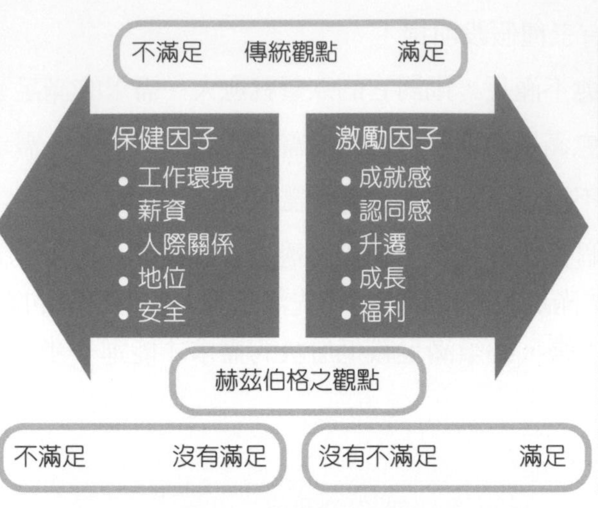

激勵因素又稱為滿意因素，包含工作成就感、職涯發展與升遷機會等。員工沒有這些因子並不會感到不滿意，但如果組織提供這些因子，則可以進一步激發員工的工作滿足與效率。

圖 11-4　雙因子理論

（五）X 與 Y 理論（Theory X and Theory Y）

X 理論與 Y 理論爲麥格里哥（McGregor）在 1960 年所提出。他認爲人性有兩種假設。一種是 X 理論（Theory X），一種是 Y 理論（Theory Y）。管理者會因爲對員工的假設不同，而有不同的管理行爲，如圖 11-5。

圖 11-5　X 與 Y 理論

目前大部分的學者都傾向 Y 理論的假設，認爲如果以參與決策及賦予員工更大的職權來替代正式規章的管理，激勵效果會較高。

（六）小結

由上述的不同學說可讓我們發現，不論是何種需求理論，均可相互整合與互補，各位可細細品嘗一番，需求理論整合圖如圖 11-6 所示：

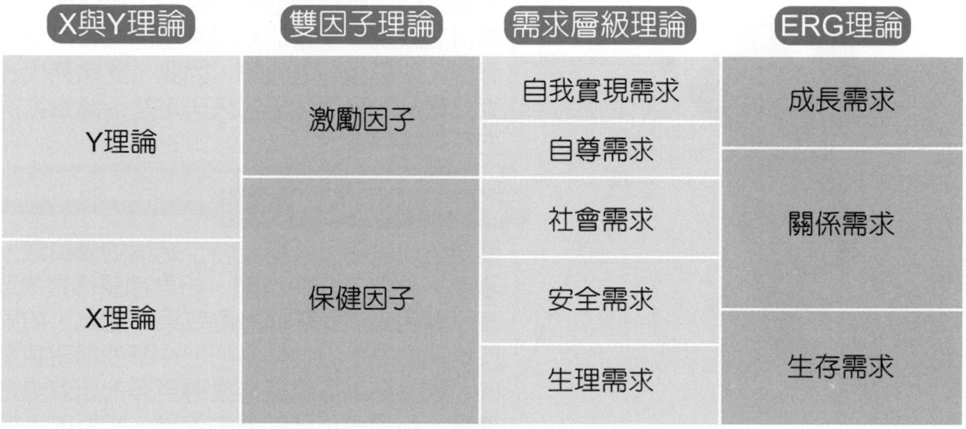

X與Y理論	雙因子理論	需求層級理論	ERG理論
Y理論	激勵因子	自我實現需求	成長需求
		自尊需求	
	保健因子	社會需求	關係需求
X理論		安全需求	
		生理需求	生存需求

圖 11-6　需求理論之整合圖

二、過程導向（Process Approach）

過程導向的理論主要在探討個人行爲如何被激發、引導與維持的過程，其理論不僅探討引發行爲的背後因素，同時也注意到行爲方式的選擇，方向與程序。主要的理論有「期望理論」（Expectancy Theory）、「工作特性模式」（Job Characteristics Model, JCM）、「公平理論」、「目標設定理論」與「整合期望模式」。

（一）期望理論（Expectancy Theory）

期望理論認爲一個人的行爲反應是一種理性、有意識的決策思考程序，並相信該選擇會有好結果。最大特點是強調激勵與報酬間的關係來決定對某種行爲的傾向。其中，以佛洛姆（Vroom）在 1964 年在「工作與激勵」一書中提出的理論最具代表性，有三個重要的基本概念：「期望」、「工具」與「期望值」。圖 11-7 以一業務代表想爭取甲客戶訂單爲例。

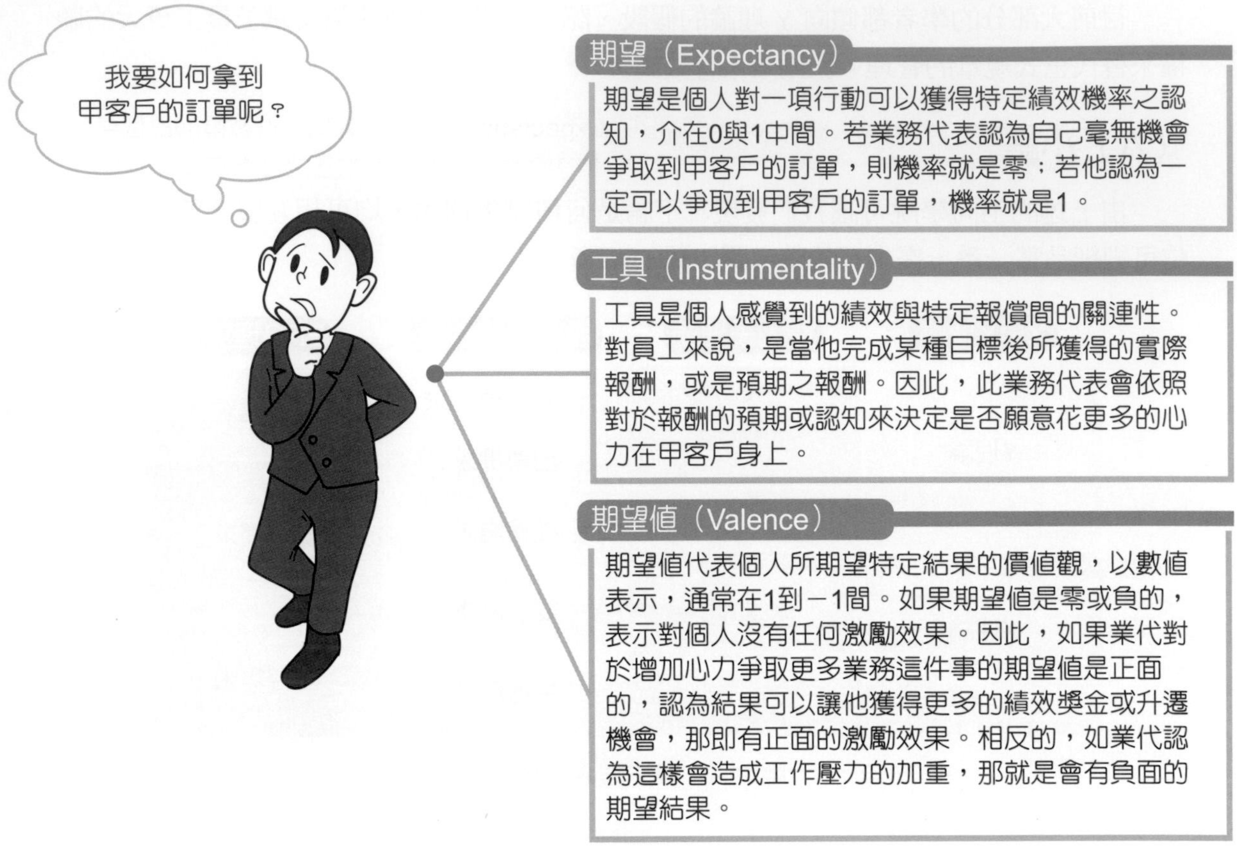

我要如何拿到甲客戶的訂單呢？
期望（Expectancy）
期望是個人對一項行動可以獲得特定績效機率之認知，介在0與1中間。若業務代表認為自己毫無機會爭取到甲客戶的訂單，則機率就是零；若他認為一定可以爭取到甲客戶的訂單，機率就是1。
工具（Instrumentality）
工具是個人感覺到的績效與特定報償間的關連性。對員工來說，是當他完成某種目標後所獲得的實際報酬，或是預期之報酬。因此，此業務代表會依照對於報酬的預期或認知來決定是否願意花更多的心力在甲客戶身上。
期望值（Valence）
期望值代表個人所期望特定結果的價值觀，以數值表示，通常在1到－1間。如果期望值是零或負的，表示對個人沒有任何激勵效果。因此，如果業代對於增加心力爭取更多業務這件事的期望值是正面的，認為結果可以讓他獲得更多的績效獎金或升遷機會，那即有正面的激勵效果。相反的，如業代認為這樣會造成工作壓力的加重，那就是會有負面的期望結果。

圖 11-7　期望理論概念與例子

總之，期望理論的重點在於了解個人目標，以及努力—績效、績效—報酬，與報酬—個人目標之間的關連性，如圖 11-8。此理論同時也強調，應該讓員工知道組織所期望的員工行為，以及組織將如何評量員工。

激勵效果
努力
績效
報酬
個人目標
期望
工具
價值

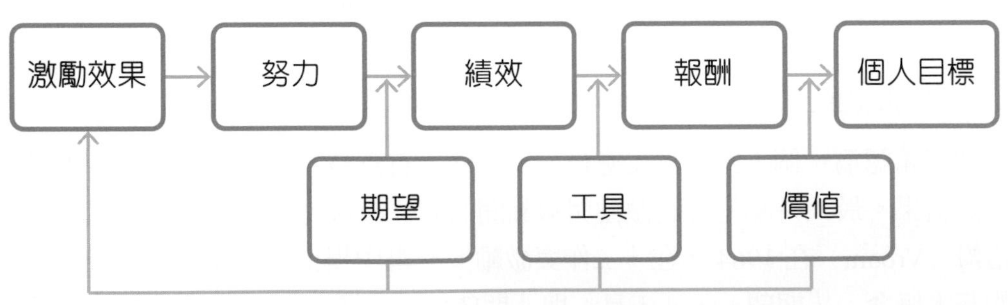

圖 11-8　期望理論的基本概念

參考資料：取自於蔣台程等人（2003）《管理學》P.245。

管理便利貼　佛洛姆期望理論的基本概念

佛洛姆提出以期望值（Valence）與期望（Expectancy）兩者的乘積所得數值的高低可以決定激勵作用之強弱。當成員預期行為結果實現的機率愈高，愈有價值，激勵的作用就愈大。反之，如果相乘的數值為零或負數，則代表沒有激勵可言。可用下列公式表示：

激勵＝ Σ 期望 × 期望值

（二）工作特性模式（Job Characteristics Model, JCM）

工作特性模式是由哈克曼與歐漢（Hackman and Oldham, 1976）所提出。他們認爲工作應該根據五個構面加以改善，主要是提供一種分析與設計激勵性工作的架構，五構面及其說明，如表 11-1。

表 11-1　工作特性模式五構面

構面	說明
技能的多樣性（Skill Variety）	一個工作涵蓋之能力與技術的多樣性程度。技能多樣性愈高，員工在工作中所使用之技術與能力愈多種。
任務的完整性（Task Identity）	員工需要完成一個明確且整體的工作之程度高低。
任務的重要性（Task Significance）	員工所認為自身的工作，會影響他人工作與生活的程度高低。
自主性（Autonomy）	員工對自身工作之執行，所擁有控制程度的高低。
回饋性（Feedback）	當員工完成一項工作時，能知道結果的程度高低。

工作在這些構面上分數的高低，代表工作帶給員工的工作動機與滿意度愈大。其中，技術多樣性、任務完整性、任務重要性等因素，會直接影響員工感受到工作所具有之意義。員工自主性愈高，對工作成果責任的感受度愈高。另外，工作設計資訊愈透明、回饋度愈高，員工愈能了解其實際之工作成果。員工在工作中的心理狀態會影響最後的工作成果，如圖 11-9。

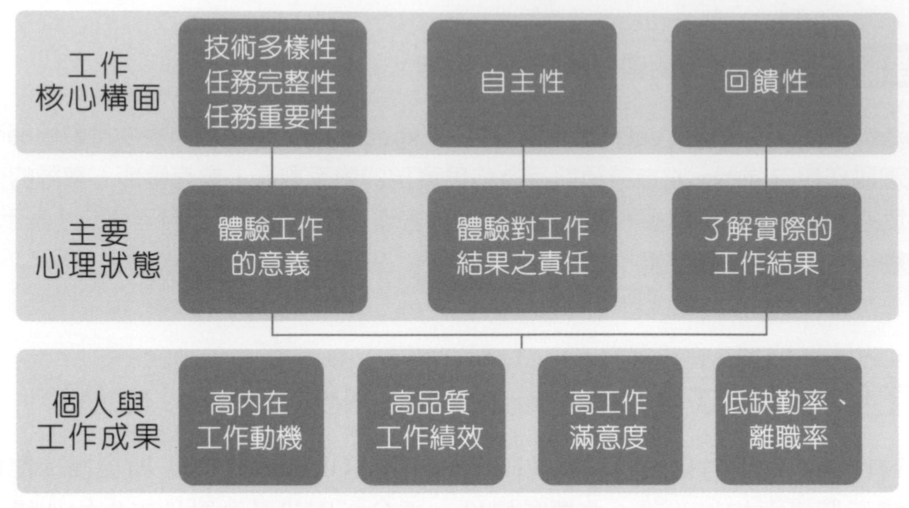

圖 11-9　工作特性模式

資料來源：Hackman, J.R. Oldham, G.R. （1976）. Motivation through the design of work: test of a theory. *Organizational Behavior and Human Performance, P.16.*

（三）公平理論（Equity Theory）

美國的心理學家亞當斯（Adams）於 1963 年所提出，又稱爲「社會比較理論」。此理論是把報酬當作員工行爲的重要激勵因子，強調人們對於工作的滿意程度，會受到絕對報酬和相對報酬的影響。員工會得到工作上投入、獲得的金錢與精神報酬的比率，再將此比率與其他人或自己過去比較。如果員工感覺與組織內或組織外的成員的比率不相稱時，就會感到有差距與不公平，且差距愈大，就會減少在工作上的努力。反之，員工能激發其積極性。領導者須公平的處理員工在工作上的投入與產出的相對比率，才能達到激勵部屬的效用。

（四）目標設定理論（Goal Setting Theory）

洛克（Locke）在 1960 年代所提出，他認爲管理者可以設定被部屬所認同之特定或困難的工作目標，引導部屬朝目標努力。目標必須明確與具有挑戰性，而且困難的目標可以達到最大的激勵，但是必須員工可以接受。在過程中，無須直接控制部屬即可改善績效。管理者也可以透過目標的達成度，來使目標成爲激勵因子，如圖 11-10。

共同設定目標

圖 11-10　目標設定理論

管理便利貼　目標設定理論的擴大化

目標理論後來又擴大解釋，認為目標導向的努力是受到目標接受度（Goal Acceptance）、目標困難度（Goal Difficulty）、目標承諾度（Goal Commitment）與目標特定性（Goal Specificity）所影響。由員工目標導向之努力、組織支援與個人能力等交互作用來決定績效，而績效可讓員工獲得到內外部的報酬，並影響員工滿足程度。如圖所示：

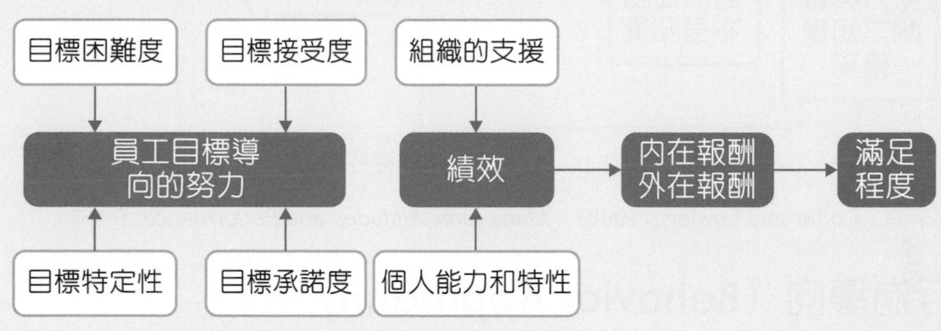

資料來源：Ricky W.Griffin（1999）. *Management, 6th ed,* P.496。

（五）整合期望模式（The Integrated Expectancy Model）

波特與羅勒（Porter and Lawler, 1968）以期望理論為基礎，綜合需求層級理論、公平理論與期望理論等，發展出一個較完整的整合期望模型。

此理論主要是認為工作績效會得到內在報酬（Intrinsic Reward）與外在報酬（Extrinsic Reward），而報酬會帶來工作滿足。內在報酬是工作者本身因工作績效給予自己的報酬，如成就感；而外在報酬則是指組織給予工作者的報酬，如升遷、工作條件等。在整合期望模式中，可看出三個變量：「行為努力」、「工作績效」與「工作滿足」，其內容請參考表 11-2 與圖 11-11。

表 11-2　整合期望模式

變量	說明
行為努力	指工作者在完成工作中所付出努力程度的大小。一般來說，個體的報酬價值愈大，且此人能獲得的報酬期望機率愈高，則其在完成工作上所付出的努力也愈大。
工作績效	獲致報酬的原因除了努力外，還受到個人本身的能力與對工作的了解所影響。
工作滿足	模式中進一步分析個人對報酬與工作滿足間的相互關係。工作滿足取決於實際所獲得的報酬與期望報酬的一致性。如果實際的報酬等於或大於期望報酬，個人便會感到滿足；反之就會產生不滿足。

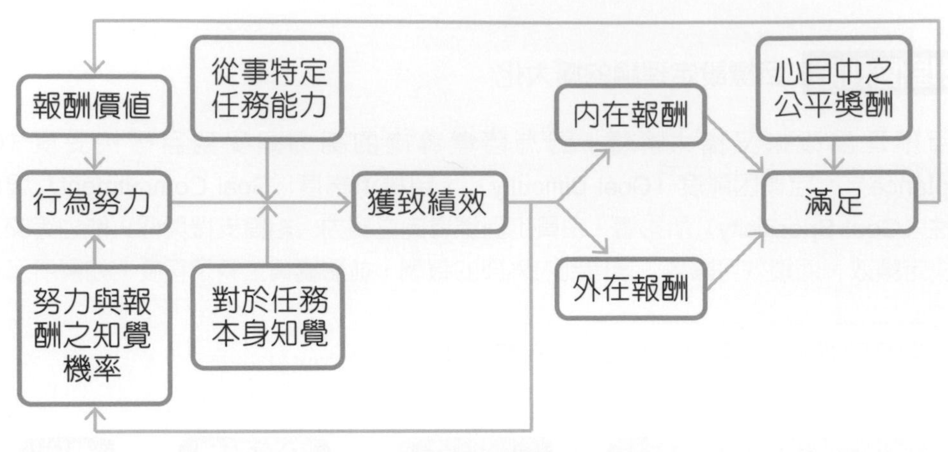

圖 11-11　整合期望模式圖

資料來源：Porter and Lawler（1968）. *Managerial Attitudes and Performance*, P.165.

三、行為導向（Behavior Approach）

行爲導向是以「增強理論」爲主要代表。此理論主要是了解外在環境刺激對行爲的影響。強調組織如何讓所期望的行爲重覆，而讓不符期望的行爲減少或消失的理論。

（一）增強理論（Reinforcement Theory）

原先是來自於巴夫洛夫（Pavlov）的古典制約理論、華森（Watson）的行爲理論，以及桑代克（Thorndike）的學習效果率，並在史金納（Skinner）提出學習理論後更加的完備。其基本精神是認爲行爲的結果會影響行爲的動機，故須藉由增強來制約行爲，在某種行爲發生後，立即給予增強物（Reinforcers），可增加該行爲重複發生之機率，以提升組織的績效。

例如：公司爲鼓勵員工考取與工作相關之證照以提升自我能力，便祭出課程補助費用與考取後的加薪條件。當員工考取證照後馬上就有他所喜愛的結果出現時。補助與加薪就變成激勵員工行爲的強化物，並且會提高員工行爲重複出現的次數，如圖 11-12。

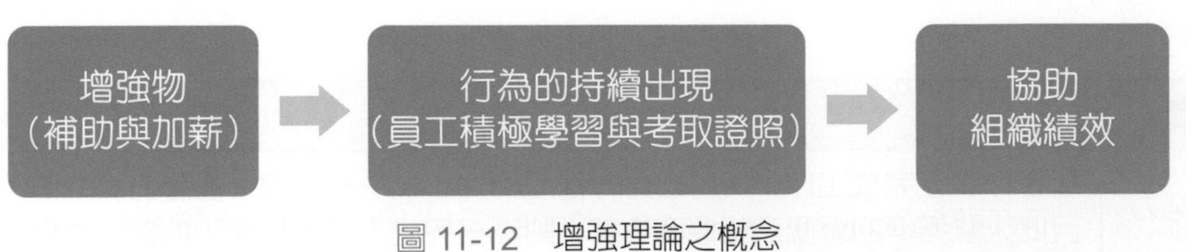

圖 11-12　增強理論之概念

增強的目的是利用獎懲手段，對員工的行爲進行定向的控制與改變。根據史金納的增強理論來看，增強方法的類型有四種：「正增強」、「負增強」、「懲罰」與「消滅」。前兩種是用來加強所希望之行爲；後兩者是減少或消除不希望的行爲。主管如要利用增強理論激勵部屬時，必須依據部屬的行爲與績效，來使用一種或多種類型，其類型與說明，如表 11-3。

表 11-3　增強方法之類型

	類型	說明	例子
加強所希望之行為	正增強（Positive Reinforcement）	透過「獎勵」的方式，來激發員工重覆出現組織希望的行為。	公司為激勵內部團隊合作的精神，便以團隊績效獎金為獎賞來激發員工彼此合作。
	負增強（Negative Reinforcement）	避免員工發生不符組織期望的結果。	主管發現下屬最近做事態度懶散、效率不佳，便採取對部屬在全公司會議中口頭告誡，來達成負增強的效果。
減少或消除不希望的行為	懲罰（Punishment）	透過「懲罰」減少員工再犯不符組織期望的行為的可能性，為正增強之相反。	公司最近發現某資深員工私下收受廠商回扣，便立即解雇該員工以樹立公司道德規範之形象，並避免其他員工作出一樣之行為。
	消滅（Extinction）	對於員工的某特定行為不繼續增強，希望藉此消滅某行為的出現。	某銀行授權業務給員工，但後續發現有員工鑽漏洞偷走客戶的存款，所以決定改採層級管控之方式，藉此消滅不利於公司的行為。

但增強理論也有其缺陷，因爲理論主要在探討員工外顯行爲，但忽略員工內心狀態，如員工的目標、需求或期望。故根據克萊納和盧森士（Kreitner and Luthans, 1984）的說法，此理論過分強調控制員工和重視外在報酬，貶低人性的尊嚴，忽略工作本身對員工的內在激勵。

四、激勵理論整合

統整以上不同的激勵理論，彼此是互補的，也可各自解釋不同構面激勵行爲的重要性。根據羅賓斯與庫特（Robbins and Coulter, 2008）的說法，「個人目標」、「個人努力」、「個人績效」與「組織獎賞」這四元素形成激勵理論之循環。每一個關係間，分別都有不同的激勵理論解釋，如圖 11-13：

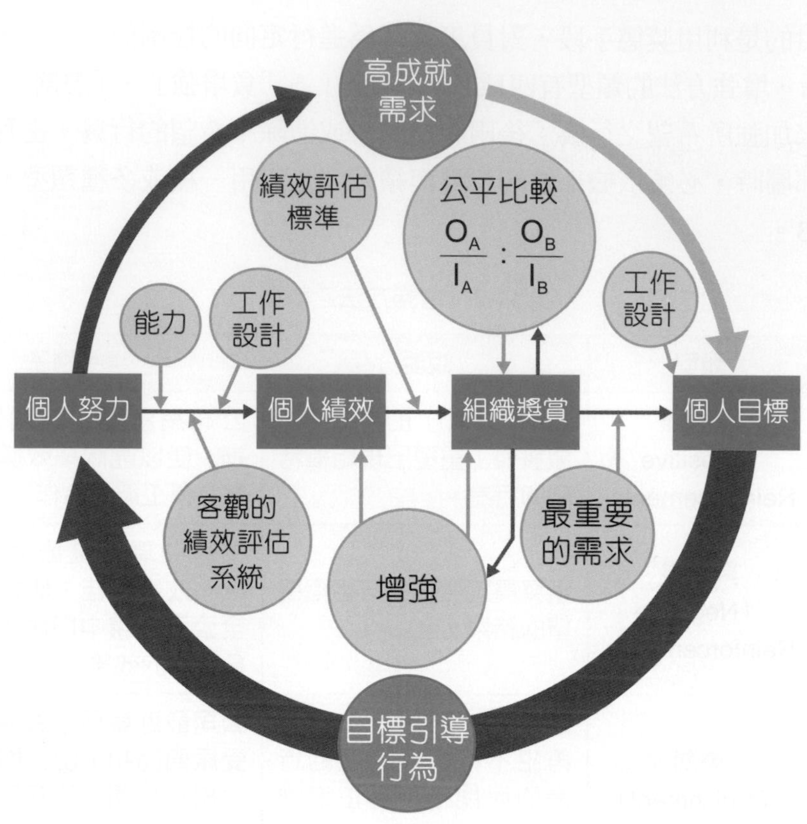

圖 11-13　激勵理論之整合

資料來源：Robbins and Coulter（2011）. *Management* 10ed. 林孟彥與林均妍譯（2001）。管理學。華泰文化，頁 433。

（一）個人目標→個人努力

目標設定理論說明了目標會指引個人努力。

（二）個人努力→個人績效

過程會受到個人的能力直接影響。而工作的設計中，自主性與回饋性與組織是否有客觀的績效評估系統，也會間接影響到員工績效。

（三）個人績效→組織獎賞

組織必須要設定讓員工感到公平的考核制度。另外依據增強理論，組織要設計一套員工視爲高績效與高報酬的獎賞系統，以鼓勵員工持續性的高績效。績效同時受到工作項目的設計與工作的自主性、回饋性影響。

（四）組織獎賞→個人目標

在期望理論中，個人期望的獎賞與實際獎賞中的差距，會影響個人努力的動機與目標的訂定，甚至是以上的每一個環節。

（五）個人努力→個人目標

此模型可看出有些員工會受到成就需求的高低而直接訂定個人目標。高成就需求的員工不會被外在報酬激勵，而是要從他們內在的驅策力出發。所以組織只要給予他們責任、回饋與適度的風險，而非金錢上的報酬，即可達成激勵的效果。

管理動動腦

馬斯洛的需求層級有何問題？試舉出一個例子來說明。

11-3 激勵方法

一、一般員工之激勵方式

大多數人認為激勵就是給予外在的報酬，但其實只要能激發員工工作動機的方法都為激勵方法。而組織為了要達成激勵員工所採用的各種方法稱為激勵制度。激勵的方法或制度有很多種。許多企業為了提高公司的績效，會透過加薪與提高年終獎金來激勵員工。但就實務來看，薪水的激勵往往是很有限且有時效性的。因此，主管應該去思考除了外在因子外，還可以結合哪些內在激勵因子達到真正且有效的激勵方式。

（一）胡蘿蔔與棍子

胡蘿蔔與棍子分別代表獎勵與懲罰。獎勵是正面的激勵手段；而懲罰是負面的激勵，雖然帶給員工某種激勵的效果，但可能同時帶給員工負面的觀感，故學者大都認為使用獎勵比懲罰來的好。但過度的獎勵或懲罰都會產生負面的效果，故管理者在使用激勵因子時，應視情況彈性使用。此概念以拿破崙的故事來說明。

拿破侖有一次打獵時，看到一個男孩落水求救，因爲河面窄狹，當下他端起獵槍對準男孩，並大喊：「你自己爬上來，不然我把你打死在水中。」男孩見求救無效，反而讓自己更加危險，便更拚命地游上岸邊自救。

這說明如果以主管的角度來說，一味的給胡蘿蔔有可能造成員工的惰性，所以有時需要適時地使用棍子及時制止，激發他們的潛能。合理與適當的懲罰能幫助員工們重新激發新的工作鬥志。

（二）財務面與非財務面報酬

1. 財務性的報酬是指與金錢有關的相關報酬，如薪資、獎金等。

   這些報酬對於員工來說是最直接的激勵因子。根據上述的理論與國內外的研究，可知財務性的報酬雖然是個重要的激勵因子，但金錢並非萬能，而且經常有時效性。要員工眞正爲組織效命，除了財務性的因子外，還須要配合非財務的激勵。

2. 非財務性之報酬是指金錢外的激勵。

   蔣台程等人（2003）所著之《管理學》中提出非貨幣性的激勵，大約可分爲四類：「工作有關的激勵因素」、「主管有關的激勵因素」、「績效有關的激勵因素」與「組織及成員相關的激勵因素」，圖 11-14 即在說明非財務報酬等相關因素與目前業界常用之方式。

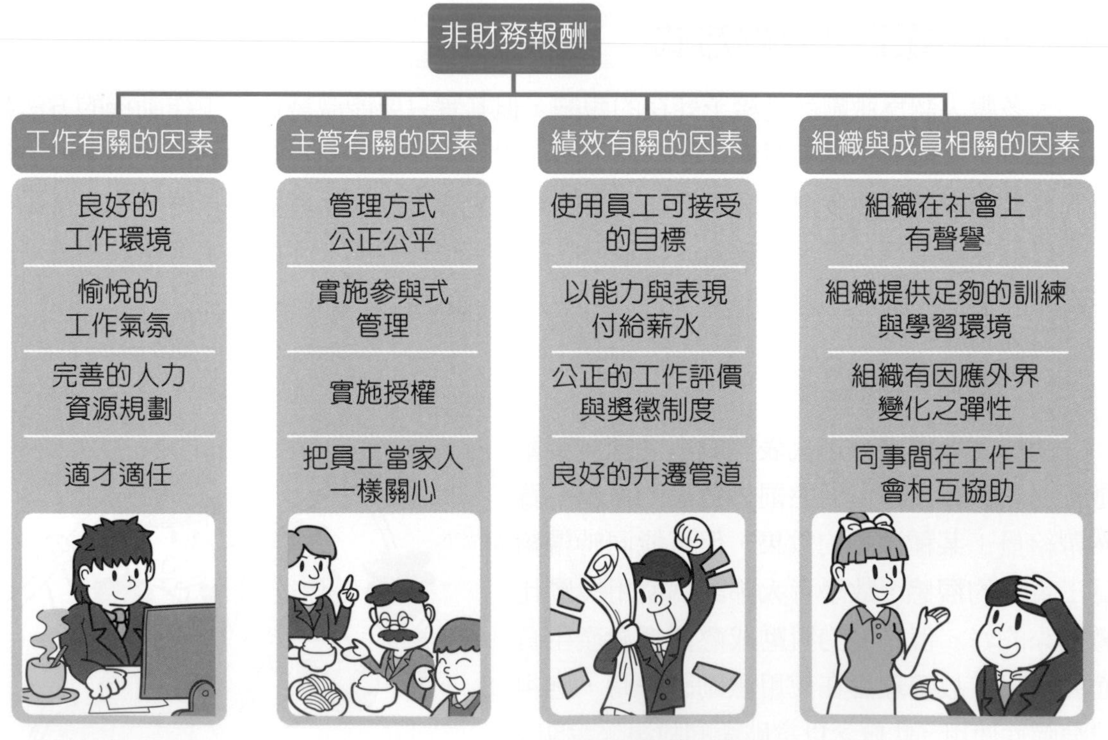

圖 11-14　非財務性報酬相關因素

時事講堂

Zappos 之激勵方式

Zappos 是一家以提供高品質鞋履和服裝為主的電子商務公司，也是一家重視員工激勵的企業。該公司將激勵作為其經營理念的核心。

該公司激勵員工的方式主要有以下幾種：

1. 提供優良的工作環境和文化：Zappos 致力於營造一個充滿活力、自由和創新的工作環境，讓員工在工作中感到快樂、自信和自豪。另外，公司給予員工彈性的工作時間和工作地點，讓員工可以根據自己的需要調整工作時間和地點。
2. 公司致力推廣「Zappos 文化」，該文化注重創造共同的價值觀，這個文化強調積極向上的態度、開放性、尊重和互信，使員工能夠建立更好的人際關係和團隊精神。該公司還鼓勵員工參加活動和社區項目，通過這些方式激勵員工參與企業文化和價值觀的建設。
3. 提供豐富的福利和獎勵：Zappos 提供多種福利和獎勵，包括良好的薪酬和獎金，健康保險、體檢和免費食物。此外，Zappos 還為員工提供有意義的獎勵，例如在員工的生日或工作周年慶祝時送禮物，以表彰他們的貢獻。或是舉行員工表現優異的頒獎典禮，讓員工感受到被重視和認可的感覺。
4. 支持員工成長和發展：Zappos 認為員工的成長和發展是公司成功的關鍵因素之一。該公司提供培訓、學習和發展機會，以幫助員工不斷提升自己的技能和知識。
5. 鼓勵員工參與公司的決策過程：Zappos 鼓勵員工參與公司的決策過程，讓員工感覺自己是公司的一部分，並且可以對公司的發展做出貢獻。

影片連結

另外，主管與部屬間的關係在職場中也是非常重要的。麗緻管理顧問董事長嚴長壽認為「待遇」、「學習」與「看到新未來」是激勵員工的三個主要方向。如果主管願意認真理解員工的需求，用心經營彼此的關係，並且適時的讚美或公開的表揚儀式，可以讓激勵發揮乘數般的效果。

二、特殊員工之激勵方式

員工的性格、能力與興趣不同，對於工作中想獲得的報酬也因人而異，因此激勵員工對管理者是一大挑戰。管理者必須先了解這些群體的特殊激勵需求，才能給予適當的激勵因子。羅賓斯（Robbins）將員工不同的激勵需求分述，如表 11-4：

表 11-4　特殊員工類型與激勵方式

員工類型	方式	說明
多樣化的員工	彈性工時	員工除了共同的核心時段，上下班時間及中午休息時間則是彈性的。
	壓縮的工作型態	員工在一個工作週中天數減少，但每天工作時數較長。
	工作分攤	指由多人來分攤一份全職工作的方法，員工可依其能力與時間有較多的工作選擇。
	電子通勤	電子通勤是指因資訊進步，所帶來工作場所和工作模式改變的可能方案。如工作場所由傳統在公司工作，改為在家工作。
專業人員	有挑戰性的工作與他人的支持	所謂的專業人員是指在某領域中擁有專業知識的人員。他們通常樂於工作，也不缺乏金錢，因此工作回饋主要來自於工作的挑戰性與主管的支持。
臨時員工	給予正常的正職員工升遷機會	臨時員工沒有和正式員工相同穩定的保障與福利，因此不會對組織有高度的認同感。要激勵臨時員工最佳的方式，是給予他們成為正式員工的機會。另外，組織也可將正職員工與臨時員工分開工作，以降低其心中的不平衡。
低技能或最低工資員工	給員工高度認同感	通常學歷或能力不足導致員工領取較低工資。激勵方式不一定只有金錢的獎勵，而是肯定他們對組織的貢獻，讓他們更願意為公司努力。

管理動動腦

對你而言，財務激勵與非財務激勵哪種較有效？原因為何？

金色三麥的激勵制度

連續兩年，員工離職率不到 5%，金色三麥交出了亮眼的成績單

金色三麥總經理葉淑芬在 2015 年，決定在分店全面推行 HACCP 認證（Hazard Analysis Critical Control Point，中文全名為「食品安全管制系統」）時，遭到許多主管的挑戰，認為這項決策是錯的，因為所有軟硬體、人員都必須重新建立和教育，要投入很高的成本。於是她進而思考，如何透過激勵制度，讓他們覺得做這件事不只是對公司好，也對自己好。所以設計了各種獎勵制度，只要每完成一項，員工都會有獎勵。讓大家願意朝著同一個方向走，並且對組織更有認同感與榮譽心。

獎勵制度不忽略內場

金色三麥是啤酒餐廳，晚餐業績至少占八成。在晚上時，如果走進廚房看看，POS 機幾乎沒停過，現場的每個人，壓力都非常大，但能讓廚師留下來確實是關鍵。如果不給員工更多激勵，他不會願意留下來。晚上兩個小時是店內一整天的決戰點，如果身心靈抗壓力不足，是很容易陣亡的。當中壓力最大的，又是內場爐區，需要有資歷的廚師才能扛得起來。因此，金色三麥獨創內場激勵辦法，並針對員工專業養成端出多元化獎勵來達到留才。

首先，葉淑芬設計必須通過考試審核，才能在爐區工作，並領有加給。讓大家知道，20 幾個廚師中，只有 2、3 位可以站在這個區域，有了這份榮譽感，自然而然就不會覺得那麼累。

而她也強調要有即時、明確的獎勵制度。如每年 12 月，都是餐飲業非常忙碌的一個月。很多公司行號來辦交換禮物、尾牙，員工幾乎忙到停不下來。但他們每個人都知道，今天只要做到業績目標，當天就可以多領一筆獎金。大家也都很清楚 12 月的薪水裡，會多出的獎金數字。

公司也跟不同的協會包班上西餐丙級課程，也幫廚師出學費。只要他們考試過了，傳證書給人資，就會主動加薪。包含上課、考照到獎金，公司在一個人身上大概花了新臺幣 3 萬元，一年加起來差不多是 200 萬。

另外，她觀察到很多年輕人工作，要的不只是薪水，還包括能學到東西。比起單純的薪酬加給，Z 世代員工更渴望能參與決策，發揮影響力。比起上一個世代，現在的年輕人，更注重開心的工作環境，想要表現被看到，知道成果來自於自己。

因此，她也再搭配向下授權，讓各店店長自己訂年度成長目標。葉淑芬認為，如果目標都是她訂的，就算達標了，員工也未必會有成就感。所以讓年輕人參與、訂定自己的工作目標，很重要。

再者，每個月每家店都會有銷售競賽。例如，有新的啤酒上市，公司就會給每家店設定目標，再看大家達標的狀況。表現優異的，就給這個店一筆獎金。

然而，如果只有設立團隊的激勵措施，就很難吸引個人努力付出。所以公司除了有團隊的聚餐獎金，還會從中再選出 1 ～ 2 位表現特別好的同仁，發給個人獎金。金色三麥獨創內場激勵辦法，並針對員工專業養成端出多元化獎勵，更不吝破格拔擢幹部，集團內有人 25 歲就成為百萬年薪店長。

針對疲乏或失去方向的員工，葉淑芬也有激勵的方法。對這樣的員工，她認為用言語鼓勵是基本的。但最好是讓他到不同環境，做不同嘗試。

她指出曾經在中壢店有一個年輕表現又好的主管，但接手後中壢店後壓力太大，成績不如預期。於是，公司試著調他到不同品牌，負責小一點的廚房，從管理 15 ～ 20 人變成 7 ～ 8 人，結果他的表現非常好，且游刃有餘。因此，與其讓他持續陷在那裡，不如讓他抽離既有環境，到新的地方，會有不同的學習與激勵。

激勵新世代要做到的 9 件事

服務業的年輕工作者占多數，加上高流動率，一直是企業留才需要面對的挑戰，如何透過薪酬加給、向下授權、精神喊話等激勵措施達到留才效果，非常重要。

由總經理葉淑芬的激勵心法，可了解激勵新世代要注意以下幾點：

1. 激勵要即時，要看懂員工當下的辛苦，拖到最後才做，員工就無感了。
2. 投資員工的技能學習，不是為了增加績效，是為留才。
3. 新訓即公開獎金制度，建立清楚的遊戲規則。
4. 任何激勵制度都不能忽略內場，原因是他們聽不見客人掌聲，所以，獎金比起外場，只能多不能少。
5. 團隊固然重要，也不能忘記個人。除了團隊銷售獎金，同時也給予個人表現的優秀獎勵。
6. 比起獎金，新世代員工更在乎參與決策，向下授權、讓店長自訂年度業績目標。
7. 激勵不該成為討好員工的工具，要看重公平性，有不公的聲音，主管要馬上釋疑、說明。
8. 鼓勵破格拔擢，年輕人被拉上舞台，成功機率有 75%，表現普遍高於資深員工。
9. 公開肯定、私下要求。但若一犯再犯，就會公開在群組點名要求。

資料來源：賴若函（2021），「離職率 5% 的留才術：即時激勵，獎金制度透明」，Cheers 雜誌。232 期。
圖片來源：金色三麥 Facebook 粉絲專頁。

重點摘要

1. 激勵的意義：激勵是組織針對人員生理或心理上的需求、動機或願望，而透過維持和激發的手段，產生符合組織行爲的一種過程（蔣台程等人，2003）。

2. 激勵的理論類型：

(1) 內容導向（Content Approach）：內容導向的理論，是著重於個人內在需求因素之探討。

理論	構面	說明
需求層級理論	生理需求、安全需求、社會需求、自尊需求與自我實現需求。	這些需求的層級是由下往上一步步實現，也就是需要先滿足生理需求後，才會上升至安全需求下一個層次。
三需求理論	成就需求、權力需求與歸屬需求。	主張在工作環境中有三種內在的需求：這三個需求是員工工作的主要動機，且三需求間並無層級關係。
ERG 理論	生存需求、關係需求與成長需求。	將馬斯洛的需求層級理論加以修改，來補足其理論，並簡化成較有彈性的三大類需求。
雙因子理論	保健因素與激勵因素。	能夠防止員工不滿的因素，稱為「保健因素」；而能夠帶來滿足的因素，稱為「激勵因素」。
X 與 Y 理論	X 理論與 Y 理論。	X 理論是主張「人性本惡」，認為員工天生是不喜歡工作的。Y 理論則主張「人性本善」，認為員工會自己學習與自我要求。

(2) 過程導向（Process Approach）：激勵的過程導向是在探討個人行爲如何被激發、引導、維持與停滯的過程，不只引發行爲的因素，同時也注意到行爲方式的程序、方向或選擇。

理論	概念	說明
期望理論	期望、工具與期望值。	強調激勵與報酬間的關係，來決定對某種行為的傾向。
工作特性模式	技能的多樣性、任務的完整性、任務的重要性、自主性與回饋性。	工作應該根據此五個構面加以改善，主要是提供一種分析與設計激勵性工作的架構。如果工作設計在這些構面上愈注重，員工愈有好的績效時，自然工作滿意度與績效表現都會愈高。
公平理論	相對報酬。	此理論是認為員工會將工作上所付出之投入，和所獲得的金錢與精神的報酬相比較，得到一個比率，再將此比率與其他人或自己過去比較，以決定增加或減少在工作上的努力。
目標設定理論	明確、具有挑戰性，且可以被部屬接受之目標。	管理者可以設定一些被部屬所認同，特定或困難的工作目標，引導部屬朝目標努力，以達到最大的激勵。
整合期望模式	行為努力、工作績效與工作滿足。	主要是認為工作績效會得到內在與外在報酬，而報酬會帶來工作滿足。

(3) 行爲導向（Behavior Approach）：行爲導向是以「增強理論」爲主要代表。此理論只注意外在環境刺激對行爲的影響，強調組織如何讓所希望的行爲重複，而讓不希望的行爲減少或消失的理論。

3. 一般員工之激勵方式：

方式	說明
胡蘿蔔與棍子	胡蘿蔔與棍子分別代表獎勵與懲罰。獎勵是正面的激勵手段；而懲罰是負面的激勵。
財務面與非財務面報酬	1. 財務性的報酬是指與金錢有關的相關報酬，如薪資、獎金等。這些報酬對於員工來說，是最直接的激勵因子。
	2. 非財務性之報酬是指金錢外的激勵，大約可分為四類：工作有關的激勵因素、主管有關的激勵因素、績效有關的激勵因素，以及組織與成員相關的激勵因素。

4. 特殊員工之激勵方式：

員工類型	方式	說明
多樣化的員工	彈性工時	員工除了共同的核心時段，上下班時間及中午休息時間則是彈性的。
	壓縮的工作型態	員工在一個工作週中天數減少，但每天工作時數較長。
	工作分攤	指由多人來分攤一份全職工作的方法，員工可依其能力與時間有較多的工作選擇。
	電子通勤	電子通勤是指因資訊進步，所帶來工作場所和工作模式改變的可能方案。如工作場所由傳統在公司工作，改為在家工作。
專業人員	有挑戰性的工作與他人的支持	所謂的專業人員是指在某領域中擁有專業知識的人員。他們通常樂於工作，也不缺乏金錢，因此工作回饋主要來自於工作的挑戰性與主管的支持。
臨時員工	給予正常的正職員工升遷機會	臨時員工沒有和正式員工相同穩定的保障與福利，因此不會對組織有高度的認同感。要激勵臨時員工最佳的方式，是給予他們成為正式員工的機會。另外，組織也可將正職員工與臨時員工分開工作，以降低其心中的不平衡。
低技能或最低工資員工	給員工高度認同感	通常學歷或能力不足導致員工領取較低工資。激勵方式不一定只有金錢的獎勵，而是肯定他們對組織的貢獻，讓他們更願意為公司努力。

本章習題

一、選擇題

(　　) 1. 業務人員適用於何種獎勵計畫？ (A) 底薪制 (B) 標準工時制 (C) 佣金制 (D) 計件制。

(　　) 2. 下列有關需求理論的敘述何者正確？ (A)X 理論認爲員工會自我學習與自我要求 (B) 工作升遷爲保健因素 (C) 馬斯洛的生理需求相當於 ERG 的生存需求 (D) 馬斯洛的需求層級是無階層的。

(　　) 3. 何者爲非財務上的激勵？ (A) 休假 (B) 股利 (C) 年終獎金 (D) 加薪。

(　　) 4. 諺語「捨己救人」是馬斯洛的何種需求？ (A) 生理需求 (B) 社會需求 (C) 自我實現需求 (D) 自尊需求。

(　　) 5. 安迪是一位信仰「增強理論」的主管，請問他會有以下何種行爲？ (A) 重視員工的內心狀態 (B) 重視員工的外顯行爲 (C) 重視員工內在激勵 (D) 相信員工都是主動向上的。

(　　) 6. 以下關於「需求層級理論（Need Hierarchy Theory）」的敘述，何者有誤？ (A) 由心理學家馬斯洛（Maslow）所提出 (B) 人們可能同時追求多種需求，未必依層級順序逐漸滿足 (C) 只有未被滿足的需求才有激勵作用 (D) 可分爲「生理需求」、「安全需求」、「社會需求」、「自尊需求」及「自我實現需求」五大層級。

(　　) 7. 依據公平理論，下列何者爲非？ (A) 員工會將工作上之投入與獲得的金錢與過去比較 (B) 員工會將工作上之投入與獲得的金錢與他人比較 (C) 員工感覺公平才會達成績效 (D) 員工會被激勵是由於絕對報酬。

(　　) 8. 陳老闆經過多年的觀察，發現當他採取改善工作環境、加薪、保障工作安全等做法時，似乎無法激勵在他餐飲店內工作的員工更努力；相反的，當採取如加強福利制度、升遷或提供成長機會時，員工就較容易展現積極的工作情緒。以下何項激勵理論最能解釋陳老闆發現的現象？ (A) 艾德福的 ERG 理論 (B) 赫茲伯格的雙因子理論 (C) 麥格里哥的 X 與 Y 理論 (D) 馬斯洛的需求層級理論。

(　　) 9. 某保險公司發佈公告，凡公司內達到業績目標的所有人員，皆可獲得「屏東某民宿三天兩夜住宿卷」做爲獎勵。然而，在公告發佈後的三個月期間，幾乎沒有員工達到既定的業績目標。根據佛洛姆（Vroom）提出的「期望理論」，以下何者是可能的原因？ (A) 員工認爲業績目標不具挑戰性 (B) 員工天生就是懶惰的 (C) 員工認爲公司的績效評估機制有失公平 (D) 員工對目前的獎賞不具價值偏好。

(　　) 10. 青青目前是個人工作室的廣告設計師，他在工作上不喜歡客戶過度干預專業，會主動退回那些意見很多且質疑他專業的顧客訂單。根據「工作特性模式」，青青對於何項構面特別重視？ (A) 技能多樣性 (B) 任務重要性 (C) 自主性 (D) 回饋性。

(　　) 11. 瑪莉是一位信奉麥格里哥（McGregor）Y 理論的管理者，他在管理可能採取以下何種方法？ (A) 設計嚴密的控制機制，確保員工致力工作 (B) 對於在工作中出錯的員工，採取高度罰則 (C) 以集權的方式管理員工 (D) 傾向讓員工參與公司決策。

(　　) 12. 關於佛洛姆（Vroom）提出的「期望理論」，以下敘述何者有誤？ (A)「價值評價（Valence）」是指個人所期望特定結果的價值偏好 (B)「工具性（Instrumentality）」是指個人預計績效水準，和可獲得特定報酬間的關連性 (C)「努力—績效」、「績效—報酬」、「報酬—個人目標」三項關連間，僅需其中一項達成，即可激勵員工願意投入工作 (D) 當「期望」與「價值評價」的乘積數值愈大，激勵的作用愈大。

(　　) 13. 李執行長每年都撥出公司盈餘的 10% 來為員工的「學習津貼」，鼓勵員工追求知識與能力的提升。根據「ERG 理論」，李執行長特別重視員工在何項需求的滿足？ (A) 生存需求 (B) 關係需求 (C) 成長需求 (D) 安全需求。

(　　) 14. 以下關於「ERG 理論」的描述，何者有誤？ (A) 將人們的需求分為「成就需求」、「權力需求」及「歸屬需求」 (B) 需求有「滿足—進展」的層次，當低層次的需求滿足後會出現高層次的需求 (C) 需求有「挫折—退化」的層次，若個人在追求高層次需求時受挫，將會退而追求低層次需求的滿足 (D) 認為人們會同時追求多種需求。

(　　) 15. 小林在車商擔任業務多年，最近一年來業績突然一落千丈。經公司仔細地探詢後，發現雖然小林對於公司薪資與獎金感到滿意、生活安定且與同事間關係良好，但卻對於自己屢屢未獲升遷感到不滿。根據「需求層級理論（Need Hierarchy Theory）」，小林可能在哪項需求上未能獲得滿足？ (A) 生理需求 (B) 自尊需求 (C) 安全需求 (D) 社會需求。

(　　) 16. 小安特別關注他在工作任務中的個人地位及對關係的支配力，因此他喜歡領導與組織團隊，期待在工作中展現影響力。根據「三需求理論」，小安特別重視何項需求的滿足？ (A) 權力需求 (B) 成就需求 (C) 歸屬需求 (D) 自我實現需求。

(　　) 17. 鄭先生在廣告公司服務多年，他發現同部門的同事馮先生平時都在打混摸魚，卻能獲得與他相當的報酬，鄭先生因此有離職的打算。以下何項理論最能說明鄭先生遭遇的情況？ (A) 艾德福的 ERG 理論 (B) 赫茲伯格的雙因子理論 (C) 麥格里哥的 X 與 Y 理論 (D) 亞當斯的公平理論。

(　　) 18. 森森紡織公司雇用了許多家庭主婦擔任員工，公司深知這些家庭主婦尚需負擔家務，因此將工作任務皆拆分爲兩部分，平均交由兩位員工負責，讓每位員工得以平衡工作與家務。此一拆分工作任務的方法稱之爲： (A) 彈性工時 (B) 工作分攤 (C) 電子通勤 (D) 壓縮的工作型態。

(　　) 19. 以下各項激勵理論及其類型導向的對應關係，何者正確？ (A) 三需求理論－過程導向 (B) 增強理論－內容導向 (C) 期望理論－過程導向 (D) 公平理論－行爲導向。

(　　) 20. 阿里巴巴的創辦人馬雲曾在公開場合說道：「員工離職的原因林林總總，只有兩點最眞實——錢沒到位、心委屈了。」由此可見，「錢」跟「心」是影響員工不滿足與否的根本原因。以下何項理論最能說明上述的觀念？ (A) 赫茲伯格雙因子理論的「保健因素」 (B) 艾德福 ERG 理論的「成長需求」 (C) 馬斯洛需求層級理論的「社會需求」 (D) 麥克里蘭三需求理論的「歸屬需求」。

二、填充題

1. 麥克里蘭（McClelland）三需求理論爲：＿＿＿＿＿、＿＿＿＿＿、＿＿＿＿＿。
2. ERG 需求理論爲：＿＿＿＿＿、＿＿＿＿＿、＿＿＿＿＿。
3. 馬斯洛的需求層級理論爲：＿＿＿＿＿、＿＿＿＿＿、＿＿＿＿＿、＿＿＿＿＿、＿＿＿＿＿。
4. 增強理論中的增強方法爲：＿＿＿＿＿、＿＿＿＿＿、＿＿＿＿＿、＿＿＿＿＿。
5. 請列舉三個保健因子：＿＿＿＿＿、＿＿＿＿＿、＿＿＿＿＿。

NOTE

第 12 章

領導理論

學習重點

本章我們要來了解領導之內涵：

1. 領導基本概念
2. 領導理論之演進
3. 領導功能與員工激勵

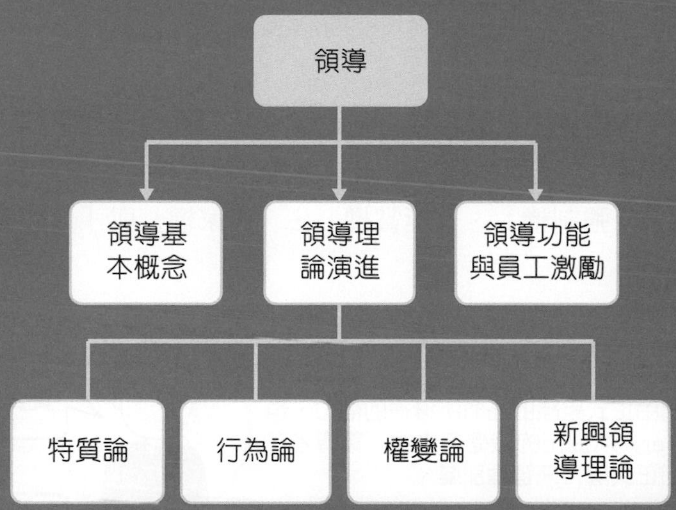

12-1 領導的基本概念

組織最重要的資產即為「人」，而成功的組織必須要有領導者。根據許士軍（1990）的說法，領導是領導者（Leader, L）、被領導者（Follower, F）與情境（Situation, S）三項變數之函數：Leadership = f（L,F,S）。尤其是近年來在全球化的發展趨勢下，各行業間的界線逐漸模糊，組織的型態開始面臨變革。優秀的領導可以改良組織設計，並且引領組織因應變遷的環境，促進組織效能的提升。因此，領導扮演了很重要的角色。

一、領導的意義

有許多國內外學者給予「領導」不同的解釋。例如國外學者哈格斯（Hodgetts, 1984）認為「領導是影響人們努力朝向某些特定目標之完成」，豪斯（House, 1967）則主張「領導是一個人能將組織的成功與效能用來影響、感染、內化成員的能力」；而國內學者謝文全（2000）則定義為：「領導是引導組織及成員的努力方向，並激勵成員的士氣、集合全員的力量，以共同實現組織目標的一種過程」。根據不同的學者定義，我們可以總結領導會隨不同情況，運用相對應的方式試圖影響他人的行為，使其追隨、達成特定目標的過程。

二、領導的權力基礎

在之前的章節中曾經說明主管的權力基礎可分為「職權天生說」與「職權接受論」，故一般來說，領導的權力基礎可根據上述兩種理論分為五項權力來作為影響部屬的來源，分別為「法制權」、「強制權」、「獎賞權」、「專家權」與「參照權」，圖 12-1 說明其定義與例子。

法制權（Legitimate Power）

法制權是指領導者藉由正式組織的任命所獲得的權力，也就如同韋伯（Weber）所提出的職權天生說，領導者在其職位有組織賦予的正式權力來管理部屬。

強制權（Coercive Power）

領導者可使用負面的處罰方式來迫使部屬遵守公司的規定。但此種方式一旦使用過度就容易導致員工的反彈，造成負面效果。

獎賞權（Reward Power）

相對於強制權，領導者可運用獎賞制度達成激勵員工的效果，使員工聽從上司的領導。現代的社會中由於人權意識的升高，獎賞權目前在組織中是最常被使用的方式。

專家權（Expert Power）

專家權是指領導者在某個領域上具有專業知識與技能，並能以這些知識與技能使部屬信服並領導。

參照權（Referent Power）

參照權是指領導者具有領袖的氣質，可以吸引追隨者服從其領導，有一種潛移默化的力量。

圖 12-1　領導的權力基礎

三、領導與管理

領導（Leadership）與管理（Management）的概念是不同的。一位好的管理者不代表是一位卓越的領導者。一般人對於領導與管理多半產生混淆。要區別領導與管理的迷思，首先要先了解領導與管理的定義，如圖 12-2。

管理與管理者

管理是強調一種理性的、穩定的與較深思熟慮的方式。管理者是組織交付有正式職權，為一實踐家。主要的任務是制定組織相關規則，尋求組織的穩定發展及任務的達成。

領導與領導者

領導則是一種充滿願景及具有個人激發的過程。領導者則可能在組織中並無正式的職權，是一夢想家，主要是憑藉個人影響力來影響他人，並創造願景讓員工追隨。領導者也會較傾向更開放、更誠實的溝通方式，比管理者更重人性的層次。

圖 12-2　管理者與領導者之定義

臺灣在實務中以中小企業爲主，因此管理者與領導者並非兩個黑白劃分的角色。組織的領導者通常是管理者，但管理者並不一定是領導者。彼得．杜拉克（Peter F. Drucker）曾說：「領導力是把握組織的使命，及動員人們圍繞這個使命奮鬥的一種能力，它是有關怎麼做人的藝術，而不是怎麼做事的藝術」。管理者與領導者其比較，如表 12-1：

表 12-1　管理者與領導者比較表

項目	管理者	領導者
工作本質	穩定中求績效	變化中求發展
核心工作	做事	帶人
著眼點	短期作業	長期規劃
追求	目標	願景
工作方法	規劃細節	制定方向
決策方式	自行決定	促動他人
權力來源	職位權威	個人魅力
訴諸於	人身	人心
動能來自	管控	熱情
行為動向	被動回應	主動問事
說服方法	告知	推銷
工作動力	金錢誘因	成就感
處理風險	降低風險	承擔風險
衝突處理	迴避衝突	運用衝突
擁有使用	部屬	跟隨者

資料來源：李思萱（2011），「卓越主管 VS. 超級主管」，管理雜誌，447 期。

由歷史上有名的楚漢相爭的故事，項羽與劉邦的領導風格可更清楚了解一位好的管理者與領導者的差別。

項羽雖然是極具有領導者魅力與英雄氣質的領袖，但是他剛愎自用，其領導風格較專制，無法採納諫言，因此如果項羽沒有親自領軍，楚軍就像無頭蒼蠅。加上項羽在大敗秦軍，自封西楚霸王後，更不會聽信任何的諫言，這導致後來被漢軍的反間計逼得節節敗退，因此可以說楚軍是君主獨裁的領導模式，由於君主不會接受屬下比自己更優秀，所以這種領導模式通常都是以敗亡收場。

相對於項羽，漢軍的劉邦顯得較無能，但是他有自知之明，不但廣納諫言並致力邀請比他有能力的人至軍中。因此不論文武方面，漢軍陣營中都有傑出的人才輔佐。相較於不可一世的項羽，劉邦很清楚的知道沒有一干名將謀士輔佐無法成功。因此他採用充分授權給部下，君主合議的的領導模式。他懂得攏絡人心，而得以連結諸侯，贏得最後的勝利。

哈佛商學院的教授們認爲「完美的管理者」常常因爲不了解自己的弱點，而導致失敗；而「卓越的領導人」會創造一個能讓員工踴躍提供意見的環境，並在決策過程中妥善運用，以較緩和的方式發揮影響力，讓員工受到重視與信任。從故事可看出，雖然項羽是蓋世英雄，但他不願意找尋優秀的下屬和聽從部屬的建議。嚴格來說只能算是完美的管理者，追求結果，卻忽略與部屬間的關係。而劉邦相較軟弱，但他懂得尊重部屬的感受，讓衆多優秀人才爲他效命，補足自身的不足，將管理與領導做一整合，在楚漢相爭中，算是一卓越的領導人。

12-2 領導理論之演進

領導理論在 20 世紀有許多學者在研究，布萊曼（Bryman, 1992）將領導理論歸納爲四個主要的研究導向：「特質論」、「行爲論」、「權變論」、「新興領導理論」。

一、特質論（Trait Theory）：1900 ～ 1940 年代

此時期主要是探討領導者先天的特質與才能在領導上扮演的角色，其假設基礎在組織效能取決於領導者的個人特質。

史多傑（Stogdill, 1948）整理 1904 年到 1947 年間有關領導者的文獻，並指出與領導才能相關的因素爲「才能」、「成就」、「責任」、「參與」、「地位」、「情境」。史多傑在 1970 年再次進行領導者特質之研究，將成功領導者有的特質歸納爲下列六項：「生理」、「社會背景」、「智力」、「人格」、「工作相關」與「社會人際」。並根據研究結論提出成功領導者的特質，如圖 12-3。

- 願意承擔責任與完成任務。
- 永不放棄追尋目標。
- 解決問題時大膽有創意。
- 自信並自我認知明確。
- 願意接受決策與行動之後的結果。
- 願意忍受人際壓力、挫折與延誤。

圖 12-3　成功領導者之特質

二、行為論（Behavior Theory）：1940 年代後期～ 1960 年代中期

學者發現僅探討領導者的特質無法確切的了解有效領導，因此領導研究轉爲行爲導向。其研究的重點是強調領導者採取有效的領導行爲，即可達成理想的組織效能。而且這些領導行爲可以後天學習及訓練，並不一定是領導者本身的特質。

行爲導向的研究主要有「領導風格理論」、「兩構面理論」與「管理座標理論」。

（一）領導風格理論：1938 年

最早對領導行爲做學術探討的爲 1938 年美國三位學者李溫（Lewin）、李皮特（Lippitt）與懷特（White）。他們觀察男童對成人領導者表現不同領導方式時的反應，並將領導行爲分爲三種不同之領導風格：「獨裁型領導」、「民主型領導」、「放任型領導」，圖 12-4 即說明不同領導風格之定義。

獨裁型領導（Authoritarian Leadership）

獨裁型領導之領導人喜愛所有的決策全都掌握在其手裡，部屬並無參與討論的機會。部屬工作績效之考核也以領導者的個人主觀決定。

民主型領導（Democracy Leadership）

民主型領導是領導者將主要政策透過群體討論來決定，領導者只是扮演協助的角色，在適當的時機提供建議參考。工作考核則是按照客觀的標準來評估。

放任型領導（Laissez-Faire Leadership）

放任型領導是員工有完全的決策權，權責自負，領導者盡量不予干預，僅提供部屬所需資訊。

圖 12-4　三種領導風格論

在這三種領導風格中，一般認爲較佳的風格爲「民主型領導」，獨裁型或放任型領導則太過極端。民主型領導屬於中庸之道，部屬較可以獲得工作滿意，激發部屬工作潛力。

（二）兩構面理論（Two Dimension Theory）：1940 年代中期

由美國俄亥俄州立大學（Ohio State University）的一群學者所提出，他們整理出領導行爲的兩構面：「體制」與「體恤」。

1. 體制（Initiating Structure）

   又稱爲「定規」，是指領導者與部屬間的權責關係、溝通管道或工作方式等訂定明確的規章與程序，以及探求員工對於組織目標的達成度。

2. 體恤（Consideration）

   也稱爲「關懷」，是領導者關心與重視部屬之程度。換句話說，也就是領導者對人際關係之取向。

依照上述兩構面又可將領導分爲四種型態，如表 12-2：

表 12-2　兩構面理論矩陣

		體制（Initiating Structure）	
		高	低
體恤（Consideration）	高	高體制高體恤	低體制高體恤
		領導者會兼顧組織目標與部屬需求，鼓勵上下彼此信任合作。	領導者認為重視對部屬的關懷遠勝於組織目標，部屬會有最高的工作滿足與留職率。
	低	高體制低體恤	低體制低體恤
		領導者僅重視組織的工作績效與效能，雖然在短期內會產生高度的生產力，但在長期間部屬的離職率與不滿最高。	領導者不關心組織目標的達成與部屬的需求，容易導致部屬不滿，生產力低。

（三）員工導向與生產導向理論：1947 年

密西根大學調查研究中心的研究人員進行許多關於領導的研究，想要了解與績效相關領導者之行爲特質。在與不同的團體進行過訪談後，研究人員歸納出領導者有兩種領導型態：「生產導向」與「員工導向」。

1. 生產導向（Production Oriented）

   領導者強調工作的技術面與任務面，重視員工的生產力與績效。

2. 員工導向（Employee Oriented）

領導者強調人際關係，重視部屬的需求與成長，以及致力於創造組織內和諧的氣氛與文化。

（四）管理方格理論（Managerial Grid Theory）：1964 年

(1) 布雷克與莫頓（Blake and Mouton, 1964）根據俄亥俄州大學所提出的兩構面理論再進一步提出「管理方格理論」。他們將領導者分爲「關心生產」與「關心員工」兩種類型，並將此兩構面分爲九個等級，組成 81 種領導型態，其中具有代表性者有五種：「放任管理（Impoverished Management）」、「鄉村俱樂部管理（Country Club Management）」、「中庸管理（Middle-of-the-Road Management）」、「任務管理（Task Management）」與「團隊管理（Team Management）」，管理方格之說明，如圖 12-5。

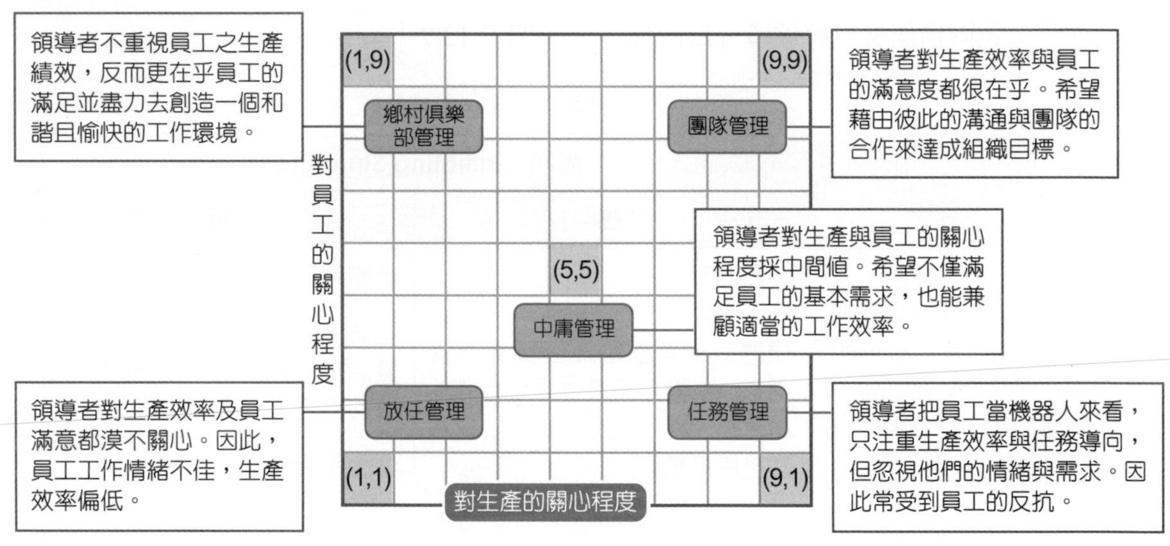

圖 12-5　管理方格

資料來源：Blake and Mouton（1964）. *Making Experience Work:the Grrid Approach to Critique*.

三、權變論（Contingency Theory）：1960 年代後期～1980 年

領導理論開始強調領導者需要根據外在環境、工作性質、部屬能力等情境因素，採取適合的匹配。

（一）費德勒（Fiedler）的權變模式：1967 年

費德勒根據過去的研究歸納出三種影響領導的情境因素，分別為：「領導者與部屬間的關係」、「任務結構例行化程度」、「領導者之地位與力量」，其定義如圖 12-6 所示。

領導者與部屬間的關係

領導者是否被部屬給接受以及接受的程度。接受程度愈高，關係愈好，部屬也愈能聽從領導者的指令。

任務結構例行化程度

部屬工作內容之結構化程度。例行性程度愈高，任務結構化愈高。

領導者之地位與力量

領導者擁有正式職權之程度。領導者如果擁有的權力愈高，部屬也愈能聽從領導者的指令。

圖 12-6　影響領導之情境因素

費德勒而後將此三種情境因素加上情境之有利性，形成八種組合。另外，再配合「關係導向」（Relationship-oriented Style）與「工作導向」（Task-oriented Style）之領導行為提出不同情境所需之領導方式。其結論主要為以下三點：

1. 當情境是非常有利於領導者時，採用「任務導向」的領導方式較有效。
2. 當情境有利於領導者程度一般時，採取「關係導向」的領導方式較有效。
3. 當情境不利於領導者時，採用「任務導向」的領導方式會有較好的績效。

但是費德勒模式有其限制，首先，此模式只重視情境與領導，忽略部屬的特性。再者，其假設為領導者與部屬均有相當之能力，未考慮其他情況。最後，此模式無法區分複雜的情境因素，如圖 12-7。

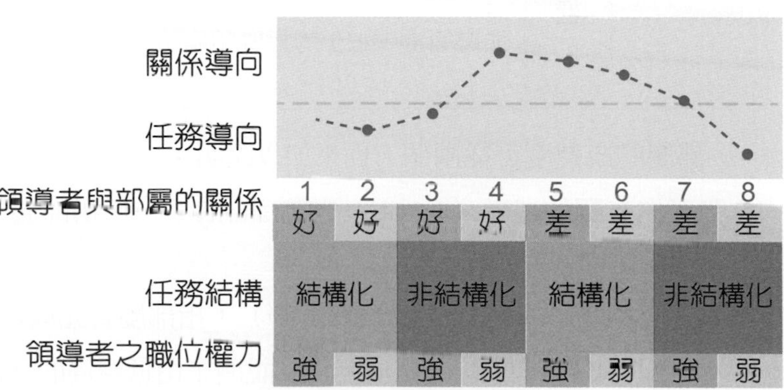

圖 12-7　費德勒之權變理論

管理便利貼 費德勒模式的限制

1. 只重視情境與領導，忽略了部屬的特性。
2. 其假設為領導者與部屬均有相當之能力，未考慮其他情況。
3. 無法區分複雜的情境因素。

（二）荷西與布蘭查（Hersey and Blanchard）之情境領導理論：1969 年

這兩位學者以科曼（Korman, 1966）的理論及俄亥俄州立大學的兩構面爲基礎提出「情境領導理論」（Situational Leadership Theory, SLT）。兩人主張成功的領導風格應該與部屬的成熟度有關，領導者應依循部屬的成熟度來適當調整其領導方式。

情境領導理論是以費德勒（Fiedler）所提出之兩構面：「任務」與「關係」爲基礎發展而來。荷西與布蘭查將它們與四種特定的領導風格結合，分爲「告知型」、「推銷型」、「參與型」、「授權型」，如表 12-3。

表 12-3　情境領導理論四種風格

		任務導向	
		高	低
關係導向	高	推銷型	參與型
		領導者提供指導性和支援性的行為。	領導者與部屬共同制定決策；領導者的主要角色是協調與溝通。
	低	授權型	告知型
		領導者提供很少的指導和協助。	由領導者定義工作角色，並告知人們做事的目標、方式、時程，以及在何處進行各類的任務。

部屬的成熟度可從兩個方面來加以說明：

1. 與工作有關的成熟（Job Related Maturity）：係指部屬對工作的熟練程度與獨力完成工作的能力。
2. 心理成熟度（Psychological Maturity）：指部屬對完成工作的意願及承諾。

成熟度可分爲四個階段，圖 12-8 說明了由低至高的部屬成熟度定義。

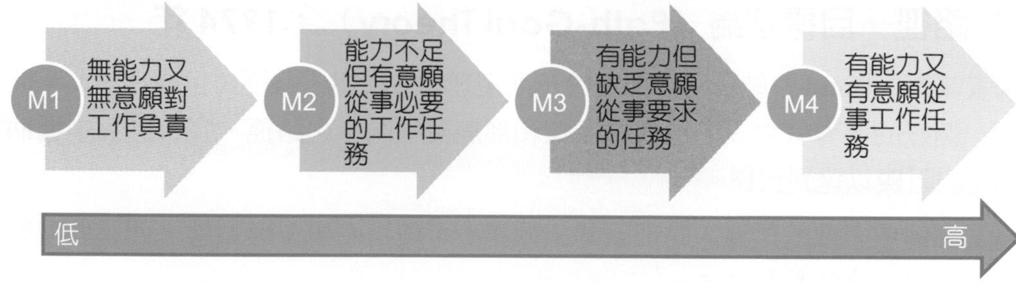

圖 12-8　部屬成熟度

除了部屬的成熟度外，此理論另有「任務行爲」（Task Behavior）與「關係行爲」（Relationship Behavior）兩個領導向度。荷西與布蘭查認爲隨著部屬由不成熟走向成熟，以下四種領導行爲將依序逐步推移，如圖 12-9，研究結果則顯示在表 12-4。

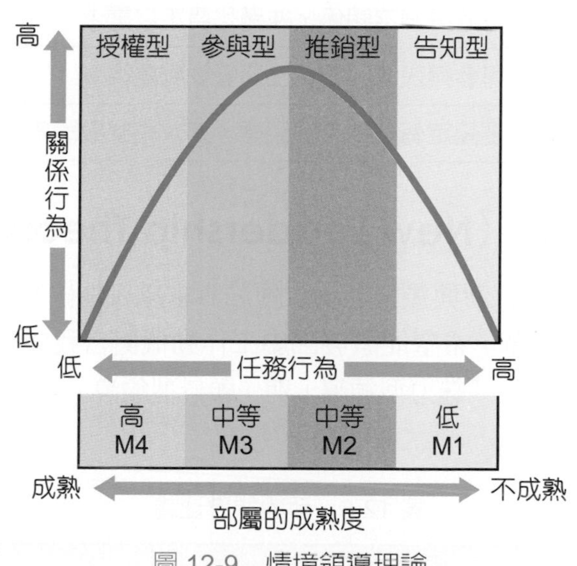

圖 12-9　情境領導理論

資料來源：Hersey and Blanchard（1972）. *Management of Organizational Behavior:Leading Human Resources*.

表 12-4　情境領導理論之研究成果

部屬成熟度	合適的領導風格
M1	當部屬的成熟度偏低時，領導者可採取告知型領導風格。此時應由領導者直接下達指令，直接教導員工做事的方式。
M2	當部屬的成熟度中間偏低時，領導者可採取推銷型領導風格。此時領導者應給予員工協助，並以高任務導向來加強員工能力。
M3	當部屬的成熟度中間偏高時，領導者可採取參與型領導風格。下屬可以共同參與決策與目標的制定，且更容易獲得部屬的支持。
M4	當部屬的成熟度高時，領導者應採取授權型領導風格。領導者可直接將任務與決策權交付給員工，無須給予太多的指導。

（三）路徑－目標理論（Path-Goal Theory）：1974 年

學者豪斯（House）結合兩構面理論及期望理論發展出「路徑－目標理論」。此理論是強調一個好的領導者會設定適當的目標和部屬獎酬制度之路徑，且在過程中協助部屬去除可能的阻礙以達到目標。

爲了要達成有效的領導，此理論建議領導者可使用四種領導型態，而這些型態是可以同時並存的，請參考表 12-5。

表 12-5　路徑－目標理論領導型態

型態	說明
指揮式領導	領導者應該要有明確的原則，並且將決策權集中在領導者的身上。
支持式領導	與部屬保持良好之關係，並滿足員工之需求。
參與式領導	讓員工可參與決策，讓員工感覺受到重視。
成就導向式領導	領導者要設定有挑戰性的目標，追求結果與績效的改善。

四、新興領導理論（New Leadership Theory）：1980～

自 1980 年後，理論進入新興領導理論，理論訴求以人性做爲出發點，強調領導者須具有遠見與願景、創新變革，希望能激發部屬工作動機與自我成長。主要可分爲「交易型領導」、「轉換型領導」、「魅力型領導」與「願景型領導」等四種領導，說明與舉例，如表 12-6。

表 12-6　新興領導理論

領導類型	說明	舉例
交易型領導（Transactional Leadership）	強調領導建立在一種交易行為上，以部屬外在需求與動機作為影響機制。亦即部屬達成目標，主管就滿足其需求。	銀行經理與專員告知如果達成總行要求的業績目標，本年度考績就可拿甲，並可獲得加薪。
轉換型領導（Transformational Leadership）	以部屬的內在需求與動機作為影響機制，而領導者是變革的媒介。領導者應藉著提高工作結果的重要性與價值、鼓勵員工追求組織利益及追求自我實現，藉此激勵部屬做得比預期的更多。	校長告訴老師們教師的價值在於傳道、授業、解惑，能夠幫助學生成長、往目標前進。不僅對社會有很大的貢獻，老師可獲得無可比擬的心理滿足。

領導類型	說明	舉例
魅力型領導（Charismatic Leadership）	指領導者具有魅力特質，使成員能夠產生認同進而受到影響。	陳經理為達成業績，最近下班後帶著員工一起聚餐，展現親和的魅力，並私下鼓勵員工，給予目標。
願景型領導（Visionary Leadership）	比魅力型領導更進階，強調領導者可以創造一種能改善現狀、可受員工信任與具有吸引力的未來願景。此類型的領導者會展現出三種能力： 1. 向他人解釋願景的能力 2. 透過行動持續地傳達願景 3. 將願景延伸或應用到不同領導情境的能力。	許經理時常在開會提出公司之願景，希望員工共同努力達成。

交易型領導VS.轉換型領導

轉換型領導是基於交易型領導之上，轉換型領導所激發的員工努力和績效，會超過純粹交易型領導所達成的結果。交易型領導只能獲得邊際績效的改進；轉換型領導則可獲得重要利益。

總體而言，從領導理論的演進可以看出由「績效」轉換成以「人性」爲本位。雖然主題看似不同，但實際上領導並非只有單一因素影響，故各位在理解這些不同的領導理論時，應該要多方面思考。表 12-7 即簡單的整理出領導理論之演進。

表 12-7　領導研究理論演進

時期	領導理論	理論主題
1940 年代以前	特質論	領導能力是與生俱來的。
1940 年代後期～ 1960 年代	行為論	領導行為及領導效能之關聯。
1960 年代後期～ 1980 年代	權變論	有效領導受情境因素之影響。
1980 年代以後	新興領導理論	具有願景、創新變革之領導者。

時事講堂

賈伯斯的領導方式

一家企業的靈魂，其實就在於領導人怎麼以身作則來形塑整個企業文化。以賈伯斯為例，他喜歡到現場監督團隊工作的狀況，雖然容易造成員工的壓迫感，但是蘋果工作團隊的流動率卻只有 3%。這是因為賈伯斯非常懂得提供員工「願景」來激勵士氣；比如：大肆慶祝各種成就，如達成產品的里程碑、會議目標、銷售成長、發表新產品、引進新進人員等；或是在團隊中營造出正面積極的氣氛，讓成員心甘情願地與他一起努力達成目標。因此賈伯斯作為領導人，成功地用以身作則的方式，努力形塑整個企業團隊文化。

資料來源：李思萱（2012），「大師級的 i 領導秘方　向賈伯斯學激勵」，管理雜誌，452 期，頁 48-50。

影片連結

管理動動腦

你認為好的領導者應具備哪些特質？原因為何？

12-3 領導功能與員工激勵

實務上領導與激勵息息相關，領導者同時也扮演激勵長（Chief Motivational Officer, CMO）的角色，來鼓舞士氣，和員工一起創造願景。許多企業高階領導者在管理員工時，絞盡腦汁設計激勵機制。但除了激勵途徑，還要有強力、明確目標的領導才能確實執行。過去強調威權式的領導來提升績效，如今的管理者普遍認知到適當提供員工工作上的激勵因子才是提升績效更重要的因素，在個人激勵和團隊激勵雙管齊下，可謂是「重賞之下必有勇夫」。

在激勵的程序上，可有以下 3 個程序：

1. 領導者應要給予員工明確、可達成的目標，激發員工的潛力。
2. 工作設計要符合任務，且可發揮專長的工作內容，最好讓員工覺得有適度挑戰。更有激勵的效果。

3. 最直接的是給予員工財務上與非財務上的獎勵。在實務界常用的有績效獎金、升遷、分紅、股權、加薪、表揚、休假等，讓員工感覺到自己是有價值、有貢獻、且備受重視的。這些都會影響員工的工作滿意度與需求，進而發揮激勵的效果。但現在除了金錢外，企業願景與使命感會更具鼓舞性。領導與激勵程序請，如圖 12-10。

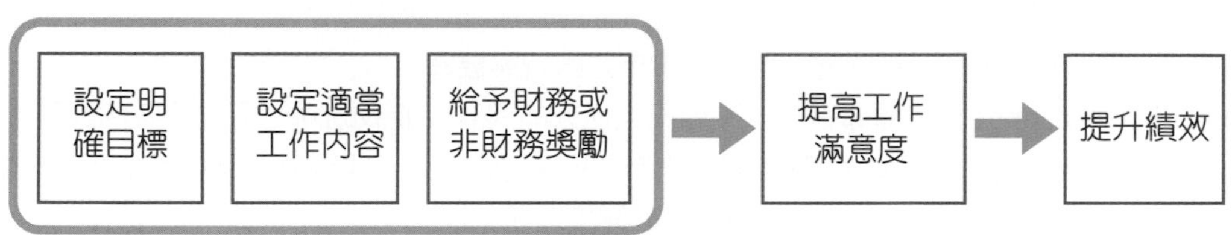

圖 12-10　領導與激勵之程序

這裡以蘋果公司（Apple）爲例。公司剛成立時缺乏行銷專業人才，創辦人賈伯斯（Steve Jobs）找上爲百事可樂市佔率屢創佳績的前總裁史卡利（John Sculley）。賈伯斯只問他：「你想賣一輩子糖水，還是想要改變世界？」這句話成功的激勵史卡利的使命感，讓他當時願意加入規模不如百事可樂的蘋果公司。同時，他也深知對員工來說，使命感比金錢的報酬更能激勵員工，因此曾把工程團隊的名字刻在第一代麥金塔電腦的機殼裡，以此激起員工的感動與凝聚向心力。

管理便利貼 領導者必備的六大策略領導力

華頓商學院（Wharton School）與哈佛商業評論的顧問公司對超過兩萬名高階主管做研究，從中找出了六種技能。他們提出領導人如果可以精通並協調運用這六種技能，可有效的進行策略思考。

1. 預測（Anticipate）：預測會影響公司未來之威脅與機會。
2. 挑戰（Challenge）：領導者要挑戰自己與他人的假設，並鼓勵同仁提出分歧的觀點。
3. 解讀（Interpret）：領導人若能以對的方式挑戰現狀，免不了會產生複雜且相互矛盾的資訊。故領導人應該要有綜合所有意見與解讀資訊的能力。
4. 決定（Decide）：在不確定的時代，決策者可能必須以不完整的資訊作出艱難的決定，而且往往必須迅速做出。策略性思考者會堅持一開始就必須有多個選項，不能太早就被鎖定在簡單的要做與不做的選擇中。
5. 校準（Align）：策略性領導人必須善於發現共同立場，並讓具有不同觀點與目的的利害關係人同意。
6. 學習（Learn）：策略性領導人是組織學習的焦點。故領導者要推廣凡事探究的企業文化，並搜尋成功與失敗結果的教訓來建立學習的組織文化。

資料來源：侯秀琴（譯）（2013），「六大策略領導力」，哈佛商業評論全球繁體中文版新版，78 期。

管理動動腦

領導者除了使用激勵制度外，還可以用何種方法來形成高績效的個人或團隊？

有效領導者的角色與風格

在現代競爭且變化快速的市場中，將創新與創意添加在產品與服務中變成了企業之使命，通常也是績效的保證。但要出現這樣氛圍的組織必須還要靠管理者的有效領導。因此，以下我們將由領導者的角色與風格來探討如何達成有效領導。

領導者應扮演的三種角色

成立於 1991 年的 IDEO，為世界頂尖創新設計公司，其公司領導者 Tim Brown 所貫徹及提倡的「設計思維（Design Thinking）」理念，一種「以人為本」的設計精神與方法，更是風靡全球。身為被公認是全世界最有創造力設計公司的領導者，Tim Brown 認為創新組織領導者必須扮演三種角色。為能達成全方位引導，領導者需在不同創新週期扮演不同角色，包括從前方領導的探索者（Explorer）、從後方領導的園丁（Gardener），以及從旁側領導的球員兼教練（Player-Coach）。

1. 從前方領導的探索者（Explorer）

   傳統的組織領導者，經常忙於尋求解答，期待下屬能快速找到答案。Tim Brown 建議領導者與其汲汲營營尋求解答，倒不如引導團隊「問對問題」，引導團隊把重點放在哪裡，而不去評斷構想的對錯，啟動組織探索模式。那才是打開創新、創意那扇門關鍵鑰匙。如果成功了，將可以為組織帶來巨大價值。

   寶僑公司（P&G）前董事長 Alan G. Lafley 通常在新構想發展初期就親身參與，但從未多加干預，只是從旁支持。他時常提醒團隊應把重點放在哪裡，而不去評斷構想的對錯。這就是所謂的參與，而非獨斷專為的前方領導者。

2. 從後方領導的園丁（Gardener）

   在傳統組織中，領導者經常過於在意數據分析，進而導致失去探索新想法的空間。從後方領導的園丁，其主要負責任務是釋放組織內成員的創意潛力，提供可以展現創意的舞台，以及打造讓創意茁壯茂盛的環境。因此，身為園丁，必須給予組織內成員空間以及工具，鼓勵創意及合作，且細心呵護創新嫩芽，避免組織核心的效率導向行為扼殺不易形成創意。

   全球動畫王國皮克斯（Pixar）總裁 Edwin E. Catmull 則認為創意管理就是要建立一個能夠讓人有安全感，且可自由發揮創意的工作環境，讓每個人都能夠保有原創的想法。若想要鼓勵創意，必須製造上司與下屬平等的討論基礎與溝通。打破階級、建立信任文化，讓同事們可暢所欲言，讓好點子有機會呈現，這也正是皮克斯持續產出叫好又叫座影片的關鍵。

3. 從旁側領導的球員兼教練（Player-Coach）
球員兼教練是一種雙重的身份。領導者除了要有豐富的實戰經驗外，也要具備相關專業。更重要的是，他們需要更多的自信。領導者需親身投入但不可完全主導創新行動，其主要任務是要協助團隊通盤考量，預期團隊可能遭遇到的障礙，推進並引導必要的循環實驗。
球員兼教練型的領導風格與 Google 先前發表的「氧氣計畫（Project Oxygen）」中所提及的優秀領導者應具備重要特質不約而同的相互呼應。計畫結論歸納出「Google 高效主管的八個習慣（Eight Habits of Highly Effective Google Managers）」，其中排名第一的就是「當一個好教練」。員工們認為好主管願意花時間與下屬一對一會談、會透過發問協助下屬解決問題，而非直接提供解答，並給予團隊正負兩面的建設性回饋。

領導者在各個階段的過程中扮演著不同角色

以創意的實驗過程為例，當扮演從前方領導的探索者時，就當果斷指出需解決的重要問題，然後與團隊成員一起設計相關實驗；當作為從後方領導的園丁時，就需要提供空間，思考如何打造適合做相關實驗的文化與環境；當具備球員兼教練身份時，則需要親自下場，捲起袖子，與隊友一起做實驗，並協助找出正確假設。

因此，領導者身份應視不同的發展階段而有所轉換，適時的站上臺前或悄然地退居幕後。最好的創意領導者，應當是可以遊刃有餘地扮演不同角色。

績效＝創意＋賦權

傳統領導者為控管員工績效，往往施以高壓手段，但最終常造成反效果。微軟（Microsoft）過去即是採取傳統領導，但自 2014 年薩蒂亞．納德拉（Satya Nadella）出任微軟執行長後，他改採「激勵、賦權」的柔性手腕。而這樣的改變，也讓他在領導不到四年的時間裡為微軟總市值增加 2500 億美元（約新臺幣 7 兆 5000 億元）。薩蒂亞．納德拉（Satya Nadella）主要透過三種方式來提振微軟的團隊士氣。

1. 相信員工潛能
早期微軟的企業文化裡，成員間較勁意味濃厚，唯有「無所不知」的人，才是傑出員工。納德拉改變了這種氛圍，他相信每個人都能成長，鼓勵夥伴做個「無所不學」的人。因此，他樂於延攬新人加入團隊，也重視旁人的意見。他認為人的能力可以靠後天的努力和投入培養，只要努力不懈，就會有進步。

2. 展現高度同理心
過去微軟創辦人比爾．蓋茲（Bill Gates）過去走進辦公室時，不常稱讚員工「幹得好」，而是直接說「你今天工作犯了 20 個錯誤」。但自從接掌微軟之後，納德拉要求高階主管都要閱讀《愛的語言：非暴力溝通》（Nonviolent Communication）一書。他認為人類天生具備同理心，主管的工作不只是指出員工哪裡做不好，更應該看見員工做對了哪些事情。如今，微軟高層的會議中，都會先進行一項名為「了不起事物的研究者」（Researcher of the Amazing）的議程，肯定傑出研究人員的好表現。

3. 勇於面對錯誤

在某次公開談話中，納德拉曾表示，科技業女性不應該要求加薪，要相信公司給的是合理薪水，引起當時的軒然大波。面對失言，納德拉第二天立即致歉，發信向全體員工坦承錯誤。而經由這次危機處理，他做出最佳示範：「人都會犯錯，但是也可以從中學習，變得更好。」

由此可知，領導者要好的績效除了要帶領組織往創意邁進，也同時需要給員工適當的賦權與同理心，才能激勵員工一起為公司努力，達成目標。

資料來源：1. Stephie（2017），「領導者不是扮演一種角色就夠了！好主管該具備的 3 種領導風格」，經理人雜誌。
2. 盧廷羲（2017），「微軟 CEO『柔性領導』的 3 個做法，不到 4 年公司市值增加千億！」，經理人雜誌。

1. 領導的意義：領導是在某一情境下，運用不同方式來試圖影響他人的行為，使成員追隨、達成特定目標的過程。
2. 領導的權力基礎：主管的權力基礎可分為「職權天生說」與「職權接受論」，一般來說，領導的權力基礎可根據上述兩種理論分為五項權力，作為影響部屬的來源，分別為法制權、強制權、獎賞權、專家權與參照權。
3. 領導與管理：

	領導	管理
定義	一種充滿願景及具有個人激發的過程。	強調一種理性的、穩定的與較深思熟慮的方式。
定位	領導者在組織中並無正式的職權，是一夢想家。	領導者有正式職權，為一實踐家。
任務	主要是憑藉個人影響力來影響他人，並創造願景讓員工追隨。領導者也會較傾向更開放、更誠實的溝通方式，比管理者更重人性的層次。	制定組織相關規則，尋求組織的穩定發展及任務的達成。

4. 領導理論之演進：
   (1) 1940 年代以前的領導理論為特質論，認為領導能力是與生俱來的。
   (2) 1940 年代後期～ 1960 年代的領導理論為行為論，其中領導行為及領導效能之關聯，領導風格理論為「獨裁型領導」、「民主型領導」、「放任型領導」。兩構面理論為「高體制、高體恤」、「低體制、低體恤」、「低體制、高體恤」、「高體制、低體恤」。員工導向與生產導向理論，認為領導者有兩種型態：生產導向與員工導向。管理方格理論將領導者分為「關心生產」與「關心員工」兩種類型，並將此兩構面分為九個等級，組成 81 種領導型態。
   (3) 1960 年代後期～ 1980 年代的領導理論為權變論，認為有效領導受情境因素影響，如費德勒的權變模式、荷西與布蘭查之情境領導理論，以及路徑—目標理論。
   (4) 1980 年代以後的領導理論為新興領導理論，是具有願景、創新變革之領導者。可分為交易型領導者、轉換型領導、魅力型領導、願景型領導等。

5. 領導功能與員工激勵：

在激勵的程序上領導者須注意幾個步驟：

(1) 領導者要給予員工明確且可達成之目標，激發員工的潛力。

(2) 在工作設計上要設計符合任務且可發揮專長的工作內容，最好是能夠讓員工覺得有適度挑戰的設計會更有激勵的效果。

(3) 最直接的是給予員工財務上與非財務上的獎勵，讓員工感覺到自己是有價值、有貢獻、且備受重視的。

這些都會影響員工的工作滿意度，進而發揮激勵的效果與績效的提升。

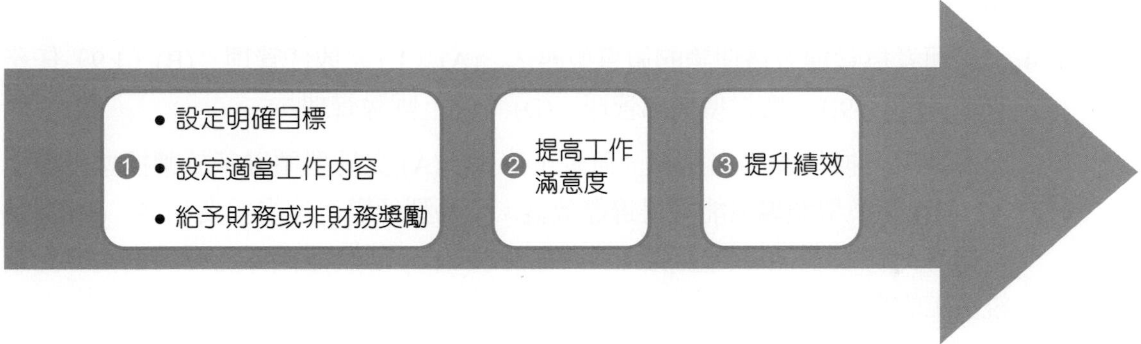

本章習題

一、選擇題

(　　) 1. 下列何者非「行爲論」之領導理論？ (A) 領導風格理論 (B) 兩構面理論 (C) 管理方格理論 (D) 願景型領導。

(　　) 2. 領導與管理有何不同？ (A) 領導強調制定規則 (B) 管理與領導是兩種截然不同之角色 (C) 領導是充滿願景的過程 (D) 管理較強調人性的層次。

(　　) 3. 史多傑（Stogill）發展的領導理論爲何？ (A) 權變論 (B) 特質論 (C) 行爲論 (D) 路徑一目標理論。

(　　) 4. 下列何者爲管理方格理論的領導型態？ (A)（1,1）放任管理 (B)（1,9）任務管理 (C)（9,1）鄉村俱樂部管理 (D)（5,5）團隊管理。

(　　) 5. 交易型與轉換型領導之比較，何者正確？ (A) 交易型領導基於轉換型領導之上 (B) 轉換型領導只能獲得邊際效益；交易型領導可獲得重要利益 (C) 交易型領導比轉換型領導更重視員工內在需求 (D) 轉換型領導比交易型領導更重視員工的自我實現。

(　　) 6. 費德勒（Fiedler）領導模式忽略了下列何者？ (A) 領導者與部屬的關係 (B) 領導者的地位 (C) 任務結構化程度 (D) 部屬的特性。

(　　) 7. 利允是位相信轉換型領導的管理者，請問下列何者是他可能出現的行爲？ (A) 強調部屬外在需求與動機 (B) 強調追求自我實現 (C) 強調目標的達成 (D) 喜歡澄清任務需求。

(　　) 8. 關於魅力領導與願景領導，何者正確？ (A) 魅力領導同等於願景領導 (B) 願景領導是強調領導者具有魅力特質與行爲 (C) 願景領導強調未來 (D) 魅力領導強調未來。

(　　) 9. 陳老闆是屬於情境領導理論中「推銷型」的領導者，請問他認同的是何種概念？ (A) 高任務導向、低關係導向 (B) 低任務導向、高關係導向 (C) 低任務導向、低關係導向 (D) 高任務導向、高關係導向。

(　　) 10. 阿國是一家音樂製作公司的主管，他講話總是可以激勵人心並鏗鏘有力。正義感十足，待人處事也十分溫和，很願意幫助同事。因此許多員工因此都將他視爲偶像，並不自覺的聽從他的領導。請問阿國的領導權力基礎主要來自以下何者？ (A) 專家權（Expert Power） (B) 參照權（Referent Power） (C) 獎賞權（Reward Power） (D) 強制權（Coercive Power）。

(　　) 11. 一項針對財星五百大 CEO 進行研究的報告指出，成功的領導者具有「高度支配慾」、「高度成就需求」及「高度積極性」等共通點，研究中並提及這些天生條件彷彿「天擇」了領導者的人選。此一研究屬於以下何種導向？ (A) 行爲論 (B) 權變論 (C) 特質論 (D) 風格論。

(　　) 12. 科技公司的老闆認爲唯有第一線的員工能眞正瞭解消費者需求，作爲管理者，應該授權第一線員工可因地制宜的彈性。此公司老闆的領導風格爲下列何者？ (A) 放任型領導 (B) 獨裁型領導 (C) 交易型領導 (D) 民主型領導。

(　　) 13. 涂老闆是一家連鎖速食店的負責人，他認爲有快樂的員工才可能提供顧客快樂的用餐體驗，因此他對員工的關懷遠勝於對工作的要求。根據兩構面理論（Two Dimension Theory），涂老闆的領導型態屬於下列何者？ (A) 高體制／低體恤 (B) 高體制／高體恤 (C) 低體制／高體恤 (D) 低體制／低體恤。

(　　) 14. 根據領導行爲理論的研究中，以下何項領導行爲可能無法導致較佳的工作滿意？ (A) 兩構面理論中的「高體制／低體恤」 (B) 領導風格理論中的「民主型領導」 (C) 密西根大學研究中的「員工導向」 (D) 管理方格理論中的「團隊管理」。

(　　) 15. CaCa 新創公司的創辦人認爲，只有員工的全力支持與投入才可能爲公司帶來績效。因此，該名創辦人致力於創造和諧的工作環境，設法讓員工能充分發揮潛能，但相對較不會要求他們的工作效率。根據管理方格理論，這位創辦人的領導行爲屬於下列何者？ (A) 放任管理（Impoverished Management） (B) 任務管理（Task Management） (C) 鄉村俱樂部管理（Country Club Management） (D) 團隊管理（Team Management）。

(　　) 16. 根據費德勒（Fiedler）提出的領導權變模式，何種領導情境較適合採取「關係導向」的領導行爲？ (A) 領導情境屬於中間的有利程度時 (B) 領導情境有利於領導者時 (C) 領導情境不利於領導者時 (D) 關係導向的領導行爲在任何情境都無法產生較佳的領導績效。

(　　) 17. 琪琪甫從大學畢業，最近剛錄取至一家顧問公司工作，雖然她對工作內容展現高度的意願，卻尚缺乏工作所需的相關技能。根據情境領導理論（Situational Leadership Theory, SLT）的觀點，琪琪的領導者較適合採取何種領導風格？ (A) 告知型 (B) 授權型 (C) 參與型 (D) 推銷型。

(　　) 18. 聖淵目前爲一製造業公司高層，單身一人，衣食不缺。根據路徑—目標理論（Path-Goal Theory），以下何者領導風格可能較<u>不適合</u>用來領導聖淵？ (A) 支援型 (B) 告知型 (C) 成就導向型 (D) 參與型。

(　) 19. 以下關於領導「特質論」的敘述，何者有誤？ (A) 認爲組織效能取決於領導者的個人特質 (B) 認爲領導者可經由後天學習與訓練而成 (C)「社會背景」、「人格」、「生理特徵」等是用以描述領導者特質的主要類別 (D) 此一理論觀點無法區分成功領導者與不成功領導者間的區別。

(　) 20. 劉老闆是國內一家製藥公司的創辦人，曾向所有研發人員公開宣示：「我們絕對是使命遠大的公司，我們都相信開發新藥能減緩許多患者的病痛，讓我們的家人朋友能擁有更好的人生。各位正在做偉大的事。」許多研發人員都受到鼓舞，更努力的投入新藥研發。請問劉老闆的領導風格屬於以下何者？ (A) 交易型領導 (B) 民主型領導 (C) 願景型領導 (D) 獨裁型領導。

二、填空題

1. 領導的權力基礎爲：__________、__________、__________、__________、__________。
2. 路徑—目標理論的四種領導型態：__________、__________、__________、__________。
3. 兩構面理論包含了：__________、__________。
4. 情境領導理論的四種風格爲：__________、__________、__________、__________。
5. 新興領導理論主要可分爲：__________、__________、__________、__________。

第 13 章

控制

學習重點

本章我們要來了解控制的類型與技術：

1. 控制之意義與功能
2. 控制之類型與重要性
3. 控制系統
4. 控制工具與技術

控制之意義與功能	控制之類型與重要性	控制系統	控制工具與技術
• 控制的意義 • 控制的功能	• 控制的類型 • 控制的重要性	• 控制程序 • 有效的控制系統	• 財務控制 • 作業控制 • 行為控制 • 績效控制

13-1 控制之意義與功能

「控制（Control）」一般都會聯想到約束或限制等意義，但第一章我們曾提過管理四功能爲：「規劃、組織、領導、控制」，其中「控制」是管理程序之一。

管理學中的控制是指「檢討」或「核對」，著重在爲組織活動建立一定的標準，並確定活動的績效在可接受範圍之內，可以達成組織的目標、符合預期狀況，這在組織中十分重要。

一般來說，任何一個企業即使已完成妥善規劃、合適的組織結構，如果缺乏有效的執行控制，仍然難以成功。

一、控制的意義

如同其他管理功能一樣，控制也有許多學者提出其不同之見解與定義。綜合來說，控制是確保組織中的管理活動能依計畫執行，確保能達成企業目標，且適時修正偏差的一種程序與行動。有主要三個元素：1. 衡量標準；2. 資訊回饋；3. 修正行動，如圖 13-1。

費堯（Fayol）	孔茲與歐唐納（Koontz and O'Donnell）	杜拉克（Drucker）
檢視各項工作是否按照既定計畫及原則進行，目的在於發覺錯誤，俾能改正並防止其再度發生。	控制之功能，在於衡量及改正下屬人員之行為績效，以確保企業目標及計畫得以達成。	控制是測度與情報，是處理事件的一種方法；是分析性的，重視過去所發生的，以及現在該如何做。

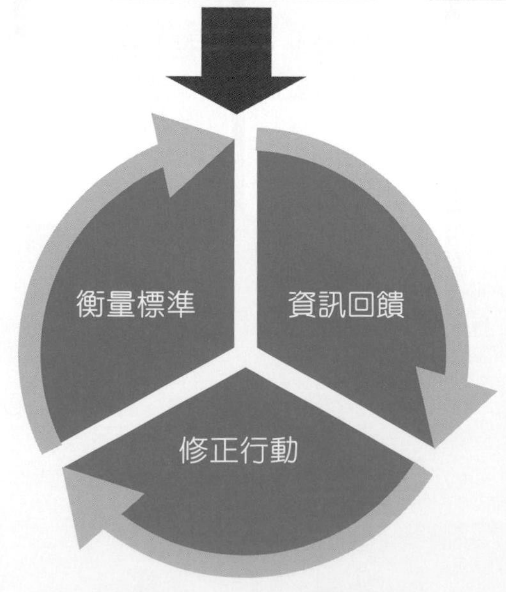

圖 13-1　控制三元素

二、控制的功能

控制在組織中相當重要，因此控制的功能可依計畫執行中與執行後的面向來探討。

控制在計畫執行中的功能為：「避免偏離目標」、「降低計畫差異」、「避免錯誤擴大」、「適應環境變化」；而在計畫執行後的功能則為「組織績效管理」與「計畫完成評估」，如圖 13-2 與表 13-1。

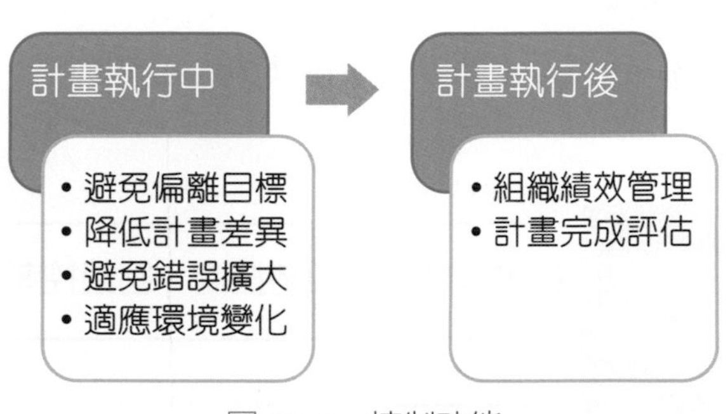

圖 13-2　控制功能

表 13-1　控制功能

功能	說明
避免偏離目標	控制不只是做事後的調整，更重要的是在事件發生時可透過控制活動來檢核執行的狀況，以免偏離原先規劃的目標。
降低計畫差異	組織需要在每個程序執行的過程中進行控管。此目的不只是為了防止實施過程偏離目標，也能在過程中發現差異時，得以調整適當的措施。
避免錯誤擴大	控制系統可確實掌控企業內每個執行步驟的過程，可以及時解決小問題，以協助達成目標。
適應環境變化	企業面臨不斷變動的外在環境，如科技、法律、市場、顧客、產業、文化等，企業可透過控制系統來快速預測與回應環境的變化。
組織績效管理	有良好的控制系統不僅可以幫助計畫執行中的管控，更能依此作為執行後組織中個人與整體貢獻及績效之評估。
計畫完成評估	控制系統可以作為計畫完成後的評估與檢討，同時作為下次的改善依據。

管理動動腦

管理學的「控制」與平日我們所說的「掌控」有何不同？

13-2 控制之類型與重要性

控制就其本質而言，是確保執行個人、團體與組織活動的管理程序之一，使得規劃策略、經營目標、資源運用的過程，經過系統標準與回饋機制來預防或補救過失，並增進員工與組織的整體營運績效。

以下將控制類型分爲五種層面來區分：「控制時程、控制範疇、控制層級、控制系統、控制對象」，如圖 13-3。

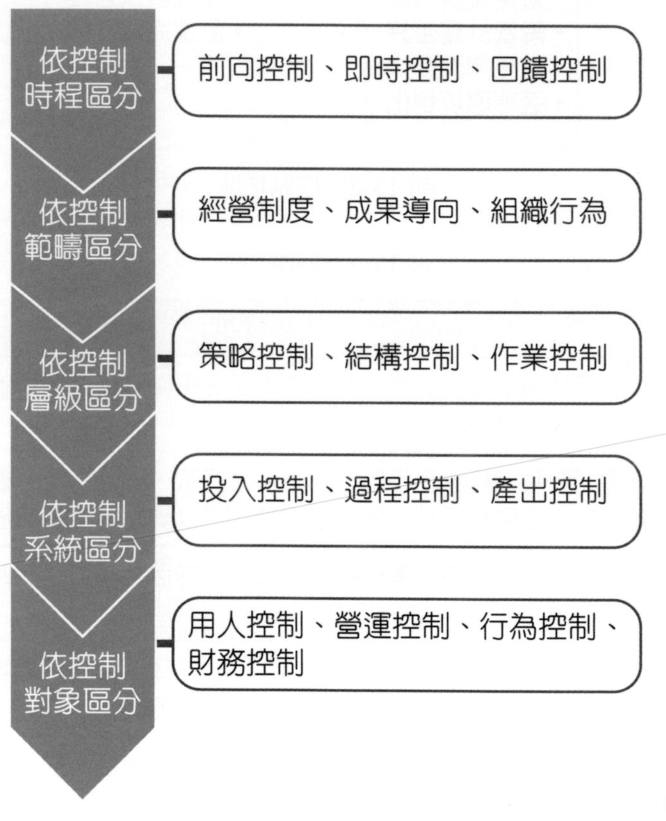

圖 13-3　控制的類型

一、控制的類型

（一）依控制時程區分

若將控制依進行的時程劃分，可將控制分爲事前的「前向控制」、過程的「即時控制」以及事後的「回饋控制」，如表 13-2。

表 13-2　控制類型—控制時程劃分

項目	說明	例子
前向控制（Forward Controlling）	前向控制就是事前控制。 是在問題發生前所做的預防控制。	員工工作說明書、員工職前教育訓練等。
即時控制（Concurrent Controlling）	即時控制就是過程控制。 在活動進行中所採取控制的方式，幫助問題在當下受到控制，是整個控制系統之核心。	定期開會檢核、稽核系統提醒、主管提醒下屬等行動。
回饋控制（Feedback Controlling）	回饋控制是事後控制。 通常問題與損失已產生之後才採取行動，是種亡羊補牢的機制。	顧客抱怨處理、公司檢討大會、危機處理等。

（二）依控制範疇區分

依照組織的控制範疇做區分，可分爲「經營制度控制」、「成果導向控制」與「組織行爲控制」，如表 13-3。

表 13-3　控制類型—控制範疇劃分

項目	說明	例子
經營制度控制	建立營運所需要的正式化層級與職權之流程與標準，管理者得以控制員工的工作績效。	組織內的層級規劃與職權職責之設計。
成果導向控制	透過營運之生產力、成本、價格與獲利等指標，藉以控制組織的整體績效。	公司淨利、業績考核、部門生產力等。
組織行為控制	提升組織與員工價值觀、態度與行為的一致性，塑造相互信任與承諾的高績效組織。	新進員工教育訓練（含文化訓練）、每月定期舉辦宣揚大會宣導組織價值觀與表揚業績優秀之員工。

（三）依控制層級區分

依照控制層級做區分，可分爲「策略控制」、「結構控制」與「作業控制」，如表 13-4。

表 13-4　控制類型—控制層級劃分

項目	說明	例子
策略控制（Strategic Controlling）	專注於組織策略與其內、外部環境和資源維持良好的運作。	監控組織目前執行的策略，能夠有效達成組織目標的程度。
結構控制（Structural Controlling）	監督及控制組織結構層次所涵蓋各種的相關要素。	正式化程度、組織設計、集中化程度等。
作業控制（Operational Controlling）	監控組織在生產與作業的營運層次。	製程監控與品質控制。

（四）依控制系統區分

依照系統觀來分，可將控制區分爲「投入」（Input）、「過程」（Process）與「產出」（Output）等三方面來看，如表 13-5。

表 13-5　控制類型—控制系統劃分

項目	說明	例子
投入控制（Input Controlling）	確保資源投入的數量、品質與成本等，詳細規劃評估結果。	年度預算規劃、產量規劃。
過程控制（Process Controlling）	確認維持企業轉換過程的有效運作，使各項營運達到最佳化的排程與進度。	庫存管理、員工的工作守則、品質管理、物料管理等。
產出控制（Output Controlling）	衡量組織的產出結果與經營績效。	關鍵績效指標（KPI）與控管檢核表。

管理便利貼　何謂關鍵績效指標？

關鍵績效指標（Key Performance Indicator, KPI）為組織目標達成的重要績效指標。可以使部門主管明確部門的主要責任，並以此為基礎，明確部門人員的業績衡量指標。一般較常見的 KPI 值如下：

1. 財務 KPI
   EVA、ROE、營業利益、利益成長率、營業額等等。
2. 其他
   顧客滿足度、交期嚴守率、產品的不良率、顧客的抱怨率等等。

控制對企業而言是很重要的，尤以事前控制能讓公司防患於未然，減少營運風險。

（五）依控制對象區分

依照控制對象來分，可將控制區分爲「用人控制」、「營運控制」、「行爲控制」與「財務控制」等不同方面來看，如表 13-6。

表 13-6　控制類型—控制對象劃分

項目	說明
用人控制 （Staffing Controlling）	管理者要依照組織所賦予之職權進行對部屬之督導與評核責任，以及控制幅度的適當性。
營運控制 （Operation Controlling）	組織要確保以最低資金、精實流程與最適資源配置加以製造產品。特別注重原物料供應、生產時程與財務成本等控制準則。
行為控制 （Behavior Controlling）	行為控制是組織對於員工的人際互動、行為態度、團體合作等部分使用工作守則或正式規章加以監督與控制。
財務控制 （Finance Controlling）	財務控制可謂攸關組織是否能永續經營之重大關鍵。主要是有個健全的財務槓桿，了解資金投入與成本間的比例與效益、營收與利潤，以追求預算配置與財務稽核能夠達到最大化。

時事講堂

華碩電腦的控制程序

控制是企業管理的一個重要方面，這可以確保公司的運營能夠達到預期目標。華碩電腦是一家總部位於臺灣的跨國科技公司，專門從事電腦硬件和電子產品的研發、設計、製造和銷售。控制是華碩的一個關鍵成功因素，它有助於確保公司能夠在高度競爭的市場中保持領先地位。

華碩的控制程序如下：

1. 生產過程控制

   華碩採用了先進的生產技術和自動化設備，以確保產品的質量和穩定性。華碩還通過監測生產過程中的關鍵指標，如產品良率、產量和工作效率，以實現生產過程的有效控制。

2. 質量控制

   華碩對產品的質量進行嚴格的控制，從產品開發階段到最終產品的交付階段都進行嚴格的檢測和測試。華碩還建立了質量管理體系，包括 ISO 9001 和 ISO 14001 認證，以確保產品的質量符合行業標準。

3. 財務控制

   華碩對財務進行嚴格的控制，包括預算編制、成本控制和資產管理等方面。華碩還定期進行財務報告和分析，以確保公司的財務狀況良好。

4. 品牌管理

   華碩重視品牌管理，通過推廣產品的創新性和性能，建立了一個具有良好聲譽的品牌形象。華碩還通過廣告和宣傳活動來提高品牌知名度，並積極回應顧客的反饋和建議，以提高顧客滿意度。

總體而言，華碩電腦通過生產過程控制、質量控制、財務控制和品牌管理等控制措施，實施公司各方面之控制，讓公司能獲致良好之績效。

影片連結

二、控制的重要性

如前所述，控制融入在管理的各個功能與程序中，不但扮演嚴格把關之角色，且位居於總體結果的關鍵樞紐。如果沒有控制，管理者將無從了解目標與計畫是否有達到預期，以及下一步驟該怎麼做，如圖 13-4。

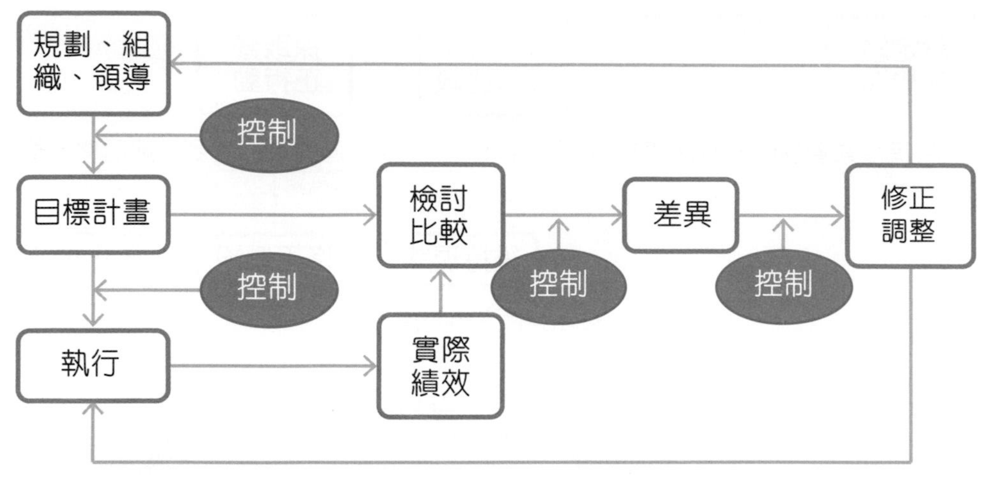

圖 13-4　控制與管理

管理動動腦

請說明「事後控制不如過程控制，過程控制不如事前控制」的意義。

13-3 控制系統

控制系統是一種由管理階層所設計的管理過程，經董事會核准，再由全體員工共同負責推動，合理確保組織目標之達成。

近年來，連續發生幾件因內部控制制度不夠周詳，導致不但無法確保組織營運效果及效率之提升，反而陷員工於誤觸法網之險境，比如公務員詐領休假補助費、機關首長特別費未檢附收據核銷、科學研究經費以假發票報帳等。

一、控制程序

根據孔茲與歐唐納（Koontz and O'Donnell, 1976）的理論，控制程序分為以下四個程序：「設定衡量績效的標準」、「衡量實際上的績效」、「比較實際績效與原先標準的差距」以及「採取修正行動」。而此理論也是典型且目前廣被接受的理論。圖 13-5 即說明了整個控制流程，而控制流程之說明與舉例，如表 13-7。

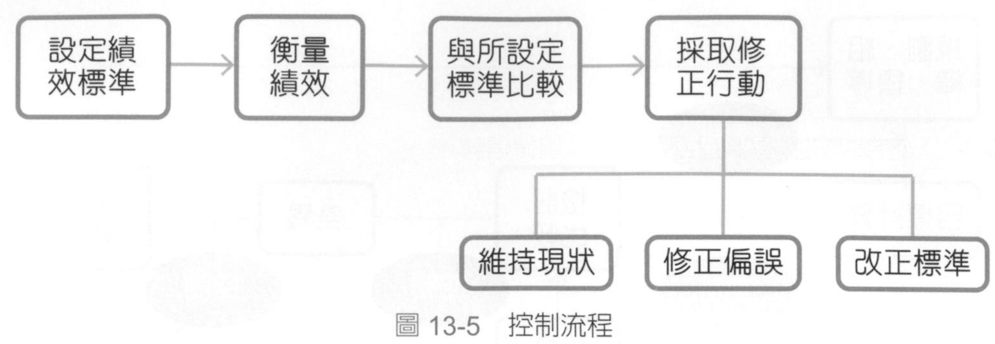

圖 13-5 控制流程

表 13-7 控制流程之說明與舉例

程序	說明	例子
設定衡量績效的標準	特定與具體之目標與衡量績效之標準需要先建立，才知道要如何控制，控制內容為何。	小齊為車行新進員工，主管預定在本月每位同仁需賣出至少五輛新車。
衡量實際上的績效	包含衡量的方式與內容。衡量績效的來源有：個人觀察、書面報告、口頭報告與統計資料。	本月底來看每位同仁賣出新車之數量。
比較實際績效與原先標準的差距	比較實際績效與標準之差距。此差距稱為變異範圍（Range of Variation），其上限與下限應該要事先明確規範，並事先告知員工，取得之間的共識。	小齊在本月底不僅達標還超過三輛。而其餘同事則勉強到達目標。
採取修正行動	績效發生差距時，主管需要先確認差距的產生來源，再根據原因採取修正行動。修正行動包含維持現狀、修正偏誤與改正標準。 1. 修正偏誤： 主管應視問題的狀況，採取合適的修正行動。 2. 改正標準： 如果發現差距是來自於過高或過低的標準，就需要修正標準以因應。	主管發現小齊的銷售能力比其他同仁優秀，原先給小齊的目標太低，便將小齊的目標改為每月至少賣出八輛新車。

二、有效的控制系統

前述已探討過不同控制的類型與其程序，但一個有效的控制系統在設計時要注重哪些重點呢？根據蔣台程等人（2001）與羅賓斯（Robbins, 2001）所述，整理以下提出幾點說明，並表列於 13-8。

表 13-8　有效的控制系統項目

<table>
<tr><th>項目</th><th colspan="2">說明</th></tr>
<tr><td>正確性</td><td colspan="2">控制系統必須要精密且正確、值得信賴。</td></tr>
<tr><td>經濟性</td><td colspan="2">任何活動都有其成本，控制的本質就是在讓企業能永續生存，故控制系統的設計應考量到經濟效益，採取重點管理與例外管理原則來達到最大的控制結果。</td></tr>
<tr><td>彈性</td><td colspan="2">企業所面臨的外在與內在環境常常在變動，因此控制必須具備足夠的彈性來適應情況的變化才能算是有效的控制。</td></tr>
<tr><td>即時性</td><td colspan="2">控制系統必須要有即時且盡速的回饋，如果太晚處理，則問題有可能不斷惡化，甚至造成無法彌補之損失。</td></tr>
<tr><td>合理標準</td><td colspan="2">目標與標準的訂定上必須公平、明確且可衡量的。標準太高，會影響員工努力的意願；標準太低則容易讓員工成就感低落，缺乏激勵之作用。</td></tr>
<tr><td>可親近性</td><td colspan="2">任何系統都應該被人們所了解，才可能被接受與使用，否則終遭淘汰。</td></tr>
<tr><td>多重標準</td><td colspan="2">採用多重標準作為績效評估的基礎，可避免主觀的錯判。</td></tr>
<tr><td>強調例外</td><td colspan="2">控制系統應將控制著重於例外以及管理者容易疏漏的部分，以避免耗費管理者過多的心力在不必要的事務上。</td></tr>
<tr><td rowspan="3">與組織的配合</td><td>分權化程度</td><td>如果組織是屬於較集權式的組織，則需要有嚴密的控制系統。但如果組織的型態為分權式組織，則較不需要嚴密之控制系統。</td></tr>
<tr><td>組織規模</td><td>控制系統也要配合組織規模大小。
當組織規模小的時候，控制多採取直接監督與個人化的方式；但當組織規模成長與複雜化後，管理者無法一一監督與處理，此時就需要更多的管理制度與正式化的控制系統。</td></tr>
<tr><td>組織文化</td><td>組織文化若是公開與互助，使用間接控制；反之，則可使用直接控制。</td></tr>
<tr><td>著重修正行動</td><td colspan="2">控制是一個循環的過程，如果最後沒有修正的行動，控制便沒有意義。因此，一個好的修正行動應包含長短期的作法、執行人員的安排、完成日期的限定與績效之確認。</td></tr>
</table>

管理便利貼　例外管理（Exception Management）

例外管理最初由泰勒（Taylor）提出，指高階管理層將日常發生的例行工作規範化、標準化，授權給下級管理人員處理，而自己主要去處理那些沒有或不能規範化的重點例外工作。實行這種制度，可以節省高階管理層的時間和精力，使他們能集中精力來解決重大問題，同時使下屬有權處理日常工作，提高工作效能。

管理便利貼 規劃（Planning）與控制（Controlling）之比較

規模的目標設定成為控制衡量之依據。由管理程序來看控制與規劃首尾相連，均屬於管理程序之一。如下圖所示：

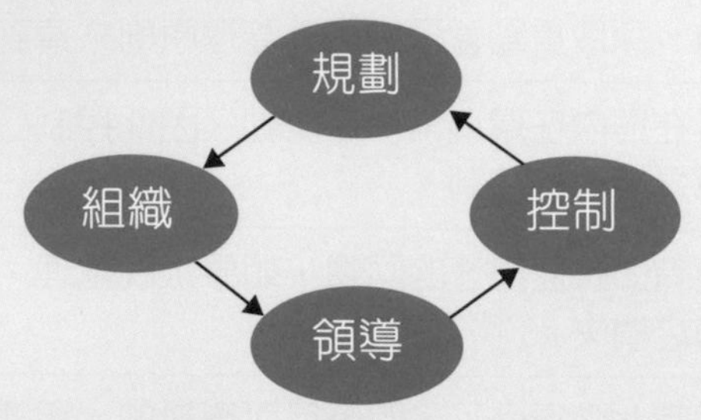

另外，根據安東尼（Anthony, 1965）之理論，規劃與控制系統間均與組織層級有關，高階所作的規劃與控制皆為整體策略；中階的規劃為戰術性規劃，控制為營運管理上的控制；而較低階主管的規劃與控制都是偏向於作業性，如下圖所示：

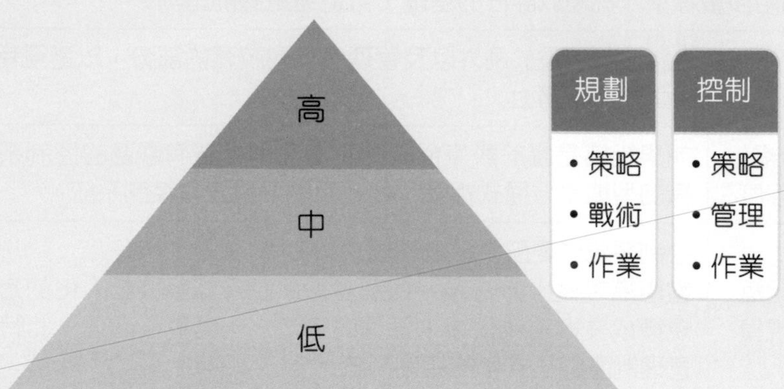

管理動動腦

請說明控制有哪些流程？規劃與控制之差別為何？

13-4 控制工具與技術

一般來說，控制工具與技術可分爲以下四個構面來看：「財務控制」、「作業控制」、「行爲控制」與「績效控制」。

一、財務控制

企業最主要的目標就是追求企業利潤極大化及永續經營。爲了要達成目標，企業主必須掌控好企業的財務，有良好的財務槓桿，並透過財務控制的設計才有機會達到目標。一般來說，在實務界常用的控制技術有：「財務預算」、「稽核」、「財務分析」與「損益平衡分析」。

（一）財務預算

財務預算有很多種類，常用的種類有「現金預算」、「資本支出預算」、「收入預算」、「費用預算」、「利潤預算」與「彈性預算」，如表 13-9。

表 13-9　財務預算種類

種類	說明
現金預算	現金預算是企業對於現金流入與流出的一種預測，可作為未來資金運用與調度之參考。
資本支出預算	資本支出是指投資於廠房、設備等固定成本支出。
收入預算	收入預算是對未來銷售的預測數量而排定之預算。
費用預算	費用預算是將各單位在預算期間內的經常性支出，依照項目編列相關預算。
利潤預算	利潤預算主要適用於企業對成本承擔責任同時對收入和利潤承擔責任的公司（利潤中心制），將其收入與費用合併來編列預算。
彈性預算	彈性預算是基於假定的生產或銷售量來制定的預算，適合使用在企業對於未來的生產與銷售量未知的情況下。

（二）稽核（Audit）

稽核是由內部人員或外部會計師來檢查財務體系的正確性。

（三）財務分析

財務分析屬於一種事後的控制工具，包含了「報表分析」、「比率分析」、「責任會計」、「人力資源會計」、「成本分析」與「審計制度」，詳細說明如表 13-10。

表 13-10　財務分析種類

項目	說明
報表分析	公司可藉常用的報表如資產負債表、現金流量表與損益表，來了解公司目前的財務狀況與獲利情形。
成本分析	公司可透過了解標準成本與相關成本來分析目前的成本情況。
比率分析	透過分析財務報表中的財務比率，如流動比率、速動比率、槓桿比率、存貨周轉率、資產周轉率、銷售毛利率與投資報酬率等，並與前期或其他公司財務做比較，即可評估公司之盈餘及償債能力。
責任會計	責任會計是依照企業內的責任歸屬做區分，每人負責自己責任範圍內的成本與支出等會計項目。
人力資源會計	人力資源會計是模仿傳統資產會計，將人員視為一種投資而非費用。主要在彌補傳統的資產負債表忽略了「人」的價值，透過人力資源分析讓主管了解每位員工真正的價值。
審計制度	審計制度是對組織內的制度、營運活動與績效的一種正式驗證評估與分析。可分為內部審計與外部審計，分別由組織內部或外部人員來擔任。

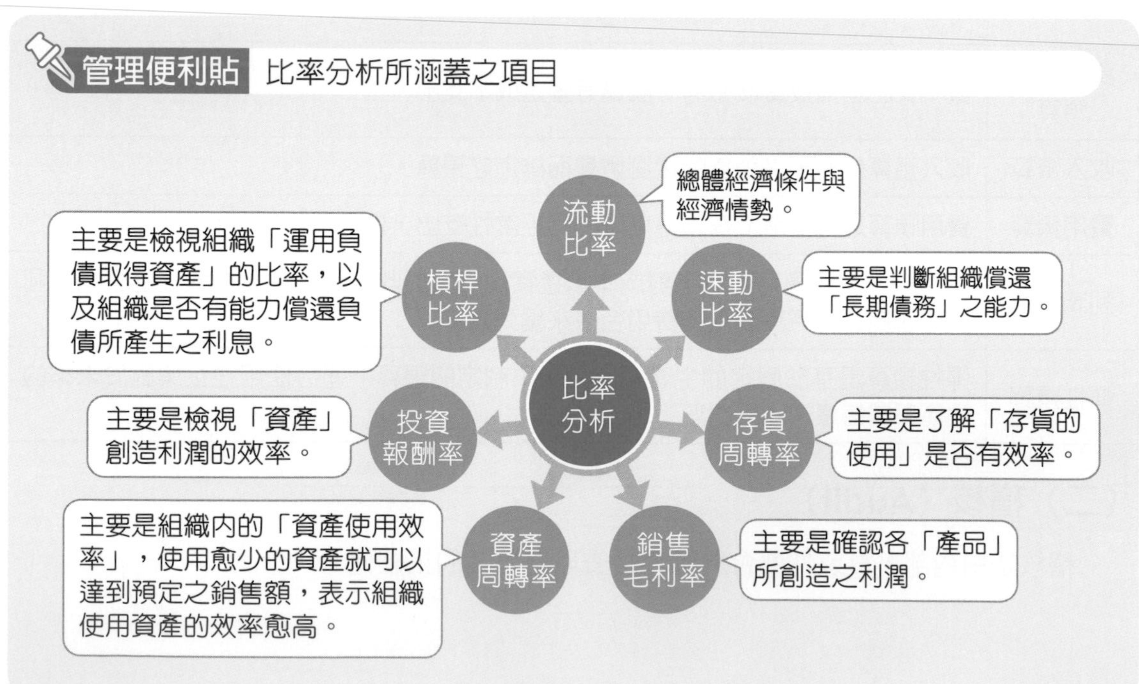

（四）損益平衡分析（Break-Even Point, BEP）

計算損益平衡點要看的數字有三：總固定成本（TFC）、單位平均售價（P）以及單位變動成本（AVC）。

而自單位售價中減去單位變動成本，稱爲邊際（Margin），再將總固定成本以邊際除之，即可得到 BEP。如果以數學式表示，其式如下：

BEP ＝ TFC/(P – AVC)。當固定成本不變的前提下，銷貨數量大於 BEP 時，可獲致盈餘，否則將招致虧損，如圖 13-6。

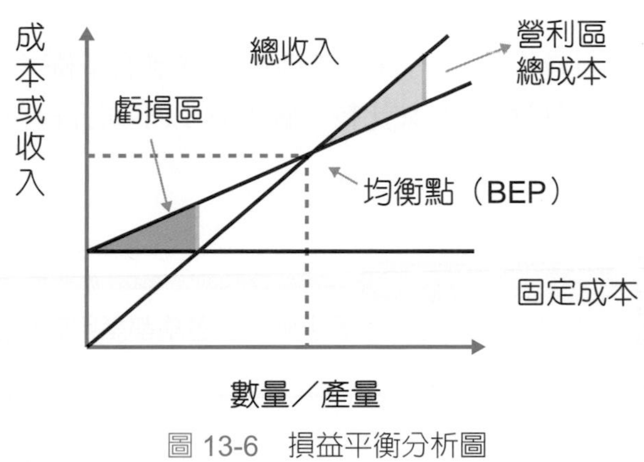

圖 13-6　損益平衡分析圖

二、作業控制

作業管理的技術有「甘特圖表」與「作業基礎成本法」等。

（一）甘特圖（Gantt Chart）

甘特圖是一種規劃與控制技術，基本上是將工作進度以圖表表示。縱軸爲工作項目，橫軸爲日期，而長條圖表是該項工作的起迄時間，讓管理者可輕易掌控每一項工作進度。如圖 13-7 爲某大學預定招生的計畫甘特圖。

重要工作項目	月份 / 工作項目	一月	二月	三月	四月	五月	六月	七月	八月	九月	十月	十一月	十二月
	DM發放												
	報紙廣告												
	公車廣告												
	網站廣告												
	高中招生												
	招生說明會												
	大學博覽會												

圖 13-7　招生計畫甘特圖

（二）作業基礎成本法（Activity-Based Costing, ABC）

是指按照各個產品與服務眞正消耗的公司資源，作爲計算成本的方法。

三、行為控制

由於組織的每位員工的工作態度與能力都不一樣，因此行爲控制是組織不可忽略之控制環節。一般來說，行爲控制可分爲「績效評估」與「直接管理」等。

（一）績效評估

績效評估主要是依照員工行爲的資訊作爲實施賞罰的基礎。可透過建立「絕對標準」、「相對標準」與「目標標準」來比較，圖 13-8 以不同公司在制定員工加薪標準的評估標準爲例。

A公司 絕對標準

升遷的標準必須要至少兩年的考績都是甲就可獲得加薪。

B公司 相對標準

公司每年都會由單位主管推薦其部門一至二位相對表現較優秀的員工。被推薦之員工可獲得加薪。

C公司 目標標準

公司給予每位員工不同的年度目標績效，只要超過績效，就可獲得加薪。

圖 13-8　績效評估一不同公司之加薪標準為例

（二）直接評估

當評估的結果不盡人意時，管理者可採取直接管理的行動。透過對員工的觀察與監督可直接指導員工合適的行爲與方式。如使用激勵方法、課程訓練、職位轉任或警告、停職等正面或負面措施。

四、績效控制

（一）平衡計分卡（Balanced Score Card, BSC）

平衡計分卡是在 1992 年由卡普蘭與諾頓（Kaplan and Norton）兩位學者所提出。其理念在於除了在財務構面之外，企業還能進一步找出能夠創造未來財務成果的績效驅動因素。因此提出應從「財務」、「顧客」、「內部程序」與「學習與成長」四個構面來衡量企業的營運績效，是一種較整體的控制概念，彌補了企業向來以財務數字作爲績效衡量的標準。並且被選爲近七十五年中最具影響力的管理工具之一，也已被許多企業所應用，如圖 13-9。

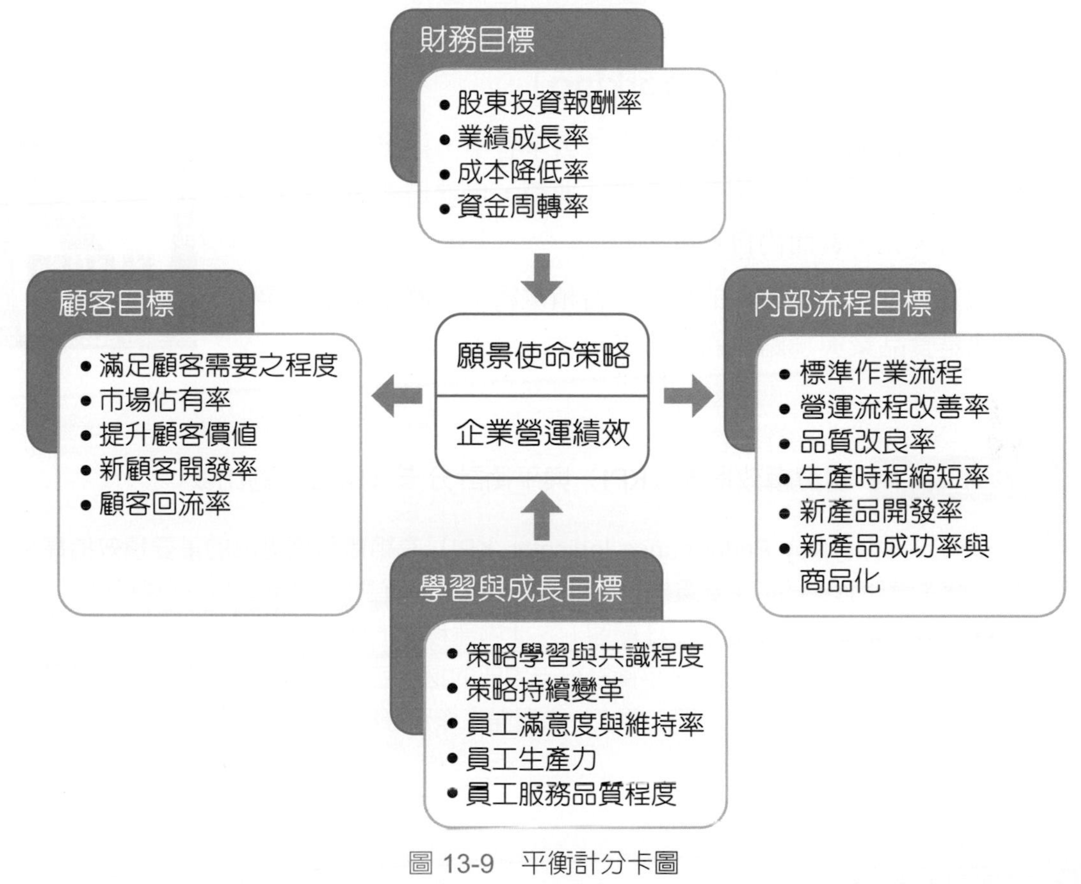

圖 13-9　平衡計分卡圖

（二）控制圖（Controlling Chart）

管理者利用執行計畫的期間，計算平均數與可控制的上下限範圍，以變異數與樣本爲兩軸畫出控制圖表。如果數值在上下限間，即屬控制範圍內；若超出上下限，就表示不能接受的誤差，需要進行修正，如圖 13-10。

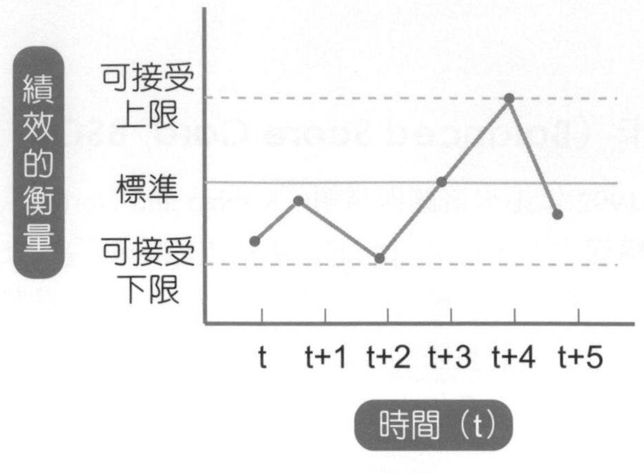

圖 13-10　控制圖

（三）標竿管理（Benchmarking）

是指引用其他值得學習的成功標竿或競爭者中，找出能讓公司達到優越績效的方法，並加以複製成爲最佳典範，也就是孔子所說的：「見賢思齊焉，見不賢而內自省也。」

如：大立光就是高階鏡頭的標竿；台積電爲半導體產業之標竿；統一集團就是食品業與通路業的標竿等。

管理便利貼　關鍵績效指標（KPI）與平衡計分卡（BSC）的比較

關鍵績效指標（Key Performance Indicator, KPI）為組織目標達成的重要績效指標。可以使部門主管明確部門的主要責任，並以此為基礎，明確部門人員的業績衡量指標。

平衡計分卡則是從「財務」、「顧客」、「內部程序」與「學習與成長」四個方面整體來衡量公司績效之方式。因此，平衡計分卡內部的指標包含了關鍵績效指標，並根據企業的策略地圖，由上（組織）而下（個人）去展開工作目標與 KPI。

管理動動腦

請使用甘特圖來畫出你的讀書計畫或其他計畫。

麥當勞以一致性的作業控制征服全世界，成為速食業龍頭

在臺灣，許多大人小孩都去過麥當勞（McDonald's）購買漢堡與薯條。而在臺灣跟在其他國家所吃到的漢堡與薯條，在外觀與口味幾乎一模一樣。除此之外，假使在不顯示文字的情況下，單憑著店面裝潢、櫃檯擺設和餐點招牌做判斷，也很難判斷這到底是位在哪個國家的麥當勞。

這家遍布全球 119 個國家，共計擁有約 32,000 家分店的速食龍頭，是如何做到讓全世界的麥當勞都像是同一個麥當勞的呢？秘訣就是將作業流程「標準化」的經營策略！

標準化策略就是把一切的工作都按照標準的規定執行；麥當勞的標準化，主要表現在作業標準化，以及整體形象標準化兩方面。麥當勞在 70 年代開始涉足跨國經營，並將連鎖店拓展至世界各地的同時，也順勢將這套標準化模式帶往了全球。

在麥當勞的廚房裡，食物的製造過程有著明確且數字化的管理方式。例如食品中的脂肪含量不得超過 19%、可口可樂（Coca-Cola, KO-US）等飲料的溫度必須維持在 4°C、炸薯條和咖啡的保存時間分別不能超過 7 分鐘和 30 分鐘、漢堡麵包也需符合統一規定的麵包量尺，就連對馬鈴薯的大小和形狀也有著一套獨特的判斷標準。嚴格的標準化流程和管理制度仍然使得麥當勞能夠確保在多數情況之下，都能夠為消費者提供一定品質水準的商品。

麥當勞的 SOC（Station Observation Checklist，工作站觀察檢查表）是依每個工作站的分工和工作流程步驟，製作不同檢核表。這正是麥當勞從 SOP（Standard Operation Procedure，標準化作業流程）概念所延伸出來的工作方法。

麥當勞在思考這些標準作業流程時，背後的思考邏輯可分為以下三個步驟：

第一步：拆解服務流程

餐廳的六大步驟是：歡迎客人、接受點菜、結帳、備餐、呈現、道再見。麥當勞也是依據這幾個步驟，細分出工作的 SOC。例如，備餐的廚房，分為漢堡區、薯條區和炸雞區三個工作站，從內場到外場、倉庫，一家店共約二十到三十個工作站。像漢堡區的 SOC 內容，即為漢堡肉該煎幾秒、中心溫度該達幾度才算熟等標準程序。每個工作站平均有六個拆解動作，總的來說，麥當勞餐廳的 SOC 多達兩、三百個分解動作。

第二步：應用科技簡化流程

2005 年底，臺灣麥當勞每家店斥資百萬設備，推出「為你現做」（Made For You）服務，平均一張顧客的訂餐單，出菜時間只需 35 秒到 50 秒，約比以前快五倍。「先接單後生產」的模式，帶來顧客滿意度提升 15%、員工生產力成長 7%，食材耗損率降低 30% 的經營效率。

過去麥當勞廚房備餐，是預估不同時段的顧客需求量，將漢堡事先放置在保溫架上，十分鐘後若賣不到，因食物失溫，悶在麵包裡的生菜配料也不新鮮，就得全部丟棄。如今，備餐效率提高，但廚房卻不見麵包、漢堡滿場飛，工作流程還更簡化，關鍵來自導入櫃檯收銀電腦連線的廚房顯示系統 KVS（Kitchen Video System）。

KVS 有 3 個螢幕，客人完成點餐後，螢幕上會顯示一張藍色的電子菜單，廚房生產線、加熱暫存區及飲料區的工作人員，就能同時知道有一張新訂單，計時超過 85 秒，電子菜單就會由藍色變成紅色，提醒工作人員應該先完成這張菜單，才不會讓客人久等。

以前，一個漢堡從烤麵包、組合到包裝，全由一人經手，常造成廚房人員奔走張羅的混亂場面。現在，導入科技化的看板之後，「發起員」烤麵包，「推動員」放生菜、加調味醬，「匯集員」放漢堡肉片並包裝，不只每個人工作內容更簡化，也縮短人員訓練的時間，還能提供漢堡不加酸黃瓜的客製產品，同時兼顧廚房作業標準化，與滿足顧客的個別化需求。

第三步：打造獨特服務風格

很多人看到麥當勞、王品等連鎖餐飲體系做標準化，經常落入為標準化而標準化的迷思。事實上，一家店不該為了做 SOP 而 SOP，SOP 的目的是呈現以品牌 DNA 為核心的風格化服務，若只是將 SOP 徹底落實，和工廠生產線沒有兩樣，顧客亦無從感受被服務的樂趣。也就是說，拆解流程、導入科技發展 SOP 都只是手段，目的是藉此進行團隊分工和合作，發展出滿足顧客需求和期待的服務介面，並將服務提升到體驗層次。

過去，麥當勞櫃檯人員是單人作業，接受顧客點餐後，就得轉身取漢堡、薯條和可樂，完成備餐動作。有效率但缺乏和顧客互動，缺乏感性服務。但如今，麥當勞餐廳拆解服務流程建立團隊式服務的 SOP，將櫃檯改成二至三人的團隊式服務，一人負責點餐收銀，一人取漢堡主餐，另一人準備薯條、可樂等副餐。多人服務的好處是，櫃檯點餐人員不必忙著備餐，心理上沒有壓迫感，空出來的時間，就能專心和顧客寒暄話家常，或回答疑問、推薦新品，發展如咖啡館般的熟客關係，進行服務需求校正，並提高點餐率。雖然櫃檯服務一人變三人，表面上人力成本增加，但服務效率提高，用餐時段排隊時間縮短，備餐正確率也提升了，顧客感受自然佳，所創造的效益，並不會造成成本增加。

建立 SOC 的重要意義在於為餐廳的日常運營管理提供了一套清晰明確的執行標準，新進員工可以搭配教學影片和書面說明書，進行職前訓練。一個工作站從觀摩、示範到操作，約三到六個小時，就可以完全精熟。SOC 可確立品質和服務的穩定性，並大幅減輕管理者的管理和培訓壓力。

為了使所制定的各項標準能夠在世界各地的連鎖店獲得落實與執行，麥當勞還設立了漢堡包大學以培養各地的店長以及管理人員；此外，更撰寫了長達 350 頁的員工操作手冊，藉由各項作業方式和步驟的詳細規定與說明，讓全球員工的工作內容能夠有一致的依循準則。也就是這樣的精神讓麥當勞成為歷久不衰的速食業龍頭。

資料來源：1. 楊修（2015），「麥當勞出餐為什麼就是比其他速食店快很多？因為他們精用 SOP ！」經理人雜誌。
2.YiJu（2015），「標準化讓麥當勞在全球暢行無阻」，股感知識庫。

重點摘要

1. 控制的意義：控制是確保組織中的管理活動，能依計畫執行並適時修正偏差的一種程序與行動，以確保企業目標的達成，也就是要有三元素：衡量標準、資訊回饋、修正行動。
2. 控制的功能：
   (1) 計畫執行中：避免偏離目標、適應環境變化、避免錯誤擴大、降低計畫差異。
   (2) 計畫執行後：組織績效管理、計畫完成評估。
3. 控制的類型：
   (1) 依控制時程區分：前向控制、即時控制、回饋控制。
   (2) 依控制範疇區分：經營制度、成果導向、組織行為。
   (3) 依控制層級區分：策略控制、結構控制、作業控制。
   (4) 依控制系統區分：投入控制、過程控制、產出控制。
   (5) 依控制對象區分：用人控制、營運控制、行為控制、財務控制。
4. 控制程序：

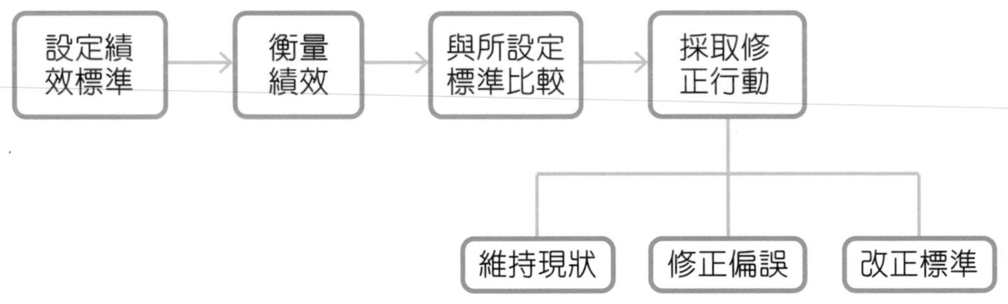

5. 有效的控制系統：正確性、經濟性、彈性、即時性、合理標準、可親近性、多重標準、強調例外、與組織的配合以及著重修正行動。
6. 控制技術—財務控制：

類型	項目
財務預算	收入預算、費用預算、利潤預算、現金預算、資本支出預算與彈性預算。
稽核	內部稽核與外部稽核。
財務分析	報表分析、成本分析、比率分析、責任會計、人力資源會計與審計制度。
損益平衡分析	BEP=TFC / (P-AVC)。當固定成本不變的前提下，銷貨數量大於 BEP 時，可獲致盈餘，否則將招致虧損。

7. 控制技術—作業控制：

項目	說明
甘特圖表	甘特圖是一種規劃與控制技術，基本上是將工作進度以圖表表示。
作業基礎成本法	作業基礎成本法是指按照各個產品與服務所真正消耗的公司資源作為計算成本的方法。

8. 控制技術—行爲控制：

項目	說明
績效評估	績效評估主要是提供關於員工行為的資訊作為實施賞罰的基礎。
直接評估	當評估的結果沒有令人感到滿意時，管理者可採取直接管理的行動。

9. 控制技術—績效控制：

項目	說明
平衡計分卡	平衡計分卡是一種整體評量的方式，是從「財務」、「顧客」、「內部程序」與「學習與成長」四個方面來衡量公司績效之方式。
控制圖	管理者利用執行計畫的期間，計算平均數與可控制的上下限範圍，以變異數與樣本為兩軸畫出控制圖表。
標竿管理	標竿管理是引用其他值得學習的成功標竿或競爭者中，找出能讓公司達到優越績效的方法，並加以複製成為最佳典範。

本章習題

一、選擇題

( ) 1. 下列何者非控制的主要目的？ (A) 避免員工觸法 (B) 避免偏離目標 (C) 避免錯誤擴大 (D) 降低計畫差異。

( ) 2. 控制依「時程」區分可分為： (A) 經營制度控制、成果導向控制、組織行為控制 (B) 前向控制、即時控制、回饋控制 (C) 投入控制、過程控制、產出控制 (D) 策略控制、結構控制、作業控制。

( ) 3. 控制程序可分為下列四種行動，請問先後順序排列為何？ 1. 比較實際績效與原先標準的差距、2. 設定衡量績效的標準、3. 採取修正行動、4. 衡量實際上的績效。 (A)4213 (B)1234 (C)2413 (D)2431。

( ) 4. 下列何者不為控制有效性之重點？ (A) 經濟性 (B) 彈性 (C) 強調例外 (D) 單一標準。

( ) 5. 控制與規劃之關係為： (A) 控制重要性優先於規劃 (B) 控制功能在規劃功能前 (C) 控制與規劃是彼此獨立，互相不影響 (D) 控制與規劃均有事前、事中與事後。

( ) 6. 下列何者非平衡計分卡的四個構面？ (A) 財務 (B) 顧客 (C) 經營程序 (D) 內部程序。

( ) 7. 小萍為了製作讀書計畫，決定用甘特圖來訂定時程。下列何者為他的讀書計畫必要之元素？ (A) 成本 (B) 起訖時間 (C) 關鍵路徑 (D) 事件。

( ) 8. 金翔科技多年來透過參與國際電腦展，藉以宣傳公司的頂尖技術與卓越產品，以此獲得國際顧客的青睞，每一年都能為公司帶來大量的訂單。而在每次展覽結束後總經理總會進行全公司的回饋會議，透過檢討突發狀況、標竿其他廠商等做法，得以讓公司持續進步。請問總經理在實踐控制的何項功能？ (A) 避免偏離目標 (B) 避免錯誤擴大 (C) 降低計畫差異 (D) 計畫完成評估。

( ) 9. 小安目前為一保險業務員，公司主要是以當年度的業績來決定升遷機會與職位，請問公司是運用何種控制方式？ (A) 成果導向控制 (B) 組織行為控制 (C) 回饋控制 (D) 經營制度控制。

( ) 10. 企業內的產品品質管理是屬於何種控制？ (A) 策略控制 (B) 作業控制 (C) 結構控制 (D) 組織行為控制。

( ) 11. 馮董事長常對員工說：「小不忍則亂大謀」，請問這是何種控制方式？ (A) 前向控制 (B) 即時控制 (C) 回饋控制 (D) 事後控制。

( ) 12. 客運公司爲保證顧客可享受到好品質的服務，制定工作守則與標準作業流程並請司機遵守，這是屬於哪種控制？ (A) 用人控制 (B) 營運控制 (C) 行爲控制 (D) 財務控制。

( ) 13. 關鍵績效指標（KPI）屬於何種控制？ (A) 即時控制 (B) 投入控制 (C) 過程控制 (D) 產出控制。

( ) 14. 下列何者不是財務分析？ (A) 審計制度 (B) 人力資源分析 (C) 成本分析 (D) 報表分析。

( ) 15. 「股東投資報酬率」是屬於平衡計分卡的何種構面？ (A) 顧客 (B) 財務 (C) 內部流程 (D) 學習成長。

( ) 16. 模板公司特別針對作業員在製作產品的流程中，安排多位督導走動監督以降低員工事故發生的機率。此控制類型屬於下列何者？ (A) 回饋控制（Feedback Controlling） (B) 產出控制（Output Controlling） (C) 前向控制（Forward Controlling） (D) 即時控制（Concurrent Controlling）。

( ) 17. 孔子說：「人無遠慮，必有近憂」，意指人們需做長遠打算，以預防可能發生的事態變化。此一觀點符合以下何種控制類型？ (A) 即時控制（Concurrent Controlling） (B) 回饋控制（Feedback Controlling） (C) 前向控制（Forward Controlling） (D) 過程控制（Process Controlling）。

( ) 18. 在小青家附近的日式約翰髮廊近年來營業額逐年下滑，經過顧客反應調查後，才發現原來是因爲店內人員的強力推銷行爲導致顧客害怕再次光顧，髮廊於是決定加強員工的教育訓練。此一找出偏差來源，並針對偏差來源予以修正的程序稱之爲： (A) 基本修正行動 (B) 即時修正行動 (C) 改正標準 (D) 以上皆非。

( ) 19. 允碩在家附近經營了一間義大利麵店，剛開始在促銷時生意不錯，但慢慢地營收卻逐漸下滑。在詢問過老顧客後，發現店內只做少許口味很容易吃膩，不容易累積顧客的忠誠度。於是允碩決定參考附近一間生意始終很好的競爭對手所開發之口味，並買回來試吃研究。此一引用其他優秀企業的做法，我們稱之爲： (A) 全面品質管理 (B) 官僚控制 (C) 標竿管理 (D) 平衡計分卡。

( ) 20. 小藍大學畢業後在母校周邊開設一家滷味店，起初生意不錯，但不到三個月，人潮愈來愈少，小藍決定轉型，改賣滷味便當兼手搖飲，由於菜色豐富，成本不低，一個便當定價 120 元。但經過半年後，營業額還是未達預期，於是將滷味便當菜色項目減少，成本降低，售價變爲 80 元，在以學生顧客爲主的商圈中果然開始人潮漸漸回流。根據平衡計分卡的觀點，小藍之前是未注意到何項目標的表現？ (A) 內部流程目標 (B) 顧客目標 (C) 學習與成長目標 (D) 財務目標。

二、填充題

1. 控制三元素爲：＿＿＿＿、＿＿＿＿、＿＿＿＿。
2. 控制可依照哪幾種類型做區分：＿＿＿＿、＿＿＿＿、＿＿＿＿、＿＿＿＿、＿＿＿＿。
3. 常用之控制技術有：＿＿＿＿、＿＿＿＿、＿＿＿＿、＿＿＿＿。
4. 平衡計分卡之四大指標爲：＿＿＿＿、＿＿＿＿、＿＿＿＿、＿＿＿＿。
5. 請列舉三個財務預算：＿＿＿＿、＿＿＿＿、＿＿＿＿。

第 14 章

企業倫理與社會責任

學習重點

本章我們要來了解企業倫理與企業社會責任之內涵：

1. 四種不同道德原則
2. 企業內外部利害關係人為何與其影響
3. 何謂道德兩難
4. 管理道德之影響因素
5. 企業鼓勵道德行為之方法
6. 企業社會責任之類型與層次
7. 企業社會責任之正反面觀點

企業倫理

- 四種不同的道德原則
- 企業利害關係人
- 道德兩難
- 管理道德之影響因素
- 鼓勵道德行為的方法

企業社會責任

- 企業社會責任之類型
- 企業社會責任層次
- 企業社會責任之正反面觀點

14-1 企業倫理

倫理（Ethics）是指社會對於行爲對錯的準則與判斷，企業也有自身對於經營過程中的價值觀，稱之爲企業倫理（Business Ethics）。企業管理者在經營公司時，通常同一件議題會因爲企業管理者的道德原則不同，而有不一樣的決策。

例如：企業在面對獲利與生存的壓力下，有的企業爲求獲利而罔顧人權，而有的企業認爲不該以剝奪員工的權利與自由來獲利，因此就會產生不同的管理方式。以下我們將介紹四種不同的道德原則。

一、四種不同的道德原則

一般而言，道德原則可分成四種：功利原則（Utilitarian Approach）、權利原則（Moral Rights Approach）、正義原則（Justice Approach）與務實原則（Practical Approach）。圖 14-1 即說明了四種原則之概念。

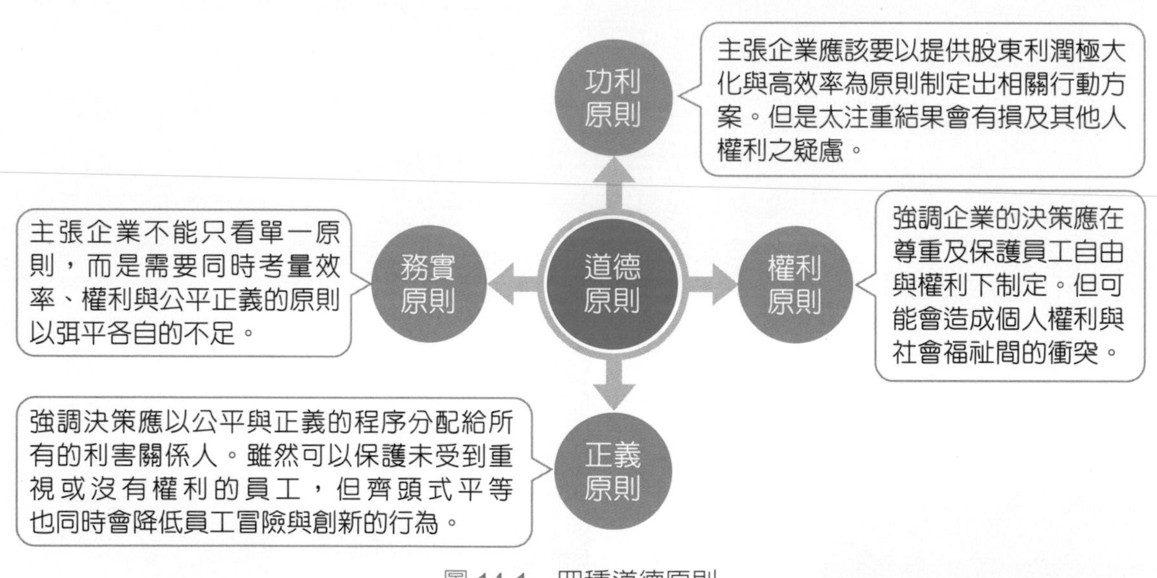

圖 14-1　四種道德原則

管理者在做決策時，個人權利觀點、社會福祉、正義觀點三者在利潤與效率的決策上經常產生衝突。以下將介紹「利害關係人」（Stakeholders）與「道德兩難」（Ethical Dilemmas）的問題。

管理者在做決策時，必須思考到所有利害關係人的福祉。爲了維護與利害關係人良好的關係，企業必須加強內部員工與管理者的道德觀以及對內外部的社會責任，達成組織永續經營的目標。

利害關係人可定義爲「任何一個會影響組織，或受組織行動、決策、政策、行爲與目標所影響的個人或團體」(Freeman, 1984)。利害關係人可分爲「企業內部利害關係人」與「企業外部利害關係人」，這些關係人與企業的決策有直接或間接的關係。

二、企業內部利害關係人

指在企業內部且可影響企業活動或決策的人或團體，可分爲「投資者」、「顧客」與「員工」，如表 14-1。

表 14-1　企業內部利害關係人

種類	涵義
投資者	投資者透過投資企業的股票，成為企業重要的利害關係人。企業透過權益融資獲取資金，好處是不需要償還本金，但相對的，企業的營運與獲利受到投資者們的監督，主控權會被稀釋。同時也必須給投資者合理的股利分配。如果企業表現無法使投資者獲利，投資者便有權抽走資金而造成企業在營運上的壓力。因此，企業必須要對這些信任他們的公司負責與誠實。
顧客	顧客是最直接影響企業獲利與生存的重要利害關係人。因此，現今的企業須致力於提供滿足顧客產品與服務，與顧客維持良好的關係。唯有顧客導向的決策與思考，企業才能永續經營，所以精確掌握顧客的需求變化成為現在的企業不可不注重的任務之一。
員工	過去的企業將員工視為附屬品，但根據現在的行銷觀點，員工就是內部顧客。因此，企業除了必須給予員工安全的工作環境、合理的薪資與升遷管道來滿足，也要設計有意義的工作給員工，讓員工感到工作的樂趣與成就感，同時需要進一步關心員工的工作情緒與職涯規劃，建立員工忠誠度。因為員工代表公司的形象與顧客的好感度。因此，企業能否透過良好的環境與制度留下合格的員工，是現今的企業要追求之重要議題之一。

三、企業外部利害關係人

指在企業外部且可影響企業活動或決策的人或團體，可分爲「政府機構」、「壓力團體」、「社會大衆」、「供應商」與「競爭者」等，如表 14-2。

表 14-2 企業外部利害關係人

種類	涵義
政府機構	政府各部門的政策通常對於企業營運有很大的影響，如經濟部、勞動部、環保署、消費者保護委員會等。故企業應定期的注意政府所公布之新政策並盡力配合。
壓力團體（Pressure Group）	指由一群具有相同利益的人組織成為團體，並對企業政策表達意見或施加壓力，如工會、環保團體、動保團體或人權組織等。這些團體會透過罷工、抗議或訴諸媒體等方式要求政府或企業採取某些符合特定族群利益之行動，因此企業應與其保持良好溝通與協調，才有利於整體營運。
社會大眾	企業在營運過程中對股東、社會大眾負責，做出符合大眾期許之行為與決策。如果傷害社會期待，將損害企業的形象，大眾自然不會繼續支持企業所推出的產品或服務。
供應商	企業在製造產品時需要供應商在原料或設備的提供，供應商的信用與品質會直接影響企業產品或服務的品質好壞。因此，企業須審慎選擇合作供應商。
競爭者	競爭者在市場上會與企業搶奪資源與瓜分顧客，企業須隨時注意競爭對手的產品與策略，才不會導致企業無法獲利，甚至無法生存。

以下以統一企業爲例，了解其可能的利害關係人有哪些以及企業爲維持彼此間的關係做了哪些溝通方案，如圖 14-2。

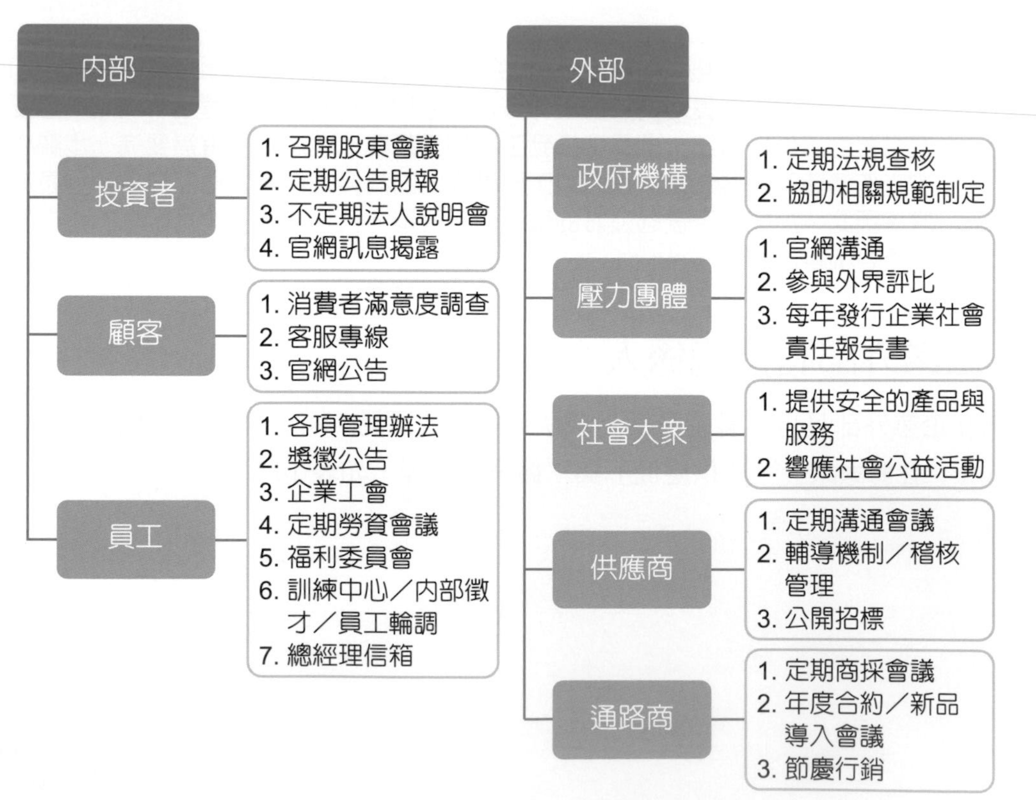

圖 14-2 企業利害關係人與溝通方案

資料來源：統一企業永續發展網站，2021 統一企業永續報告書。

利害關係人對企業有何正負面的影響？請試舉一例。

四、道德兩難（Ethical Dilemmas）

企業的管理者在面對決策時，通常會用個人的價值觀與道德標準做判斷，因此企業在面對這些決策時無法遵循絕對的標準。道德兩難意指個人或企業在面對不同的道德選擇下，而可能產生的利益衝突，如成本與環境保護或是人權等抉擇衝突。任何的決策對一方有利，但損害其他方的利益，如以低價產品提供給顧客的賣場，所犧牲的可能是背後員工的薪資與福利所換得的。因此，這也形成管理者在決策上的衝突，該如何在其中平衡，成為了管理者的一大挑戰。

管理動動腦

企業為何面臨道德兩難？請試舉一企業在面臨道德兩難時所選擇的處理方式。

五、管理道德之影響因素

前面有說明管理者在決策時通常會依照個人的價值觀與道德標準來進行。而管理者的道德觀是由哪些因素影響形成的呢？一般來說，管理者的道德行爲是由管理者「個人道德發展」、「個人特質」、「結構變數」、「組織文化」以及「事件強度」等因素互動所發展的結果。圖 14-3 即在說明管理道德的影響因素。

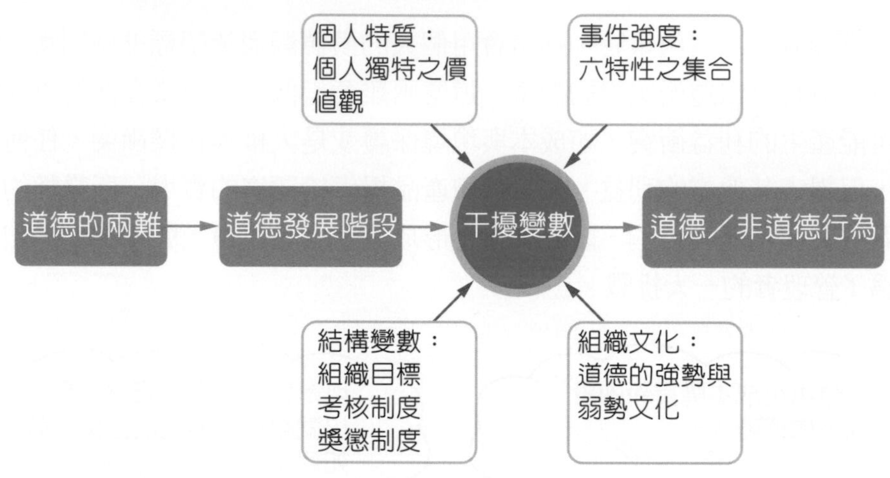

圖 14-3　管理道德之影響因素

資料來源：改編自林孟彥、林均妍（譯）（2011）。管理學 10 版（原作者：S.P. Robbins&Mary Coulter）。台北市：華泰文化。

1. 個人道德發展（Stage of Moral Development）

管理者的道德發展可停留在圖 14-4 任一階段。如果管理者的道德發展是停留在傳統階段，會參考同事的想法，而做出符合絕大多數人期望的決策；管理者如果是處在原則階段，則會以個人的價値觀爲標準，進而可能會挑戰組織原有的文化，甚至不被大家認同的決策。

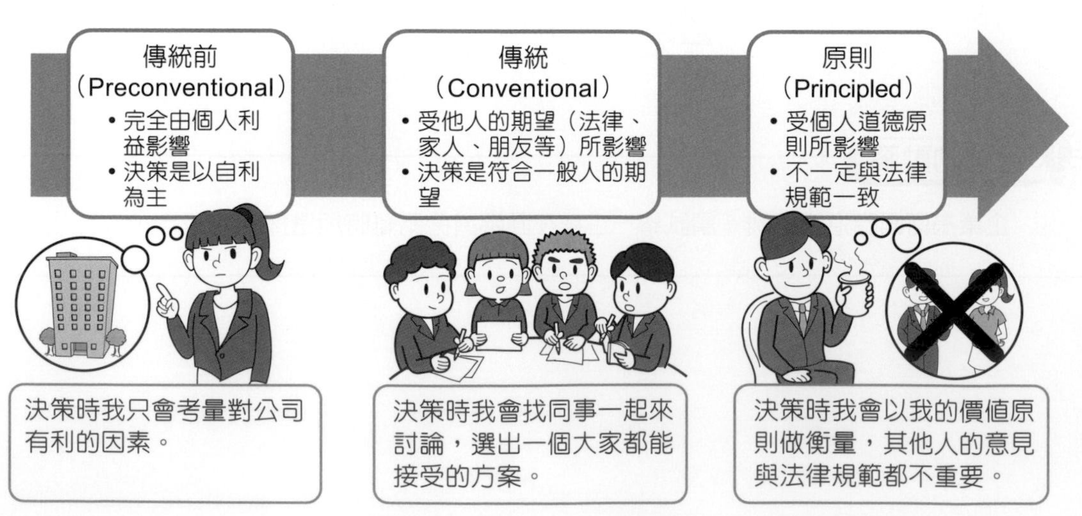

圖 14-4　個人道德發展階段

2. 個人特質（Individual Characteristics）

每位管理者在進入企業前，就有其獨特之個人特質與價值觀影響著行事風格。一般而言，有兩個變數會影響管理者人格特質：「自我意識的強度」（Ego Strength）與「內外控程度」（Locus of Control）。變數的意義，如圖 14-5。

一般而言，對事物信念強的人比信念弱的人較能保持信念，做事比較不容易受到他人影響。相同的，自我意識強較自我意識弱的管理者在決策上比較有一致的道德判斷與行為。

內外控程度

內外控程度是指一個人對於掌控自我命運的相信程度。內控程度高的人會認為命運是掌控在自己手裡，只要肯努力，成功就有機會；而外控論者則為宿命論，認為成功與否主要是外部因素決定，自己無法掌控。就道德觀而言，內控的管理者比外控的管理者有自己的道德標準，較會為自己的行事負責。

圖 14-5　個人特質之影響變數

3. 結構變數（Structural Variables）

組織在聘用員工時就可透過「工作說明書」與「道德規範書」來明確規定員工該遵守的道德行爲有哪些。組織的結構設計也可幫助及鼓勵員工形成道德行爲，像訂定明確的組織目標、獎懲制度與績效考核等都可以讓員工了解公司在道德行爲上的規範。

4. 組織文化（Organization's Culture）

組織文化的內容與強度也會影響道德行爲。一般而言，高道德文化的組織較有忍受風險、高度衝突、高度控制的文化。在這樣的組織中，管理鼓勵積極與創新，也較願意公開檢舉不道德的行爲。另外，強勢文化更能帶領管理者出現高道德標準，如果支持道德的文化屬於強勢文化，對管理者有相當正面的影響。

一件多年前著名案例安隆案，給予企業倫理道德惡化的最好警戒。安隆（Enron）公司爲美國前 7 大能源公司，其公司執行長雷（Ray）爲一己之私，不僅對外謊稱優良的績效，並同時指示下屬報假帳。甚至操弄電力，製造出缺電的危機以抬高電價。種種不道德之行爲讓公司執行長也因詐欺、背信等罪嫌，被判入監服刑。廣大投資人不但受到蒙蔽，更蒙受巨大的損失，股票一夜之間化成壁紙。

5. 事件強度（Issue Intensity）

每個事件不同的事件強度會影響管理者對其注重之程度，如果事件的強度與重要性較大，管理者會較容易表現出道德的行爲。而事件強度則由六個特性來決定。此六個特性，如圖 14-6。

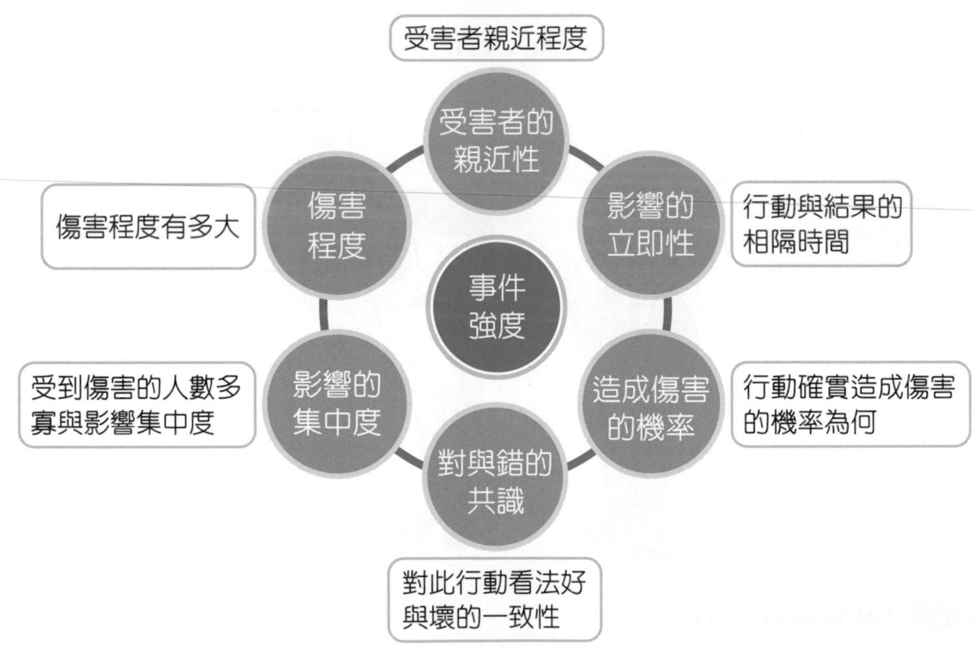

圖 14-6 事件強度對員工道德感的影響

六、鼓勵道德行為的方法

企業員工是否有表現出道德行爲關係著企業的形象。國內許多企業家認爲企業道德就是「誠信」兩字，經營企業要將中華思想中強調的道德概念融入，才是好的企業。

試想，如果企業的形象讓人感覺沒有誠信、非正派經營，消費者自然不願意捧場其產品與服務，進而影響公司獲利。如近幾年來，臺灣發生食安問題，導致企業最後退出相關市場。然而，道德行爲在組織的發展並非一蹴即成，也受員工本身的道德標準影響。因此，企業需要塑造整體的道德文化。圖 14-7 將介紹在組織中常用的方法與涵義。詳細的規範可參考時事講堂〈台灣水泥〉。

員工甄選	組織可透過背景調查、測驗與面談初步了解受試者的個人道德發展與價值觀來初步篩選合適的人選。但此種方法仍無法完全避免選到有道德瑕疵的員工。因此，組織最好能夠在之後配合後續所提的方法來建立員工道德行為。
建立規章	企業也可以透過事先建立明確的組織規章，並以書面呈現給員工。如道德規範書（Code of Ethics）。道德規範書是明確以文字記載企業的道德價值觀與企業對員工道德行為出現的期待。相對地，如果員工有違反規章就要接受懲罰。如台灣水泥公司就有明確的道德規範書說明員工該遵守之規範。如在外行為須樹立公司良好形象，或是員工不可利用其職位使自己及親屬獲得不當利益等。詳細的規範可參考時事講堂之說明。
教育訓練	企業員工訓練除了工作內容外，也應該多加入倫理訓練。不僅教導員工在工作中的道德行為為何，也需要教導員工在面臨利益迴避時該如何處理或相關法律責任問題。
以身作則	除了規章與訓練外，企業內建立出道德文化更是重要。而文化的形塑大多是來自於企業創辦者。因此，管理者須以身作則，表現出道德行為，才能引起上行下效。如果管理者本身都做出違反道德的事，就無法招募到有道德觀的員工。下屬也很容易出現違反道德的行為。＜大學＞裡面說「一家仁，一國興仁」，一個家庭的仁德之風，能夠帶動整個社會仁德風氣。所以管理者要帶領一個團體，一定是從自己修身做起，自然而然能治理企業。
績效評估	企業員工會出現不道德行為的主要原因是組織過度強調結果，導致員工只能一昧尋求績效，而不在乎過程中的行為。許多有業績壓力的產業如果沒有適時地告知員工相關該注意的道德標準，就會很容易讓員工出現不道德的行為，進而破壞公司的形象與聲譽。因此，組織如果希望員工在工作中可以維持道德標準與行為，就需要將結果與過程一併納入考績與升遷標準的衡量，才能有效預防不道德行為的出現。

圖 14-7　鼓勵道德行為之方法

時事講堂

誠信守則與道德規範聲明書—台灣水泥

台灣水泥在聘用新員工時，都會請員工簽屬一份《誠信守則與道德規範聲明書》。其內容共有 18 點，大概為以下幾個方向：

1. 個人利益迴避：如不得透過使用公司財產、資訊或藉由職務之便而意圖或獲取私利、不得內線交易、不得另謀途徑作為競爭對手或協助他人與公司競爭、不得收取餽贈回扣、對政黨與慈善團體捐獻不可從中交換條件等。
2. 與親友利益迴避：如不能利用職務使親友有不當利益、不得將所知悉之未公開資訊洩漏與他人以避免內線交易等。
3. 符合法規：不得有侵害智慧財產權之行為、執行業務時，應遵守法令規定及防範方案、產品與服務之研發、採購、製造、提供或銷售過程，應遵循相關法規與國際準則。
4. 保密協定：公司未公開資訊與顧客資訊不得透漏給競爭對手。
5. 保護利害關係人之權益與安全。

資料來源：台灣水泥網站。

影片連結

管理動動腦

根據前面所介紹的道德影響因素與鼓勵道德行為之方法，試討論是否有其它的方法可以協助員工在工作中表現誠信與道德行為。

14-2 企業社會責任

企業作為社會的一分子，應該要善盡社會責任，做到保護社會與回饋社會利益之責任。企業的責任不僅是追求股東利潤極大化，同時必須符合持續發展的願景，並對社會做出貢獻。但現在許多企業已將利潤的目標凌駕於道德之上。因此我們作為未來管理者，必須要了解企業社會責任，才能同時兼顧利益和企業社會責任。以下我們將介紹企業社會責任之類型與企業社會責任三層次。

一、企業社會責任之類型

企業既然有義務要執行社會責任，那就要盡到維護社會利益的責任。以下將根據美國喬治亞大學的卡爾洛教授（Archie B. Carroll, 1991）所提出的社會責任金字塔，介紹企業可執行的社會責任種類與其相關概念。可分爲「經濟責任」、「法律責任」、「道德責任」與「慈善責任」四種類型，如圖 14-8 與表 14-3。

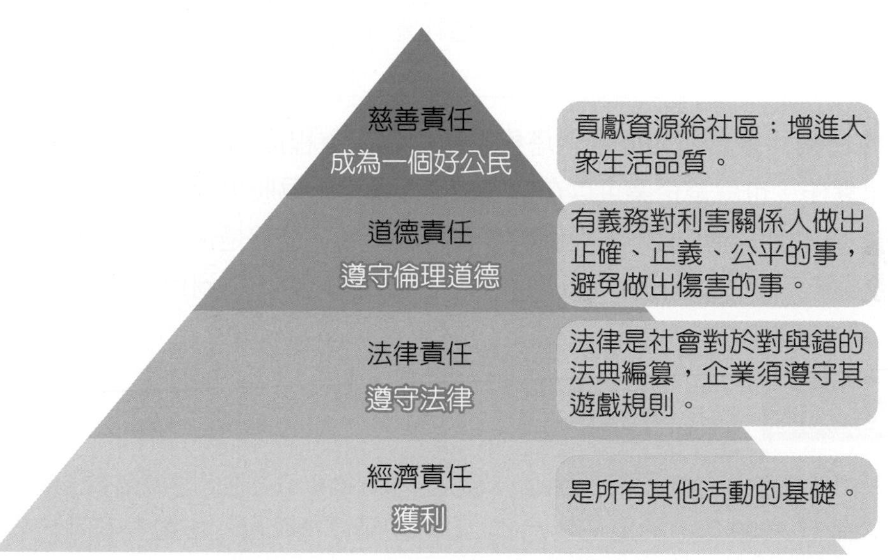

圖 14-8　企業社會責任之類型

資料來源：Archie B. Carroll （1991）. The Pyramid of Corporate Social Responsibility: Towardthe Morai Management of Organizational Stakeholders. *Business Horizons, 34*(4), P.42.

表 14-3　企業社會責任之類型與涵義

種類	涵義	實例
經濟責任（Economic Responsibilities）	意指企業在依據成本設立的價格下，提供具有價值且為顧客所需的商品及服務，且在過程中獲取合理的利潤報酬給股東與員工，是一企業最基本的責任。	對員工來說，企業的經濟責任就是給予穩定的薪資所得與工作環境；而對投資人而言，股票升值與股利就是企業的經濟責任。
法律責任（Legal Responsibilities）	企業的營運策略除了以獲利為目標，同時必須符合法律責任。但目前還是有許多主管或員工利用職務之便或經濟利益，而出現違法的問題。	隨著時代跟疫情，企業所面臨的法律責任會隨著更新。另外，隨著全球化的來臨，許多企業在尋求對外投資的時候，須進一步注意各國的法律規範，以免誤觸法網。最後在科技的進步與網路的普及下，企業也要特別注意著作權法與網路法規等相關的規章。

種類	涵義	實例
道德責任（Ethical Responsibilities）	要求企業的行為與政策要符合不同的利害關係人，如顧客、員工、股東與社會大衆的標準與期待。因為道德責任代表企業的形象。	目前許多企業開始注重環保，使用太陽能面板、或是推動回收與生態復育等。
慈善責任（Philanthropic Responsibilities）	企業自願在經濟、法律與道德責任外，自發性展現出增進社會福祉的貢獻。	企業參與社區活動、推動藝術或教育活動、長期贊助不同的公益團體等。

這四種企業社會責任如同金字塔模型所展現出有程度的分別，企業最基本需要達成經濟與法律責任。也就是企業可以在遵守法律規範下，爲股東賺取相對的報酬及給予員工的合理薪資；同時在合理價格下提供顧客服務與產品，這就是企業在社會上存在的義務。但現今的企業除了基本責任外，也開始努力主動回饋社會，盡到道德責任與慈善責任。

管理便利貼

近年來所流行的名詞 CSR、ESG 與 SDGs 是什麼概念？彼此之間又有什麼關係？

CSR 是在 1999 年，由時任聯合國（UN，United Nations）祕書長科菲．安南（Kofi Annan）所提出的概念，意思是企業社會責任（CSR，Corporate Social Responsibility）。根據世界企業永續發展協會（WBCSD，World Business Council For Sustainable Development）定義，這是一間企業貢獻經濟發展的同時，承諾遵守道德規範、改善員工及其家庭、當地整體社區與社會的生活品質。

ESG 則是由聯合國全球契約（UN Global Compact）於 2004 年首次提出，其概念是 3 個英文單字的縮寫，分別是環境保護（E，Environment）、社會責任（S，Social）和公司治理（G，Governance）。環境保護包含溫室氣體排放、水及污水管理、生物多樣性等環境污染防治與控制。社會責任有客戶福利、勞工關係、多樣化與共融等受到產業影響之利害關係人等面向。公司治理的構面則與商業倫理、競爭行為、供應鏈管理等與公司穩定度及聲譽相關。

ESG 近年來被視為評估企業對社會的貢獻，以及投資人檢視企業能否長期經營的投資指標。像是全球最大、掌管超過 1 兆美元（約新臺幣 28 兆元）資產的挪威主權財富基金（GPFG，Government Pension Fund of Norway），就設立道德委員會，定時審核企業的 ESG 標準，只要不及格即列為投資黑名單。臺灣實收資本額達 20 億元的上市櫃公司也被金管會要求必須編制和申報永續報告書，並列出企業投入 ESG 的相關說明。

SDGs 是聯合國所推行的永續發展目標（Sustainable Development Goals）的簡寫，共有 17 項目標。其前身是聯合國為了協助發展緩慢的國家脫離貧窮，於 2000 年發表的千禧年發展目標（MDGs，Millennium Development Goals），包括了消除貧窮、消除飢餓、性別平等、永續消費與生產模式等。

進一步比較三者之概念，CSR 與 ESG 的差別即在於 CSR 是永續經營的概念，ESG 則是提出進一步實踐 CSR 的原則，從環境、社會、公司經營評估一家企業的永續（Sustainability）發展衡量指標。ESG 為衡量一家企業經營的績效指標，也就是市場參照的投資標準；而 SDGs，則是列出更細節的準則，兩者密切結合時，將帶動企業高成長、創造更多社會福祉。

過去，企業經營只需要重視財務數據，追求股東利益最大化。如今，重視 CSR 與 ESG 概念的企業，除了擁有透明的財報，也包含穩定、低風險的營運模式，長久的表現也會相對穩健。

資料來源：經理人編輯部（2023），「ESG是什麼？投資關鍵字CSR、ESG、SDGs一次讀懂」，經理人雜誌。

二、企業社會責任層次

過去的古典管理學強調企業的責任只需爲股東謀取最大利益，導致後續許多企業爲追求目標，做出不少危害社會的事，如破壞環境、黑心食品或內線交易等消息時有所聞。於是後來有學者開始倡導企業的責任不僅是股東，更要將所有利害關係人與社會責任納入考量。因此有了對於企業社會責任不同的觀點出現。一般而言，企業社會責任依層次分可爲三種觀點，分別爲「社會義務」（Social Obligation）、「社會回應」（Social Responsiveness）與「社會責任」（Social Responsibility），如圖 14-9。

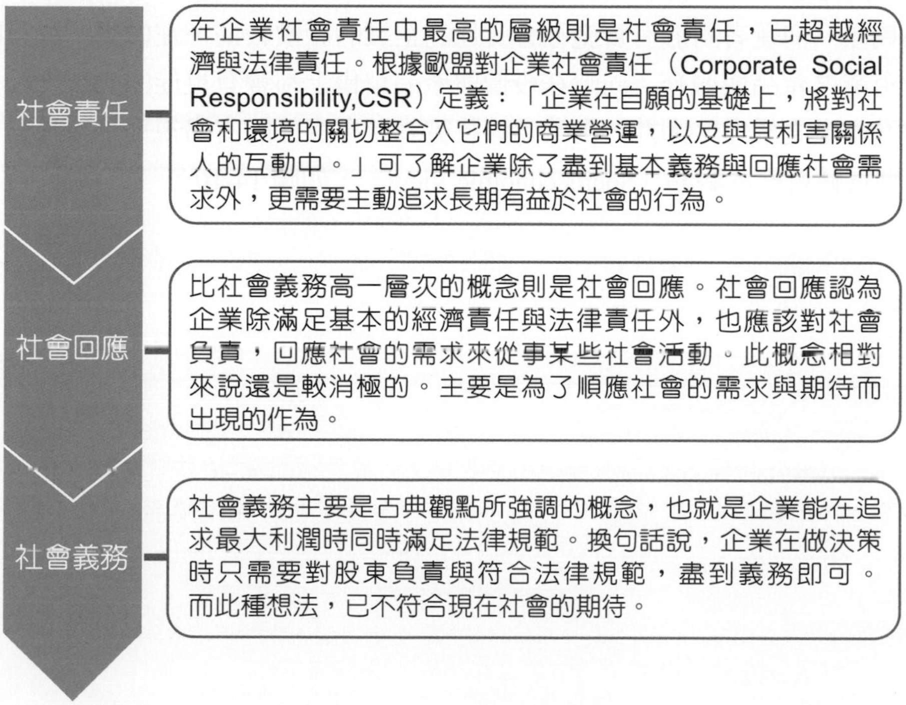

社會責任：在企業社會責任中最高的層級則是社會責任，已超越經濟與法律責任。根據歐盟對企業社會責任（Corporate Social Responsibility,CSR）定義：「企業在自願的基礎上，將對社會和環境的關切整合入它們的商業營運，以及與其利害關係人的互動中。」可了解企業除了盡到基本義務與回應社會需求外，更需要主動追求長期有益於社會的行為。

社會回應：比社會義務高一層次的概念則是社會回應。社會回應認為企業除滿足基本的經濟責任與法律責任外，也應該對社會負責，回應社會的需求來從事某些社會活動。此概念相對來說還是較消極的。主要是為了順應社會的需求與期待而出現的作為。

社會義務：社會義務主要是古典觀點所強調的概念，也就是企業能在追求最大利潤時同時滿足法律規範。換句話說，企業在做決策時只需要對股東負責與符合法律規範，盡到義務即可。而此種想法，已不符合現在社會的期待。

圖 14-9　企業社會責任三種層次

與社會責任比較，社會回應較被動也較短期，傾向社會有需求時才來滿足。而社會責任則是強調企業應積極主動做出長期有利於社會福祉的行動。

三、實施企業社會責任有幫助嗎？

從前述的說明可知道不同的公司有不同的社會責任觀點。這就引申出一個問題：「實施企業社會責任對企業到底好不好？」。這個問題過去許多學者有不同的看法，試圖透過研究了解企業實施社會責任與財務績效間的關係。

學者傅利德曼（Friedman）認爲企業承擔社會責任會增加額外成本，降低企業的財務績效，會阻礙企業主要目標之達成，也就是古典觀點（Classical View）之概念。但後來有許多學者卻推翻了這概念，他們的研究都指出，雖然實施社會責任對企業的利潤短期會呈現負向影響，但以長期而言，社會責任活動對財務績效有正向的影響。原因是企業的形象較佳，消費者對於有實施社會責任的企業的評價較高，在做購買決策時會優先考量這些企業之產品與服務；同時在股價與產品銷售上都會有更佳的表現，在長期來看反而可增進股東之權益。因此，企業應該將實施社會責任的支出視爲是可長期獲利的投資。此觀點爲社會經濟觀點（Socioeconomic View），如圖 14-10。

古典觀點

企業唯一的社會責任就是以股東利益極大化為考量。社會責任會增加成本、降低營收。

企業責任不只是為股東創造利潤，也需要為所有的利害關係人考量，增進社會福祉。長期反而可增加股東權益。

圖 14-10　兩種企業社會責任觀點

管理動動腦

社會義務、社會回應與社會責任間的差別為何？如果你是企業老闆，在利潤的考量下，你贊成上述何種企業社會責任？原因為何？

實踐社會責任新方式—剩料新品掀風潮

時尚業最新趨勢—讓多餘的東西變成限量商品

一般來說，在生產中為了保證產出數量，公司往往會採購多一點的原料。而這多出的一點原料往往最後只能囤積在倉庫裡，積少成多後成為品牌的倉存支出。但是生產廢料和滯銷品只是放錯了地方的寶藏，他們並不都是次等品，有可能只是在生產供應鏈上的某個環節出現問題，而造成大量庫存。在全球疫情的背景下，工廠的停工和線下門店的關閉，也會讓這種現象愈演愈烈。

以服裝為主要產品的時尚行業，相比其他產品領域，更加喜歡追求新鮮事物，每季都會有驚人數量的東西變成了過季商品，被新產品趕下了貨架，更不用提那些連產品都沒做成，還處於材料狀態的面料、紗線和輔料了。這樣的死庫存（Deadstock）成為了心頭大患。因此，一些決心要解決庫存浪費的問題之品牌與設計師，開始嘗試使用滯銷面料與材料去設計產品。用顧客似曾相識的材料，做出改頭換面的新商品。

2022 年 7 月，MUJI 無印良品開始發售「餘線」系列產品。所謂的餘線就是在生產中所留下多餘的線。MUJI 無印良品的餘線系列就是用上述概念下去設計，並以「獨一無二」與限量作為賣點。為怕二次染色會造成纖維組織的破壞，新商品保留了紗線原本的顏色，不做二次染色，而是改設計成 25 種配色繽紛，但是更多人穿的基本款式，如運動船襪、直角襪和短袖 T 恤以盡量銷售庫存。號召為限量款的意義，也是為了剩多少餘線做多少產品，不為供應數量而平添沒有必要的新庫存。

也許每種顏色剩餘的紗線都不是很多，但如果將這很多卷不同色的餘線搭配，原本在倉庫裡不見天日的一小卷線，如今卻能被發揮新的價值，以及被成百上千的顧客一同分享。

其他許多產品也是使用剩料再次製成，如 Longchamp 推出的限量包包系列 Le Pliage® Re-Play 就是用了做包包的剩料製成。一個手提包、一個單肩包和一個腰包組成了這個系列，每一款包包都用了兩種不同顏色的尼龍剩料，再搭配第三種顏色的俄羅斯皮革作為飾邊製作而成。LV 在去年也用庫存廢料和生態毛氈，推出了環保產品線 Felt Line，包含了三款帶有 LV 經典老花圖案的毛氈包包。

雕塑藝術家 Daniel Arsham 在 2022 年 6 月推出了倡導環保的新品牌—Objects IV Life。強調產品主要是採用滯銷面料製作，就連硬件也要全部用上可再生金屬。現代汽車集團也與時尚商店 L'Eclaireur、BOONTHESHOP 攜手，將廢棄的汽車製造件用於服裝中，最後提供 12 種環保可穿戴產品。

Burberry 在 2020 年也開始與英國時裝協會（BFC）合作，啟動了剩料捐贈計劃 ReBurberry，主動將生產過程中的剩餘面料捐贈給英國的服裝設計系學生。在 2022 年的最新公告中，Burberry 已經向 30 多家機構捐贈了總計 1.2 萬米的面料。

不同行業賦予了生產廢料和滯銷品新的生命

宜家（IKEA）在去年推出了一本食譜《The Scraps Book》，它的食材列表上全是剩餘食材和殘渣，經過 10 位大廚的精心設計後，這些原本要倒入垃圾桶的殘渣，變成了 50 道佳餚。

同樣，在家居用品領域，那些剩餘的邊角料，也可以通過設計，變成媲美藝術品的商品。設計工作室 GoodWaste 與英國高檔百貨 Selfridges 在 2021 合作推出了用商場內廢料設計的家居用品系列，包含了兩塊蠟燭、兩款檯燈和一個花瓶組成的五件套產品。製作材料為百貨臨時攤位用鋼板。這些鋼板被改造成檯燈的燈罩，燈光會因為鋼板的孔洞形成有趣的投影。

另外，德國一間西班牙工作室從德國墓碑製造商回收廢棄的石頭，並在石頭上挖出一個個圓孔，讓它們看起來不僅僅是張桌子，還是可擺放在空間中的藝術品，也成功進入米蘭設計週成為展覽品。

從顧客的角度，可以透過原料的再生獲得到較便宜且獨一無二的產品，而這些優質原料也能被物盡其用，有更多機會進入生產鏈變成產品造福大眾。而以企業的角度來看，將剩料再次利用不僅可將庫存支出減少並增加新產品的收入，且可主動實踐企業社會責任，獲得顧客長期的信賴。

資料來源：吳淇（2022），「滯銷品、剩料變『限量商品』！ MUJI、IKEA 為何都搶著做？」，商業週刊。

重點摘要

1. 四種不同的道德原則：道德原則可分成四種，功利原則、權利原則、正義原則與務實原則。

2. 企業內部利害關係人：

內部利害關係人
- 企業內部且可影響企業活動或決策的人或團體
- 可分為「投資者」、「顧客」與「員工」

外部利害關係人
- 企業外部且可影響企業活動或決策的人或團體
- 可分為「政府機構」、「壓力團體」、「社會大衆」、「供應商」與「競爭者」

3. 道德兩難：個人受到自身利益影響。企業則受到內外部的利害關係人、成本與環境保護或是人權影響。

4. 管理道德之影響因素：管理的道德行爲，是由管理者「個人道德發展」、「個人特質」、「結構變數」、「組織文化」以及「事件強度」等因素互動發展的結果。

(1) 個人道德發展：

傳統前（Preconventional）
- 完全由個人利益影響
- 決策是以自利為主

傳統（Conventional）
- 受他人的期望（法律、家人、朋友等）所影響
- 決策是符合一般人的期望

原則（Principled）
- 受個人道德原則所影響
- 不一定與法律規範一致

(2) 個人特質：每位管理者在進入企業前，就有其獨特之個人特質與價值觀影響著行事風格。一般而言，有兩個變數會影響管理者人格特質：自我意識的強度與內外控程度。

(3) 結構變數：組織的結構設計可幫助及鼓勵員工形成道德行爲，如訂定明確的組織目標、訂定獎懲制度、訂定績效考核。

(4) 組織文化：高道德文化的組織較可以忍受風險、有高度控制與忍受高度衝突的文化。而這樣的組織在管理鼓勵積極與創新，也較願意公開檢舉不道德的行爲。另外，強勢文化較弱勢文化更能帶領管理者出現高道德標準。

(5) 事件強度：如果事件的強度與重要性較大，管理者會較容易表現出道德的行爲。事件強度由六個特性來決定，分別爲受害者的親近性、影響的立即性、造成傷害的機率、對與錯的共識、影響的集中度、傷害程度。

5. 鼓勵道德行爲的方法：員工甄選、建立規章、教育訓練、以身作則、績效評估。
6. 企業社會責任之類型：可分爲「經濟責任」、「法律責任」、「道德責任」與「慈善責任」四種類型。
7. 企業社會責任層次：依層次可分爲三種觀點，分別爲社會義務、社會回應與社會責任。
8. 實施企業社會責任有幫助嗎？

(1) 古典觀點：企業唯一的社會責任，就是以股東利益極大化做爲考量。

(2) 社會經濟觀點：企業責任不只爲股東創造利潤，也需爲所有的利害關係人考量，增進社會福祉。

本章習題

一、選擇題

( ) 1. 下列何者非企業的內部利害關係人？ (A) 員工 (B) 供應商 (C) 投資者 (D) 顧客。

( ) 2. 由於最近全臺雞蛋缺貨且品質良莠不齊，欣欣所開的小吃店索性暫停提供所有關於雞蛋的產品，請問這是受到下列何者影響？ (A) 內部利害關係人 (B) 內部直接關係人 (C) 外部利害關係人 (D) 外部直接關係人。

( ) 3. 有四位同學在討論企業是否該實施社會責任時，以下的說明何者為非？ (A) 小靜：「以古典觀點來看，實施社會責任是無用的，只會降低公司的財務績效。」 (B) 小武：「社會經濟觀點認為實施社會責任是增高公司的成本。」 (C) 小芊：「消費者對於有實施社會責任的企業的評價較高。」 (D) 小安：「社會經濟觀點認為實施社會責任有助於股東的長期權益。」

( ) 4. 下列何者為道德的定義？ (A) 法律條文 (B) 學校所教導的行為 (C) 法律及道德發展的原則 (D) 行為對與錯的準則、價值觀及信念。

( ) 5. 古典觀點認為企業唯一的社會責任為何？ (A) 嚴格符合政府法律規範 (B) 為股東追求利潤最大化 (C) 為所有利害關係人追求利潤最大化 (D) 回應社會的需求。

( ) 6. 李先生半年前開了間臭豆腐店，由於口味特殊，每天門庭若市，但最近收到環保局的罰單，有鄰居舉發其臭味薰天，並限令期間改善。而後李先生則加裝多臺抽煙機以處理此問題。請問李先生的行為符合何種企業社會責任類型？ (A) 法律責任 (B) 道德責任 (C) 慈善責任 (D) 經濟責任。

( ) 7. 台積電主動將環保概念及綠色建材納入公司設計，成為臺灣第一家獲頒綠色工廠標章的企業，請問這是企業執行何種企業社會責任層次？ (A) 社會義務 (B) 社會回應 (C) 社會責任 (D) 社會需求。

( ) 8. 下列有關於企業社會責任的觀點何者正確？ (A) 企業給予顧客便宜價格的商品與服務是經濟責任的表現 (B) 企業使用再生紙是法律責任的表現 (C) 企業幫助股東獲利是道德責任之表現 (D) 企業贊助公益團體為慈善責任的表現。

( ) 9. 美體小舖（The Body Shop）堅持做對社會有益的事情，不僅強調他們的產品不做動物測試，更主動積極地投入社會議題，包括保護雨林、拯救鯨魚、保護人權、反對使用氟氯碳化物以保護臭氧層，請問這是何種企業社會責任層次？ (A) 社會責任 (B) 社會義務 (C) 社會回應 (D) 社會需求。

(　　) 10. Ryan 爲一企業管理者，最近想整頓一下公司的文化並鼓勵員工展現出道德的行爲，以下何者並非可使用之方式？　(A) 提供教育訓練　(B) 心理測驗　(C) 將道德行爲列入績效評估　(D) 建立明確之規章。

(　　) 11. 下列有關企業社會責任的敘述何者爲非？　(A) 社會責任主要有兩種觀點，一種是古典觀點，另一種是新古典觀點　(B) 社會責任的古典觀點認爲，追求最大的利潤是管理者唯一的社會責任　(C) 公司爲了回應社會的某種重要需求，而做出某些社會活動，稱爲社會回應　(D) 社會義務是指企業有義務滿足特定的經濟與法律責任，因此必須從事某些社會行爲。

(　　) 12. 員工的道德行爲可能受到外部情境因素的影響，以下哪種情況最可能導致員工出現不道德的行爲？　(A) 公司有制訂道德規範書時　(B) 公司道德文化爲強勢文化時　(C) 行爲後果的影響很小時　(D) 高階主管從未有任何不道德的行爲時。

(　　) 13.《孟子 ‧ 告子上》：「仁義禮智，非由外鑠我也，我固有之也，弗思耳矣。」意思是，道德是內在而本有，不是外在給予的。《孟子：盡心上》也指出「君子所性，仁義禮智根於心。」意思是，人的本心是道德根源。根據以上的敘述，可推測孟子認爲影響管理道德的因素爲__________。　(A) 組織文化　(B) 個人特質　(C) 結構變數　(D) 事件強度。

(　　) 14. 小文在訓練自家員工時說了一段話：「從小我媽媽就跟我說情願自己吃虧，也不要做出傷害別人的事。我也贊成這樣的想法，所以在追求公司利潤時也堅持不做出損害其他利害關係人的事情。希望你們也能遵守這樣的概念來做事」，請問小文在個人道德發展的何種階段？　(A) 傳統前　(B) 傳統　(C) 傳統後　(D) 原則。

(　　) 15. 事件強度會對於組織成員道德感造成影響，下列選項何者爲非？　(A) 預計行動對於造成傷害的機率愈高，成員愈不容易出現非道德的行爲　(B) 預計行爲導致的受害者愈親近，成員愈不容易出現非道德的行爲　(C) 預計行爲影響的立即性愈低，成員愈不容易出現非道德的行爲　(D) 預計行動影響的集中度愈高，成員愈不容易出現非道德的行爲。

(　　) 16. 大正爲一基金會負責人，他利用職權之便將部分善款移轉至個人戶頭，請問這是違反何種企業社會責任？　(A) 經濟責任與道德責任　(B) 法律責任與經濟責任　(C) 慈善責任與經濟責任　(D) 道德責任與法律責任。

(　　) 17. 小簡所開的公司在經營上從不違法，但也不主動投資於慈善或社會公益事務，請問這是符合何種社會責任？　(A) 社會義務　(B) 社會需求　(C) 社會回應　(D) 社會責任。

(　　) 18. 員工在企業中決定要做道德或非道德行爲時，會受到「組織文化」所影響，請問下面敘述何者錯誤？ (A) 弱勢文化相較於強勢文化，對員工的道德表現有較大的影響力 (B) 一個具高風險承受度、高控制度與高衝突承受度的組織文化，會鼓勵較高的道德標準 (C) 管理者的行爲會影響員工是否有道德表現 (D) 若組織支持高道德標準，則它對員工的道德行爲就有很大的正面影響。

(　　) 19. 一個人會做出道德或非道德行爲，其中會受到此人的「個人特質」所影響，請問下面敘述何者錯誤？ (A) 價值觀代表我們對是非的基本信念，會影響個人的道德判斷 (B) 自我意識強度是指個人信念的強度，意識強的人比較能拒絕不道德的行爲發生 (C) 內外控程度是指一個人對「人們可以主宰自己命運」的相信程度 (D) 外控者和內控者相比，較會按照自己的行爲標準行事，並且比較會爲自己的行爲負責。

(　　) 20. 下列何者爲道德兩難可能發生的情況？ (A) 食品業老闆要求員工將到期產品到期日往後延一個月並重新打印，爲保住工作她只能照做 (B) 減重診所老闆爲了希望快速打出口碑，想引進目前尚未核准但效果良好的減重藥品，卻又擔心病人吃了之後會傷身，有不良的影響 (C) 麵包店的老闆最近想要使用價格昂貴、品質優良的原料製作麵包，但擔心老顧客無法接受較高的價格，正在猶豫不決 (D) 面板公司老闆爲了改革，特地從另一公司挖角其重要幹部來公司做總經理，但卻又擔心公司老員工無法接受空降人員而有反彈。

二、填充題

1. 四種道德原則爲__________、__________、__________、__________。
2. 企業社會責任之類型爲__________、__________、__________、__________。
3. 企業社會責任三層次爲__________、__________、__________。
4. 請任舉出四個企業外部利害關係人：__________、__________、__________、__________。
5. 請任寫出三個企業鼓勵道德行爲之方法：__________、__________、__________。

第 15 章

管理挑戰與新趨勢探索

學習重點

本章我們要來了解管理所面臨到的挑戰與因應，以及管理思想之發展與未來趨勢：

1. 管理之挑戰與因應
2. 管理思想發展與未來趨勢探索

管理之挑戰與因應

- 全球化時代來臨
- 資訊科技之衝擊
- 面臨不確定的內外在環境
- 因應不確定時代的管理

管理思想發展與未來趨勢探索

- 管理思想之發展
- 未來管理趨勢探索

15-1 管理之挑戰與因應

管理和時代的社會背景與環境條件變遷息息相關，加上現今國際間互動緊緊聯繫，企業不斷地面臨無法預知的內、外在管理環境。為了因應未來管理上的許多挑戰，管理者如何應對與配合，成為未來的一大難題。

一、全球化時代來臨

全球化是世界經濟體制變成單一且彼此相依的過程，它讓國與國的界線愈來愈模糊。無疆界組織、多文化員工、全球性外包、多國企業等國際組織不斷的出現，對管理者而言，也會遇到愈來愈多不同的挑戰。

（一）無疆界組織（Boundaryless Organization）

美國通用電氣公司前任董事會主席傑克·韋爾奇（Jack Welch）首先使用了無疆界組織這一術語。他認為在未來動態的環境中，公司必須打破公司與客戶和供應商之間存在的外部邊界障礙、不同的部門間能自由溝通、工作及工作程式和進程完全透明，以達到更有效的經營及保持靈活化。為此，無疆界組織力圖取消指揮鏈，保持合適的管理幅度，以授權的團隊取代部門。

一般而言，無疆界組織主要是要突破四種疆界，如圖 15-1：

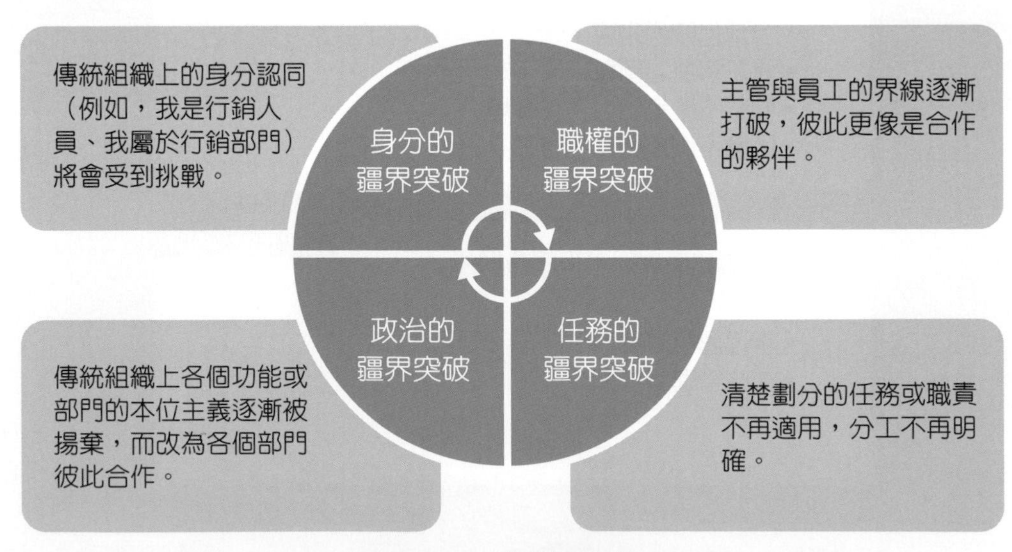

圖 15-1　無疆界組織

總之，無疆界組織鼓勵員工改變「自掃門前雪」的工作態度，提升對團隊的責任感。員工不應侷限於身邊的工作，只需專注在整個組織的最佳利益上，公司因此有簡化工作職務之需要。

（二）跨文化管理

又稱爲「交叉文化管理（Cross Cultural Management）」，是指在全球化經營中，母公司包容子公司所在國的不同文化，並創造出企業獨特的文化，從而形成有效的管理過程。其目的在不同形態的文化氛圍中，設計出切實可行的組織結構和管理機制，在管理過程中尋找超越文化衝突的企業目標，以維繫具有不同文化背景的員工共同的行爲準則，從而最大限度地控制和利用企業的潛力與價值。下面時事講堂即說明了三星電子在中國所採取的跨文化管理。

時事講堂

三星電子（SAMSUNG）在中國的跨文化管理

三星為了讓中國員工為公司效忠，進行卓有成效的跨文化培訓。除了比較、學習中韓文化的差異和三星的企業文化外，公司經常選派中國員工到韓國總部學習、進修；同時總部經常選派高層視察指導，給中國員工上跨文化的培訓課；為吸納富於智慧、勇於挑戰、開拓進取的創新型人才，還設立研發基地三星電子中國通信研究所及博士後工作站，與清華大學、北京郵電大學簽署共同培養博士後的協議，在多所大學設立三星獎學金，為三星人才體系提供了強有力的保障。

人才本土化戰略為三星注入更多的新鮮元素，更好地瞭解中國人的消費習慣及中國市場的需求。為更方便地開拓中國市場，三星成立「三星中國社會公益團」，組織開展各項公益活動，從而提升三星在消費者心目中親和的形象。另外，三星精心設計國內外的行銷策略及行銷管道。除了常規的媒體廣告宣傳外，三星專門設置體育行銷部門。不但贊助 1988 年漢城奧運會、1996 年亞特蘭大奧運會期間的亞特蘭大展示會、1998 年長野冬季奧運會，並在 1999 年加入奧林匹克 TOP 計畫（The Olympic Plan，全球贊助商計畫），之後又贊助 2000 年及以後各屆夏、冬季奧運會。

影片連結

資料來源：百度文庫〈三星電子的跨文化管理分析〉。

（三）全球性外包

在全球化的經濟當中，供應商不只限於目前國家的疆域。全球性外包的方式不僅會讓全球的員工與工作機會重新洗牌，也代表企業會與不同國家的供應商發展跨文化的關係。例如：蘋果電腦主要是品牌商，而產品與零件製造部份則做全球性外包，其產品的供應商遍及全球各地。

圖 15-2 即說明了美國特斯拉（Tesla）電動車大廠供應鏈市場在全球外包的情況，目前以臺灣與中國爲主要供應商。

- 觸控面板（臺灣、中國）
- 中控螢幕（臺灣、中國）
- 車載鏡頭（臺灣）
- 感測器封裝（臺灣）
- 中控電腦系統（臺灣）
- 影像傳輸晶片（臺灣）

- 繼電器相關產品（臺灣）
- 充電系統服務（臺灣、中國）
- DC轉換器（臺灣、中國）
- 地圖（美國、中國）
- 自動駕駛系統（美國、中國）

- 鋁圈／輪胎（臺灣）
- LED車燈（臺灣）
- 螺絲（臺灣）

- 馬達（臺灣）
- 電池相關構件與管理系統（臺灣、中國、日本、韓國）
- 電器配套（中國）
- 熱管理系統（中國）
- 齒輪／傳動零組件（臺灣）
- 螺絲（臺灣）
- 空調系統 （中國）

圖 15-2　特斯拉全球關鍵零組件供應鏈

（四）全球市場行銷

企業力圖將產品或企業品牌行銷全球的市場，但各國在文化、人口屬性與政治、文化等都有差異。如企業在中國市場的行銷有許多法律的限制；而在其他亞洲或歐美市場時所面臨的問題也有不同之處。有效的產品或行銷策略應該因應各國市場的特性做調整。例如：許多化妝品廣告在亞州國家就使用亞洲模特兒做代言；在歐美市場則改用歐美模特兒做主軸，強調其功能與不同地區的結合。或是速食業龍頭麥當勞也會根據不同地區運用當地的食材與特色做出不同的行銷廣告與活動。

（五）全球營運與風險掌控

企業在經營的過程中要承擔不同的風險，尤其是在營運全球化後，市場呈現多樣性，加上廠商面臨更多的競爭者，原先本國有的競爭優勢可能會因爲全球化的開放而消失，成爲一大營運的風險。另外，不同國家的政治情勢、法律保障與匯率變動的風險也成爲跨國企業的重要管理議題。例如：由於中國大陸在智慧財產權上的保障不足，導致許多臺商企業去到中國大陸都面臨被仿冒的風險；或是之前歐債風暴造成匯差影響了國內許多科技廠的獲利。

二、資訊科技之衝擊

（一）網際網路與電子企業的發達

現今網際網路的發達，改變了企業疆界的劃分與營運的方式。就算沒有實體店面，個人也可以自成企業，創造許多全新的事業與經營模式。另外，工作效率與資訊的取得大幅成長，也大幅降低管理的成本。再來，消費者可以不限地點與時間購買想要的產品或服務，創造新的管理模式。管理者只要事先在網站上設定自動化，隨時隨地可瞭解銷售情況與進行管理，形成管理機器來代替管理員工的新現象。

（二）虛擬組織的產生

過去的組織是擁有有形實體的店面，而現今組織的定義是個創造價值的「系統」，不一定需要實體的店面，也可以是一種虛擬的組織。虛擬組織是一種網絡組織，只需要培養核心能力，其餘的部分可使用外包或策略聯盟之方式來取得外部資源，且只保留自己能勝任的組織活動。當所有的任務活動都被外包，則企業擁有的是一個虛擬組織。故虛擬組織的管理要不同於傳統組織之管理，如何協調與統籌內外部資源是管理者必須要面臨的重要議題。

例如前面所提過的特斯拉（Tesla）電動車就是專注在品牌經營與組裝部分，關鍵零組件幾乎都是由臺灣與中國等供應商製造，尤其是近幾年臺商供應鏈就佔車體 75% 零組件的生產製造。另外，耐吉（Nike）本身的核心事業爲產品設計與廣告，其餘製造的部份是交給其餘國家之代工廠，除了知名的臺灣寶成工業（Pou Chen）外，其他的供應商也包含印尼 PT Pan Brothers、以色列的 Delta Galil 工業公司與香港的 Eagle Nice，如圖 15-3。

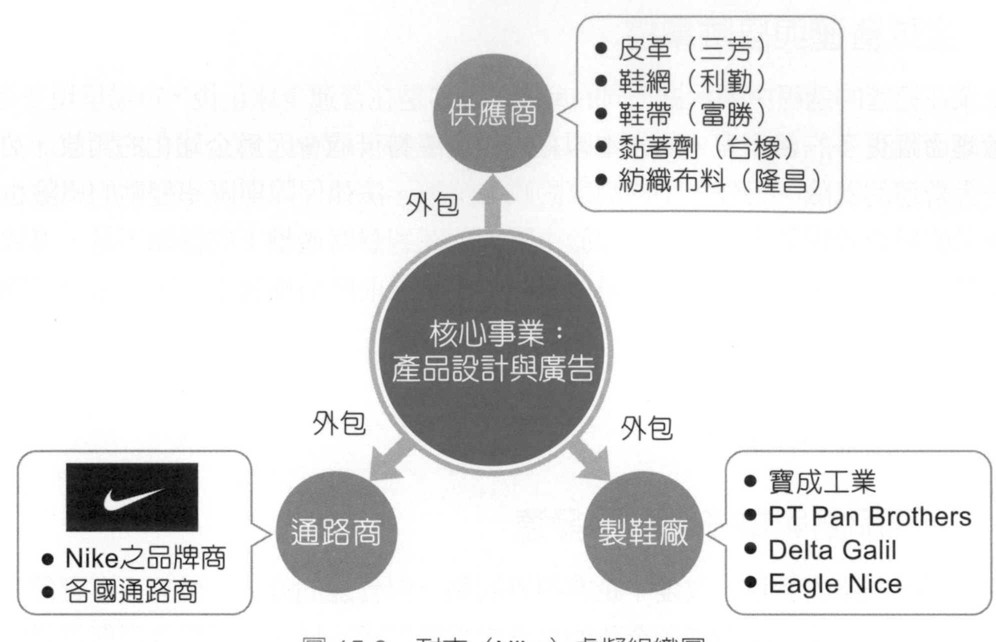

圖 15-3　耐吉（Nike）虛擬組織圖

（三）雲端科技

雲端科技（Cloud Technology）是一種基於網際網路的運算方式。可按照需求，即時提供電腦和其他裝置共享的軟硬體資源、訊息，以達成規模經濟。如臉書（Facebook）與 Line 即是利用雲端科技做資料分享與即時通訊的成功企業，對於管理者而言，管理的資訊與方式也可透過雲端科技來做更快速與有效率的分享與溝通，甚至是形成雲端辦公室（OA Cloud）。

雲端辦公室是以私有雲爲基礎，讓使用者把重要機密及與特定對象分享的檔案放置在雲端。其他相關使用者即使電腦裡沒有安裝讀取檔案的特定軟體，只需透過各種瀏覽器即可開啓、存取與編輯檔案。其功能通常包括電子郵件、即時訊息、協作入口網站及會議功能在內的自助式服務。目的是提升整體企業更高的生產力及競爭力。因此，除了使用者個人的工作需求外，使用者間的協同合作需求，更是雲端辦公室的獨有特色。

管理者不再受限於實體，只要透過網際網路，就能隨時隨地存取工作所需的文件與應用程式的雲端辦公室，正在改寫辦公室的概念與定義，不僅是個人工作的形態將得以改變，團隊溝通及協同的工作方式，也勢必會跟著改變。

（四）手持設備的日新月異

隨著手機等手持設備在近五十年中不斷的進化，組織的聯絡與溝通形式變得更有彈性。管理者即使不在辦公室內，都可以透過不同手持裝置來了解公司內的消息，更可隨時利用裝置進行各部門的會議與溝通，讓管理者有更多的選擇來做管理的活動。

管理便利貼 AI 在企業管理之應用

人工智慧（AI）已經成為許多企業管理的重要工具，可以幫助企業更好地理解數據、優化流程、提高效率和品質。以下是 AI 與企業管理相關的幾個方面：

1. 數據分析與決策支持：AI 可以分析大量數據，找到數據背後的規律和趨勢，並給出相應的建議。這可以幫助企業做出更準確、更明智的決策，從而提高業務效益。
2. 流程優化與自動化：AI 可以自動執行重複、耗時、複雜的任務，從而減少人力資源的浪費和錯誤率。這可以使企業更快地響應市場變化，提高生產效率和品質。
3. 客戶服務與體驗：AI 可以幫助企業提供更智能、更便捷的客戶服務。例如：智能客服可以自動回答一些常見問題，人臉識別可以快速識別顧客身份，智能推薦可以為顧客提供更符合他們興趣和需求的產品或服務。
4. 人力資源管理：AI 可以幫助企業更好地管理員工。例如：智能招聘可以通過自動篩選簡歷和面試，快速找到符合崗位要求的人才；智能培訓可以根據員工的學習歷史和能力，提供個性化的培訓計劃等。

總之，AI 技術可以幫助企業在各個方面提高效率和品質，從而提升競爭力和市場地位。但是，AI 也需要謹慎使用，避免對人類社會和環境造成不良影響。

三、面臨不確定的內外在環境

企業同時也會面臨內外在不確定的環境，表 15-1 即說明不同的環境挑戰。

表 15-1　企業面臨之內外環境的挑戰

類型	說明
政治環境	管理者未來會碰到的是極度混亂的政治環境，且國家對於企業的要求會愈來愈多。
法律環境	未來的法律環境有可能會透過更多的法律制定，來強迫企業負擔起他們的社會責任。
經濟環境	遲滯的經濟成長與金融大海嘯，以及金融市場的不確定性。

類型	說明
文化環境	未來的顧客需求會愈傾向客製化來代替單一產品服務。另外，由於社會文化自主意識的擴張，員工在工作上的追求除了金錢，開始會要求更多的自主權與成就感等。
科技環境	未來電腦的發展會更發達，網路科技變化與手持裝置改變更加快速，會使管理的方式與效率大大的不同。
人力環境	目前的教育環境面臨學歷同質化，造成員工的素質來源較無學歷的標準與專業度可參考。另外由於少子化的趨勢，未來勞工勢必會有斷層，企業將會面臨勞動力老化與短缺的問題。
市場環境	市場需求與競爭對手日新月異，未來企業要如何不變成破壞式創新的犧牲者，預測能力及持續發展內部優勢都是一大挑戰。

四、因應不確定時代的管理

上述說明許多未來企業在管理上會面臨到的內、外部挑戰，在這樣的變動與不可預測之環境下，企業不可只再用傳統的「效率」與「穩定」作爲管理的目的。而是要更進一步追求「創意」、「應變」與「整合」。依據蔣台程等人（2003）的說明，未來管理的發展將因應環境挑戰而朝向下列五點，如表 15-2：

表 15-2　因應不確定時代的管理所需之行動

項目	說明	例子
發展核心能力	企業未來應該要尋求、創造與發揮自身優勢，並專精提升於核心能力，使其難以替代、模仿。	鏡頭製造商大立光，將高階鏡頭的技術做到無可替代，因此全世界需要高階鏡頭都只能向它下訂單。加上科技環境的進步，甚至蟬聯兩年的股王，股價一度高達 1000 多塊。
建立模擬化的自主團隊	由於外在環境的快速變化，企業未來需要以自主性與彈性極高的團隊代替傳統的層級與部門化結構。團隊本身就是獨立的事業體，成員是配合任務產生，團隊本身要自行開發業務並負責。團隊的有效運作不是像過去靠權威與命令，而是靠團隊精神。	谷歌（Google）允許員工在公司內部自主創業。在這期間，公司不僅會提供一些基本服務，而且在兩年時間內，不要求該團隊向任何人彙報，自行擔負全責。
讓顧客參與產品開發程序	產品或服務最重要是要迎合消費者的口味與喜好，才能夠受到顧客的歡迎。故企業在設計或生產新產品前，可讓顧客參與產品開發之程序作為參考。	餐飲業在新餐點推出前做市調、試吃活動、焦點訪談等讓客戶參與和提供意見。

項目	說明	例子
加強整合機制	包含了凝聚員工的願景，形成努力的共同方向。再者，企業要加強塑造其獨特文化，並將此文化傳達給組織成員，建立組織成員內的共同價值與行為規範。	企業定期召開員工激勵大會、新進員工教育訓練。
賦權（Empowerment）	授予員工權力，使其更自主的執行工作。現今極度全球化競爭下，為了要快速回應顧客的需求與增加彈性，賦權成為一種必要的趨勢。	公司明令業務在與客戶協商價格時，有 10% 的折扣可不經過報備，即可給予客戶以爭取即時訂單。

管理動動腦

科技發展的快速在管理上有無缺點？

15-2 管理思想發展與未來趨勢探索

管理的思想與理論現今發展已進入成熟的階段，各學科、行業都充滿了管理的概念。但在經濟學當道的時代，管理由於科學的研究與支持不足，不被承認是個理論，甚至被看不起。直到 1886 年 5 月耶魯鎖製造公司的共同創辦人亨利 ‧ 湯恩（Henry R. Towne）發表一場關於「工作管理」的演講，強調應將管理視爲一套可研究並加以改善的實務，喚起初步的管理曙光；而後彼得 ‧ 杜拉克（Peter Drucker）正式將管理形成結合「思考」、「理論」與「實踐」的一門學科，同時強調企業管理的社會責任與倫理，帶給後世很大的影響。管理大師湯姆 ‧ 畢德士（Tom Peters）曾說：「彼得 ‧ 杜拉克是現代管理學的創造者、發明者；他一生的傳奇，就是管理學的發展史。」以下將簡略說明管理思想的發展與重點，最後則探討未來管理的趨勢。

一、管理思想之發展

在第三章中說明管理學派的演進脈絡，而此章整理管理思想的大方向。基本上，管理思想從 1880 年代至今，大致可劃分爲四個階段，並在下文詳述，如圖 15-4。

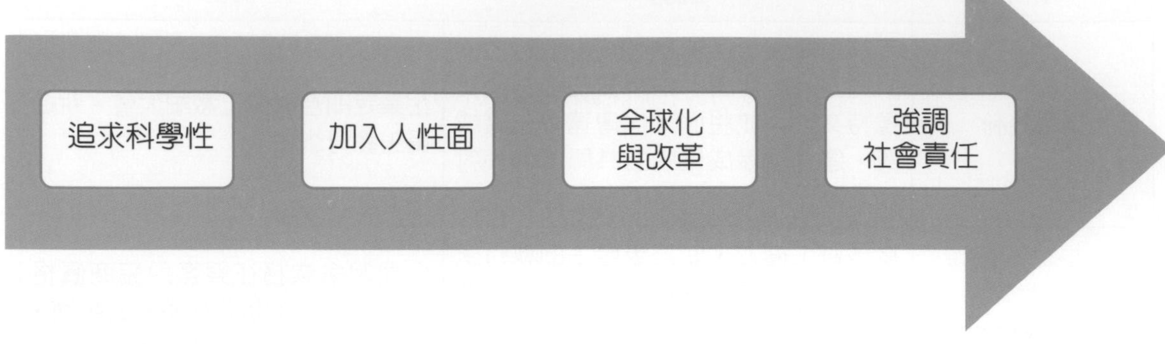

圖 15-4　管理思想發展四階段

（一）第一階段：強調對科學精準性的追求

在 19 世紀的最後 20 年中，管理學開始注重流程上的科學，是立基於定義清楚的法則、規則與原則的一門眞正的科學，以泰勒的科學管理原則最具代表性；這些觀念引發後續在生產的物質面與生產的人性面間取得適當平衡的想法，最有名的是梅育（Mayo）教授等人作的霍桑研究。

（二）第二階段：強調生產人性面的階段

第二次世界大戰後，許多學者受到霍桑實驗之影響，開始對把人當機器的概念有所爭論，並找尋理論上互補之空間。他們的論點是提升生產的人性面，如果工人受到尊重，而且經理人也讓他們自我激勵，並自行解決問題，生產力自然就會提高。其中主要由管理學大師彼得 ‧ 杜拉克投入革命性的貢獻。他認爲公司的形象是一種社會組織、社會網路，在網路中每個人的能力與潛力都應受到尊重。另外，管理階層必須要主動管理，而非被動的因應。呼應彼得 ‧ 杜拉克想法的還有麥格里哥（Mcgregor），他提出了著名的 X 與 Y 理論。

（三）第三階段：變動的全球化階段

由於整體大環境變動快速及國際間的交流頻繁，企業漸漸進入全球化與科技快速發展的年代。在此時期，管理大量地使用電腦科技，使用更精確的數學模型來衡量企業績效。此階段主要是在以數字來追求高獲利與尊重生產的人性面兩股力量互相拉鋸。

（四）第四階段：強調企業的社會責任與道德，以及跨文化的管理

優秀的管理除了幫股東賺錢、幫企業獲得最大利潤外，更重要的是要進一步實踐企業的社會責任與倫理，不做傷害社會福祉的事。此一時期注重的跨文化管理部分本章前面已說明過，而企業社會責任與企業倫理詳細的說明可參考第十四章。

二、未來管理趨勢探索

管理的方式與概念要隨環境改變，掌握到正確的管理趨勢可以獲得到更好的競爭優勢，也較容易邁向成功。故本書引用管理雜誌在 451 期中，提出的五個未來管理趨勢供各位參考，如圖 15-5。

趨勢一：企業愈來愈需要說真話的能力	組織中大多數的人並不喜歡說真話，因為說真話容易將自己暴露在人際關係的危險。因此經理人必須要能夠建立組織內有話直說與互信的文化。在這個基礎上，大家為互相創造成功的機會，可以強化個人與組織的生產力。
趨勢二：企業愈來愈需要勇於行動的能力	全球化經營中，對子公司所在國的文化採取包容的管理方法，克服任何異質文化的衝突，並據以創造出企業獨特的文化，從而形成卓有成效的管理過程。
趨勢三：企業愈來愈需要非數字的評量方式	在人才教育訓練市場上，出現了新的名詞─期望達成率（Return On Expectations, ROE），代替了過去人力市場以投資報酬率（Return On Investment, ROI）衡量員工績效的方式。並使用「員工滿意度」、「顧客感受」或「實用性」等指標來代替「成本降低程度」、「生產力提高多寡」或「利潤成長比率」等數字上的衡量。這種新的評量方式可讓企業訓練變得更多元化，發展出更多不同的訓練方法。
趨勢四：企業愈來愈需要知道如何訓練Me世代	近幾年來，許多企業都感受到要訓練Me世代（強調自我中心、唯我獨尊）並非容易的事。較具體的建議作法是希望每位主管應培養全新的領導力，讓自己從「訓練督導型」的管理者轉變成具有號召力的「教練型」領導者，以教練的領導方式代替監督。
趨勢五：企業愈來愈需要知道如何在動盪中領導	現在企業所面臨的環境比過去複雜許多，過去的經驗與直覺已經不足夠拿來領導現代企業。企業需要更多通才型管理者將企業的心靈能力與組織能力做一番全面的整頓，才能夠提升企業整體意識，適應現今的環境，帶領企業拓展新的視野。

圖 15-5　未來的管理趨勢

身為未來管理者的你，是否看到其它未來的管理趨勢呢？動動腦，現在的管理是否有美中不足的部分，是未來管理可以再多加強的呢？

管理便利貼　何謂教練型領導？

教練型領導是一種領導風格，它著重於幫助和引導員工自我發掘和發揮潛能，以達到個人和團隊的目標。教練型領導者不僅提供指導和支持，還鼓勵員工自主學習和成長，從而促進員工的自我實現和自我管理。

教練型領導者通常會提出開放性的問題，幫助員工自己找到解決問題的方法，而不是直接提供解決方案。他們也會鼓勵員工探索和實驗新想法，並提供反饋和支持，以促進員工的學習和成長。

教練型領導風格的好處包括增強員工的自信心和動機，提高員工的學習和創造力，以及促進更積極和有效的團隊互動和合作。

不要擔心會被科技取代，而是思考如何利用科技讓自己變得更有價值

麥肯錫顧問公司預估，2030 年全球將有 4 ～ 8 億個工作被 AI 取代，即便是高階主管也得改變技能。究竟未來工作世界將會如何？日本知名入口網站「livedoor」的前總經理堀江貴文，以及東京大學學際情報學科博士落合陽一兩人合著的書《2030 工作地圖》也提到預估 2030 年會消失的產業，包括書店、餐飲業、電視產業，面臨危機的職業包括會計師、工程師、警衛、看護等。原因主要在於這些工作有很大的比例可以「量化」、「可被辨識」、「模組化」。

AI 高效招募　選才時程縮短到 2 選 1

資訊科技、人工智慧已經全面翻轉人類生活與職場，過去幾年，AI 面試官已悄悄進入企業招募現場。決定你能否過初試的，是 AI 的演算法，不再是個人經驗與主觀好惡。以來自新加坡的星展銀行為例，其人力資源部門在 2018 年與新創公司合作，推出全球首創的 AI 招募系統 JIM（Jobs Intelligence Maestro），善用 AI 演算法，將過去 8 選 1 的選才時程縮短到只要 2 選 1，透過人機協力的選才模式高效挑對人。

透過 AI 機器人，銀行端可以在招募前期與應徵者聯繫發出提醒、回答問題、進行開放式的情境測驗及心理測驗，並根據應徵者的答案給分，幫助人資部同仁初步篩選，優先通知最適合的人選前來面試。這套系統也已經引進臺灣，進行業務人員的甄選招募。

對於公司而言，在導入 AI 招募系統 JIM 前，星展平均必須面試 7 到 8 個應徵者才能招募到一個適合的新同仁，到近年已經進步到每 2 個人就能優選到一個合適的人才，如果以一個面試 1 小時來計算，提升的效率、節省的時間十分可觀。

對於應徵者而言，受惠於 24 小時運作的 AI 機器人，應徵者有任何問題可以隨時提問，包括薪資福利、工作內容……等 95% 的問題 AI 都能精準回答，其餘 5% 則轉給招聘人員，藉由人機協作，人資團隊能從提問中得知應徵者關心的重點，在面試時著重處理。

AI 管理更精確，主管能力將受挑戰

AI 面試官只是翻轉職場的其中一個例子，事實上，AI 影響的不只是基層工作者，未來領導人也要與時俱進，在未來只要把 KPI 餵給 AI，它甚至可以比人類管理得更好，因為 AI 管理數據可是比主管還要更精確。另外，AI 還有資料尋找、整合能力，以及邏輯思考、問題解決等能力可進一步取代人力。林日璇教授認為，未來組織會走向扁平化，管理者本身就是執行者，或是能待在各部門的人力都會是菁英。

因此，在人機協作的世界，主管在未來也有三個必備的能力，包括一、要有數據分析能力；二、能掌握公司整體的組織流程，才知道哪些工作可以模組化；三、結合前面兩項能力，將模組化工作轉成數位化，並套用在供應鏈上。

科技將大幅度取代人力？

雖然 AI 大幅改變了職場樣貌，從企業的角度來講，引用 AI 和機器人技術的主要動機不是節省勞動力成本，而是提高產品和服務質量。因此，企業更需要藉助 AI 和人力資本重新設計工作流程，而不是單純的用 AI 取代人類。

根據世界經濟論壇發布的《2020 未來工作位置》報告顯示，在人工智慧及機器自動化技術發展的推動下，全球到 2025 年預計將有 8500 萬個工作位置消失，但相關技術會創造 9700 萬個新職位。

因此，若能夠區別機器與人類之間的分工，並且將精力投注在解決複雜的問題，員工就不必擔心工作被取代，反倒能找到自己的工作價值，而最重要的關鍵第一步，是擁抱科技、與數據為伍。

星展銀行（臺灣）人力資源處長盧方傑說：「我常跟同仁說思維要改，不要擔心會被科技取代，而是思考如何利用科技讓自己變得更有價值。」，「重點在成長思維，有什麼挑戰就盡量去學、去適應，才有可能在這變化的環境下生存。」

資料來源：1. 吳佩旻（2022），「2030 年，AI 恐率先取代管理者？專家：不被淘汰的主管需要這能力」，快樂工作人雜誌。
2. 星展銀行（2022），「招募也要人機協力　星展銀行用 AI 面試官高效挑對人」，快樂工作人雜誌。
3. 雷鋒網（2020），「主管們別鬆懈了！研究顯示，AI 將率先取代管理者」，未來商務。

重點摘要

1. 全球化時代來臨：隨著全球化趨勢，出現「無疆界組織」、「跨文化管理」、「全球性外包」、「全球市場行銷」與「全球營運與風險掌控」等新的組織與管理問題。

無疆界組織	無疆界組織是著重將各個職能部門之間的障礙全部消除，各個部門之間能夠自由溝通，工作及工作程式和進程完全透明。
跨文化管理	全球化經營中，對子公司所在國的文化採取包容的管理方法，克服任何異質文化的衝突，並據以創造出企業獨特的文化，從而形成卓有成效的管理過程。
全球性外包	企業將供應商分散於各國。
全球市場行銷	有效的產品或行銷策略應該要因地制宜，適當地做些改變，因應各國市場的特性做調整。
全球營運與風險掌控	企業在全球營運的過程中要承擔不同的風險，如法治環境、政治情勢、匯率變動等。企業必須要做風險的預測與掌控。

2. 資訊科技之衝擊：由於網際網路與雲端科技的發達，產生虛擬組織，讓企業的疆界與經營模式大大的改變。除了工作的效率與資訊取得大幅成長外，管理的成本也大幅降低。隨著手持裝置的日新月異，組織的聯絡與溝通形式變得更有彈性。管理者即使不在辦公室，都可透過手持裝置進行各部門的會議與溝通。
3. 面臨不確定的內外在環境：管理會受到不確定的內外在環境影響，如混亂的政治環境、更嚴格的法律、金融海嘯、多樣化的客戶、快速變化的科技環境、無專業的員工與競爭對手的出現等。
4. 因應不確定的時代管理：在不確定時代各種挑戰下，未來的管理可朝向以下幾點：「發展核心能力」、「建立模擬化的自主團隊」、「讓顧客參與產品開發程序」、「加強整合機制」以及「賦權」。

發展核心能力	企業應專精於核心能力，想辦法將核心能力做到替代性低，不易受到競爭對手模仿。
建立模擬化的自主團隊	由於外在環境快速變化，企業未來需要以自主性與彈性極高的團隊代替傳統的層級與部門化結構。
讓顧客參與產品開發程序	企業在設計或生產新產品前，可讓顧客參與產品開發之程序作為參考，才能了解顧客之需求。
加強整合機制	企業需凝聚員工的願景，形成努力的共同方向，並建立組織成員內的共同價值與行為規範。
賦權	賦權是授予員工權力，讓員工能更自主執行工作。

5. 管理思想之發展：管理思想從 1880 年代至今，大致可劃分爲四個階段。第一階段是強調對科學精準性的追求。第二階段是著重生產人性面。第三階段爲變動的全球化階段。第四階段開始聚焦於企業的社會責任與道德，以及跨文化的管理。

6. 未來管理趨勢探索：

趨勢一：企業愈來愈需要說真話的能力

趨勢二：企業愈來愈需要勇於行動的能力

趨勢三：企業愈來愈需要非數字的評量方式

趨勢四：企業愈來愈需要知道如何訓練Me世代

趨勢五：企業愈來愈需要知道如何在動盪中領導

本章習題

一、選擇題

(　　) 1. 諺語說：「坐而言，不如起而行」是指何種未來管理的趨勢？　(A) 企業愈來愈需要說眞話的能力　(B) 企業愈來愈需要勇於行動的能力　(C) 企業愈來愈需要知道如何在動盪中領導　(D) 企業愈來愈需要實踐社會責任的能力。

(　　) 2. 賦權與授權在權責上之比較爲：　(A) 賦權是有權無責　(B) 授權是有責無權　(C) 賦權是有權有責　(D) 授權是有權有責。

(　　) 3. 何謂非數字的評量方式？　(A) 投資報酬率　(B) 顧客成長率　(C) 銷售毛利率　(D) 顧客忠誠度。

(　　) 4. 哪位學者提倡管理階層必須要主動管理，而非被動的因應？　(A) 彼得・杜拉克（Peter Drucker）　(B) 道格拉斯・麥格里哥（Douglas Mcgregor）　(C) 泰勒（Taylor）　(D) 菲利普・科特勒（Philip Kotler）。

(　　) 5. 根據課文所提，何者非管理思想從 1880 年代至今所發展的四階段之概念？(A) 追求科學　(B) 結合藝術　(C) 發展人性面　(D) 強調社會責任。

(　　) 6. 無疆界組織最大的挑戰是什麼？　(A) 遵守當地法規和政策　(B) 預算和資金管理　(C) 組織管理和協調　(D) 語言和文化差異。

(　　) 7. 員工的自我意識愈來愈高漲，做決策以自我爲中心對企業來說是何種環境之挑戰？　(A) 經濟環境　(B) 文化環境　(C) 人力環境　(D) 市場環境。

(　　) 8. 以下的組織結構，何者不是無疆界組織的描述？　(A) 不受各種人爲疆界的限制，有虛擬、網路和模組型結構　(B) 非常有彈性、回應速度快　(C) 不易控制，容易產生溝通上的障礙　(D) 支持組織持續調整與改變。

(　　) 9. 琪琪在一間小型顧問公司工作，公司沒有特定部門，請問這樣的設計是屬於無疆界組織中的何種疆界突破？　(A) 身分的疆界突破　(B) 職權的疆界突破　(C) 政治的疆界突破　(D) 任務的疆界突破。

(　　) 10. 蘋果公司將其製造和生產活動交由世界各國大廠去執行，本身則專注於行銷與研發等職能，請問這是屬於何種策略？　(A) 全球性整合策略　(B) 全球性外包策略　(C) 全球性重整策略　(D) 全球市場行銷策略。

(　　) 11. 設計網頁的小董發現最近有比較多的顧客選擇客製化設計，而非直接買現成的網頁套版做修改，讓小董要花更多的時間與顧客溝通想法，請問這是何種不確定環境的挑戰？　(A) 市場環境　(B) 經濟環境　(C) 科技環境　(D) 人力環境。

( ) 12. 以下何者非管理思想發展四階段之主要概念？ (A) 對員工自我激勵的重視 (B) 對科學精準性的追求 (C) 對生產人性面的注重 (D) 強調社會責任的重要。

( ) 13. 小胖正在課堂中報告有關未來管理趨勢的議題，請問以下何者不是報告會出現之內容？ (A) 企業愈來愈需要說眞話的能力 (B) 企業愈來愈需要勇於行動的能力 (C) 企業愈來愈需要知道如何在動盪中領導 (D) 企業愈來愈需要數字的評量方式。

( ) 14. 餐飲業在新餐點推出前做市調、試吃活動、焦點訪談等讓客戶參與及提供意見是屬於何種管理行動？ (A) 建立模擬化的自主團隊 (B) 發展核心能力 (C) 讓顧客參與產品開發程序 (D) 加強整合機制。

( ) 15. 麥當勞在各國製造時都盡量取用當地食材以及與當地藝人合作代言，請問這是屬於何種策略？ (A) 全球性整合策略 (B) 全球性外包策略 (C) 全球性重整策略 (D) 全球市場行銷策略。

( ) 16. 組織中清楚劃分的任務或職責不再適用，分工不再明確，這樣的設計是屬於無疆界組織中的何種疆界突破？ (A) 任務的疆界突破 (B) 職權的疆界突破 (C) 政治的疆界突破 (D) 身分的疆界突破。

( ) 17. 由於少子化的趨勢，未來勞工勢必會有斷層，企業可能會面臨勞動市場上年紀較大的勞工多於壯年的勞工，請問這是何種不確定環境的挑戰？ (A) 經濟環境 (B) 文化環境 (C) 人力環境 (D) 市場環境。

( ) 18. 以下何者為管理思想發展中的「變動的全球化階段」之特色？ (A) 實踐企業社會責任 (B) 追求數字帶動績效 (C) 提升生產的人性面 (D) 追求分工與科學。

( ) 19. 企業定期召開員工激勵大會、做新進員工教育訓練是屬於何種管理行動？ (A) 建立模擬化的自主團隊 (B) 發展核心能力 (C) 讓顧客參與產品開發程序 (D) 加強整合機制。

( ) 20. 下列何者非科技進步對於企業之影響？ (A) 主管與員工的界線逐漸打破 (B) 遠距會議 (C) 虛擬組織的產生 (D) 雲端辦公室的出現。

二、填充題

1. 未來管理的挑戰有：__________、__________、__________。
2. 無疆界組織主要突破的四種疆界為：__________、__________、__________、__________。
3. 未來管理的五個方向為：__________、__________、__________、__________、__________。
4. 請舉出三種跨國企業可能會發生的營運風險：__________、__________、__________。
5. 請任意列舉課本中所提到的三個未來管理趨勢：__________、__________、__________。

NOTE

Ch01

1. 李雅筑（2021 年 7 月）。全民直播大爆發。商業周刊，1757。取自：https://www.businessweekly.com.tw/Archive/Article?StrId=7004101
2. 張庭瑜（2020 年 9 月）。臺灣訂閱先鋒研華、和運 轉型如何不踩雷？商業周刊，1713。取自：https://www.businessweekly.com.tw/Archive/Article?StrId=7002367
3. 東南亞電商崛起 順勢帶動直播商機 20201226【年代關鍵字】PART6，取自：https://www.youtube.com/watch?v=4q0wL8kZasQ&feature=youtu.be
4. Drucker, P.F.(1954). The Practice of Management. New York: Harper and Row.
5. Fayol, H.(1949). General and Industrial Management. London: Sir Isaac and Son, Ltd.
6. Magretta, J.(2002) .What Management Is: How It Works and Why It’s Everyone’s Business. New York: Free Press.

Ch02

1. 未來的領導人，應如何跨領域、海納百川？《黑天鵝學院 EP71-1》，取自：https://www.youtube.com/watch?v=zcIU4BoagG8
2. 李宜萍（2007 年 9 月）。臺灣領導人希望未來領導人才具備哪些特質？管理雜誌，399，24-37。
3. 【特調影音】我愛我大好時代｜＃職場女力 劉安婷 《從初創到茁壯，TFT 的教育夢想》｜女人迷，取自：https://www.youtube.com/watch?v=GrU-mZXJ7qw&feature=youtu.be
4. 蔡茹涵（2021 年 7 月）。世代差異成意外資產 疫情接班關鍵字：女力、數位力。商業周刊，1757。取自：https://www.businessweekly.com.tw/Archive/Article?StrId=7004117
5. 蔡茹涵（2021 年 7 月）。《阿美米干》兩週建 9 品牌宅配！她從接不了班到贏家族信任。商業周刊，1757。取自：https://www.businessweekly.com.tw/Archive/Article?StrId=7004118
6. Dessler, G. (2004). Management Principles and Practice for Tomorrow’s Leader, 3rd ed. New Jersey: Upper Saddle River.
7. Drucker, P.F. (1966). The Effective of Executive. New York: Harper and Row.
8. Katz, D. & Kahn, R.L.(1966). The Social Psychology of Organizations. New York: Wiley.
9. Katz, R.L.(1955). Skills of an Effective Administrator. Harvard Business Review, 33(1), 33-42.
10. Luthans, F.(1979). The Practice of Supervision & Management. New York: McGraw-Hill.
11. Mintzberg, H.(1975). The Nature of Managerial Work. Englewood Cliffs, N.J.: Prentice-Hall, Inc.
12. Paolillo, J.G.(1987). Role Profiles for Managers in Different Functional Areas. Group and Organization Studies, 12(1), 109-118.
13. Pavett, C.M. & Lau, A.W.(1983) . Managerial work: The influence of Hierarchical Level and Functional Specialty. Academy of Management Journal, 26(1). 170- 177.

Ch03

1. 甘特圖（無日期）。2012 年 10 月，取自：http://wiki.mbalib.com/zh-tw/%E7%94%98%E7%89%B9%E5%9B%BE

2. 陳育晟（2021 年 6 月）。善用中高齡員工智慧　種子賣到世界八成國家。天下雜誌，725。
3. 鄭伯壎（1995）。差序格局與華人組織行爲。本土心理學研究，3，142-219。
   王冠珉（2021 年 8 月）。4 大趨勢，看 2 千大企業都在學什麼？ Cheers 雜誌，235。取自：https://www.cheers.com.tw/article/article.action?id=5099876
4. Ep017 後疫情時代數位管理人才的重要性 -Paul Shih 施政源 - 數位 101 管理者，取自：https://www.youtube.com/watch?v=_c7kiYnOwoc
5. Churchman, C.W.(1968). The Systems Approach. New York: Dell Pub. Co.
6. Follet, M.P. (1918). The New State: Group Organization the Solution of Popular Government. London: Longmans, Green.
7. Gilbreth, F.B.(1911). Motion Study. New York: D. Van Nostrand.
8. Hall, R.H.(1963). The Concept of Bureaucracy. An Empirical Assessment. American Journal of Sociology, 69(1), 32-40.
9. Kast, F.E & Rosenzweig, J.E.(1970). The Management Theory Jungle. Academy of Management Journal, 13(3), 311-325.
10. Kast, F.E. & Rosenzweig, J.E.(1970). Organization and Management: A Systems Approach. New York: McGraw-Hill.
11. Mayo, E.(1933). The Human Problems of an Industrial Civilization. New York: Macmillan.
12. Munsterberg, H.(1913). Psychology and Industrial Efficiency. Boston: Houghton.
13. Thompson, J.D.(1967). Organizations in Action. New York: McGraw-Hill.

Ch04

1. 今周刊編輯團隊（2020 年 8 月）。從家庭主婦到接掌千億大集團…接班兩年，嚴陳莉蓮如何掌舵裕隆驚渡暴風雨？商業週刊，1236。取自：https://www.businesstoday.com.tw/article/category/183016/post/202008260023/
2. 今周刊編輯團隊（2021 年 8 月）。霸氣滾金千億！ 75 歲騎 Ubike 沿街找商機　標下人稱「鬼屋」的 85 大樓、他連上公廁都相到買地機會。今周刊雜誌，2021.08.30-09.05，取自：https://www.businesstoday.com.tw/article/category/183016/post/202108250016/
3. 騎 Ubike 西區獵地　海霸王董變旅店天王｜三立財經台 CH88，取自：https://www.youtube.com/watch?v=y1tamoBt_O4
4. Held, D., Anthony McGrew, David Goldblatt and Jonathan Perraton.(1999). Global Transformations. Cambridge: Polity Press.
5. Weber, M.(1947). The Theory of Social and Economic Organization. New York: Free Press.

Ch05

1. 元進莊｜傳產媳婦用工業 4 0 翻轉家族企業 (3m)，取自：https://www.youtube.com/watch?v=9ZSNG0R6NsM
2. 司徒達賢（2010）。策略管理新論。臺北市：智勝文化。
3. 李雅筑、陳承璋（2021 年 7 月）。乾杯開線上超市、推訂閱制 董事長：燒肉店回不去了！。商業周刊，1755。取自：https://www.businessweekly.com.tw/Archive/Article?StrId=7004058
4. 許士軍（1990）。管理學（十版）。臺北市：東華書局。

5. 陳定國（1998）。企業管理。臺北市：三民書局。
6. 蔡茹涵（2019 年 2 月）。媳婦軍團大改造 養鴨人家變科技公司。商業周刊，1631。取自：https://www.businessweekly.com.tw/Archive/Article?StrId=68864
7. Kast, F.E & Rosenzweig, J.E.(1960). Minimizing the Planning Gap. Advanced Management, October(4), 20-23.
8. Steiner, G.A.(1969). Top Management Planning. New York: Macmillan.

Ch06

1. 莉塔麥奎斯談「瞬時競爭優勢」，取自：https://www.youtube.com/watch?v=FSRBerDGUIs
2. 蔡靚萱（2021 年 4 月）。電動車最大贏家 台達電。商業周刊，1746。取自：https://www.businessweekly.com.tw/Archive/Article?StrId=7003679
3. 顏和正（2015 年 11 月）。四策略取勝，打造瞬時競爭力。天下雜誌，5。取自：https://www.cw.com.tw/article/5072318
4. Daft, R.L.(2004). Organization Theory and Design, 8th ed. Mason, OH: Thomson.
5. Mifflin.Osborn, A.F.(1963). Applied Imagination: Principles and Procedures of Creative Problem Solving, 3th ed. New York: Charles Scribner’s Sons.
6. Mintzberg, H.(1994). The Rise and Fall of Strategic Planning. Chichester(UK): Prentice-Hall.
7. Robbins, S.P.(2001). Organizational Behavior, 9th ed. NJ：Prentice Hall.
8. Simon, H.A.(1960). The New Science of Management Decision. New York: Harper and Row.
9. Spranger, E.(1928). Type of Men. New York: Stechert-Habner.

Ch07

1. 李若雯（2021 年 1 月）。app 也要斷捨離 爲何每 6 個年輕人就有 1 個是 Richart 用戶？天下雜誌，715。取自：https://www.cw.com.tw/article/5106989?template=transformers
2. 波特五力分析模型（無日期）。2023 年 2 月 20 日，取自：https://wiki.mbalib.com/zh-tw/%E6%B3%A2%E7%89%B9%E4%BA%94%E5%8A%9B%E5%88%86%E6%9E%90%E6%A8%A1%E5%9E%8B
3. 金融機構大未來！數位轉型該怎麼行？｜《Cheap 教你金融科技力》 EP 15.，取自：https://www.youtube.com/watch?v=JN4gQ4bx3xM
4. Dindo Lin（2022 年 11 月）。串流之戰》爲什麼 Netflix 全力拚訂閱戶成長、Disney+ 虧錢也沒差？商業週刊，科技新報 TechNews。取自：https://www.businessweekly.com.tw/business/blog/3010960
5. Tobey（2022 年 9 月 30 日），比完訂戶數之後，下個戰場是廣告！ Netflix 與 Disney+ 誰將勝出？。2023 年 1 月 30 日，取自：https://www.bnext.com.tw/article/71882/netflix-disney-tenmax-sep
6. Porter, M.E.(1985). Competitive Advantage. New York: Free Press.
7. Porter, M.E.(1980) .Competitive Strategy. New York : Free Press.
8. Porter, M.E.(2008). The Five Competitive Forces That Shape Strategy. Harvard Business Review, January.

Ch08

1. 【CEO 導讀｜楊瑪利】蘋果爲何能這麼創新？揭密 13.7 萬名員工的組織架構｜哈佛商業評論｜2020 年 11 月號，取自：https://www.youtube.com/watch?v=PaF1yM5Zy1s
2. 邱奕嘉（2019 年 3 月）。海爾激勵年輕員工，爲何是讓他們「消失」？商業周刊，1634。取自：https://www.businessweekly.com.tw/magazine/Article_mag_page.aspx?id=69000

3. 陳一姍，吳靜芳，史書華，楊孟軒（2021 年 4 月）。1600 頁報告、3 張圖挖掘出包眞相 這一次，怎麼救台鐵？天下雜誌，721。取自：https://www.cw.com.tw/article/5114446

4. Barnard, C.I. (1938). The Functions of the Executive. Cambridge: Harvard University Press.

5. Chandler, A.D. (1962). Strategy and Structure: Chapters in the History of the Industrial Enterprise. Cambridge, MA: MIT Press.

6. Davis, R.C. (1951). The Fundamentals of Top Management. New York: Harper.

7. Follet , M.P. (194). Dynamic Administration. New York: Harper.

Ch09

1. 林榮芳（2021 年 12 月 13 日）。寶成疫亂兵慌 2 ／靠轉投資繳漂亮成績單 老臣：鐵血公主對鞋業沒感情。2023 年 2 月 16 日，取自：https://reurl.cc/mlOoDM

2. 林靜宜（2022 年 8 月）。為感冒的常客煮一碗雞湯！晶華潘思亮的服務哲學：經營企業，文化比策略重要。經理人雜誌。取自：https://www.managertoday.com.tw/books/view/65601

3. 吳靜芳（2019 年 6 月）。從寶成小公主到鞋界代工女王　她如何帶領 36 萬人破除兩大轉型困境？天下雜誌。取自：https://www.cw.com.tw/article/5095590?template=transformers

4. 陳水竹、彭康麟、楊宗儒、詹智龍、郭安釗（2012）。管理學理論運用發展與個案教學實例（二版）。臺北市：全華圖書。

5. 曾如瑩（2020 年 9 月）。都解封了，寶成還在放無薪假？蔡佩君能否帶公司重回 Nike 懷抱，就靠這招。商業週刊。取自：https://www.businessweekly.com.tw/focus/blog/3002847

6. 《晶華菁華》呈現將心比心成就幸福感的款待精神，晶華酒店潘思亮董事長首部眞摯之作，取自：https://www.youtube.com/watch?v=K8M_iKeq_YA

7. Chatman, J. A., & Jehn, K. A.(1994). Assessing the Relationship between Industry Characteristics and Organizational Characteristics: How Different Can You Be? Academy of Management Journal, 37, 522-553.

8. Gouillar, F.J. & Kelly, J.N.(1995). Transforming the Organization. New York: McGraw-hill.

9. Kotter, J.P. & Cohen, D.S.(2002). The Heart of Change. Boston, MA: Harvard Business School Press.

10. Yoash Wiener(1988). Forms of Value Systems: A Focus on Organizational Effectiveness and Cultural Change and Maintenance. Academy of Management Review, 13(4), 534-545.

Ch10

1. 方世榮（譯）（2005）。現代人力資源管理（八版）（原作者：Gery Dessler）。臺北市：華泰文化（原書出版年：2000）。

2. 吳佩旻（2021 年 3 月）。3 年不到就能「飛出去」，客製化培訓的育才學。Cheers 雜誌，233。

3. 楊倩蓉（2019 年 12 月）。第一次大戰的美軍績效制影響全球企業一百年！商業周刊，1675。

4. Z 世代大軍報到：跳脫框架，你可以跟他們這樣做！取自：https://www.youtube.com/watch?v=j5-BIIEQtII

5. Dessler, G.(2005). Human Resource Management. London: Pearson Education Inc.

Ch11

1. 賴若函（2021 年 1 月）。離職率 5%的留才術：即時激勵，獎金制度透明，Cheers 雜誌，232。取自：https://www.cw.com.tw/article/5117532?template=transformers&from=search

2. 【帶人的技術】激勵部屬，你知道員工最在意哪三件事？取自：https://www.youtube.com/watch?v=16EFWpkJQbI
3. 蔣台程、黃廷合、蔡文豐、沈健華、鄧誠中、黃榮吉、胡惟喻、呂日新、梅國忠（2003）。管理學。臺北市：全華圖書。
4. Adams, J.S.(1963). Toward an Understanding of Inequity. Journal of Abnormal and Social Psychology, 67, 422-436.
5. Alderfer, C.P.(1969). An Empirical Test of a New Theory of Human Needs. Organizational Behavior and Human Performance, 4(1), 142-175.
6. Hackman, J.R. Oldham, G.R.(1976). Motivation through the Design of Work: Test of a Theory. Organizational Behavior and Human Performance, 16, 250-279.
7. Locke, E.A.(1968). Toward a Theory of Task Motivation and Incentives. Organizational Behavior and Human Performance, 3, 157-189.
8. Maslow, A.H.(1943). A Theory of Human Motivation. Psychological Review, 50, 370-396.
9. McClelland, D.C.(1961). The Achieving Society. New Jersey: Van Nostrand Reinhold.
10. McGregor, D.M.(1960). The Human Side of Enterprise. New York: McGraw-Hill.
11. Pavlov, I.P.(1927). Conditioned Reflexes: An Investigation of the Physiological Activity of the Cerebral Cortex(translated by G. V. Anrep). London: Oxford University Press.
12. Ricky, W.G.(1999). Management, 6th ed. Boston : Houghton Mifflin Company.
13. Thorndike, E.L.(1932). The Fundamentals of Learning. New York: AMS Press Inc.
14. Vroom, V.H.(1964). Work and Motivation. New York: John Willey & Sons.

Ch12

1. 如何賦予團隊意義感？｜無限思維 #5：領導的勇氣，取自：https://www.youtube.com/watch?v=4UK8hCM-bR4
2. 李思萱（2012 年 2 月）。大師級的 i 領導秘方 向賈伯斯學激勵。管理雜誌，452，48-50。
3. 李思萱（2011 年 9 月）。卓越主管 VS. 超級主管。管理雜誌，447，33。
4. 侯秀琴（譯）（2013 年 2 月）。六大策略領導力。哈佛商業評論，78（2013.2.1-2.28）。
5. Stephie（2017 年 1 月）。領導者不是扮演一種角色就夠了！好主管該具備的 3 種領導風格。經理人雜誌。取自：https://www.managertoday.com.tw/articles/view/53866
6. 謝文全（2000）。學校行政（七版）。臺北市：五南書局。
7. 盧廷羲（2017 年 11 月）。微軟 CEO「柔性領導」的 3 個做法，不到 4 年公司市值增加千億！經理人雜誌。取自：https://www.managertoday.com.tw/articles/view/55372
8. Blake, R.R. & Mouton J.S. (1964). Making Experience Work: the Grid Approach to Critique. New York: McGraw-Hill.
9. Bryman, A. (1992). Charisma and Leadership in Organizations. London: Sage.
10. Cameron, K. S., & Quinn, R. E. (1999). Diagnosing and changing organizational culture: based on the competing values framework. MA: Addison-Wesley.
11. Fiedler, F.E. (1967). A Theory of Leadership Effectiveness. New York: McGraw- Hill.

12. Hersey, P. & Blanchard, K.H.(1977). Management of Organizational Behavior:Utilizing Human Resources. Englewood Cliffs, N.J: Prentice-Hall.

13. Hodgetts, R.M.(1984). Modern Human Relations at Work, 2nd ed. New York: Holt Saunders.

14. House, R.J.(1967). T-Group Education and Leadership Effectiveness: A Review of the Empirical Literature and A Critical Evaluation. Personnel Psychology, 20(Spring), 1-32.

15. Lewin, K.R., Leppitt & White R.(1939). Patterns of Aggressive Behavior in Experimental Created Social Climates. Journal of Social Psychology, 10, 271-299.

16. Porter, L.W. & Lawler, E.E.(1968). Managerial Attitudes and Performance. IL: Irwin.

17. Stogdill, R.M.(1948). Personal Factors Associated with Leadership: A Survey of the Literature. Journal of Psychology, 25, 35-71.

Ch13

1. 陳清祥〈打造優質企業，從內控做起！〉，取自：https://www.youtube.com/watch?v=n6vdOYu0Y6Y
2. 楊修（2015 年 7 月）。麥當勞出餐爲什麼就是比其他速食店快很多？因爲他們精用 SOP ！經理人雜誌。取自：https://www.managertoday.com.tw/articles/view/50939。
3. YiJu（2015 年 5 月）。標準化讓麥當勞在全球暢行無阻。股感知識庫。2023 年 3 月 31 日，取自：https://www.stockfeel.com.tw/%E6%A8%99%E6%BA%96%E5%8C%96%E8%AE%93%E9%BA%A5%E7%95%B6%E5%8B%9E%E5%9C%A8%E5%85%A8%E7%90%83%E6%9A%A2%E8%A1%8C%E7%84%A1%E9%98%BB/
4. Anthony, R.N. (1965). Planning and Control Systems: A Framework for Analysis.Division of Research, Graduate School of Business Administration, Harvard University.
5. Kaplan, R.S. & Norton, D.P.(1992). The Balanced Scorecard - Measures that Drive Performance. Harvard Business Review , 70(1), 71-79.
6. Koontzs, H.& O'Donnell, C.J.(1976). Management: A Systems and Contingency Analysis of Managerial Functions, 6th ed. New York: McGraw-Hill.
7. Korman, A.K.(1966). Consideration, Initiating Structure, and Organizational Criteria —A Review. Personnel Psychology, 19(4), 349-361.

Ch14

1. 林孟彥與林均妍（譯）（2011）。管理學（十版）（原作者：Stephen P. Robbins & Mary Coulter）。臺北市：華泰文化（原著出版年：2008）。
2. 吳淇（2022 年 7 月）。滯銷品、剩料變「限量商品」！ MUJI、IKEA 爲何都搶著做？商業週刊。取自：https://www.businessweekly.com.tw/carbon-reduction/blog/3010293。
3. 「義美，怎麼了？」調查報告 20150726 – 臺灣啓示錄，取自：https://www.youtube.com/watch?v=phU16Lb60a4
4. 經理人編輯部（2023 年 3 月）。ESG 是什麼？投資關鍵字 CSR、ESG、SDGs 一次讀懂。經理人雜誌。取自：https://www.managertoday.com.tw/articles/view/62727
5. 誠信守則與道德規範聲明書—台灣水泥（2021 年 8 月 6 日）。2023 年 2 月，取自：台灣水泥網站。https://www.taiwancement.com

6. 盧廷義（2017 年 11 月），「微軟 CEO『柔性領導』的 3 個做法，不到 4 年公司市值增加千億！」，經理人雜誌。取自：https://www.managertoday.com.tw/articles/view/55372
7. 2021 統一企業永續報告書（2022 年 7 月 29 日）。2023 年 3 月，取自：https://esg.sp88.tw/book.php
8. Stephie（2017 年 1 月），「領導者不是扮演一種角色就夠了！好主管該具備的 3 種領導風格」，經理人雜誌。取自：https://www.managertoday.com.tw/articles/view/53866
9. Archie B. C.(1991). The Pyramid of Corporate Social Responsibility: Toward the Moral Management of Organizational Stakeholders. Business Horizons, 34(4), 39-48.
10. Freeman, R. E.(1984). Strategic Management: A Stakeholder Approach. Boston:Pitman.

Ch15

1. 三星電子的跨文化管理分析（無日期）。2013 年 8 月 12 日，取自：http://wenku.baidu.com/view/10a611c30c22590102029da2.html?from_page=view&from_ mod=download
2. 李思萱（2012 年 1 月）。2012 年管理趨勢大探索。管理雜誌，451，26-42。
3. 吳佩旻（2022 年 12 月 27 日），「2030 年，AI 恐率先取代管理者？專家：不被淘汰的主管需要這能力」，快樂工作人雜誌。取自：https://www.cheers.com.tw/talent/article.action?id=5101495
4. 星展銀行（2022 月 11 月），「招募也要人機協力 星展銀行用 AI 面試官高效挑對人」，快樂工作人雜誌。取自：https://www.cheers.com.tw/article/article.action?id=5101376
5. 雷鋒網（2020 年 11 月），「主管們別鬆懈了！研究顯示，AI 將率先取代管理者」。取自：https://fc.bnext.com.tw/articles/view/1010
6. EMBA 雜誌｜如何管理跨文化團隊？｜ＤＤＩ亞太區首席顧問謝明眞，取自：https://www.youtube.com/watch?v=Zea4ZMON63k

其他

1. 王尹（2002）。管理學上課講義書（上）。臺北市：高點文化。
2. 俞文釗（2001）。管理心理學。臺北市：五南書局。
3. 許是祥（譯）（1990）。企業管理（原作者：Gary Dessler）。臺北市：前程文化（原著出版年：1990）。
4. 郭進隆（譯）（1994）。第五項修練：學習型組織的藝術與實務（原作者：Peter M. Senge）。臺北市：天下文化（原著出版年：1990）。
5. 蔡敦浩（2005）。管理學。臺中市：滄海書局。
6. Drucker, P.F.(1974). Management: Tasks, Responsibilities, Practices. London: Heinemann.

國家圖書館出版品預行編目資料

管理學 / 練惠琪, 楊偉顥編著. -- 初版. –
新北市：全華圖書, 2023.05
面；　公分
ISBN 978-626-328-435-7(平裝)

1.CST: 管理科學

494　　112004645

管理學

作者 / 練惠琪、楊偉顥
發行人 / 陳本源
執行編輯 / 林亭妏
封面設計 / 楊昭琅
出版者 / 全華圖書股份有限公司
郵政帳號 / 0100836-1 號
印刷者 / 宏懋打字印刷股份有限公司
圖書編號 / 08308
初版一刷/ 2023 年 5 月
定價 / 新台幣 550 元
ISBN / 978-626-328-435-7
全華圖書 / www.chwa.com.tw
全華網路書店 Open Tech / www.opentech.com.tw
若您對書籍內容、排版印刷有任何問題，歡迎來信指導 book@chwa.com.tw

臺北總公司(北區營業處)
地址：23671 新北市土城區忠義路 21 號
電話：(02) 2262-5666
傳真：(02) 6637-3695、6637-3696

中區營業處
地址：40256 臺中市南區樹義一巷 26 號
電話：(04) 2261-8485
傳真：(04) 3600-9806(高中職)
(04) 3601-8600(大專)

南區營業處
地址：80769 高雄市三民區應安街 12 號
電話：(07) 381-1377
傳真：(07) 862-5562

得　分

Ch01 管理之意義與重要性

班級：＿＿＿＿＿＿＿＿

學號：＿＿＿＿＿＿＿＿

姓名：＿＿＿＿＿＿＿＿

❖ 情境：

假設現在我們要販賣打火機，根據市場調查，每賣出一個打火機，你可以賺到一元的毛利，請各位在紙上寫下來：

1. 半年你打算賺多少錢。（一分鐘時間）
2. 為了達成你的目標，你會怎麼做？（How？Who？）（五分鐘的時間想想）
3. 過程中，你如何確認自己可以達成目標？

（請沿虛線撕下）

得　分

Ch02 管理人與管理工作

部屬角色與領導角色

班級：＿＿＿＿＿＿＿＿
學號：＿＿＿＿＿＿＿＿
姓名：＿＿＿＿＿＿＿＿

❖ 目的：

模擬部屬與領導之間的溝通能力。

❖ 遊戲規則：

1. 請找5人為一組，組內分配好要扮演的角色，組內一人要扮演上級主管的角色，一人要扮演直接主管的角色，三人要扮演部屬角色。
2. 仔細閱讀各角色信封中任務說明，並按照說明執行，違規者組別淘汰。
3. 扮演上級主管的同學與扮演部屬的同學分開執行，居中只有直接主管可以擔任聯繫。
4. 每組需要共同完成任務，如果完成任務舉手示意。
5. 遊戲時間40分鐘。
6. 遊戲結束，請反思在過程中自己扮演角色的困難點，與應該如何突破解決。

❖ 部屬角色單（一）

1. 你只可以與直接主管及其他二位同事互相寫MEMO書面溝通，不可以越級報告。
2. 你和其他人一樣，手中都有5種圖片。
3. 你的直接主管及上級主管將領導你們完成任務。
4. 手中的圖片不可露白，也不可傳遞。

❖ 部屬角色單（二）

1. 你只可以與直接主管及其他二位同事互相寫MEMO書面溝通，不可以越級報告。
2. 你和其他人一樣，手中都有5種圖片。
3. 你的直接主管及上級主管將領導你們完成任務。
4. 手中的圖片不可露白，也不可傳遞。

❖ 部屬角色單（二）

1. 你只可以與直接主管及其他二位同事互相寫MEMO書面溝通，不可以越級報告。
2. 你和其他人一樣，手中都有5種圖片。
3. 你的直接主管及上級主管將領導你們完成任務。
4. 手中的圖片不可露白，也不可傳遞。

（請沿虛線撕下）

❖ 直接主管角色單

1. 你可以與上級主管及部屬在紙上溝通。
2. 你和其它人員一樣，手中各有五種圖片。
3. 你的主管將領導你們完成任務。
4. 手中的圖片不可露白，也不可傳遞。

❖ 上級主管角色單

1. 你只能與直接主管溝通，不能越級指揮。
2. 包括你在內，每人手中都有5種圖片。
3. 你的任務就是「找出每個人相同的一種圖形，並使每一成員均瞭解完成任務的答案」。
4. 完成任務時，請舉手。
5. 有任何問題，可舉手請教講師。
6. 手中的圖片不可露白，也不可傳遞。

五人相同的圖形是：__________？

得　分　**全華圖書**（版權所有，翻印必究）

Ch03 管理思想及其演進

外部環境調查活動

班級：＿＿＿＿＿＿＿＿

學號：＿＿＿＿＿＿＿＿

姓名：＿＿＿＿＿＿＿＿

各位同學請利用以下相關公開資料庫，完成下列空白處數據。

行政院主計總處：https://www.dgbas.gov.tw

政府資料開放平臺：https://data.gov.tw

人口統計資料－中華民國內政部戶政司全球資訊網：https://www.ris.gov.tw

1. 101年10月臺灣：
   (1) 就業人數為＿＿＿＿＿人。
   (2) 失業人數為＿＿＿＿＿人。
   (3) 失業率＿＿＿＿＿，季調失業率為＿＿＿＿＿。
   (4) 勞動力參與率為＿＿＿＿＿。
2. 109年9月世界主要國家失業率：
   (1) 英國＿＿＿＿＿。
   (2) 美國＿＿＿＿＿。
   (3) 加拿大＿＿＿＿＿。
   (4) 德國＿＿＿＿＿。
   (5) 日本＿＿＿＿＿。
   (6) 南韓＿＿＿＿＿。
3. 101年行動電話用戶人數多少（單位：千戶）？＿＿＿＿＿。
4. 111年間，臺灣觀光旅館住用率為多少？＿＿＿＿＿。
5. 102年八月有多少位新生兒？＿＿＿＿＿。
6. 101年有多少對新婚夫妻？＿＿＿＿＿。
7. 101年南投縣平均每人月消費支出多少錢？＿＿＿＿＿。
8. 101年桃園市平均每戶可支配所得多少錢？＿＿＿＿＿。
9. 99年國人去日本的人數有多少人？＿＿＿＿＿。
10. 107年有多少位公立大學在學生？＿＿＿＿＿。

（請沿虛線撕下）

得　分

全華圖書（版權所有，翻印必究）

Ch04 企業內外部環境

新聞連連看

班級：＿＿＿＿＿＿＿＿

學號：＿＿＿＿＿＿＿＿

姓名：＿＿＿＿＿＿＿＿

每位同學請找一則以上國際新聞事件，並且說明這則新聞的內容將會對某特定企業或品牌產生甚麼影響，並說明你認為這則新聞提到的事件，會對這間企業產生甚麼影響，以及影響的原因。（新聞事件案例：全球原油價格將會上漲50%）

小提醒：新聞內容不可以直接是這間企業的報導。

❖ 作業內容須包含：

1. 新聞事件的來源：哪間媒體、日期、作者。
2. 新聞事件主要的內容。
3. 影響的企業簡介。
4. 新聞事件內容與此企業經營間的影響關聯。

（請沿虛線撕下）

得　分　**全華圖書**

Ch05 規劃

我的未來職涯規劃書

班級：＿＿＿＿＿＿＿＿

學號：＿＿＿＿＿＿＿＿

姓名：＿＿＿＿＿＿＿＿

❖ **目的：**

透過讓學生設計自己的職涯規劃書，了解規劃之流程與應用，讓規劃不再只是紙上談兵。

首先，每位學生根據自己的興趣與專業訂定畢業後三年的職涯發展。學生可根據書本中所學習到的企業規劃程序做思考，轉換為個人規劃。再者，將思考的過程與結論以書面方式表達，製作出個人的未來職涯規劃書。當學生完成後，最後則由教師模擬面試官，在課堂上讓學生報告，並給予可行性回饋。

（請沿虛線撕下）

得 分

Ch06 決策

決策兩難困境遊戲規則

班級：________

學號：________

姓名：________

❖ **規則一：**

每組皆為一家企業的個別業務單位，共作7局決策。每組每局需決定選擇「X」（例：業績歸功於自身團隊）或「Y」（例：業績歸功於全公司努力）。

❖ **規則二：**

各組推派一位固定代表，在每局決策時出示小組選擇。每回合須同時間決策，不得在看到其他組別表態後才做出決策。

❖ **規則三：**

等候指令決策期間，僅能組內溝通，禁止組間溝通

❖ **規則四：**

第3局各組得分乘以10倍，第5局各組得分乘以30倍，第7局各組得分乘以100倍。

❖ **規則五：**

因第3局、第5局與第7局加倍計分，決策前開放組間協商。各組可推派一位代表到場外，與其他組代表談判協商，三次談判代表須為不同人。各組代表不得於談判時場外交易或威脅屈從。每組之談判代表應先了解全組態度與意見後，至場外與他組代表協商。協商結束後，代表應將協商結果帶回告知組員，由組內評估是否遵循協商結果，亦或是採取不同之決策。

❖ **規則六：**

第1局決策前，各組有2分鐘可討論及研擬決策；之後每一協商局之討論決策時間為1分鐘；場外協商之局數，各組先組內討論1分鐘，之後場外協商2分鐘，協商後的組內討論1分鐘。

❖ **規則七：**

每局決策完畢後，教師記錄並公告各組之決策結果，並記錄當局各組與總和分數。

（請沿虛線撕下）

❖ 得分說明

X	Y	得分
4X		X = -1
3X	1Y	X = 1 Y = -3
2X	2Y	X = 2 Y = -2
1X	3Y	X = 3 Y = -1
	4Y	Y = 1

❖ 最終結果

最終結果由最高正分組得勝（得獎），若各組皆為負分或全班整體總和為零或負分（代表公司年終未獲利），則教師獲勝（所有業務團隊均不得分紅），獎項歸教師。

得　分

全華圖書

Ch07 策略管理

公司的策略管理程序實作

班級：＿＿＿＿＿＿＿＿＿＿

學號：＿＿＿＿＿＿＿＿＿＿

姓名：＿＿＿＿＿＿＿＿＿＿

❖ 目的：

透過策略管理程序活動的練習與討論，讓學生能更了解策略管理程序之實務應用與創業的規劃。

❖ 遊戲規則：

1. 請將班上學生分組，一組4-5人。
2. 請各組選擇一產業當作要創業之公司，並將其公司取名與設定背景。
3. 請每組同學根據課本中策略管理程序中的每個步驟，做相關的分析與討論，並將討論結果寫出。
4. 各組完成後與老師討論，由老師指導學生修改之處或要補充的地方，再由學生根據其建議做修改。
5. 各組上臺報告並由底下同學給予回饋。

（請沿虛線撕下）

得　分

全華圖書(版權所有，翻印必究)

Ch08 組織結構與設計

領導者與部屬目標溝通

班級：________

學號：________

姓名：________

❖ **目的：**

模擬部屬與管理者之間的執行溝通能力。

❖ **遊戲規則：**

1. 五人一組，一人扮演上級主管，一人直接主管，三人扮演部屬。
2. 任務分別寫在用信封裝好的角色單中，分給每位角色。
3. 上級主管與部屬分開坐，由直接主管扮演聯繫的角色。
4. 每組要共同完成任務，如果完成任務要舉手示意，並請高階主管代表該組到黑板上寫下你的名字。
5. 遊戲時間大約半小時。

❖ **小組討論：**

1. 你們小組是如何完成這次的任務，績效如何？
2. 玩過這個遊戲後，你們覺得若要讓組織成功（有效能、有效率），上級主管、直接主管與部屬要做到什麼？

(請沿虛線撕下)

得　分　**全華圖書（版權所有，翻印必究）**

Ch09 組織文化與組織變革

企業該如何傳承組織文化？

班級：＿＿＿＿＿＿＿＿

學號：＿＿＿＿＿＿＿＿

姓名：＿＿＿＿＿＿＿＿

❖ 目的：

透過角色扮演活動讓學生能夠思考，企業在傳承組織文化時可用之方法與困難。

❖ 遊戲規則：

1. 請將班上學生分組，每組分成兩組角色：(1)主管(2)部屬。
2. 請各組「主管」針對「設定組織文化與傳承方式」做討論，結論先不讓「部屬」方知曉。
3. 討論結束後，「主管」方將其結論實行在「部屬」方。
4. 實行完成後，「部屬」方成員共同討論，猜測「主管」方想要傳遞之文化與方式為何？
5. 「部屬」方成員將其討論結果告知給「主管」方成員，並由成員各自分享對何種（些）傳遞方式較有感受，是否因此認同此文化，原因為何。
6. 各組兩方互換角色，並再次進行1-5的步驟。

（請沿虛線撕下）

得　分　　

Ch10 企業人力資源管理

班級：＿＿＿＿＿＿＿＿

學號：＿＿＿＿＿＿＿＿

姓名：＿＿＿＿＿＿＿＿

請觀看以下影片，看完影片後完成下列作業。

影片名稱：面試官：「請介紹你自己」，然後你說…

影片來源：https://www.youtube.com/watch?v=w4SQdxbQRvY

一、寫下你畢業後想從事的工作職位。（什麼公司？什麼工作？）

＿＿＿＿＿＿＿＿＿＿＿＿＿＿＿＿＿＿＿＿＿＿＿＿＿＿＿＿＿＿

二、請上人力資源網站查詢此工作需要具備最重要的三項條件：

＿＿＿＿＿＿＿＿＿＿＿＿＿＿＿＿＿＿＿＿＿＿＿＿＿＿＿＿＿＿

＿＿＿＿＿＿＿＿＿＿＿＿＿＿＿＿＿＿＿＿＿＿＿＿＿＿＿＿＿＿

＿＿＿＿＿＿＿＿＿＿＿＿＿＿＿＿＿＿＿＿＿＿＿＿＿＿＿＿＿＿

三、請寫下面對這個工作的應徵面試，你會如何準備3分鐘的自我介紹內容。

＿＿＿＿＿＿＿＿＿＿＿＿＿＿＿＿＿＿＿＿＿＿＿＿＿＿＿＿＿＿

＿＿＿＿＿＿＿＿＿＿＿＿＿＿＿＿＿＿＿＿＿＿＿＿＿＿＿＿＿＿

＿＿＿＿＿＿＿＿＿＿＿＿＿＿＿＿＿＿＿＿＿＿＿＿＿＿＿＿＿＿

＿＿＿＿＿＿＿＿＿＿＿＿＿＿＿＿＿＿＿＿＿＿＿＿＿＿＿＿＿＿

＿＿＿＿＿＿＿＿＿＿＿＿＿＿＿＿＿＿＿＿＿＿＿＿＿＿＿＿＿＿

＿＿＿＿＿＿＿＿＿＿＿＿＿＿＿＿＿＿＿＿＿＿＿＿＿＿＿＿＿＿

（請沿虛線撕下）

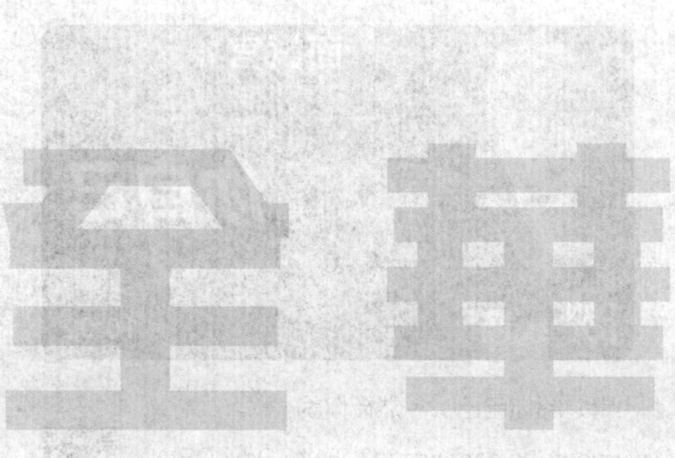

得　分　**全華圖書**（版權所有，翻印必究）

Ch11 激勵

班級：＿＿＿＿＿＿
學號：＿＿＿＿＿＿
姓名：＿＿＿＿＿＿

❖ 目的：

透過不同個案之描述，讓同學思考針對不同年齡與背景的人該用何種方式來達成激勵。

以下有五個不同的個案，請根據他們目前的職業與背景想出合適的激勵方法。

1. 李小姐，35歲，目前在金融業做服務專員，之前大學就是念金融相關科系，個性細心，家裡目前有兩個小學與國中的孩子。先生平日在外地工作，假日才回來。李小姐平日要獨力照顧與接送兩個孩子，好不忙碌。
2. 張先生，55歲，目前已是餐飲業高階主管，家中小孩都已經大學畢業，在外工作了，家中剩下太太陪伴，還有一間房子在租人，經濟無虞，日子過得很愜意。
3. 王小姐，50歲，單身一人，無子女，國中畢業沒選擇繼續讀書，而是開始在外面賺錢。目前平日在圖書館做清潔員，固定每日下午與晚上去工作，工作雖然穩定，但常要看主管臉色，但年紀大了，工作不好找，也只能忍耐，就這樣過一天算一天，有賺到足夠的生活費就好。
4. 白同學，20歲，目前在公立大學就讀中，學費由家人供應，但生活費要靠自己。目前晚上與假日在一間餐廳兼職，賺來的錢拿來自己生活及與女友約會花用，希望畢業後可以找到穩定的工作並與女友結婚，成立家庭。
5. 孫小姐，30歲，大學與碩士研究所都是心理系，由於熱愛分享，喜歡工作時間自由，畢業後選擇從事YouTuber，頻道內容多是以人際溝通與心理自我探索為主，且自詡是這方面的專家，幾年下來已經累積不少粉絲，也開始有廠商在找業配，但是他從不接。因為他覺得身為一個這方面的專家，不可隨意幫廠商背書，否則推薦到不好的產品時，會影響自身專業形象與多年的頻道經營。

（請沿虛線撕下）

全華
版權所有・翻印必究
科友

得　分

Ch12 領導理論

班級：＿＿＿＿＿＿＿＿

學號：＿＿＿＿＿＿＿＿

姓名：＿＿＿＿＿＿＿＿

請觀看以下影片，看完影片後完成下列作業。

影片名稱：跟網飛Netflix學創新：領導者行為才是組織創新文化的源頭 創新案例【3分鐘領導力課程 15】

影片來源：https://www.youtube.com/watch?v=5AfQk30CtOo

一、 請寫下你認為的創新領導力是什麼？

二、你認為領導者與管理者在本質上有何不同？

三、如果你身為一位公司領導者，會如何在公司內部實踐創新領導力？

（請沿虛線撕下）

得 分 全華圖書

Ch13 控制

班級：________

學號：________

姓名：________

以下為一篇經濟日報的報導，請同學根據報導內容討論此篇的控制問題，以及公司常見的內部控管問題有那些？針對不同問題該如何解決？

根據《鏡周刊》報導，鴻海（2317）集團去年9月解雇前技術長魏國章，反遭魏指控違法解雇，該案將於21日首度在新北地院開庭審理，不過周刊20日加碼爆料，鴻海發現電動車機密文件遭竊，已向調查局反控魏國章涉及違反秘密罪、妨害電腦使用及背信等3罪，讓全案再生波瀾。對此，鴻海尚未回應。

周刊報導，鴻海集團委由律師具狀向調查局提告，指魏國章在推動MIH業務過程績效不彰，去年6月將其調回鴻海土城總部，負責電動車自駕線控驅動程式軟體研發，並在9月底結束委任關係。

惟魏國章卻分別在去年6月及9月間，將MIH與鴻海電動車相關報告、商務郵件、人事資料及員工個資等營業秘密，藉由電子郵件流出，導致鴻海商業機密外洩。

周刊指出，鴻海指控魏國章在集團離職前，發送主旨為「OLU精密光學人才推薦」郵件至另家公司KC Software所屬的電子信箱，內容包括員工學經歷及人事資料等，同時也包含組織架構與過往專案紀錄。

鴻海提告內容指控，懷疑魏國章將相關機密外洩，有可能另起爐灶或投靠其他競爭公司，此舉將導致臺灣電動車產業與光學顯影技術有外洩疑慮，且魏國章違反公司保密協定、誠信原則及相關約定，更將使臺灣相關產業與公司淪為次等技術供應商，其他競爭公司將掠奪臺灣的國際品牌訂單，危及臺灣在國際電動車的特殊地位。

對此，魏國章律師提出三點聲明，一、鴻海為掩飾其違反勞基法的行為，不惜在事件發生後許久以杜撰事實方式提告，在今日民主法治的臺灣，顯得荒謬。二、他向法院提告鴻海違法解雇案前後，鴻海以各種方式滋擾他，藉此壓迫他放棄提告，他的人身安全已生疑義，已由委任律師代為發表不自殺聲明。三、他將對杜撰不實事實及在幕後操弄相關人員提出告訴。

資料來源：吳凱中（2023），「前技術長勞資糾紛 鴻海反擊告魏國章竊營業祕密」，經濟日報。
報導取自：https://udn.com/news/story/7240/6983253。

（請沿虛線撕下）

得　分

全華圖書

Ch14 企業倫理與社會責任

企業該不該實施社會責任？

班級：＿＿＿＿＿＿＿＿

學號：＿＿＿＿＿＿＿＿

姓名：＿＿＿＿＿＿＿＿

❖ 目的：

透過辯論活動讓學生更深刻的思考企業在社會責任實施之優缺點。

❖ 遊戲規則：

1. 請將班上學生分為三組角色：(1) 正方　(2) 反方　(3) 中立。
2. 請各組針對「中小企業該不該實施社會責任？」此議題，做20～30分鐘之討論。
3. 正方角色與反方角色需針對其論點，討論實施社會責任之優缺點與想法，並寫在紙上。中立角色則同時自由討論對此議題之想法。過程中可使用網路尋找相關企業個案參考。
4. 每組需要共同完成任務，如果完成任務舉手示意。
5. 第一輪：請正反方各自說明贊成之原因與論點。雙方各有10～15分鐘論述。
6. 第二輪：由雙方提問對方問題並進行答辯。一輪答辯20分鐘。
7. 最後由第三方同學根據雙方辯論之過程，以記名投票說明贊成或反對雙方之論點，並說明原因。
8. 由教師做結論並說明。

得　分　**全華圖書（版權所有，翻印必究）**

Ch15 管理挑戰與新趨勢探索

班級：＿＿＿＿＿＿＿＿

學號：＿＿＿＿＿＿＿＿

姓名：＿＿＿＿＿＿＿＿

以下為一篇關於人工智慧（AI）的報導摘錄內容，請同學根據報導內容分組討論以下的問題。

「我預估在未來15年內，人工智慧將會減少美國40%到50%的就業機會。」創新工場董事長兼CEO李開復在討論「未來AI代替人類工作」話題時曾說到。

毋庸置疑，第三次智慧革命的到來必將對人類社會生活產生深刻的影響，包括可能帶來的大規模失業問題。如果未來AI代替人類工作不可避免，那麼哪些人會最先失業？

在多數人的意識中，最先被AI取代可能是基層工人，他們的工作簡單機械、重複，沒有技術含量，比如流水線上的包裝工人。但實際上可能恰恰相反。有研究表明，最先被AI所取代的可能是管理者，而不是工人。

近日，賓夕法尼亞大學沃頓商學院（University of Pennsylvania-Wharton-School）在《管理科學》雜誌上發表一項最新研究成果。該研究發現，隨著AI和機器人的快速發展，相比於基層工人，管理者的職位需求正在快速減少。這是因為隨著AI和機器人技術在企業發展中的應用，更少的管理者能夠以更高的效率處理工作。

AI是取代「管理崗」的最大威脅

管理者，位於企業組織架構的中層位置，在決策層與執行層中間具有橋樑作用，主要負責人事管理和資源分配。

林恩教授認為，AI的應用導致企業中管理者機會的減少，是由於曾經需要管理者監督的過程被極大的優化了。簡單來說，比如在人事方面，管理者不再需要監督工人按時到場，或者檢查他們的工作內容。

因為機器人在記錄考勤或者審核工作內容方面，會比人類更精準更詳細，同時不會出現人為造假的現象。更重要的是它可以顯著降低人為成本和時間成本。

相比之下，低技能和高技能的工人則很少會受到此方面的影響。因為AI機器人不能完全取代採摘工人或包裝工人，而高技能工人更需要的是自我監督和管理，不需要額外的管理成本。（那些紅極一時的AI：IBM Watson、居家機器人、Pizza大廚）

同時，從企業的角度來講，引用AI和機器人技術的主要動機不是節省勞動力成本，而是提高產品和服務質量，因此企業更需要藉助AI和人力資本重新設計工作流程，而不是單純的用AI取代人類。

在林恩教授看來，AI發展對於人類就業而言，並不是簡單的替代關係，而是推動人類發揮優勢，創造更豐富的職業形式。

（請沿虛線撕下）

根據世界經濟論壇發布的《2020未來工作位置》報告顯示，在人工智慧及機器自動化技術發展的推動下，全球到2025年預計將有8500萬個工作位置消失，但相關技術會創造9700萬個新職位。

資料來源：雷鋒網（2020），「主管們別鬆懈了！研究顯示，AI將率先取代管理者」，未來商務。報導取自：https://fc.bnext.com.tw/articles/view/1010

1. 請問AI如何影響管理者與未來的管理？
2. 你認為企業導入AI的優缺點為何？
3. 你贊成創新工場董事長兼CEO李開復的想法，還是林恩教授的想法？原因為何？

（請由此線剪下）

歡迎加入 全華會員

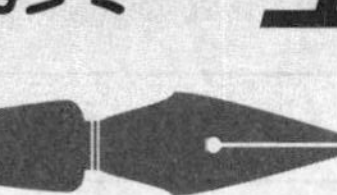

● 會員獨享

會員享購書折扣、紅利積點、生日禮金、不定期優惠活動…等。

● 如何加入會員

掃 QRcode 或填妥讀者回函卡直接傳真（02）2262-0900 或寄回，將由專人協助登入會員資料，待收到 E-MAIL 通知後即可成為會員。

如何購買 全華書籍

1. 網路購書

全華網路書店「http://www.opentech.com.tw」，加入會員購書更便利，並享有紅利積點回饋等各式優惠。

2. 實體門市

歡迎至全華門市（新北市土城區忠義路 21 號）或各大書局選購。

3. 來電訂購

(1) 訂購專線：(02) 2262-5666 轉 321-324
(2) 傳真專線：(02) 6637-3696
(3) 郵局劃撥（帳號：0100836-1　戶名：全華圖書股份有限公司）
※ 購書未滿 990 元者，酌收運費 80 元。

OpenTech 全華網路書店 .com.tw

全華網路書店 www.opentech.com.tw
E-mail: service@chwa.com.tw

※ 本會員制如有變更則以最新修訂制度為準，造成不便請見諒。

廣　告　回　信
板橋郵局登記證
板橋廣字第540號

行銷企劃部　收

23671 新北市土城區忠義路 21 號
全華圖書股份有限公司

（請由此線剪下）

讀者回函卡

掃 QRcode 線上填寫 ▶▶▶

姓名：＿＿＿＿＿＿ 生日：西元＿＿＿年＿＿月＿＿日 性別：□男 □女

電話：（ ）＿＿＿＿＿ 手機：＿＿＿＿＿＿

e-mail：（必填）＿＿＿＿＿＿＿＿＿＿

註：數字零，請用 Φ 表示，數字 1 與英文 L 請另註明並書寫端正，謝謝。

通訊處：□□□□□

學歷：□高中・職 □專科 □大學 □碩士 □博士

職業：□工程師 □教師 □學生 □軍・公 □其他

學校／公司：＿＿＿＿＿＿ 科系／部門：＿＿＿＿＿＿

・需求書類：

□A. 電子 □B. 電機 □C. 資訊 □D. 機械 □E. 汽車 □F. 工管 □G. 土木 □H. 化工 □I. 設計

□J. 商管 □K. 日文 □L. 美容 □M. 休閒 □N. 餐飲 □O. 其他

・本次購買圖書為：＿＿＿＿＿＿ 書號：＿＿＿＿＿＿

・您對本書的評價：

封面設計：□非常滿意 □滿意 □尚可 □需改善，請說明＿＿＿＿＿＿

內容表達：□非常滿意 □滿意 □尚可 □需改善，請說明＿＿＿＿＿＿

版面編排：□非常滿意 □滿意 □尚可 □需改善，請說明＿＿＿＿＿＿

印刷品質：□非常滿意 □滿意 □尚可 □需改善，請說明＿＿＿＿＿＿

書籍定價：□非常滿意 □滿意 □尚可 □需改善，請說明＿＿＿＿＿＿

整體評價：請說明＿＿＿＿＿＿

・您在何處購買本書？

□書局 □網路書店 □書展 □團購 □其他＿＿＿＿＿＿

・您購買本書的原因？（可複選）

□個人需要 □公司採購 □親友推薦 □老師指定用書 □其他＿＿＿＿＿＿

・您希望全華以何種方式提供出版訊息及特惠活動？

□電子報 □DM □廣告（媒體名稱＿＿＿＿＿＿）

・您是否上過全華網路書店？（www.opentech.com.tw）

□是 □否 您的建議＿＿＿＿＿＿

・您希望全華出版哪方面書籍？＿＿＿＿＿＿

・您希望全華加強哪些服務？＿＿＿＿＿＿

感謝您提供寶貴意見，全華將秉持服務的熱忱，出版更多好書，以饗讀者。

填寫日期： / /

2020.09 修訂

親愛的讀者：

感謝您對全華圖書的支持與愛護，雖然我們很慎重的處理每一本書，但恐仍有疏漏之處，若您發現本書有任何錯誤，請填寫於勘誤表內寄回，我們將於再版時修正，您的批評與指教是我們進步的原動力，謝謝！

全華圖書 敬上

勘誤表

書號		書名		作者	
頁數	行數	錯誤或不當之詞句		建議修改之詞句	

我有話要說：（其它之批評與建議，如封面、編排、內容、印刷品質等・・・）